中国电力工程技术协会标准

高低压配电技术手册

GAODIYA PEIDIAN JISHU SHOUCE

主　编　杨天宝

副主编　丁　晶　刘　静

参　编　（按姓氏首字母拼音排序）

戈广金　孔　威　李志宏　刘剑平

刘玉林　卢昌盛　宁伟群　秦　松

王国新　杨胜国　杨晓东　伊风茹

张文光

哈尔滨工业大学出版社

内 容 简 介

本书以国家最新电气标准为依据，并结合国际电工委员会（IEC）颁发的标准，由中国电力工程技术协会（CEPETA）的权威专家和学者编制审核完成。

本书注重面向实践能力培训的需要，突出"以服务为宗旨、以就业为导向、以能力为本位"的理念，本着"专业实用、通俗易懂、图文结合"的原则，强调理论知识的实际应用，突出对基本概念的理解和掌握，简化公式推导过程，前后知识衔接紧密，表述深入浅出、通俗易懂，易于教学和自学，并在实践性较强的章节中配有图片，可帮助从业人员更好地理解和掌握相关知识。

本书可作为国家电网、电力设计院等科研单位从业人员的参考工具书，也可作为高等院校相关专业的教材和相关企业的培训用书。

图书在版编目（CIP）数据

高低压配电技术手册/杨天宝主编. —哈尔滨：
哈尔滨工业大学出版社，2021.7
ISBN 978-7-5603-9581-4

Ⅰ．①高…　Ⅱ．①杨…　Ⅲ．①高电压-配电-技术手册　②低压配电-技术手册　Ⅳ．①TM642-62

中国版本图书馆 CIP 数据核字（2021）第 132289 号

策划编辑　王桂芝
责任编辑　陈雪巍
出版发行　哈尔滨工业大学出版社
社　　址　哈尔滨市南岗区复华四道街 10 号　邮编 150006
传　　真　0451-86414749
网　　址　http://hitpress.hit.edu.cn
印　　刷　哈尔滨市道外区铭忆印刷厂
开　　本　787 mm×1 092 mm　1/16　印张 29.25　字数 576 千字
版　　次　2021 年 7 月第 1 版　2021 年 7 月第 1 次印刷
书　　号　ISBN 978-7-5603-9581-4
定　　价　198.10 元

中国电力工程技术协会标准

高低压配电技术手册

Technical Manual for High and Low Voltage Distribution

CEPETA 901017—2021

主编部门　中国电力工程技术协会

批准部门　中国电力工程技术协会

施行日期　2021 年 10 月 1 日

哈尔滨工业大学出版社

中国电力工程技术协会公告

第 901017 号

中国电力工程技术协会发布协会标准

《高低压配电技术手册》的公告

现批准《高低压配电技术手册》为中国电力工程技术协会标准，编号为：CEPETA 901017—2021，自 2021 年 10 月 1 日起实施，请各单位严格执行。

手册内容反映了现行标准、规范的有关规定，以利于标准规范的正确执行和设计工作的顺利开展。若与国家标准、行业标准、地方标准有不一致处，应以国家公布标准、规范为准。

本标准由中国电力工程技术协会专家组组织编写，经哈尔滨工业大学出版社出版发行。

中国电力工程技术协会

2021 年 7 月 2 日

前　言

　　《高低压配电技术手册》作为中国电力工程技术协会标准，适合 220 kV 及以下电压等级的从业人员参考学习。本书强调工学结合，体现的理论以够用为度，注重实用性，将高低压配电系统理论与工程实践技能相结合，全书既体现了高低压配电系统理论知识的内在联系，又密切结合高低压配电技术实际，把相关从业者引入实际工作环境，强化实践能力的培养。

　　"高低压配电技术"是电气自动化技术、供用电技术、机电一体化技术等专业的一门核心课程。本书根据高低压配电技术领域和相关职业岗位的能力要求，以国家最新电气标准为依据，并结合国际电工委员会（IEC）颁发的标准，由中国电力工程技术协会（CEPETA）的权威专家和学者编制审核完成，将知识点与能力点有机结合，注重培养从业人员的工程应用能力和解决现场实际问题的能力。为便于阅读，本书在编写过程中注重图、表、文并茂，力求做到文字简洁明快、结构直观清晰。

　　本书在版面安排上，收集了大量的图片、图表，采用图文并茂的编排形式，提高了内容的直观性和形象性，便于读者理解和掌握理论知识，同时也为学生的自主学习创造了条件。

　　本书共分 12 章，包括电网结构、10 kV 电缆线路典型设计、变电站自动化系统、电力变压器、电力电缆、高低压电气设备、不间断电源设备、高压电动机软启动装置、变频器、互感器、中电阻接地及接地选线装置、智能仪表，同时涉及高低压配电设计、计算及难点技术的章节都配有图文分析，以指导读者进行深入的学习。

　　本书在编写过程中，参考了大量的同类教材以及国内外图书、期刊资料，并将主要的资料列于书末的参考文献，在此一并向有关作者表示衷心的感谢。

　　由于编者水平有限，书中难免存在疏漏及不妥之处，敬请诸位读者批评指正。联系邮箱：ytbvip@163.com。

中国电力工程技术协会专家组

2021 年 7 月

目　　录

第1章 电网结构

1.1 概　述

电网结构是城市规划设计的主体，应根据社会经济发展水平和建设规模、负荷增长速度、规划负荷密度、环境保护等要求，以及各地的实际情况，合理选择和确定电压等级序列、供电可靠性、容载比、城网接线、中性点运行方式、无功补偿等。依据电压调整、短路水平、电压损失及其分配、节能环保、通信干扰等技术原则，构建一个"安全、经济、可靠"的电网结构是电力市场稳定的基本保证。电网规划的主要目的是不断提高电网供电能力和电能质量，以满足城市经济增长和社会发展的需要。

电网结构规划年限应与国民经济发展规划和城市总体规划的年限一致，一般规定为近期（5年）、中期（10～15年）、远期（20～30年）三个阶段。

（1）近期规划应着重解决当前存在的主要问题，逐步满足负荷需要，提高供电质量和可靠性。要依据近期规划编制年度计划，提出逐年改造和新建的项目。

（2）中期规划应与近期规划相衔接，预留变电站站址和通道，着重将现有电网结构有步骤地过渡到目标网络，并对大型项目进行可行性研究，做好前期工作。

（3）远期规划主要考虑电网的长远发展目标以及电力市场的建立和发展，进行饱和负荷水平的预测研究，并确定电源布局和目标网架，使之满足远期预测负荷水平的需要。

1.2 供电可靠性

电网规划考虑的供电可靠性是指对用电企业及居民连续供电的可靠程度，应满足下列两个方面的具体规定：

（1）电网供电安全准则。

（2）企业及居民用电的程度。

1.2.1　电网供电安全准则

1. 电网的供电安全采用 *N*-1 准则

（1）变电站中失去任何一回进线或一台降压变压器时，不损失负荷；

（2）高压配电网中一条架空线，或一条电缆，或变电站中一台降压变压器发生故障停运时：

①在正常情况下，不损失负荷；

②在计划停运的条件下又发生故障停运时，允许部分停电，但应在规定时间内恢复供电。

（3）中压配电网中一条架空线，或一条电缆，或配电室中一台配电变压器发生故障停运时：

①在正常情况下，除故障段外不停电，并不得发生电压过低，以及供电设备不允许的过负荷；

②在计划停运情况下，又发生故障停运时，允许部分停电，但应在规定时间内恢复供电。

（4）低压配电网中，当一台变压器或低压线路发生故障时，允许部分停电，待故障修复后恢复供电。

2. *N*-1 安全准则

N-1 安全准则可以通过调整电网和变电站的接线方式和控制设备正常运行时的最大负载率 T 达到。T 定义为

$$T = \frac{\text{设备的实际最大负载(kW)}}{\cos\varphi \times \text{设备的额定容量(kV·A)}} \times 100\% \quad\quad (1.1)$$

式中　T——最大负载率（%）；

　　　$\cos\varphi$——负载的功率因数。

具体计算有如下几种情况：

（1）500 V～35 kV 变电站。

最终规模应配置 2～4 台变压器，当一台变压器故障或检修停运时，其负荷可自动转移至正常运行的变压器，此时正常运行变压器的负荷不应超过其额定容量，短时允许的过载率不应超过 1.3，过载时间不超过 2 h，并应在规定时间内恢复停运变压器的正常运行。负荷侧可并列运行的最大负载率可用式（1.2）计算：

$$T = \frac{KP(N-1)}{NP} \times 100\% \quad\quad (1.2)$$

式中　　T——最大负载率（%）；

　　　　N——变压器台数；

　　　　P——单台变压器额定容量（kV·A）；

　　　　K——变压器过载率（可取 1.0～1.3）。

当 $N = 2$ 时，$T = 50\%～65\%$；当 $N = 3$ 时，$T = 67\%～87\%$；当 $N = 4$ 时，$T = 75\%～100\%$。

变电站中负荷侧可并列运行的变压器数越多，其利用率越高，但对负荷侧断路器遮断容量的要求也越高；对负荷侧不可并列运行的变压器，其负载率与母线接线方式有关。

（2）高压（包括 220 kV 及以上）线路。

应由两个或两个以上回路组成，一回路停运时，应在两回线之间自动切换，使总负荷不超过正常运行线路的安全电流限值（热稳定电流限值），线路正常运行时的最大负载率为

$$T = \frac{N-1}{N} \times 100\% \qquad (1.3)$$

式中　　N——同路径或同一环路的线路回路数。

（3）中压配电网。

①架空配电网为沿道路架设的多分段、多连接开式网络。虽然每段有一个电源馈入点，但是当某一区段线路故障停运时仍将造成停电。为了能够隔离故障，达到将完好部分通过联络开关向邻近段线路转移，恢复供电的目的，线路正常运行时的最大负载率应控制为

$$T = \frac{P-M}{P} \times 100\% \qquad (1.4)$$

式中　　M——线路的预留备用容量（kW），即邻近段线路故障停运时可能转移过来的最大负荷；

　　　　P——对应线路安全电流限值的线路容量（kW）。

②电缆配电网一般有两种基本结构：a.多回路配电网，其应控制的最大负载率与式（1.3）相同；b.开环运行单环配电网，其正常运行时应控制的最大负载率计算与双回路相同。

③由于电缆故障处理时间长，一般不采用放射形单回路电缆供电。

（4）中压配电室。

户内配电室宜采用两台及以上变压器，并应满足"N-1"准则的要求；杆架变压器故障时，允许停电。

（5）低压配电网。

原则上不分段，不与其他台区低压配电网联络。对于建筑物内消防、电梯等要考虑备用电源时可例外。

为了满足供电可靠性的要求，要对变电站进行进出线容量的配合和校核，变电站主变一次侧进线总供电能力应与主变一次侧母线的转供容量和主变压器的额定容量相配合。变电站的次级出线总送出能力应与主变压器的额定容量相配合，并留有适当的裕度，以提高电网运行的灵活性。校核事故运行方式时，可考虑事故允许过负荷，以适当发挥设备潜力，节省投资。

3. 满足用户用电的程度

为了提高用户用电的满意度，电网故障造成用户停电时，原则上允许停电的容量和恢复供电的目标是：

（1）两回路供电的用户，失去一回路后应不停电。

（2）三回路供电的用户，失去一回路后应不停电，再失去一回路后，应满足 50%～70%用电。

（3）一回路和多回路供电的用户，电源全停时，恢复供电的时间为一回路故障处理的时间。

（4）开环网路中的用户，环网故障时需通过电网操作恢复供电的时间为操作所需的时间。

考虑具体目标时间的原则是：负荷越大的用户或供电可靠性要求愈高的用户，恢复供电的目标时间应愈短。可分阶段规定恢复供电的目标时间。随着电网结构的改造和完善，恢复供电的目标时间应逐步缩短，若配备自动化装置时，故障后负荷应能自动切换。

1.2.2 电网规划的编制流程

电网规划编制的主要流程如下：

（1）电网现状分析。

（2）负荷预测。

（3）制定技术原则。

（4）电力（电量）平衡。

（5）确定远期电网的初步布局，作为编制分期规划的目标。

（6）根据预测负荷和现有的电网结构，经过分析计算，编制近期的分年度规划和中期规划。

（7）根据近、中期规划确定的最后阶段的城网规模和远期预测的负荷水平，编制远期规划，电网规划编制流程图如图 1.1 所示。

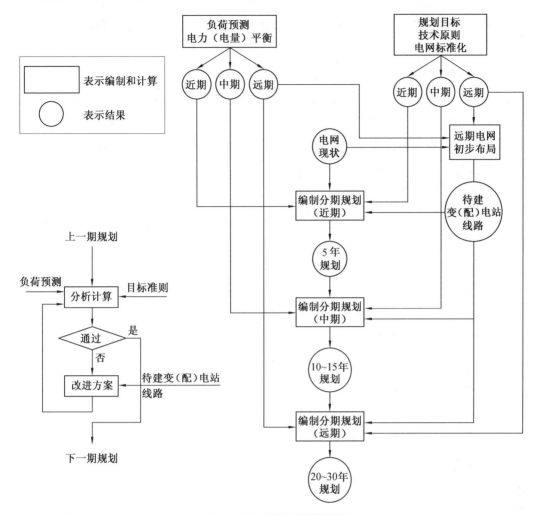

图 1.1　电网规划编制流程图

1.2.3　电网规划原则

1. 输电网和高压配电网规划

电网规划中所涉及的输电网，是指在城市行政区域范围内的输电网站点和线路。

（1）编制远期初步规划。

根据远期预测的负荷水平，按远期规划所应达到的目标（如供电可靠性等）和本地区已确定的技术原则（包括电压等级、供电可靠性和接线方式等）和供电设施标准，初步确定远期电网布局，包括以下内容：

①规划变电站的容量和位置。

②现有和规划变电站的供电区域。

③高压线路的路径和结构。

④所需的电源容量和布局（根据上一级电网的规划，提出对发电厂和电源变电站的要求）。

（2）编制近期规划。

从现有的电网入手，将基准年和目标年的预测负荷分配到现有或规划的变电站和线路，进行电力潮流、短路容量、无功优化、故障分析、电网可靠性等各项验算，检查电网的适应度。针对电网出现的不适应问题，从远期电网的初步布局中，选取初步确定的项目，确定电网的改进方案。

（3）编制中期规划。

做好近期规划后，在近期规划电网的基础上，将基准年和中期规划目标年的预测负荷分配到变电站上，进行各项计算分析，检查电网的适应度。从远期电网的初步布局中选取初定的项目，确定必要的电网改进方案，做出中期规划。

（4）编制远期规划。

以中期规划的电网布局为基础，依据远期预测负荷，经各项计算后，编制远期规划。远期规划是近、中期规划的积累与发展，因受各种因素的影响，远期规划原定的初步布局必将会有所调整和修改。

2. 中压配电网规划

城市中压配电网应根据变电站布点、负荷分布、负荷密度和运行管理的需要制定近期规划。

（1）根据变电站布点、负荷密度、供电半径将城市分成若干相对独立的分区，并确定变电站的供电范围。

（2）根据分区负荷预测及负荷转供能力的需要，确定中压线路容量及电网结构。

（3）为适应中压配电网安全可靠的供电要求，应结合中压配电网结构同步开展配网自动化规划。

3. 低压配电网规划

由于低压配电网规划受小范围区域负荷变动的影响，而且建设周期短，因此一般只需制定近期规划。

4. 电网规划的修正

影响电网规划的不确定因素很多，因此必须按负荷的实际变动和规划的实施情况，每年对规划进行滚动修正。

为适应城市经济和社会发展的需要，远期规划一般每五年修编一次，近期规划应每年做滚动修正。有下列情况之一时，必须对城网规划的目标及电网结构和设施的标准进行修改，并对城网规划作相应的全面修正。

（1）城市规划或电力系统规划进行调整或修改后。

（2）预测负荷有较大变动时。

（3）电网技术有较大发展时。

1.2.4　电网负荷预测

负荷预测需收集的资料一般包括以下内容：

（1）电网总体规划中有关人口、用地、能源、产值、居民收入和消费水平以及各功能分区的布局改造和发展规划等。

（2）市政规划、统计和气象部门等提供的与社会经济发展、国民收入水平、环境气象条件等有关的历史数据和预测信息。

（3）电力系统规划中电力、电量的平衡，电源布局等有关资料。

（4）城市市辖区、下辖县（市）的分区负荷资料，包括全市、分区、分电压等级、分用电性质的历年用电量和历年峰荷数据，典型日负荷曲线以及当前电网潮流分布图。

（5）各电压等级变电站、大用户变电站及配电室的负荷记录和典型负荷曲线、功率因数等。

（6）大用户的历年用电量、负荷、装接容量、合同电力需量、主要产品产量和用电单耗。

（7）大用户或其上级主管部门提供的用电发展规划，包括计划新增和待建的大用户名单、装接容量、合同电力需量；国家及地方经济建设发展中的重点项目及其用电发展，具体项目建设的时间地点。

（8）当电源及供电网能力不足时，根据有关资料估算出潜在限电负荷的情况。

（9）国内外经济发达地区与本地区规模相当的城市的电量、负荷数据，以及其他相关数据。

（10）新能源技术以及错峰填谷、分时电价等需求侧管理措施的采用对本地区电力负荷的影响。

进行规范的负荷数据监测、统计、分类和积累，进行社会发展相关资料的积累，为规划的滚动修编提供准确、完整的历史数据，以便总结经验，不断提高城网规划的可行性和可操作性。

由于负荷预测分析工作量大，而且负荷数据需长期收集并不断更新，因此需建立负荷数据库管理系统，采用计算机网络技术并结合地理信息系统等，对数据进行采集、统计、分析。

负荷预测分为近期、中期和远期（年限与城网规划的年限一致）负荷预测。按阶段考虑，近期负荷预测结果应逐年列出，中期和远期可只列出规划末期数据。远期宜着重考虑城市及各分区的饱和负荷密度，预测最终负荷规模。

负荷预测工作，可从全面和局部两方面进行。一是对全地区总的电量需求和电力需求进行全面的宏观预测，二是对各分区的电量需求和电力需求进行局部预测。在具体预测时，还可将各分区中的一般负荷和大用户分别预测，一般负荷可作为均匀分布负荷，大用户则作为点负荷。各分区负荷综合后的总负荷，在考虑同时率的影响后，还应与宏观预测的全区总负荷进行相互校核。

为使城网结构的规划设计更为合理，还应给出分区的负荷预测结果以及分电压等级的负荷预测结果。

1.2.5　容载比

容载比是某一供电区域，变电设备总容量（kV·A）与对应的总负荷（kW）的比值。合理的容载比与恰当的网架结构相结合，对于故障时负荷的有序转移、保障供电可靠性，以及适应负荷的增长需求都是至关重要的。同一供电区域容载比应按电压等级分层计算，但对于区域较大，区域内负荷发展水平极度不平衡的地区，也可分区分电压等级计算容载比。计算各电压等级容载比时，该电压等级发电厂的升压变压器容量及直供负荷容量不应计入，该电压等级用户专用变电站的变压器容量和负荷也应扣除，另外，部分区域之间仅进行故障时功率交换的联络变压器容量，如有必要也应扣除。

容载比是保障电网发生故障时，负荷能否顺利转移的重要宏观控制指标。负荷增长率低，网络结构联系紧密，容载比可适当降低；负荷增长率高，网络结构联系不强（如为了控制电网的短路水平，网络必须分区分列运行时），容载比应适当提高，以满足电网供电可靠性和负荷快速增长的需要。容载比也是城网规划时宏观控制变电总容量、满足电力平衡、合理安排变电站布点和变电容量的重要依据。

容载比与变电站的布点位置、数量、相互转供能力有关，即与电网结构有关，容载比的确定要考虑负荷分散系数、平均功率因数、变压器运行率、储备系数等复杂因素的影响，在工程中可采用实用的方法估算容载比，公式如下：

$$R_S = \frac{\sum S_{ei}}{P_{max}} \tag{1.5}$$

式中　R_S——容载比，kV·A / kW；

P_{max}——该电压等级的全网最大预测负荷；

S_{ei}——该电压等级变电站 i 的主变容量。

城网作为城市的重要基础设施，应适度超前发展，以满足城市经济增长和社会发展的需要。保障城网安全可靠和满足负荷有序增长，是确定城网容载比时所要考虑的重要因素。根据经济增长和城市社会发展的不同阶段，对应的城网负荷增长速度可分为较慢、中等、较快三种情况，相应各电压等级城网的容载比见表1.1，宜控制在1.5～2.2之间。

表 1.1　各电压等级城网容载比选择范围

电网负荷增长情况	较慢增长	中等增长	较快增长
年负荷平均增长率（建议值）	小于 7%	7%～12%	大于 12%
500 kV 及以上	1.5～1.8	1.6～1.9	1.7～2.0
220～330 kV	1.6～1.9	1.7～2.0	1.8～2.1
35～110 kV	1.8～2.0	1.9～2.1	2.0～2.2

对现状电网容载比进行评价时，最大负荷可采用年最大负荷或数个日高峰负荷的平均值。

1.3　电压等级的选择

电力系统电压等级有 220 V/380 V（0.4 kV），3 kV、6 kV、10 kV、20 kV、35 kV、66 kV、110 kV、220 kV、330 kV、500 kV。《城市电力网规定设计规则》规定：输电网为 500 kV、330 kV、220 kV、110 kV，高压配电网为 110 kV、66 kV、35kV，中压配电网为 20 kV、10 kV、6 kV，低压配电网为 0.4 kV（220 V/380 V）。

随着电机制造工艺的提高，10 kV 电动机已批量生产，所以 3 kV、6 kV 已较少使用，20 kV、66 kV 也很少使用。供电系统以 10 kV、35 kV 为主，输配电系统以 110 kV 以上为主。发电厂发电机有 6 kV 与 10 kV 两种，现在以 10 kV 为主，用户均为 220 V/380 V（0.4 kV）低压系统。

电网电压等级的确定与供电方式、输送容量、供电距离等因素有关。

1.3.1　供电电压与供电方式

（1）当供电负荷为 2 000 kW 时，供电电压宜选 6 kV，输送距离为 3～10 km。

（2）当供电负荷为 3 000～5 000 kW 时，供电电压宜选 10 kV，输送距离为 5～15 km。

（3）当供电负荷为 5 000～10 000 kW 时，供电电压宜选 35 kV，输送距离为 20～50 km。

（4）当供电负荷为 10 000～50 000 kW 时，供电电压宜选 110 kV，输送距离为 50～150 km。

（5）当供电负荷为 50 000～200 000 kW 时，供电电压宜选 220 kV，输送距离为 150～300 km。

（6）当供电负荷为 200 000 kW 以上时，供电电压宜选 500 kV，输送距离为 300 km 以上。

1.3.2 影响输送容量的因素

近年来，随着电气设备的进步及电力技术的发展，输送容量及距离都有了很大的进步。实际工程中，电压等级的选择还需要考虑以下几个因素。

（1）电压等级（电压等级越高，供电半径相对较大）。

（2）用户终端密集度（即电力负载越多，供电半径越小）。

（3）0.4 kV 线路供电半径在市区不宜大于 300 m，近郊地区不宜大于 500 m。接户线长度不宜超过 20 m；当超过 250 m 时，每 100 m 加大一级电缆。

（4）110 kV 供电线路一般不超过 60 km。

（5）35 kV 供电线路一般不超过 30 km。

1.3.3 供电距离的要求

根据供电距离不同分为以下三类供区。

（1）A 类供区。

①经济相对发达的县（包括县级市）所辖城区；中心镇及省级综合改革建设试点的小城镇中心城区；重要旅游区（国家 4A 级及以上旅游区）的重点用电区域。

②国家级开发区及重要的省级、市级开发区。

③工业比重较大的综合性地区。

（2）B 类供区。

①县城、乡镇、旅游城镇、列入省级综合改革建设试点的小城镇城区。

②一般的省级开发区、省级以下的开发区。

③高效优质农业区、沿海蓝色农业区、西北绿色农业区中形成集中开发和规模化生产基地的地区；自然、旅游资源丰富且距离城市、城镇较近，交通便捷的地区。

④规模化农业及中小型轻工业比重较大的综合性地区。

⑤1 500～4 000 kWh/年

（3）C 类供区。

①保持良好自然生态，以中小规模的简单农业生产为主的农村地区，或具备观光休闲资源，但地处偏远的农村地区。

②有村级及以上建制，但人口密度以及人均用电量在全省属于偏低水平的农村地区。

对三类供区的供电距离要求见表 1.2，并应满足以下要求。

表 1.2 三类供区的供电距离要求

供区类型	A 类	B 类	C 类
110 kV	不超过 30 km	不超过 40 km	不超过 60 km
35 kV	宜限制并逐步取消	一般不超过 20 km	一般不超过 30 km

①A 类供区的低压线路供电长度不宜超过 250 m。

②B 类不宜超过 400 m。

③C 类不宜超过 500 m，农业排灌、偏远地区供电长度可适当延长，但应满足电压质量要求。

低压电网供电半径应按照负荷密度来确定，具体标准见表 1.3。

表 1.3　低压电网供电半径负荷密度要求

村镇用电设备容量密度/（kV·A·km^{-2}）	<200	200~1 000	>1 000
合理供电半径/km	<0.8	<0.5	<0.4

城市中压配电线路主干线长度原则上应不大于表 1.4 要求。

表 1.4　城市中压配电线路主干线供电距离要求

中压供电距离/km	高负荷密度区（主城区、省级及以上开发区≥10 000 kW/ km^2）	中等负荷密度区（城市建设用地 2 000~10 000 kW/ km^2）	较低负荷密度区（如非建设用地区域<2 000 kW/ km^2）
20 kV 供电区	3.0	6.0	12.0
10 kV 供电区	2.0	3.0	5.0

农村中压配电线路主干线长度原则上应不大于表 1.5 要求。

表 1.5　农村中压配电线路主干线供电距离要求

负荷密度/（kW·km^{-2}）	<200	200~1 000	≥1 000
20 kV 供电距离值/km	15	10	7
10 kV 供电距离值/km	12	8	5

为保证供电质量，应逐步缩小低压线路供电半径。低压电源布点线路供电半径在市中心区、市区、城镇地区及集中居住区一般不大于 150 m，在农村地区不宜超过 200 m。超过 250 m 时，必须进行电压质量校核。

由变电站（或开关站）以 10 kV 线路馈电到用户临近侧，以低压线路（220 V）配电进户，应尽量缩短接户线。A、B 类供区单相变压器低压线长度一般不超过 100 m，C 类供区一般不超过 250 m。

1.3.4　对供电半径过长线路的处理

（1）对供电距离大于 15 km、小于 30 km 的 10 kV 重载和过载线路，优先通过转移负荷到其他 10 kV 线路来消除"低电压"，其次考虑新增变电站出线，对现有负荷进行再分配。

（2）对供电距离大于 30 km，规划期内无变电站建设计划，合理供电距离以外所带配变数量较多，所带低压用户长期存在"低电压"现象的 10 kV 线路，可采用加装线路自动调压器的方式来消除"低电压"。

（3）对供电距离大于 500 m，供电距离 500 m 以后仍存在低压用户，3 年内难以实施配变布点，且长期存在"低电压"现象的低压线路，可采用加装线路调压器或户用调压器及增大导线截面等措施。

1.4　主接线

1.4.1　主接线的设计原则

1. 主接线的设计依据

电气主接线设计是发电厂或变电站电气设计的主体。它与电力系统、电厂的动能参数、基本原始资料以及电厂运行可靠性、经济性的要求等密切相关，并对电气设备选择和布置、继电保护和控制方式等都有较大的影响。因此，主接线设计，必须结合电力系统和发电厂或变电站的具体情况，全面分析有关影响因素，正确处理它们之间的关系，经过技术、经济比较，合理地选择主接线方案，如图 1.2 所示。

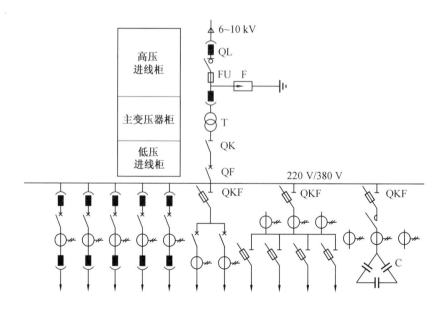

图 1.2　电力系统主接线

电气主接线设计的基本原则是以设计任务书为依据，以国家经济建设的方针、政策、技术规定、标准为准绳，结合工程实际情况，在保证供电可靠、调度灵活、满足各项技术要求的前提下，兼顾运行、维护方便，尽可能地节省投资，就近取材，力争设备元件和设计的先进性与可靠性，坚持可靠、先进、适用、经济、美观的原则。

2. 主接线设计的基本要求

（1）安全性。

电气主接线的安全性，主要体现在隔离开关的正确配置和隔离开关接线的正确绘制。

隔离开关的主要用途是将检修部分与电源隔离，以保证检修人员的安全。在电气主接线图中，凡是应该安装隔离开关的地方都必须配置隔离开关，不能有遗漏之处，也不可以为了节省投资而不装。

在安装隔离开关时，电源应通过瓷瓶与隔离开关的刀片联结，这样安装会使打开和合上隔离开关时，刀片端的带电时间较短，可以保证操作人员的安全。

（2）可靠性。

供电可靠性是电力生产和分配的首要要求，主接线首先应满足这个要求。

①研究主接线可靠性应注意以下几个问题：

a. 应重视国内外长期运行的实践经验及其可靠性的定性分析。主接线可靠性的衡量标准是运行实践，至于可靠性的定量分析由于基础数据及计算方法尚不完善，计算结果不够准确，因而目前仅作为参考。

b. 主接线的可靠性要包括一次部分和相应组成的二次部分在运行中可靠性的综合。

c. 主接线的可靠性在很大程度上取决于设备的可靠程度，采用可靠性高的电气设备可以简化接线。

d. 要考虑发电厂、变电所在电力系统中的地位和作用。

②主接线可靠性的具体要求。

a. 断路器检修时，不宜影响对系统的供电。

b. 断路器或母线故障以及母线检修时，尽量减少停运的回路数和停运时间，并要保证对一级负荷及全部或大部分二级负荷的供电。

c. 尽量避免发电厂、变电所全部停运的可能性。

（3）灵活性。

主接线应满足在调度、检修及扩建时的灵活性。

①调度时，应可以灵活地投入和切除发电机、变压器和线路，调配电源和负荷，满足系统在事故运行方式、检修运行方式以及特殊运行方式下的系统调度要求。

②检修时，可以方便地停运断路器、母线及其继电保护设备，进行安全检修而不致影响电力网的运行和对用户的供电。

③扩建时,可以容易地从初期接线过渡到最终接线。在不影响连续供电或停电时间最短的情况下,投入新装机组、变压器或线路而使其不互相干扰,并且对一次和二次部分的改建工作量最少。

(4)经济性。

主接线在满足可靠性和灵活性要求的前提下要做到经济合理。

①投资省。

a. 主接线应力求简单,以节省断路器、隔离开关、电力和电压互感器、避雷器等一次设备的费用。

b. 使继电保护和二次回路不过于复杂,以节省二次设备和控制电缆的费用。

c. 能限制短路电流,以便于选择物美价廉的电气设备或轻型电器。

d. 如能满足系统安全运行及继电保护要求,110 kV 及以下终端或分支变电所可采用简易电器。

②占地面积小。

主接线设计要为配电装置布置创造条件,尽量减小其占地面积。

③电能损失少。

经济合理地选择主变压器的质量、容量、数量,避免因两次变压而造成电能损失。此外,在系统规划设计中,要避免建立复杂的操作枢纽。为简化主接线,发电厂、变电所接入系统的电压等级一般不超过两种。

1.4.2 主接线方式及适用范围

电网对于企业高压配电装置的电压等级宜在 220 kV 及以下,其接线方式分为有汇流母线的接线和无汇流母线的接线。

(1)有汇流母线的接线。包括单母线、单母线分段、双母线、双母线分段、增设旁路母线或旁路隔离开关等。

(2)无汇流母线的接线。包括变压器-线路单元接线、桥形接线、角形接线等。

电网对于企业高压配电装置的接线方式取决于电压等级及出线回路数。按电压等级的高低和出线回路数的多少,高压配电装置的接线方式有一个大致的适用范围。下面主要介绍有汇流母线的接线。

1. 单母线接线

图 1.3 所示为单母线不分段接线图,为了能在接通或断开电源,并在故障情况下能自动切断故障电流,每一个电源回路和出线回路中都装有断路器 QF。为了保证检修人员的安全,断路器侧还装有隔离开关 QS,靠近母线侧的是母线隔离开关,靠近出线回路侧的是线路隔离开关。如果出线的另一端没有接电源,也就没有倒送电能的可能,那么线路

隔离开关可以不装。图中的 QE 是线路隔离开关的接地刀闸，可以在检测时代替临时接地线。

　　在接通电路时，应先合断路器两侧的隔离开关，再合断路器；切断电路时，应先断开断路器，再断开两侧的隔离开关。

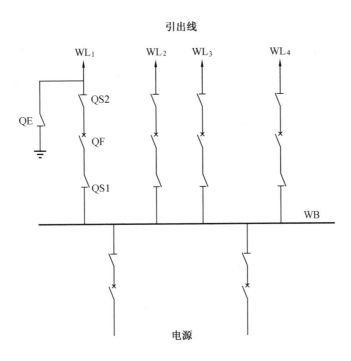

图 1.3　单母线不分段接线图

（1）单母线不分段接线的优点。

①接线简单清晰，设备用量少，经济实用。

②有利于电源互为备用。

③有利于扩建和采用成套配电装置。

④有利于负荷间的合理分配。

（2）单母线不分段接线的缺点。

①可靠性差。

当回路的断路器进行检修时，该回路要停电，直至断路器修好，也可能造成长期停电；母线或母线隔离开关检修或故障时，所有回路都要停止工作，也就是造成全厂或全所长期停电。

②调度不方便。

电源只能并列运行，不能分列运行；并且线路侧发生短路时，有较大的电流。

（3）单母线不分段接线的适用范围。

単母线不分段接线适用于单电源的发电厂和变电所，且出线回路数少，或者用户对供电可靠性要求不高的场合。

①6～10 kV 配电装置出线回路数不超过 5 回。

②35～63 kV 配电装置出线回路数不超过 3 回。

③110～220 kV 配电装置出线回路数不超过 2 回。

2. 单母线分段接线

为了克服单母线不分段接线的一些缺点，可根据电源数目和功率用断路器将母线分段。分段断路器两侧应装有隔离开关，供该断路器检修用。分段断路器 QFd 在正常工作时可以投入使用，也可以断开。单母线分段接线图如图 1.4 所示。

如果正常运行时，QFd 是接通的，则当任一端母线出现故障时，母线继电器保护会断开连在母线上的断路器和分段断路器 QFd，这样另一段母线仍能继续工作。如果一条母线上的电源断开了，那么该母线上的出线可以通过分段断路器从另一条母线上得到供电。

如果正常工作时分段断路器 QFd 是断开的，当一段母线出现故障时，连在该母线上的出线会全部停电，非故障母线段仍能照常工作。

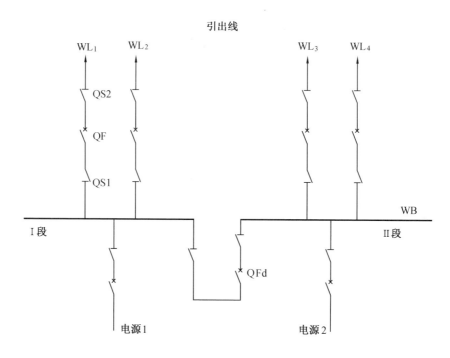

图 1.4　单母线分段接线图

（1）单母线分段接线的可靠性。

①任一段母线或母线的隔离开关需要检修或发生故障时，连接在该分段母线上的所有回路都要停止工作，但不会形成全部停电，而是部分长期停电。

②检修任一段电源或出线的断路器时，该回路必须长期停电。

③母线分段的数目通常以 2～3 分段为宜，分段太多则增加了分段断路器。

（2）单母线分段接线的优点。

①用断路器把母线分段后，对重要用户可以从不同段引出两个回路，有两个电源供电。

②当一段母线发生故障时，分段断路器自动将故障段切除，保证正常段母线不间断供电，不致使重要用户停电。

③这种接线方式一般在中、小型变电所中被广泛采用。在重要负荷的出线回路较多、供电容量较大时，一般不采用。

（3）单母线分段接线的缺点。

①当一段母线或母线隔离开关故障或检修时，该段母线的回路都要在检修期间内停电。

②当出线为双回路时，常使架空线路出现交义跨越。

③扩建时需向两个方向均衡扩建。

（4）单母线分段接线的适用范围。

①6～10 kV 配电装置出线回路数为 6 回及以上。

②35～63 kV 配电装置出线回路数为 4～8 回。

③110～220 kV 配电装置出线回路数为 3～4 回。

3. 单母线（分段）带旁路接线

为了解决在检修断路器期间该回路必须停电的问题，可采用加装"旁路母线"的方法，即增加一条称为"旁路母线"的母线，该母线由"旁路断路器"供电。在检修出线断路器时，就可以将该条线路转移到旁路母线上，旁路断路器就代替出线断路器工作。单母线（分段）带旁路接线，如图 1.5 所示。

（1）单母线（分段）带旁路接线的接线特点。

①旁路断路器 QFp 连接旁路母线 WBp 和工作母线 WB。

②每一出线回路在线路隔离开关的线路侧再用一台旁路隔离开关 QSp 接至旁路母线 WBp 上。

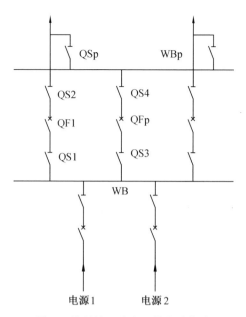

图 1.5 单母线（分段）带旁路接线

（2）单母线（分段）带旁路接线的可靠性。

①正常运行。

旁路断路器 QFp 和每条出线的 QSp 均是断开的，为单母线运行。这样，平时旁路母线不带电，减少出现故障的可能性。

②检修出线断路器 QF1。

先合上 QFp 两侧隔离开关，再合上 QFp，旁路母线带电；合上 QSp，断开 QF1、QS2、QS1。这样，QF1 退出工作，该线路经 WB、QFp、WBp、QSp 得到供电，如图 1.6 所示。

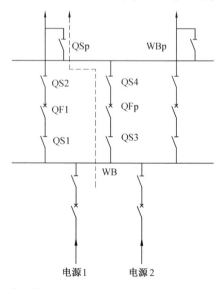

图 1.6 单母线（分段）带旁路接线检修出线断路器 QF1

（3）单母线（分段）带旁路接线的优点。

供电可靠性提高，保证了对重要用户的不间断供电，倒闸操作相对简单。

（4）单母线（分段）带旁路接线的缺点。

增加了设备，从而增大了投资和占地面积。如果旁路母线同时与引出线和电源回路连接（图 1.7 中虚线部分），则电源回路的断路器可以和本回路的其他设备同时检修。但此时接线比较复杂，将造成配电装置布置困难并增加建造费用，所以旁路母线一般只与出线回路连接，即不包括图 1.7 中虚线部分。

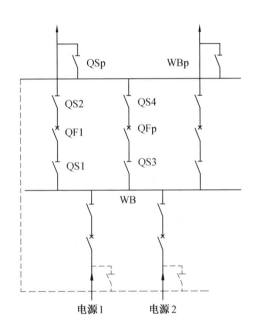

图 1.7　旁路母线与引出线和电源回路连接

（5）单母线（分段）带旁路接线的分类。

单母线（分段）带旁路接线又分为专用旁路断路器和分段断路器兼作旁路断路器两种。

①专用旁路断路器 QFp。

正常运行时，专用旁路断路器 QFp 和每条出线的 QSp 均是断开的，为单母线分段运行。因为检修期间仍以单母线分段运行，可靠性有所提高，如图 1.8 所示。

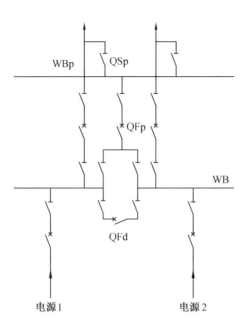

图 1.8 专用旁路断路器 QFp 和旁路母线 WBp

②分段断路器 QFd 兼作旁路断路器。

a. 正常运行。

QFd、QS1、QS2 闭合，QS3、QS4 断开，QS5（母线分段隔离开关）断开，QSp 断开，为单母线分段运行，旁路母线 WBp 平时不带电，如图 1.9 所示。

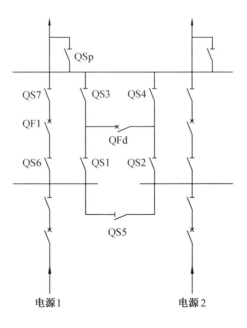

图 1.9 分段断路器 QFd 兼作旁路断路器

b. 检修 QF1。

母线分段隔离开关 QS5 合上，使两段母线在检修期间并列运行。旁路母线可接至任一段母线上。

具体倒闸操作步骤见表 1.6、表 1.7。单母线分段带旁路检修 QF1 如图 1.10 所示。

表 1.6　倒闸操作（检查 WBp 完好否）

目的	检查 WBp 完好否				
合	QS5			QS4	QFd
分		QFd	QS2		

表 1.7　倒闸操作（QFd 代 QF1）

目的	QFd 代 QF1			
合	QSp			
分		QF1	QS7	QS6

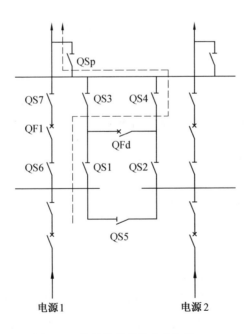

图 1.10　单母线分段带旁路检修 QF1

分段断路器兼作旁路断路器的其他接线形式如图 1.11 所示。

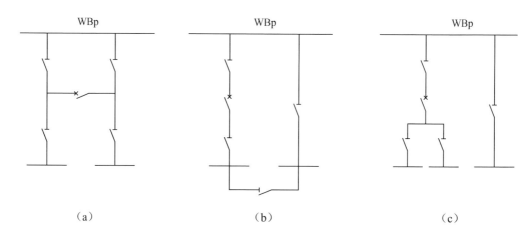

（a） （b） （c）

图 1.11　分段断路器兼作旁路断路器的其他接线形式

图 1.11（a）不设母线分段隔离开关；图 1.11（b）、（c）正常运行时，WBp 均带电，故障几率大，但倒闸操作相对简单。

（6）单母线（分段）带旁路接线的适用范围。

①6～10 kV。一般不设旁路母线。因为供电负荷小，供电距离短，而且一般可在网络中取得备用电源，同时大多为电缆出线，所以事故跳闸次数很少。

②35～60 kV。可不设旁路母线。因为重要用户多系双回路供电，可以停电检修断路器。断路器年平均检修时间短，通常为 2～3 天。

③110～220 kV。一般要设置旁路母线。因为 110～220 kV 线路的输送距离远，所以输送功率大，停电影响大，断路器平均每年检修时间约需 5～7 天。（采用六氟化硫断路器可不设旁路母线）

4. 双母线不分段接线

单母线接线形式简单，所用设备少，相对而言可靠性就低。不论是否母线分段，当母线（段）故障或母线隔离开关故障时，接在该母线（段）上的所有回路都必须停电，故障排除后方能恢复供电。这个恢复时间可能很长，降低了供电可靠性。

分析上述问题产生的原因，在于每个回路只通过唯一的回路连接在唯一的一条母线上。

因此，为了解决上述问题，不使部分用户的供电受到限制或中断，保证对无备用电源的重要用户的连续供电，可以增加一条母线，形成双母线接线形式。

（1）双母线不分段接线的接线特点。

①接线形式：有两组母线（Ⅰ、Ⅱ）。

②每一个电源回路和出线回路均通过一台断路器和两台隔离开关分别接到两组母线上。

③两组母线通过一台母联断路器 QFm 相连，如图 1.12 所示。

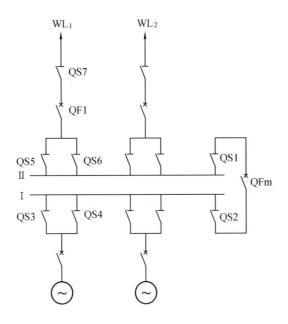

图 1.12　双母线接线

（2）双母线不分段接线的运行方式。

①一组母线工作，另一组母线备用。

母联 QFm 断开，所有进出线接在工作母线上的 QS 全部闭合，接在备用母线上的 QS 全部断开。备用母线平时不带电，相当于单母线运行。

任一组母线都可以是工作或备用。

②两组母线并联运行。

母联 QFm 及两侧 QS 闭合，两组母线均是工作母线。由于母线继电保护的要求，一般把电源和出线均匀分布在两组母线上。

若某一回路固定的与某组母线相连，接在该组母线的 QS 是闭合的，则相当于单母线分段运行。

（3）双母线不分段接线的运行特点。

①检修母线时不影响正常供电。

只需将要检修的那组母线上的全部回路通过倒闸操作转移到另一组母线上即可。这样的倒闸操作称之为"倒母线"。进行"倒母线"操作时，必须严格遵循正确的操作顺序，避免误操作。

例如当采用上述第一种运行方式时，为了检修工作母线 I，须将母线 II 由备用转工作，母线 I 由工作转备用，则正确的操作顺序如下。

a. 合上 QS2、QS1 和 QFm，使 II 组母线带电，检查该母线是否完好。

b. 依次合上各个回路接在Ⅱ组母线侧的 QS，再依次断开各回路接在Ⅰ组母线侧的 QS。

c. 拉开 QFm，原工作母线便退出工作，可以进行检修。

②检修任一母线 QS 时，只影响该回路供电。

例如检修 QS5：断开 QF1 和 QS7，将电源和其余全部出线经"倒母线"操作转移到Ⅱ组母线工作，再断开 QFm，如图 1.13 所示。此时母线Ⅰ不带电，QS6 原来就是断开的，因此 QS5 两侧完全无电压。

③工作母线故障后，所有回路能迅速恢复供电。

当工作母线发生短路故障时，所有电源回路 QF 自动跳闸。随后应断开各出线 QF 和所有故障母线侧的 QS，再合上各回路备用母线侧的 QS，最后合上电源、出线 QF。这样，所有回路不必等待故障排除既可迅速恢复供电。

④任一出线运行中的 QF 故障、拒动或不允许操作时，可利用 QFm 来代替。

例如用 QFm 代 QF1：断开 QF1、QS7、QS5，用跨条短接 QF1；再合上 QS6、QS7，合上 QS2、QS1、QFm，则恢复 WL1 供电。

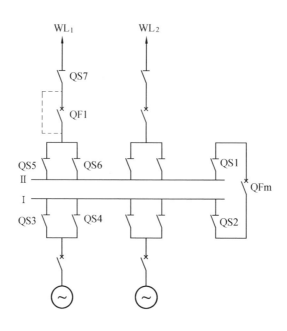

图 1.13　双母线接线检修 QS5

（4）双母线不分段接线的优点。

①供电可靠。

a. 可轮流检修一组母线，而不使供电中断。

b. 一组母线故障后，能迅速恢复供电。

c. 检修任一出线的母线隔离开关时，只需停运该隔离开关所在的线路和与此隔离开关相连的母线。

②运行方式灵活。

a. 单母线运行。

b. 固定连接方式运行。

c. 两组母线分列运行，分裂为两个电厂，限制短路电流。

③扩建方便。

向双母线的任一方向扩建，不会影响两组母线的电源和负荷的自由组合分配，也不会造成原有回路停电。

（5）双母线不分段接线的缺点。

①增加了母线长度，每回路多了一组母线 QS，从而配电装置架构增加，占地面积增大，投资增多。

②当由于母线故障或检修而进行倒闸操作时，QS 作为倒换操作电器，极容易导致误操作。

③当工作母线故障时，将造成整个配电装置在倒母线期间停电（可以采取两组母线同时工作的运行方式或某组母线分段来解决）。

④检修任一回路 QF 时，该回路必须停电。即使可以用母联来代替，也需短时停电，而且检修期间为单母线分段运行，可靠性有所降低（可以采取加装旁路母线来解决）。

（6）双母线不分段接线的适用范围。

①6～10 kV。当发电机电压负荷较大，出线较多，且有重要用户时，有采用双母线的必要。

②35～60 kV。出线超过 8 回，或连接电源较多，负荷较大时采用。这样，检修设备比较方便。

③110～220 kV。出线回数为 5 回以上时采用。

由于可靠性高，广泛适用于 6～220 kV、进出线较多、输送和穿越功率较大、运行可靠性和灵活性要求高的场合。

5. 双母线分段接线

为了消除工作母线故障时造成整个配电装置停电的缺点，可以将双母线接线中的一组母线用断路器分段，从而形成双母线分段接线形式，如图 1.14 所示。

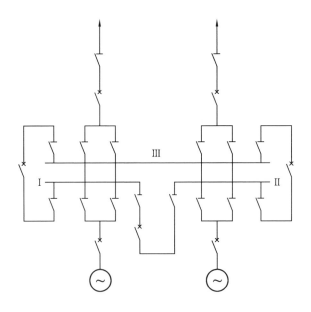

图 1.14　双母线分段接线

双母线分段接线的特点如下：

①任一分段检修或故障时，可将该分段上所有回路转移至备用母线，则备用母线与完好分段通过母联并列运行。

②母线分段处可以加装分段电抗器，如图 1.15 所示，限制短路电流水平。

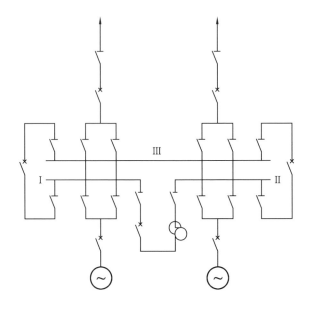

图 1.15　双母线分段接线加装分段电抗器

③优点是可靠性、灵活性高,广泛应用于 6~10 kV、进出线较多、输送和穿越功率较大的场合。

④缺点是增加了母联和分段 QF,增加了投资和占地面积。

6. 双母线带旁路

在检修某一回路断路器时,为了不使该回路停电,可采取增设旁路母线的方法。双母线带专用旁路断路器接线形式如图 1.16 所示。

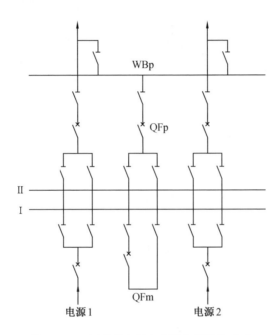

图 1.16 双母线带专用旁路断路器接线形式

双母线带旁路接线,正常运行时多采用固定连接方式,即双母线同时运行,引出线和电源回路平均分配好后,固定工作于某组母线上。这样,负荷平衡,母联上通过的电流最小。

对于 220 kV 出线 5 回及以上,或 110 kV 出线 7 回及以上,一般应装设专用的旁路断路器。

为了节省断路器及配电装置间隔,可以用旁路兼作母联或母联兼作旁路,运行方式以旁路为主。

(1)旁路兼作母联。

正常运行时,QFp 要起到母联的作用,因此 QFp、QS1、QS3、QS4 是闭合的,QS2 是断开的。此时,旁路母线 WBp 带电。旁路兼作母联如图 1.17 所示。

检修时,先转为单母线运行。

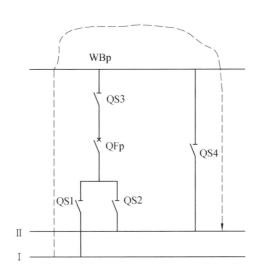

图 1.17　旁路兼作母联

（2）母联兼作旁路。

正常运行时，QFm 按母联工作，因此 QFm、QS1、QS4 闭合，QS2、QS3 断开。此时，旁路母线 WBp 不带电。母联兼作旁路如图 1.18 所示。

检修时，合上 QS2，拉开 QFm、QS4，变为单母线运行。再合上 QS3、QFm，用 QFm 代替出线 QF。

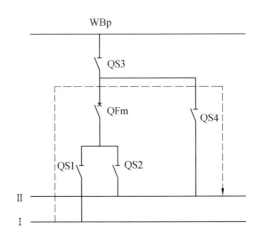

图 1.18　母联兼作旁路

7. 一个半断路器接线

在母线 W1，W2 之间，每串接有三台断路器，每串两条回路，每两台断路器之间引出一回线，称为一个半断路器接线，又称二分之三接线。一个半断路器接线如图 1.19 所示。

（1）一个半断路器接线的接线特点。

①电源线宜与负荷线配对成串，即要求同一个断路器串中，配置一条电源线和一条出线回路。

②当初期只有两串时，同名回路宜分别接于不同的母线侧；当达到三串时，同名线路可接于同侧母线。

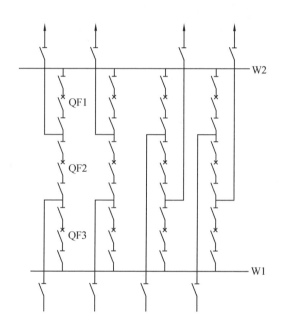

图 1.19　一个半断路器接线

（2）一个半断路器接线的优点。

①可靠性高。任何一个元件（一回出线、一台主变）故障均不影响其他元件的运行，母线故障时与其相连的断路器都会跳开，各回路供电均不受影响。当每一串中均有一电源一负荷时，即使两组母线同时故障都影响不大。

②调度灵活。正常运行时两组母线和全部断路器都投入运行，形成多环状供电，调度方便灵活。

③操作方便。只需操作断路器，而不必利用隔离开关进行倒闸操作，从而降低误操作事故发生概率。隔离开关仅供检修时隔离电压用。

④检修方便。检修任一台断路器只需断开该断路器自身，然后拉开两侧的隔离开关即可。检修母线时也不需切换回路，不影响各回路供电。

（3）一个半断路器接线的缺点。

①占用断路器较多，投资较大，二次控制接线和继电保护配置也比较复杂。

②接线至少配成 3 串才能形成多环状供电。

（4）一个半断路器接线的适用范围。

①一个半断路器接线具有很高的可靠性，是现代大型电厂和变电所超高压（330 kV、500 kV 及以上电压等级）配电装置的常用接线形式。

②用于电源多于出线的大型水电厂。

（5）一个半断路器接线的注意事项。

①配串时应使同一用户的双回线路布置在不同的串中，电源进线也应分布在不同的串中，以避免在联络断路器故障时，使同一串中的两回出线或两回电源进线全部同时断开。

②配串时电源负荷应采用交叉布置，进出线应装设隔离开关，如图 1.20 所示。

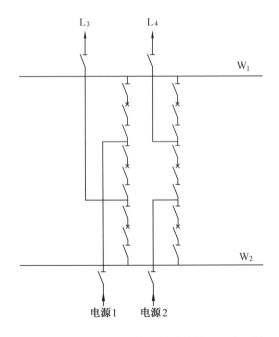

图 1.20　一个半断路器交叉接线并装设隔离开关

8. 变压器-母线组接线

由于超高压系统的主变压器均采用质量可靠、故障率很低的产品，因此可以直接将主变压器经隔离开关接到两组母线上，省去断路器以节约投资，接线方式如图 1.21 所示。

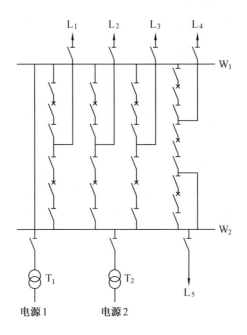

图 1.21　变压器-母线组接线

当主变（如 T1）故障时，即相当于与之相连的母线（W1）故障，则所有靠近该母线的断路器均会跳闸，但并不影响各出线的供电。主变用隔离开关断开后，母线即可恢复运行。

当出线数为 5 回及以上时，各出线均可经双断路器分别接到两组母线上，可靠性很高，如图 1.21 中的 L1、L2、L3 所示。

当出线数为 6 回及以上时，部分出线可以采用一个半断路器接线形式，可靠性也很高，如图 1.21 中的 L4、L5 所示。

1.4.3　无汇流母线的接线

无汇流母线接线形式的特点是断路器数量等于或少于出线回路数。

1. 单元接线

各元件串联相接，之间没有任何横向联系的接线。

（1）发电机-变压器单元接线。

发电机出线侧不设母线，各台发电机直接与各自主变压器连接，所有电能经变压器全部升高电压等级（35 kV 及以上）后进入系统，供给远方用户。

由于发电机仅在升高电压侧并联工作，因此在升高电压侧必须有母线。发电机-双绕组变压器单元接线如图 1.22（a）所示。由于两者不可能单独工作，因此发电机和变压器容量相同，之间可不装设断路器。为了便于对发电机进行试验，可设一组隔离开关。

发电机-三绕组变压器单元接线如图 1.22（b）所示。若高、中压侧无电源，G 和 T 之间可不装设断路器；若高、中压侧有电源，且高、中压侧在发电机不工作时仍需保持连接，G 和 T 之间则需设断路器。

无汇流母线的单元接线的优缺点和适用场合如下。

①优点：接线简单，电器数目少，因而节约了投资和占地面积，也减少了故障可能性，提高了供电可靠性。由于没有发电机电压母线，因此在发电机和变压器之间短路时，短路电流比有母线时要小。

②缺点：单元中任一元件检修或出现故障时，整个单元必须完全停止工作。

③适用场合：广泛应用于区域性电厂、水电厂和大容量机组的火电厂中。

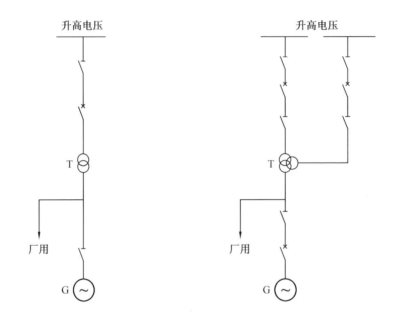

（a）发电机-双绕组变压器单元接线　　　（b）发电机-三绕组变压器单元接线

图 1.22　无汇流母线的单元接线

（2）扩大单元接线。

为了减少变压器台数和升高电压侧断路器的数量，从而节约投资和占地面积，可以采用无汇流母线的扩大单元接线，如图 1.23 所示，此时在发电机和变压器之间应装设断路器。无汇流母线的扩大单元接线形式在中、小容量发电机较多时可采用，火电厂、水电厂也可采用。

为了减少变压器台数和升高电压侧断路器的数量，从而节约投资和占地面积，也可以采用两台发电机连接一台变压器的无汇流母线的扩大单元接线，如图 1.24 所示。

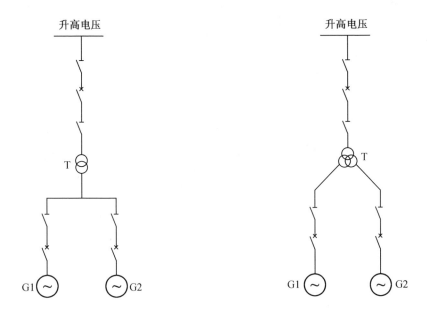

图 1.23　无汇流母线的扩大单元接线　图 1.24　两台发电机连接一台变压器的无汇流母线的扩大单元接线

　　两台发电机连接一台变压器的无汇流母线的扩大单元接线的缺点：运行灵活性较差，尤其当检修变压器时，需停两台发电机，影响较大。因此，必须当电力系统允许和技术经济合理时才采用。

　　扩大单元接线中，除了可以采用普通双绕组变压器作主变外，还可以采用分裂绕组变压器作主变。当采用分裂绕组变压器作主变时，可以有效地限制发电机出口或变压器低压侧的短路电流水平。

　　（3）发电机-变压器-线路单元接线。

　　当只有一台变压器和一条出线时，可以采用发电机-变压器-线路单元接线，即发电厂内不设升压站，而把电能直接送到附近的枢纽变电所，如图 1.25 所示。

　　发电机-变压器-线路单元接线的优点是节约了占地面积，只有机-炉-电单元控制室，没有网络控制室。

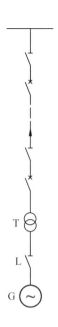

图 1.25 发电机-变压器-线路单元接线

2. 桥型接线

当只有两台变压器和两条线路时，可以采用桥型接线，此时四回进出线只有三台断路器，数目最少。

根据连接桥的位置，桥型接线可分为内桥接线和外桥接线。

（1）内桥接线，如图 1.26 所示。

接线特点：出线各接有一台断路器，桥连断路器接在内侧（变压器侧）。

正常运行时：出线所有断路器均闭合（开环运行的四角形接线）。

适用于：35～220 kV、线路较长（故障几率大）、雷击率较高和变压器不需要经常切换的发电厂和变电所。

运行特点：出线的投切很方便，而变压器的切除和投入比较复杂。

出现故障时，仅线路跳闸，其余回路可继续供电。例如，T1 故障时，QF1、QFq 自动跳闸，WL1 停电；拉开 QS1 后，再合上 QF1、QFq，可恢复 WL1 供电。

（2）外桥接线，如图 1.27 所示。

接线特点：变压器进线各接有一台断路器，桥连断路器接在外侧（线路侧）。

适用于：35～220 kV、线路较短（故障几率小），而变压器按照经济运行要求需经常切换的发电厂和变电所。当有穿越功率流过厂、所时，也可采用外桥接线。

运行特点：和内桥正好相反。

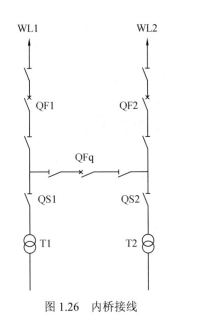

图 1.26　内桥接线

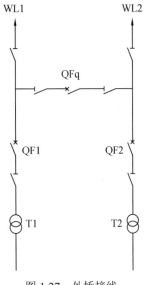

图 1.27　外桥接线

3. 角形接线

将几台断路器连接成环状,在每两台断路器的连接点处引一回进线或出线,并在每个连接点的三侧各设置一台隔离开关,即构成角形接线,角形接线如图 1.28 所示。

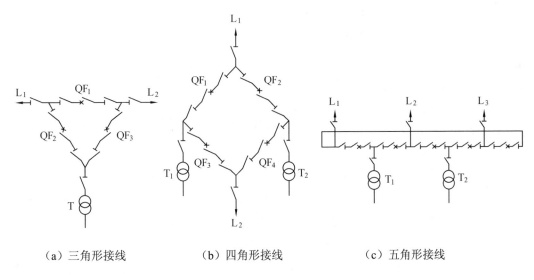

（a）三角形接线　　　　　　（b）四角形接线　　　　　　（c）五角形接线

图 1.28　角形接线

（1）角形接线的优点。

①使用的断路器数目少，所用的断路器数等于进出线回路数总和，比单母线分段和双母线都少用一台断路器，经济性较好。

②每一个回路都可经两台断路器从两个方向获得供电通路，任一台断路器检修时都不会中断供电。

③隔离开关只在检修断路器时用于隔离电压，不作为操作电器，误操作的可能性大大减少，也有利于自动化控制。

注意：应尽量把电源回路和负荷回路交叉布置，以避免同时失去两个电源或同时断开两个负荷，提高供电可靠性和运行的灵活性。

（2）角形接线的缺点。

①开环运行和闭环运行时工作电流相差很大，且每个回路连接两台断路器，每台断路器又连着两个回路，使继电保护整定值和控制都比较复杂。

②在开环运行时，若某一线路或断路器故障，将造成供电紊乱，使相邻的完好元件不能发挥作用而被迫停运，降低可靠性。

③建成后扩建比较困难。

（3）角形接线的适用范围。

因为角形接线相对占地面积较小。适用于最终进出线回路数为 3～5 回的 110 kV 及以上的配电装置，特别在水电站中应用较多。

通常，变电所高压侧的主接线，应尽可能采用断路器数目较少的接线，以节省投资，减少占地面积。随出线回数的不同，可采用桥形、单母线、双母线及角形等接线。如果高压侧为超高压等级，又是重要的枢纽变电所，宜采用双母线分段带旁路接线或一台半断路器接线。变电所低压侧的主接线，常采用单母线分段或双母线，以便于扩建。

1.5 总变电站

高压电网中总变电站起重要的枢纽作用，一方面从系统电网中获取电能，另一方面在企业内部进行电能分配，以满足企业安全生产的需求。

总变电站地址选择与总布置是一项科学性、综合性、政策性很强的工程，是电力基本建设工作的主要组成部分。站址选择是否正确，总布置是否合理，对基建投资、建设速度、项目运行的经济性和安全性起着十分重要、甚至决定性的作用。实践证明，凡是重视前期工作，站址选择得好，总布置合理而又紧凑的，则投资省、建设快、经济效益高；反之，将给电力建设造成损失和浪费，甚至影响安全供电。

1.5.1　站址选择的基本要求

1. 靠近负荷中心

变电站站址的选择必须适应电力系统发展规划和布局的要求，尽可能地接近主要用户，靠近负荷中心。这样，既减少了输配电线路的投资和电能的损耗，也降低了造成事故的机率，同时也可避免由于站址远离负荷中心而带来的其他问题。

2. 节约用地

节约工程用地是我们的国策，我们需要遵循技术经济合理的原则，合理布置，尽可能提高土地的利用率，凡有荒地可以利用的，不得占用耕地，凡有差地可以利用的，不得占用良田。用地要紧凑，因地制宜，用劣地作为站址是决定一个设计方案好坏的主要条件之一。随着北京经济建设的飞速发展，城区用电量的增加，单独拿出一块土地用于建设变电站是很困难且不经济的，所以应该适当发展地下式变电站，全部设备均设置在高层建筑的地下室，以适应城市建设的要求。如北京电力设计院设计的北太平庄 110 kV地下变电站和甘家口 110 kV 地下变电站，这些变电站占地面积小，但造价颇高，需要重点解决好通风与防火问题，这将是城市特别是中心城区电力发展的趋势。

3. 地质条件的要求

随着对农业的保护及对农民利益保护的不断加强，注重山区的电力建设是非常必要的。这不仅对于农业的发展有重要作用，也会为城市郊区开展旅游事业及提高山区人民生活水平提供前提条件。电力深入山区，存在供电范围大、交通不便的不利条件，所以选好站址是非常重要的。

选址阶段的工程地质勘测内容主要是研究建站的可行性，查明地质构造、岩性、水文地质条件等，并对站址的稳定性做出基本评价。土建专业在勘测内容详尽的情况下，对站址的抗震是否有利做出正确的评估。由于变电站设施造价很高，因此把变电站建在不利于建筑物抗震的地段，若发生地震就可能发生滑坡、山崩、地陷等灾害，将造成国家财产损失。例如北京地区，由于城市周围大都被山区所包围，滑坡、洪水都是可能发生的，在选址前一定要对山区地质有充分的了解。查明地下水埋藏条件是评价水文地质条件的重要依据。一般在收集地区性的水文地质资料的基础上，结合站址具体位置，对含水层的岩性、厚度、分布规律、渗透系数、出水量等尽可能地详细了解。在水文地质条件较复杂、水源地较难确定时，工程选址阶段的水源勘探尤为重要，有条件时还应观察地下水位，采取水样进行水质分析，以便科学、可靠地判断变电站的供水水源。

随着变电站科技含量的增加，无人值班站是适合偏远山区的建设模式，但是变电站又是一个非常危险的工业设施，所以配置好防火设施至关重要。变电站中的水泵房、蓄水池、上下管道，都对水源有较高的要求，故在选址阶段必须对水源（水量、水质）予以落实，并对选址地区的供水水源提出评价，一般应包括下列内容。

（1）水源的位置及可靠性。

（2）和农业及其他工业用水的关系。

（3）有无其他可能利用的水源。

（4）需进行的勘探工作，如具体确定水源的补给和可开采的水量、水质，以及取水地段和取水方式。

4. 线路走廊

变电站站址的选择，应便于各级电压线路的引进和引出。变电站的进出线在变电站附近时，往往需要集中在一起架设，其所占的范围和路径的通道称为线路走廊。对于电压在 110 kV 及以上的大、中型变电站，在变电站周围应有一定宽度的空地，以利于线路的引进和引出，故进出线走廊应与站址选择同时确定。在确定出线走廊时，还应考虑与城镇规划相协调。

5. 站址选择对交通运输的要求

站址应尽可能选择在已有或规划的铁路、公路等交通线附近，以减少交通运输的投资，加快建设和降低运输成本。

站址的选择还应考虑施工时设备材料的运输。特别应考虑大型设备，如主变压器等大件的运输方案，以及投运后抢修、维护的道路。变电站在运行后，对外运输量是很小的。

6. 尽量避开污秽地段

选择站址应尽量避开污秽地段，因为污秽地段的各种污秽物严重影响着变电站电气设备运行的可靠性。其对电气设备危害的程度与污染物的导电性、吸水性、附着力、气象条件、污染物的数量、比重及与污染源的距离有密切联系。

7. 环境保护

随着工农业生产的发展，环境污染问题越来越受到世界各国广泛的重视，因为新工业基地的不断出现，必然给环境带来一系列新的污染物排放问题，所以保护环境和改善环境是至关重要的。目前我国的自然环境和生活环境的污染已经相当严重，所以站址的选择必须认真考虑环境保护的要求，减少和防止环境污染，尽可能地利用站内的边角地带进行绿化，以提高绿化率。在新选站址的确定阶段必须论证站址对环境的影响，并取得环保部门的同意。与此同时，还应考虑周围环境是否对变电站内电气设备有不良影响，力争取得良好的环境效益。

变电站在运行过程中，所排放的生产废水和生活污水的污染情况是不尽相同的，因此，处理的方法自然也不一样。生产废水主要来自油系统的含油污水和蓄水池调酸废水等，一般采用化学和物理处理方法。化学处理方法有中和处理，物理处理方法有沉淀、分离等。目前对含油污水采取油水分离池和集油池的形式进行处理。

噪音也是一种污染。一些市内变电站就位于居民区附近，主变所产生的长期噪音对人的健康是有危害的。所以，市区建设变电站时在尽量采用低噪音设备的同时，还应在设计及基建时采取工程措施解决噪音问题，即利用各种吸音材料遮蔽噪音路径。隔绝声源的办法虽然较为被动、消极，但也较为有效。有条件的，应通过增加建筑物的间距来减小周围的噪音影响。

1.5.2　变电站总体规划

站址一经选定，就应做好变电站的总体规划。总体规划是建站总的安排，即在拟建变电站的场地上，对变电站的站区、生活区、水源地、进出线走廊、道路、供排水管线、防排洪设施等项目工程的施工、扩建用地进行安排、布置。按照工艺要求、安全运行、经济合理、有利管理、方便生活的原则，在技术经济论证的基础上，进行合理布局与全面规划。

变电站的总体规划是总布置设计的首要环节，只有在正确的总体规划指导下，才能有好的总布置设计。

总体规划在已取得的建站地形图、地质资料、进出线路径规划、城镇及工业区规划图的基础上着手进行总体规划的顺序为：

①先标出站区位置及范围。

②各级电压进出线方位，并与站内相对应的配电装置方位一致，标明进出线回路及走廊宽度。

③进站道路接引点和路径。

④站区主要的出入口位置。

⑤水源地及供水管线路径、取水设施及建筑（构）物。

⑥排水设施、排放点位置及排水管路径。

⑦生活区位置。

⑧标出为变电站服务的生活设施的位置。

⑨现场勘探，调查研究，协调各方关系，进行必要的调整和补充。

1.5.3　总平面设计的主要内容

（1）总平面布置。主要协调和解决全站建（构）筑物、道路在平面位置布局上的相对关系和相对位置。

（2）竖向布置。主要解决站区各建（构）筑物、道路、场地的设计标高及其在竖向上的相互关系。

（3）管、沟布置。全面统筹安排站区地下设施。

（4）道路。合理确定站内、外道路之间的综合关系，满足运行、检修、施工运输要求。

1.5.4 屋内外配电装置

1. 110～220 kV 配电装置布置原则

（1）110～220 kV 配电装置采用断路器单列式布置方式，110～220 kV 母线形式按软母线改进半高型布置。

（2）220 kV 配电装置采用软母线隔离开关分相中型布置，断路器采用单列式布置。

（3）110～220 kV 配电装置采用断路器双列式布置，母线采用支持式管型母线中型布置，出线采用架空出线方式，所有设备采用地面布置，进出线隔离开关采用水平断口隔离开关，副母线隔离开关采用垂直断口隔离开关分相布置于母线下方，正母线隔离开关采用垂直断口隔离开关或水平断口隔离开关。

（4）220 kV 配电装置采用断路器单列式或双列式布置，母线采用悬吊式管型母线中型布置，出线采用架空出线方式，所有设备采用地面布置。

（5）220 kV 户外 GIS 配电装置典型接线采用双母线接线，GIS 采用户外分相式，断路器单列式布置，架空进出线。110 kV 户外 GIS 配电装置采用户外分相式或共箱式，断路器单列式布置，出线采用单回出线专用方式。

（6）220 kV 户内 GIS 配电装置一般出线采用电缆或架空，110 kV 户内 GIS 配电装置一般出线采用电缆，主变压器采用架空、电缆以及油气套管进线方式。

2. 主变压器布置

主变压器采用户外布置或户内布置，户外布置的主变压器之间不满足防火距离要求时应设防火墙，户内布置的主变压器冷却器应分体布置。

3. 66 kV 及以下配电装置布置

（1）66 kV 配电装置采用软母线（或管母线）中型布置，断路器采用单列式布置。

（2）35 kV 配电装置采用开关柜，户内单列式或双列式布置；35 kV 主变压器进线可采用支持式母线桥或软导线架空进线；35 kV 出线可采用电缆或架空方式；35 kV 无功补偿装置可采用户外或户内布置。

（3）10 kV 配电装置采用中置式开关柜，户内单列式或双列式布置；主变压器进线及母线跨线采用架空封闭导体方式；出线及电容器等均采用电缆出线。10 kV 并联电容器采用装配式或集合式，10 kV 并联电抗器户内布置采用干式铁芯电抗器。

1.5.5　站用变压器

（1）220 kV 变电站宜从主变压器低压侧分别引接两台容量相同、可互为备用、分列运行的站用工作变压器。每台工作变压器按全站计算负荷。

（2）初期只有一台主变压器时，其中一台站用变压器宜从站外电源引接。

（3）站用电低压系统应采用三相四线制，系统的中性点直接接地（TN-C-S）。系统额定电压为 380 V/220 V；站用电母线采用按工作变压器划分的单母线；相邻两段工作母线同时供电分列运行，两段工作母线间不宜装设自动投入装置。

（4）重要负荷应采用分别接在两段母线上的双回路供电方式，并只在末端控制箱内自动相互切换。

（5）站用变压器宜选用低损耗节能型产品。

（6）站用变压器及其高压配电装置可采用户内或户外布置。当油浸式变压器采用户内布置时，应安装在单独的小间内。

（7）一个变电站的主变压器台数最终规模不宜少于 2 台或多于 4 台，单台变压器容量不宜大于表 1.8 中的数值。在一个电网中，同一级电压的主变压器单台容量不宜超过 2～3 种；在同一变电站中同一级电压的主变压器宜采用相同规格。

表 1.8　单台变压器容量

主变电压比/（kV·kV^{-1}）	单台主变容量/MV·A
500/220	1 500
330/110	360
220/110	240
220/66	240
220/35	240
110/20	63
110/10	63
66/10	63
35/10	31.5

当变电站内变压器的台数和容量已达到规定的台数和容量以后，如负荷继续增长，一般应采用增建新变电站的方式提高电网供电能力，而不宜采用在原变电站内继续扩建增容的措施。

主变压器的外形结构、冷却方式及安装位置应尽量有利于通风散热，主变压器应选用低损耗型，以达到节约能源及减少散热困难的目的。

（8）变电站应采用自动化设计，220 kV 终端变电站和 110 kV 及以下变电站应采用无人值班（少人值守）设计。无人值守的变电站和高压开关站，宜配置防盗、防火报警系统，在特别重要的变电站应装设工业电视监视系统。

（9）35 kV 及以上变电站宜具有保护故障信息远传功能，以便于分析事故和检查保护动作情况，及时判断故障地点。

（10）变电站的建筑物及高压电气设备均应根据其重要性，按国家地震局公布的所在区地震烈度等级设防。电气设备选用应符合抗震技术要求，七级以上地震烈度地区的建筑物设计，应考虑地震时可能给电气设备造成的次生灾害。

1.5.6 照明

1. 照明电源系统

照明电源系统主要根据运行的需要及事故处理时照明的重要性而定。照明电源系统分为两种，即一般交流站用电源和不停电电源。一般交流站用电源来自站用配电屏，主要供正常照明使用；不停电电源由蓄电池直流母线经逆变器变换为交流供电的电源，对于照明来说它主要用于主控制楼的事故照明。继电器室的事故照明可考虑采用直流电源，同时站内配备少量手提式应急灯。

2. 主要照明方式

（1）变电站主控制室、电源室、远动和计算机室、各继电器室及户内配电装置等重要场所采用节能型灯具，灯具的配置和安装数量尽量与建筑装饰相配合，并避免眩光。

（2）屋外配电装置采用节能型投光灯和路灯组成混合式照明，检修及事故处理时使用投光灯，正常时使用路灯。

3. 照明标准

（1）普通照明标准。

变电站各场所照度标准值见表 1.9。

表 1.9　变电站各场所照度标准值

工作场所		照度值/ Lx
室内	主控室/值班室	300
	控制室	300
	配电装置室	200
	变电器室/电容器室	100
	蓄电池室	50
	电缆隧道	15
	生活间	50
	检修间	50
室外	设备标志	10
	操作机构	10
	通道	5

①变电站各区域主要通道的疏散照明照度值不应低于 0.5 Lx。

②对有人值班变电所、主控制室、继电器室、户内配电装置室、所用配电屏室、蓄电池室、通信机房、消防设备室、主要屋内通道、楼梯出口，应装设事故应急照明。事故应急照明宜兼作正常照明用。

③应优先选用配光合理、效率高的灯具。户内开启式灯具的效率不宜低于 70%。

④带灯罩灯具的效率不宜低于 55%，带格栅灯具的效率不宜低于 50%。

⑤户内外照明的安装位置应便于维护，照明器与带电导体间应有足够的安全距离。

⑥采用非密封蓄电池的室内照明，应采用防爆型照明电器；开关、熔断器和插座等可能产生电火花的电器，应装在蓄电池室外。

⑦在控制室工作台观察屏时，不应有明显的直接眩光和反射光。

（2）消防供电、应急照明。

①变电站的消防供电应符合下列规定。

a. 火灾探测报警与灭火系统、火灾应急照明应按二级负荷供电。

b. 消防用电设备采用双电源或双回路供电时，应能够在最末一级配电箱处自动切换。

c. 应急照明可采用蓄电池作备用电源，其连续供电时间不应少于 20 min。

d. 消防用电设备应采用单独的供电回路，当发生火灾切断生产、生活用电时，仍应保证消防用电，其配电设备应设置明显标志。

e. 消防用电设备的配电线路应满足火灾时连续供电的需要。当暗敷时，应穿管并敷设在不燃烧体结构内，其保护层厚度不应小于 30 mm；当明敷时（包括附设在吊顶内），应穿金属管或封闭式金属线槽，并采取防火保护措施。当采用阻燃或耐火电缆，且敷设在电缆井、电缆沟内时，可不采取防火保护措施；当采用矿物绝缘类等具有耐火、抗过载和抗机械破坏性能的不燃性电缆时，可直接明敷。消防用电设备的配电线路宜与其他配电线路分开敷设，当敷设在同一井沟内时，宜分别布置在井沟的两侧。

②火灾应急照明和疏散标志应符合下列规定。

a. 户内变电站、户外变电站的主控通信室、配电装置室、消防水泵房和建筑疏散通道应设置应急照明。

b. 疏散通道和安全出口应设发光疏散指示标志。

③人员疏散用的应急照明的照度不应低于 0.5 Lx，继续工作应急照明不应低于正常照明照度值的 10%。

④应急照明灯宜设置在墙面或顶棚上。

1.5.7　防雷接地

1. 防雷保护

（1）变电站遭受雷击的主要原因。

供电系统在正常运行时，电气设备的绝缘处于电网的额定电压作用之下，但是由于雷击的原因，供配电系统中某些部分的电压会大大超过正常状态下的数值。通常情况下变电站雷击有两种情况：一是雷直击于变电站的设备上；二是架空线路的雷电感应过电压和直击雷过电压形成的雷电波沿线路侵入变电站，其具体表现形式如下：

①直击雷过电压。

雷云直接击中电力装置时，形成强大的雷电流。雷电流在电力装置上产生较高的电压；雷电流通过物体时，将产生有破坏作用的热效应和机械效应。

②感应过电压。

当雷云在架空导线上方时，由于静电感应，在架空导线上积聚了大量的异性束缚电荷。在雷云对大地放电时，线路上的电荷被释放，形成的自由电荷流向线路的两端，产生很高的过电压，此过电压会对电力网络造成危害。

因此，架空线路的雷电感应过电压和直击雷过电压形成的雷电波沿线路侵入变电站，是导致变电站雷害的主要原因，若不采取防护措施，势必造成变电站电气设备绝缘损坏，引发事故。

（2）变电站防雷的原则。

针对变电站的特点，其总的防雷原则是将绝大部分雷电流直接接闪引入地下泄散（外部保护）；阻塞沿电源线或数据、信号线引入的过电压波（内部保护及过电压保护）；限制被保护设备上浪涌过压幅值（过电压保护）。这三道防线，相互配合，各行其责，缺一不可。应从单纯一维防护（避雷针引雷入地——无源保护）转为三维防护（有源和无源防护）：防直击雷，防感应雷电波侵入，防雷电电磁感应等，从多方面系统地加以分析。

①外部防雷和内部防雷。

避雷针或避雷带、避雷网引下线和接地系统构成外部防雷系统，主要是为了保护建筑物免受雷击引起火灾事故及人身安全事故；而内部防雷系统则是防止雷电和其他形式的过电压侵入设备而造成设备损坏，这是外部防雷系统无法保证的。为了实现内部防雷，需要对进出保护区的电缆、金属管道等连接防雷及过压保护器，并实行等电位连接。

②防雷等电位连接。

为了彻底消除雷电引起的毁坏性电位差，特别需要实行等电位连接，电源线、信号线、金属管道等都要通过过电压保护器进行等电位连接，各个内层保护区的界面处同样要依此进行局部等电位连接，各个局部等电位连接棒互相连接，并最后与主等电位连接棒相连。

（3）变电站防雷的具体措施。

变电站遭受的雷击是下行雷，主要是雷直击在变电站的电气设备上，或架空线路的感应雷过电压和直击雷过电压形成的雷电波沿线路侵入变电站。因此，避免直击雷和雷电波对变电站进线及变压器产生破坏就成为变电站雷电防护的关键。

①变电站装设避雷针对直击雷进行防护。

架设避雷针是变电站防直击雷的常用措施，避雷针是防护电气设备、建筑物不受直接雷击的雷电接收器，其作用是把雷电吸引到避雷针身上并安全地将雷电流引入大地中，从而起到保护设备的效果。变电站装设避雷针时应使所有设备都处于避雷针保护范围之内，此外还应采取措施，防止雷击避雷针时的反击事故。对于 35 kV 变电站，保护室外设备及其构架安全，必须装有独立的避雷针。独立避雷针及其接地装置与被保护建筑物及电缆等金属物之间的距离不应小于 5 m，主接地网与独立避雷针的地下距离不能小于 3 m，独立避雷针的独立接地装置的引下线接地电阻不可大于 10 Ω，并需满足不发生反击事故的要求。对于 110 kV 及以上的变电站，装设避雷针是直击雷防护的主要措施。由于此类电压等级配电装置的绝缘水平较高，可将避雷针直接装设在配电装置的构架上，同时避雷针与主接地网的地下连接点，沿接地体的长度应大于 15 m。此时，雷击避雷针所产生的高电位不会造成电气设备的反击事故。

②变电站的进线防护。

要限制流经避雷器的雷电电流幅值和雷电波的陡度就必须对变电站进线实施保护。当线路上出现过电压时，将有行波导线向变电站运动，起幅值为线路绝缘的 50% 冲击闪络电压，线路的冲击耐压比变电站设备的冲击耐压要高很多，因此，在接近变电站的进线上加装避雷线是防雷的主要措施。如不架设避雷线，当遭受雷击时，势必会对线路造成破坏。

③变电站对侵入波的防护。

变电站对侵入波的防护的主要措施是在其进线上装设阀型避雷器。阀型避雷器的基本元件为火花间隙和非线性电阻。目前，SFZ 系列阀型避雷器，主要用来保护中等及大容量变电站的电气设备。FS 系列阀型避雷器，主要用来保护小容量的配电装置。

④变压器的防护。

变压器的基本保护措施是在接近变压器处安装避雷器，这样可以防止线路侵入的雷电波损坏绝缘。

装设避雷器时，要尽量接近变压器，并尽量减少连线的长度，以便减少雷电电流在连接线上的压降。同时，避雷器的连线应与变压器的金属外壳及低压侧中性点连接在一起，这样就有效减少了雷电对变压器破坏的机会。

变电站的每一组主母线和分段母线上都应装设阀式避雷器，用来保护变压器和电气设备。各组避雷器应用最短的连线接到变电装置的总接地网上。避雷器的安装应尽可能处于被保护设备的中间位置。

⑤变电站的防雷接地。

变电站防雷保护满足要求以后，还要根据安全和工作接地的要求敷设一个统一的接地网，然后避雷针和避雷器下面增加接地体以满足防雷的要求，或者在防雷装置下敷设单独的接地体。

小变电站用独立避雷针、大变电站的独立避雷针与配电装置的带电部分裸露在空气中的最短长度不得小于 5 m。避雷针接地引下线埋在地中部分与配电装置构架的接地导体埋在地中部分在土壤中的距离必须大于 3 m。变电站电气装置的接地装置，采用水平接地极为主的人工接地网。水平接地极采用扁钢 50 mm×5 mm，垂直接地极采用角钢 50 mm×5 mm，垂直接地极间距为 5 m～6 m。主接地网接地装置电阻不大于 4 Ω，主接地网应埋于冻土层 1 m 以下。人工接地网的外缘应闭合，外缘各角应做成圆弧形。

对于大变电站，安装在构架上的避雷针，与主接地网应在其附近装设集中接地装置。避雷针与主接地网的地下连接点至变压器的接地线主接地网的地下连接点，沿接地体的长度不得小于 15 m，同时变压器门形构架上不得装设避雷针。

⑥变电站防雷感应。

随着电力技术的发展，变电站均有完善的直击雷防护系统，户外设备直接遭受雷击损坏的可能性很小。但雷击防护时所产生的雷击放电及电磁脉冲，以及雷电过电压通过金属管道电缆将对变电站控制等各种弱电设备产生严重的电磁干扰，这就可能影响到变电设备的正常运行。

采取防雷感应保护的措施主要有：多分支接地引线，减少引线雷电流；改善汇流系统的结构，减少引下线对弱电设备的感应；除了在电源入口处装设压敏电阻等限制过压装置外，还可在信号线接入处使用光耦元件；所有进出控制室的电缆均采用屏蔽电缆，屏蔽层共用一个接地极；在控制室和通信室铺设等电位，所有电气设备的外壳均与等电位汇流排连接。

2. 接地保护

（1）变电站接地系统设计的重要意义。

变电站的接地网上连接着全站的高低压电气设备的接地线，它是维护变电站安全可靠运行，保障运行人员和电气设备安全运行的根本保证和重要设施。如果接地电阻较大，在发生电力系统接地故障或其他大电流入地时，可能造成地电位异常升高；如果接地网的网格设计不合理，则可能造成接地系统电位分布不均，局部电位超过安全值规定。这会给运行人员的安全带来威胁，还可能因反击对低压或二次设备以及电缆绝缘造成损坏，使高压窜入控制保护系统、变电站监控，甚至保护设备会发生误动、拒动，由此可能带来巨大的经济损失和社会影响。如何做好变电站接地设计，使其达到安全运行的要求，是变电站设计所关心和要研究的问题之一。

（2）变电站接地的分类。

变电站接地比较常见的有三种，分别为

①工作接地。为了使电力系统能够正常运行所需要的工作接地。

②保护接地。例如将电气装置中不带电的金属部分与接地装置连接起来。

③防雷接地。如金属避雷针接地、金属避雷器接地等。

（3）接地电阻。

伴随着电力系统规模的扩大，变电站的母线上将会出现越来越大的接地故障电流，因而在接地设计中要满足电力行业标准《交流电气装置的接地》（DL/T 621—1997）中第5.1.1 条要求（$R \leqslant 2\ 000/I$）是非常困难的。现行标准与原接地规程的一个很明显的区别在于，对接地电阻的规定值不再要求达到 0.5 Ω。

现行标准规定：虽然接地电阻可以适当加大，但不能超过 5 Ω，且应该按规定进行校验。但这不意味着一般情况下接地电阻都可以采用 5 Ω，接地电阻放宽是有附加条件的，需要满足接地标准第 6.2.2 条的规定：防止转移电位引起的危害，应采取各种隔离措施，考虑短路电流非周期分量的影响；当接地网电位升高时，3～10 kV 避雷器不应动作或动作后不应损坏；应采取均压措施，并验算接触电位差和跨步电位差是否满足要求，施工后还应进行测量和绘制电位分布曲线。

现行标准虽然放宽了对接地电阻值的规定，却并没有降低对接地网整体性的严格要求，而是对接地网的安全性要求更高更全面了，这就是接地设计必须遵循的原则和对接地网的考核要求。变电站接地网接地电阻要求不大于 0.5 Ω。

（4）接地网型式。

变电站接地网除应利用自然接地极外，应敷设以水平接地极为主的人工接地网，并应符合下列要求。

①人工接地网的外缘应闭合，外缘各角应做成圆弧形，圆弧的半径不宜小于均压带间距的 1/2，接地网内应敷设水平均压带，接地网的埋设深度不宜小于 0.8 m。

②接地网均压带可采用等间距或不等间距布置。

③35 kV 及以上变电站接地网边缘经常有人出入的走道处，应铺设沥青路面或在地下装设 2 条与接地网相连的均压带。在现场有操作需要的设备处，应铺设沥青、绝缘水泥或鹅卵石。

④对于 6 kV 和 10 kV 变电站和配电站，当采用建筑物的基础作接地极，且接地电阻满足规定值时，可不另设人工接地。除临时接地装置外，接地装置应采用热镀锌钢材。水平敷设的可采用圆钢和扁钢，垂直敷设的可采用角钢和钢管。腐蚀比较严重的地区的接地装置，应适当加大截面积，或采用阴极保护等措施。不得采用铝导体作为接地体或接地线。当采用扁铜带、铜绞线、铜棒、铜包钢、铜包钢绞线、钢镀铜、铅包铜等材料作为接地装置时，其连接应符合相关规定。

接地装置的人工接地体，导体截面应符合热稳定和机械强度的要求，但不应小于表 1.10 和表 1.11 所列规格。

表 1.10 钢接地体和接地线的最小规格

种类、规格及单位		地上		地下	
		室内	室外	交流电流回路	直流电流回路
圆钢直径/mm		6	8	10	12
扁钢	截面/mm²	60	100	100	100
	厚度/mm	3	4	4	6
角钢厚度/mm		2	2.5	4	6
钢管管壁厚度/mm		2.5	2.5	3.5	4.5

表 1.11 铜接地体的最小规格

种类、规格及单位	地上	地下
铜棒直径/mm	4	6
铜排截面/mm²	10	30
铜管管壁厚度/mm	2	3

低压电气设备地面上外露的铜接地线的最小截面应符合表 1.12 的规定。

表 1.12　低压电气设备地面上外露的铜接地线的最小截面

名称	铜/mm²
明敷的裸导体	4
绝缘导体	1.5
电缆的接地芯或与相线包在同一保护外壳内的多芯导线的接地芯	1

不得利用蛇皮管、管道保温层的金属外皮或金属网、低压照明网络的导线铅皮以及电缆金属护层作接地线。蛇皮管两端应采用自固接头或软管接头，且两端应采用软铜线连接。

1.5.8　二次设备

1. 二次设备的布置

（1）220 kV 变电站二次设备宜采用集中布置方式，也可采用分散布置的方式，站内不宜设专用通信机房。

（2）二次设备室应尽可能避开强电磁场、强振动源和强噪声源的干扰，还应考虑防尘、防潮、防噪声，并符合防火标准。

（3）二次设备室的面积应根据一次设备的形式按照变电站的远景规模进行规划。

（4）通信蓄电池宜与操作蓄电池合并布置在同一间蓄电池室。

（5）二次设备室的备用屏（柜）位宜按总屏（柜）位的 10％～15％预留。

（6）布置在一层的二次设备室，宜采用电缆沟方式。

2. 防误操作闭锁

宜由计算机监控系统实现全站的防误操作闭锁功能。本间隔的闭锁可由电气闭锁实现，也可采用能相互通信的间隔层测控装置实现。

3. 二次设备的接地

在二次设备室、敷设二次电缆的沟道、就地端子箱及保护用结合滤波器等处，应敷设与变电站主接地网紧密连接的等电位接地网。

1.5.9　元件保护及自动装置

（1）元件保护设计按 GB/T 14285—2006 的规定执行。

（2）主变压器保护采用微机型，按双主双后备配置，宜采用主后备一体化装置。

（3）35（10）kV 出线、站用变压器、无功补偿以及分段宜采用微机型保护、测控一体化的装置。

（4）主变压器三侧录波信息应统一记录在一套故障录波装置内。

（5）根据系统要求，可配置微机型自动低频减载装置。

（6）低压无功自动投切功能宜由监控系统实现，当系统有特殊需求时，可单独配置。

（7）35（10）kV 的小电流接地选线功能宜由监控系统实现，当 66 kV 出线较多（出线为 6 回及以上）时，可在每段母线设置独立的小电流接地选线装置。

（8）根据一次接线形式要求，可配置微机型备用电源自动投切装置。

1.5.10　直流系统及交流不停电电源系统

1. 直流系统电压

直流系统宜采用 110 V 或 220 V 电压。

2. 蓄电池形式及组数

应装设两组蓄电池，宜采用阀控式密封铅酸蓄电池，每组蓄电池组的容量选择按满足事故放电 2 h 考虑。

3. 充电装置台数及形式

宜采用高频开关充电装置，配置 2 套（模块 $N+1$ 配置），也可配置 3 套。

4. 直流系统供电方式

根据二次设备布置方式，直流系统宜采用主、分屏两级供电方式，也可采用直流主屏一级供电方式。保护、测控、故障录波和自动装置等二次设备应采用辐射状供电方式，配电装置、直流电机、35（10）kV 开关柜内直流网络等可采用环网供电方式。

5. 交流不停电电源系统

交流不停电电源系统宜采用主机冗余配置方式，也可采用模块 $N+1$ 冗余配置。容量应满足全站 UPS 负荷供电的要求。UPS 不应设置独立的蓄电池，采用站内直流系统供电。负荷供电宜采用辐射方式。

1.5.11　全站时钟同步系统

（1）全站应设置一套公用的时钟同步系统，主时钟宜采用双重化配置。

（2）对时信号的时间同步系统宜采用 IRIG-B（DC）时码、1PPS、1PPM 或时间报文。时间同步系统应具有 RS 232/485、网络口等对时输出口，精度应满足站内监控、保护、故障录波、相量测量装置等设备的需要。

1.5.12　图像监视及安全警卫系统

（1）应设置一套图像监视及安全警卫系统，满足全站的安全、防火、防盗功能。

（2）安全警卫系统主服务器的接口容量按全站最终规模配置，就地设备按本期建设规模配置。

1.5.13　劳动安全卫生

1. 防火、防爆措施

（1）变电站的生产场所和附属建筑的防火分区、防火隔断、防火间距、安全疏散和消防通道的设计，应符合相关规定。

（2）存放有爆炸危险设备的建筑，必须按照不同类型的爆炸源和危险因素采取相应的防爆保护措施。蓄电池室应采用防爆灯具和防爆型轴流排风机，采用不产生明火的加热装置，所有控制开关均安装于室外。

（3）变电站的安全疏散设施应有充足的照明和明显的疏散指示标志。

2. 防毒、防化学伤害

（1）含 SF_6 气体设备的户内配电装置室应安装机械排风装置，当意外事故发生时，应先打开排风装置，等室内有害气体及烟雾基本排净时，方可进入室内进行检修。

（2）蓄电池应采用密封阀控铅酸蓄电池组，正常情况下应无酸液、氢气溢出，蓄电池室内应设置通风换气装置。

（3）在建筑物内部配置防毒及防化学伤害的灭火器时，应有安全防护设施。

3. 防电伤害、防机械伤害和其他伤害

（1）变电站应设置防直接雷击和安全接地等设施。

（2）变电站构架、建筑屋顶等需登高作业的场所，应设置爬梯。平台、通道、吊装孔、闸门井和坑池边等有坠落危险处，应设置栏杆或盖板。

（3）变电站的机械设备应采取防机械伤害措施，所有外露部分的机械转动部件应设防护罩，机械设备应设必要的闭锁装置。

（4）对低式布置的电气设备可按规程要求设置护网或围栏。

1.6　发电机组接入系统

1.6.1　发电机组和主变压器

（1）发电机组类型为 TRT、余热锅炉发电、CCPP 等。TRT、余热锅炉发电、CCPP 发电机组容量均为 125 MW 以下，自备电厂的发电机组容量为 200 MW 或 350 MW。

（2）发电机组容量较大时，如 CCPP、自备电厂等，其接入电网的电压为 35 kV 或 110 kV，变压器应选用三相变压器，其容量与发电机容量相匹配。

1.6.2 电气主接线

（1）当有发电机电压直配线时，应按电网要求采用 6.3 kV 或 10.5 kV。

（2）当发电机与主变压器为单元连接，且有厂用分支线引出时，宜采用 10.5 kV（图 1.29）。

（3）发电机电压母线可采用单母线或单母线分段的接线方式。为限制短路电流，可在单母线分段回路装设电抗器。

（4）单母线分段电抗器的额定电流应按母线上因事故而切除最大一台发电机时可能通过电抗器的电流进行选择。当无确切的负荷资料时，可按该发电机额定电流的 50%～80%选择。

（5）接于发电机与变压器引出线的避雷器不宜装设隔离开关；变压器中性点避雷器不应装设隔离开关。

（6）容量为 125 MW 及以下的发电机与双绕组变压器为单元连接时，在发电机与变压器之间不宜装设断路器。

（7）发电机中性点的接地方式可采用不接地、经消弧线圈或高电阻接地方式。

（8）发电机接入电网的电压等级为 10 kV、35 kV 或 110 kV。10 kV 或 35 kV 系统采用单母线或单母线分段接线方式；对于重要的 10 kV 系统配电装置，也可以采用双母线或双母线分段的接线方式。接入 110 kV 系统的配电装置宜采用双母线接线方式。

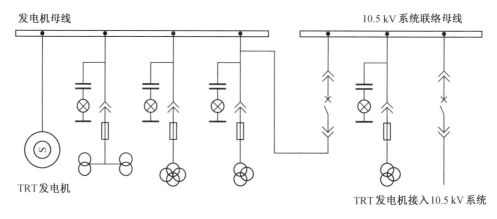

图 1.29　TRT 发电机接入系统图

1.6.3 厂用电系统

（1）发电机容量为 125 MW 及以下的机组，发电机电压为 10.5 kV，发电厂可采用 10 kV 作为高压厂用电的电压。

（2）当高压厂用电系统的接地电容电流在 7 A 以下时，其中性点采用高电阻接地方式，也可采用不接地方式；当接地电容电流为 7 A 及以上时，其中性点宜采用低电阻接地方式，也可采用不接地方式。

（3）容量为 125 MW 及以下的机组，其厂用分支线宜装设断路器。当无适当断流容量的断路器可选时，可采用能满足动稳定要求的断路器，但应采取相应的措施，使该断路器仅在其允许的开断电流范围内切除短路故障；也可采用能满足动稳定要求的隔离开关或连接片。

当厂用分支线采用分相封闭母线时，该分支线不用装设断路器和隔离开关，但应有可拆连接点。

（4）高压厂用工作电源可采用下列引接方式。

①当有发电机电压母线时，由各段母线引接，供该段母线机组的厂用负荷。

②当发电机与主变压器为单元连接时，由主变压器低压侧引接，供该机组的厂用负荷。

（5）高压厂用工作变压器的容量宜按高压电动机计算负荷与低压厂用电的计算负荷之和选择。

（6）针对 CCPP 或自备电厂的发电机组，宜设置一台启动/备用变压器，其引接方式为：

①当无发电机电压母线时，由高压母线中电源可靠的最低一级电压母线（如 10 kV）引接，并应保证在全厂停电的情况下，能从外部电力系统取得足够的电源。

②当有发电机电压母线时，可由该母线引接一个备用电源。

③当技术经济合理时，可由外部电网引接专用线路供电。

（7）高压厂用启动/备用变压器的容量不应小于最大一台高压厂用工作变压器的容量；当启动/备用变压器带有公用负荷时，其容量还应满足作为最大一台高压厂用工作变压器备用的要求。

（8）高压厂用母线应采用单母线接线方式，按照锅炉与母线一一对应的关系配置。若锅炉容量较大，可按一台锅炉两段母线配置。

1.7　计算机监控系统

1.7.1　设计原则

计算机监控系统的设备配置和功能按无人值班变电站要求进行设计。

1.7.2　监控对象及范围

计算机监控系统的监控对象为：各电压等级的断路器及隔离开关、电动操作接地开关、主变压器及站用变压器分接头位置、站内其他重要设备的启动/停止状态。

1.7.3 系统结构

计算机监控系统应采用开放式分层分布系统，由站控层、间隔层以及网络设备构成。变电站宜采用单网结构，站控层网络与间隔层网络均采用直接连接方式，站控层应采用以太网，间隔层宜采用以太网。

1.7.4 设备配置

1. 站控层设备

（1）站控层设备应按变电站远景规模配置。

（2）站控层设备包括主机兼操作员站、远动通信设备、公用接口装置、GPS、打印机及网络设备等。其中，远动通信设备宜按双套冗余配置，优先采用无硬盘专用装置。

2. 间隔层设备

（1）间隔层设备应按本期工程实际建设规模配置。

（2）间隔层设备包括 I/O 测控单元、间隔层网络、与站控层网络的接口和继电保护通信接口装置等。

（3）间隔层测控单元宜按电气间隔配置，具体如下：

①110 kV 宜按 3～4 测控单元组一面测控屏。

②当一次设备采用 GIS 时，可将 GIS 相应间隔的测控装置组屏安装于 GIS 室。

③110 kV 可采用保护、测控共同组屏方式，宜两个电气单元组一面屏。

④每台主变组一面测控屏。

⑤35（10）kV 设备宜采用测控一体化装置就地安装于开关柜内；当 35（10）kV 断路器采用户外布置的设备时，35（10）kV 保护测控一体化设备宜集中组屏安装于二次设备室。

⑥公用测控组一面屏。

3. 网络设备

（1）网络设备包括网络交换机、光/电转换器、接口设备、网络连接线、电缆、光缆及网络安全设备等。

（2）二次设备与室内设备之间采用双屏蔽双绞线通信，穿越二次设备室外电缆沟的通信媒介应采用光缆。

4. 系统软件

计算机监控系统主机兼操作员站应采用安全操作系统，如基于 UNIX 或 LINUX 的操作系统。

5. 系统功能

（1）计算机监控系统的功能主要包括数据采集和处理、数据库的建立与维护、控制操作（自动调节控制、人工操作控制）、防误闭锁、同期、报警处理、事件顺序记录及事故追忆、画面生成及显示、在线计算及制表、远动功能、时钟同步、人-机联系、系统自诊断和自恢复、与其他设备的通信接口及运行管理等功能。

（2）监控系统与继电保护的信息交换采用以下两种方式：监控系统宜通过以太网口或串口的方式与保护装置连接；也可采用保护的跳闸信号以及重要的报警信号通过硬接点方式接入 I/O 测控装置，宜采用非保持接点。

（3）通信规约。

监控系统与微机保护的通信宜采用 DL/T 667—1999 规约或 DL/T 860—2006（IEC 61850）规约，与电能计量计费系统通信宜采用 DL/T 719—2000 规约。

监控系统与调度端网络通信宜采用 DL/T 634.5104—2002 规约；与调度端专线通信利用数据通道时宜采用 DL/T 634.5101—2002 规约，利用 2 M 专线时宜采用 DL/T 634.5104—2002 规约。

（4）计算机监控系统与站内智能设备（主要包括直流系统、UPS 系统、火灾报警及主要设备在线监测系统等设备）宜采用 RS 485 串口通信。

（5）计算机监控系统应具备无功电压优化控制（VQC）功能。

（6）小电流接地选线功能宜由计算机监控系统实现。

1.8　装置变电所

装置变电所接近负荷中心，电压等级在 10 kV 及以下，所内只有起开闭和分配电能作用的高压配电装置，母线上没有主变压器。

1.8.1　主接线

（1）配电所的高压和低压母线宜采用单母线或分段单母线接线。

（2）配电所专用电源线进线开关宜采用断路器或带熔断器的负荷开关。当无继电保护和自动装置要求，且出线回路少无须带负荷操作时，可采用隔离开关或隔离触头。

（3）从总配电所以放射式向分配电所供电时，该分配电所需要带负荷操作且继电保护及自动装置有要求时，应采用断路器。

（4）配电所的 10 kV 或 6 kV 非专用电源线的进线侧，应装设带保护的开关设备。

（5）10 kV 或 6 kV 母线的分段处宜装设断路器，当不需要带负荷操作且无继电保护及自动装置要求时，可装设隔离开关或隔离触头。

（6）两配电所之间的连络线，应在供电侧的配电所装设断路器，另侧装设隔离开关或负荷开关；当两侧的供电可能性相同时，应在两侧均装设断路器。

（7）配电所的引出线宜装设断路器。当满足继电保护和操作要求时，可装设带熔断器的负荷开关。

（8）频繁操作的高压用电设备供电的出线开关兼作操作开关时，应采用具有频繁操作性能的断路器。

（9）10 kV 或 6 kV 固定式配电装置的出线侧，在架空出线回路或有反馈可能的电缆出线回路中，应装设线路隔离开关。

（10）采用 10 kV 或 6 kV 熔断器负荷开关固定式配电装置时，应在电源侧装设隔离开关。

（11）接在母线上的避雷器和电压互感器，宜合用一组隔离开关。配电所、变电所架空进、出线上的避雷器回路中，可不装设隔离开关。

（12）配电所电源进线处，宜装设供计费用的专用电压和电流互感器。

1.8.2　所用电源

（1）配电所所用电源宜引自就近的 220 V/380 V 配电变压器。重要或规模较大的配电所，宜设干式变压器。若选用油浸变压器，其油量应小于 100 kg。当有两回路电源时，宜装设备用电源自动接入装置。

（2）采用交流操作时，供操作、控制、保护、信号等所用的电源，可引自电压互感器。

1.8.3　操作电源

（1）供一级负荷的配电所，当装有电磁操动机构的断路器时，应采用 220 V 或 110 V 蓄电池作为合、分闸直流操作电源；当装有弹簧储能操动机构的断路器时，宜采用小容量镍镉电池装置作为合、分闸直流操作电源。

（2）小型配电所宜采用弹簧储能操动机构进行合闸和去分流分闸的全交流操作。

1.8.4　配电所的形式和布置

（1）配电所的形式应根据用电负荷的状况和周围环境的情况确定，并应符合下列规定。

①负荷较大的车间，宜设附设变电所或半露天变电所。

②负荷较大的多跨厂房，负荷中心在厂房的中部且环境许可时，宜设车间内变电所或组合式成套变电所。

③负荷小而分散的工业企业，宜设独立变电所，有条件时也可设附设变电所或户外箱式变电所。

（2）不带可燃性油的高、低压配电装置和非油浸的电力变压器，可设置在同一房间内。具有负荷 IP3X 防护等级外壳的不带可燃性油的高、低压配电装置和非油浸的电力变压器，当环境允许时，可相互靠近布置在车间内。

（3）高、低压配电室内，宜留有适当数量配电装置的备用位置。

（4）配电所内配电装置的最小电气安全净距应符合国家现行的有关设计标准和规范的要求。

（5）配电室宜设不能开启的自然采光窗。配电室的门应向外开启，相邻配电室之间有门时，此门应能双向开启。

1.9　配电网常用接线形式

1.9.1　高压配电网

1. 高压线路接线方式

高压配电网为高压线路和变电站组成的电网。高压线路采用架空线时，为节省占地，可采用同杆双回路供电方式，沿线可支接若干变电站。这种线路在遭受雷击和其他自然灾害以及线路检修时有同时停运的可能，因此有条件时宜在两侧配备电源。如图 1.30～图 1.32 所示（图中变电站仅为示意图，可根据需要选择不同的接线方式）。

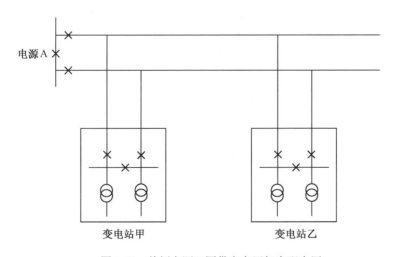

图 1.30　单侧电源双回供电高压架空配电网

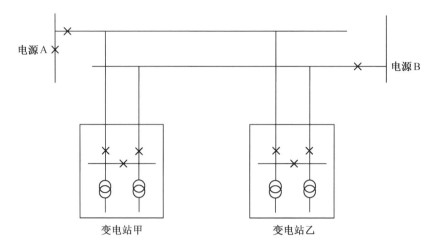

图 1.31　双侧电源双回高压架空配电网

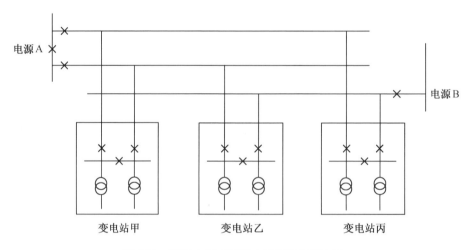

图 1.32　双侧电源三回供电高压架空配电网

高压配电线路采用电缆时，由于电缆故障率较低，单侧双路电源时，可以支接两个变电站，如图 1.33 所示；支接两个以上变电站时，宜在两侧配置电源和线路分段，如图 1.34 所示；大城市中心区负荷密度大，供电可靠性高，也可采用链式接线，如图 1.35 所示。

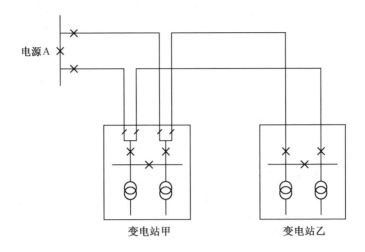

图 1.33　单侧电源双回供电高压电缆配电网

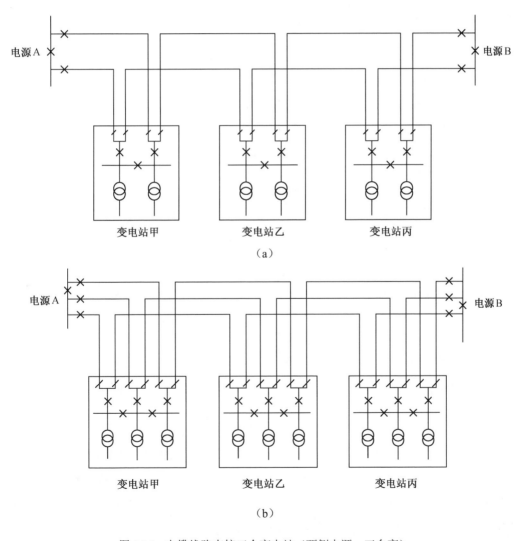

（a）

（b）

图 1.34　电缆线路支接三个变电站（两侧电源，三台变）

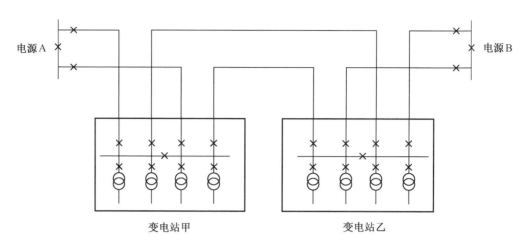

图 1.35　高压电缆线路链式接线

2. 变电站接线方式

（1）一次侧接线。

变电站一次侧接线有两种方式：

①进线与主变的连接中省去母线甚至断路器的线路变压器组，如图 1.36 所示。

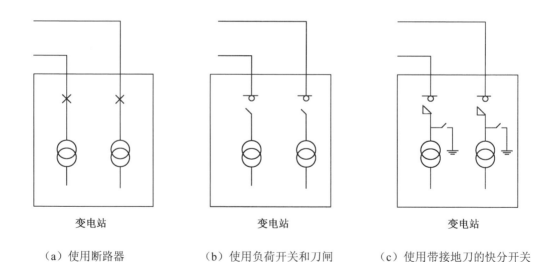

（a）使用断路器　　　　（b）使用负荷开关和刀闸　　　（c）使用带接地刀的快分开关

图 1.36　线路变压器组接线

　　线路变压器组接线适用于终端变电站，省却断路器的线路变压器组应配置远方跳闸装置，包括传送信号的通道。对于 110 kV 及以下的架空线且中性点接地的系统，当通道有困难时，也可采用带接地刀闸的快分刀闸来实现远方跳闸。上一级断路器跳闸后，快分刀闸打开，隔离故障。

②设置高压母线。

设置高压母线的接线，如图 1.37 所示。

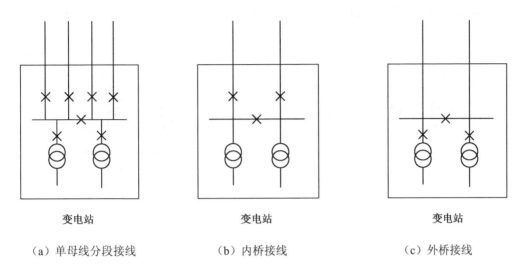

（a）单母线分段接线　　　　（b）内桥接线　　　　（c）外桥接线

图 1.37　设置高压母线的接线

单母线分段接线方式，可以通过母线向外转供负荷。每段母线可以接入 1～2 台变压器。母联开关在运行中打开。

内桥接线支接于线路。母联开关在运行中打开，每段母线可以接入 1 台变压器，三进线三变压器的变电站可采用扩大内桥接线方式。

外桥接线支接于线路，母联开关在运行中打开，每段母线可以接入 1 台变压器，母联开关可以兼作线路联络开关。

（2）二次侧接线。

变电站二次侧接线方式，如图 1.38 所示。

单母线分段是变电站中常用的接线方式，不受变压器台数限制，可以在母线上联接多回出线，母联开关在运行中打开，如图 1.38（a）所示。

对于某些采用需经常停电检修的断路器的变电站，可选用单母线分段带旁路的接线，如图 1.38（b）所示。

单母线分段接线的每台变压器仅有一条二次母线，当一台变压器事故停用时，只能将其所带负荷经过母联自动投入装置转移至相邻的某一台变压器，变压器负载率取 65%。

为提高变压器负载率，可采取环形母线接线，在这种方式下，一台变压器的二次母线分为两段，各带 1/2 负荷，当一台变压器事故停用时，可分别将其 1/2 负荷通过两个母联自动投入装置分别转移至相邻的两台变压器，变压器负荷率可取 87%，如图 1.38（c）所示。

对于三变压器四分段接线，由于两侧变压器的二次母线没有分段，因此变压器负载率只能取 65%，其优点是在一台变压器计划停用时，可通过倒闸操作将负荷均匀转移至运行变压器且不会造成过负荷，如图 1.38（d）所示。

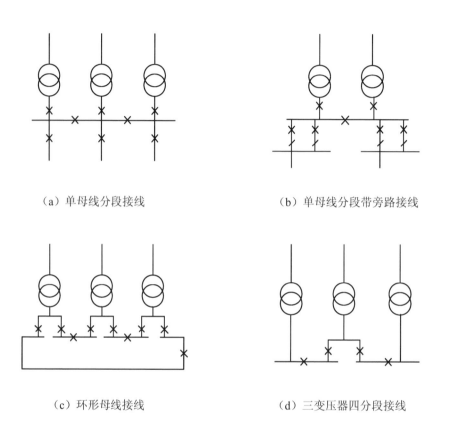

　　　（a）单母线分段接线　　　　　　　　（b）单母线分段带旁路接线

　　　（c）环形母线接线　　　　　　　　　（d）三变压器四分段接线

图 1.38　变电站二次侧接线方式

3. 中压电缆网接线方式

由于电缆的供电能力大，事故率低且不影响市容，已被大、中城市普遍采用。中压电缆网的接线方式，如图 1.39 所示（图中变电站仅为示意图，可根据需要选择不同的接线方式）。

双放射接线方式用于双电源供电的重要用户。大城市中心区负荷密度高，需双电源供电的重要用户密集，可采用此方式。双放射接线的电源可来自不同变电站，也可来自同一变电站的不同母线。

开环运行的单环网用于单电源供电的用户。随着用户对供电可靠性要求的不断提高，单放射接线方式逐渐被淘汰，单环网虽然只提供单个运行电源，但在故障时可以在较短时间内倒入备用电源，恢复非故障线路的供电。

　　单环网的电源可来自不同变电站，也可来自同一变电站的不同母线，由环网单元（负荷开关）组成的单环网必须开环运行。

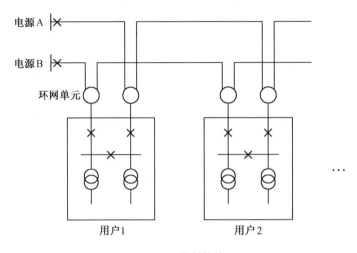

（a）双放射接线

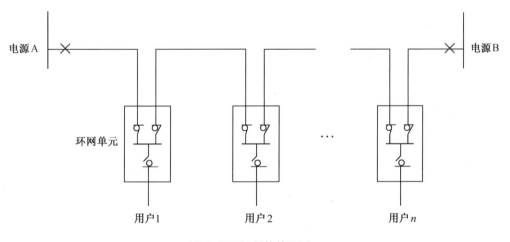

（b）开环运行的单环网

图 1.39　中压电缆网接线方式

1.9.2　地下电缆敷设方式

1. 直埋敷设

　　直埋敷设是最经济、简便的敷设方式，适用于人行道下、公园绿地及建筑物的边沿地带，应优先采用。直埋敷设电缆的同路径条数一般不超过 6 条，如图 1.40 所示。

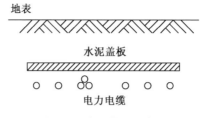

图 1.40　直埋敷设示意图

2. 沟漕敷设

沟漕敷设适用于不能直接埋入地下且无机动车负载的通道，如人行道、变（配）电所内、工厂厂区等处所，如图 1.41 所示。

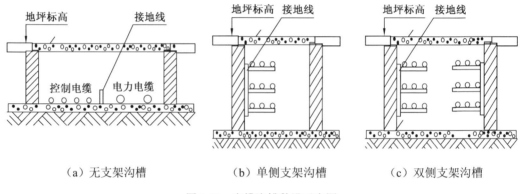

（a）无支架沟槽　　　　（b）单侧支架沟槽　　　　（c）双侧支架沟槽

图 1.41　电缆沟槽敷设示意图

3. 排管敷设

排管敷设适用于电缆条数较多，且有机动车等重载地段，如市区道路，穿越公路、穿越小型建筑等地段。排管敷设电缆的同路径条数一般以 6～20 条为宜，如图 1.42 所示（图中管孔直径 Φ 不小于 150 mm）。

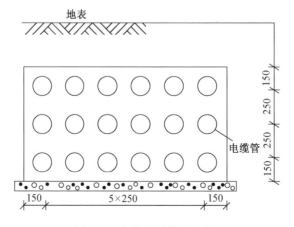

图 1.42　电缆排管敷设示意图

4. 隧道敷设

隧道敷设适用于变电站出线及重要街道，电缆条数多或多种电压等级电缆并行的地段。隧道应在变电站选址及建设时统一考虑，并争取与城市其他公用事业部门共同建设、共同使用，如图 1.43 所示。

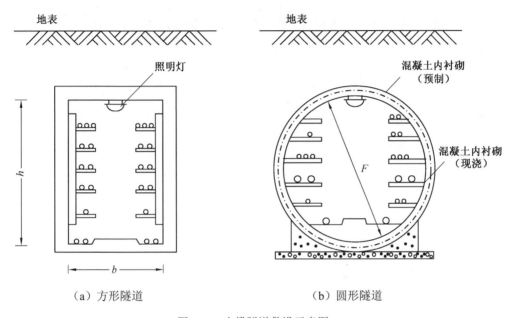

（a）方形隧道　　　　　　　（b）圆形隧道

图 1.43　电缆隧道敷设示意图

第 2 章　10 kV 电缆线路典型设计

2.1　概　　述

10 kV 电缆线路典型设计适用于国家电网公司系统内新建、改造的交流额定电压 10 kV 的电力电缆线路，包括电缆本体、附件与相关的建（构）筑物、排水、消防和火灾报警系统等。

10 kV 电缆线路典型设计应遵循统一规划、安全运行、经济合理的原则。

2.1.1　设计原则

设计原则：安全可靠、技术先进、标准统一、控制成本、环保节约、提高效率。在设计中，努力做到设计方案的统一性与可靠性、先进性、经济性、适应性和灵活性的协调统一。

10 kV 电缆线路典型设计分为直埋、排管、电缆沟、电缆隧道和电缆井五个设计模块。

2.1.2　主要使用范围

（1）依据市政规划，明确要求采用电缆线路且具备相应条件的地区。

（2）A+、A 类供电区域及 B、C 类重要供电区域。

（3）走廊狭窄，架空线路难以通过而不能满足供电需求的地区。

（4）易受热带风暴侵袭的沿海地区。

（5）对供电可靠性要求较高并具备条件的经济开发区。

（6）经过重点风景旅游区的区段。

（7）电网结构或运行安全的特殊需要。

2.2　电气部分

2.2.1　环境条件选择

本典型设计采用的环境条件见表 2.1。

表 2.1　典型设计采用的环境条件

项　目		单位	参数
海拔		m	≤4 000
最高环境温度		℃	+45
最低环境温度		℃	−40
土壤最高环境温度		℃	+35
土壤最低环境温度		℃	−20
日照强度（户外）		W/cm²	0.1
湿度	日相对湿度平均值	%	≤95
	月相对湿度平均值		≤90
雷电日		d/a	40
最大风速（户外）		(m·s⁻¹)/Pa	35/700
电缆敷设方式		直埋、排管、电缆沟、隧道、电缆井	

注：本典型设计以上述环境参数为边界条件，其他环境条件使用前请自行校验。

2.2.2　运行条件选择

本典型设计采用的运行条件见表 2.2。

表 2.2　典型设计采用的运行条件

项　目	单位	参数
系统额定电压	kV	10
系统最高运行电压	kV	12
系统频率	Hz	50
系统接地方式	中性点不接地或经消弧线圈接地系统	

注：对于经小电阻接地系统，应按照规程规范进行相应调整。

2.2.3　电缆路径选择

（1）电缆线路应与城镇总体规划相结合，与各种管线和其他市政设施统一安排，且应征得规划部门认可。根据发展趋势及统一规划，有条件的地区可考虑政府主导的地下综合管廊。

（2）电缆敷设路径应综合考虑路径长度、施工、运行和维护方便等因素，统筹兼顾，做到经济合理、安全适用。

（3）应避开可能挖掘施工的地方，避免电缆遭受机械性外力、过热、腐蚀等危害。

（4）应便于敷设与维修，应有利于电缆接头及终端的布置与施工。

（5）在符合安全性要求下，电缆敷设路径应有利于降低电缆及其构筑物的综合投资。

（6）供敷设电缆用的土建设施宜按电网远期规划并预留适当裕度一次建成。

（7）电缆在任何敷设方式下、全部路径条件的上下左右改变部位时，均应满足电缆允许弯曲半径要求。本典型设计的电缆最小允许弯曲半径采用电缆外径的 15 倍。

（8）如遇湿陷性黄土、淤泥、冻土等特殊地质时，应进行相应的地基处理。

2.2.4 电缆选择原则

（1）电力电缆的选用应满足负荷、热稳定校验、敷设条件、安装条件、电缆本体、运输条件等要求。

（2）电力电缆采用交联聚乙烯绝缘电缆。

（3）电缆截面的选择，应在不同敷设条件下电缆额定载流量的基础上，考虑环境温度、并行敷设、热阻系数、埋设深度等因素后选择。

（4）对于 1 000 m＜海拔≤4 000 m 的高海拔地区，由于温度过低，会使电气设备内某些材料变硬变脆，影响设备的正常运行。同时由于昼夜温差过大，易产生凝露，使零部件变形、开裂等。因而，高原地区电缆设备选型应结合地区的运行经验提出相应的特殊要求，需要校验其电气参数或选用高原型的电气设备产品，交联聚乙烯绝缘电力电缆的最低长期使用温度为-40 ℃。

2.2.5 电缆型号及其适用范围

10 kV 电力电缆线路一般选用三芯电缆，电缆型号、名称及其适用范围见表 2.3。

表 2.3　10 kV 电缆型号、名称及其适用范围

型号		名　称	适 用 范 围
铜芯	铝芯		
YJV	YJLV	交联聚乙烯绝缘聚氯乙烯护套电力电缆	敷设在室内外，隧道内需固定在托架上，排管中或电缆沟中以及松散土壤中直埋，能承受一定牵引拉力但不能承受机械外力作用
YJY$_{22}$	—	交联聚乙烯绝缘钢带铠装聚乙烯护套电力电缆	可在土壤中直埋敷设，能承受机械外力作用，但不能承受大的拉力
YJV$_{22}$	YJLV$_{22}$	交联聚乙烯绝缘钢带铠装聚氯乙烯护套电力电缆	同 YJY$_{22}$ 型

1. 电缆导体材质选择

电缆导体可选用铜或铝等材质。但以下情况应选用铜导体：

（1）重要电源、移动式电气设备等需保持连接具有高可靠性的回路。

（2）振动剧烈、有爆炸危险或对铝有腐蚀等严酷的工作环境。

（3）耐火电缆。

（4）紧靠高温设备布置。

（5）安全性要求高的公共设施。

（6）工作电流较大，需增多电缆根数时。

2. 电缆绝缘屏蔽或金属护套、铠装、外护套选择

电缆绝缘屏蔽或金属护套、铠装、外护套选择见表 2.4。

表 2.4　电缆绝缘屏蔽或金属护套、铠装、外护套选择

敷设方式	绝缘屏蔽或金属护套	加强层或铠装	外护套
直埋	软铜线或铜带	铠装（3 芯）	聚氯乙烯或聚乙烯
排管、电缆沟、隧道、电缆井	软铜线或铜带	铠装/无铠装（3 芯）	

（1）在潮湿、含化学腐蚀环境或易受水浸泡环境下的电缆，宜选用聚乙烯等材料类型的外护套。

（2）在保护管中的电缆应具有挤塑外护层。

（3）在电缆夹层、电缆沟、电缆隧道等防火要求高的场所的电缆宜采用阻燃外护套，根据防火要求选择相应的阻燃等级。

（4）有白蚁危害的场所的电缆应采用金属套或钢带铠装，或在非金属外护套外加上防白蚁护套。

（5）有鼠害的场所的电缆宜在外护套外添加防鼠金属铠装，或采用硬质护套。

（6）有化学溶液污染的场所的电缆应按其化学成分采用相应材质的外护套。

3. 电缆截面选择

（1）导体最高允许温度选择见表 2.5。

表 2.5　导体最高允许温度选择

绝缘类型	最高允许温度/℃	
	持续工作	短路暂态
交联聚乙烯	90	250

（2）电缆导体最小截面的选择，应同时满足规划载流量和通过可能的最大短路电流时热稳定的要求。

（3）连接回路在最大工作电流作用下的电压降，不得超过该回路允许值。

（4）电缆导体截面的选择应结合敷设环境来考虑，10 kV 常用电缆可根据表 2.6 中 10 kV 交联电缆载流量，结合不同环境温度、不同土壤热阻系数及多根电缆并行敷设等各种载流量校正系数来综合计算，分别见表 2.7、表 2.8、表 2.9、表 2.10。

（5）多根电缆并联时，各电缆应等长，并采用相同材质、相同截面的导体。

（6）电缆截面的选择应考虑设施标准化，各供电区域中压电缆截面一般可参考表 2.11 选择。

表 2.6　10 kV 交联电缆载流量

10 kV 交联电缆载流量		电缆允许持续载流量/A			
绝缘类型		交联聚乙烯			
钢铠护套		无		有	
缆芯最高工作温度/℃		90			
敷设方式		空气中	直埋	空气中	直埋
缆芯截面/mm²	35	123	110	123	105
	70	178	152	173	152
	95	219	182	214	182
	120	251	205	246	205
	150	283	223	278	219
	185	324	252	320	247
	240	378	292	373	292
	300	433	332	428	328
	400	506	378	501	374
环境温度/℃		40	25	40	25
土壤热阻系数/（℃·m·W⁻¹）		—	2.0	—	2.0

注：①适用于铝芯电缆，铜芯电缆的允许载流量值可乘以 1.29。

②缆芯工作温度大于 90℃，计算持续允许载流量时，应符合下列规定：

  a. 数量较多的该类电缆敷设于未装机械通风的隧道、竖井时，应计入环境温升的影响。

  b. 电缆直埋敷设在干燥或潮湿土壤中，除实施换土处理能避免水分迁移外，土壤热阻系数取值不小于 2.0 ℃·m/W。

③对于 1 000 m＜海拔≤4 000 m 的高海拔地区，每增高 100 m，气压约降低 0.8～1 kPa，应充分考虑海拔对电缆允许载流量的影响，建议结合实际条件进行相应折算。

表 2.7　10 kV 电缆在不同环境温度时的载流量校正系数

缆芯最高工作温度/℃	环境温度/℃							
	空气中				土壤中			
	30	35	40	45	20	25	30	35
60	1.22	1.11	1.0	0.86	1.07	1.0	0.93	0.85
65	1.18	1.09	1.0	0.89	1.06	1.0	0.94	0.87
70	1.15	1.08	1.0	0.91	1.05	1.0	0.94	0.88
80	1.11	1.06	1.0	0.93	1.04	1.0	0.95	0.90
90	1.09	1.05	1.0	0.94	1.04	1.0	0.96	0.92

表 2.8　不同土壤热阻系数时 10 kV 电缆载流量的校正系数

土壤热阻系数 /（℃·m·W^{-1}）	分类特征（土壤特性和雨量）	校正系数
0.8	土壤很潮湿，经常下雨。如湿度大于 9% 的沙土；湿度大于 10% 的沙-泥土等	1.05
1.2	土壤潮湿，规律性下雨。如湿度大于 7% 但小于 9% 的沙土；湿度为 12%～14% 的沙-泥土等	1.0
1.5	土壤较干燥，雨量不大。如湿度为 8%～12% 的沙-泥土等	0.93
2.0	土壤干燥，少雨。如湿度大于 4% 但小于 7% 的沙土；湿度为 4%～8% 的沙-泥土等	0.87
3.0	多石地层，非常干燥。如湿度小于 4% 的沙土等	0.75

表 2.9　土中直埋多根并行敷设时电缆载流量的校正系数

根数		1	2	3	4	5	6
电缆之间净距 /mm	100	1	0.9	0.85	0.80	0.78	0.75
	200	1	0.92	0.87	0.84	0.82	0.81
	300	1	0.93	0.90	0.87	0.86	0.85

表 2.10 空气中单层多根并行敷设时电缆载流量的校正系数

并列根数		1	2	3	4	5	6
电缆中心距	$s=d$	1.00	0.90	0.85	0.82	0.81	0.80
	$s=2d$	1.00	1.00	0.98	0.95	0.93	0.90
	$s=3d$	1.00	1.00	1.00	0.98	0.97	0.96

注：①s 为电缆中心间距，d 为电缆外径。

②本表按全部电缆具有相同外径条件制订，当并列敷设的电缆外径不同时，d 值可近似地取电缆外径的平均值。

表 2.11 中压电缆线路电缆截面推荐表

区域	主干线（含联络线）/mm^2	分支/mm^2
A+、A、B、C	400、300、240	≥120
D、E	≥185	≥70

注：以上为铜芯电缆。

2.2.6 电缆附件选择

（1）电缆附件的绝缘屏蔽层或金属护套之间的额定工频电压（U_0）、任何两相线之间的额定工频电压（U）、任何两相线之间的运行最高电压（U_m），以及每一导体与绝缘屏蔽层或金属护套之间的基准绝缘水平（BIL），应满足表 2.12 要求。

表 2.12 电缆基准绝缘水平表

系统中性点	非有效接地	有效接地
	10 kV	
U_0/U/kV	8.7/10	6/10
U_m/kV	11.5	11.5
BIL/kV	95	75
外护套冲击耐压/kV	20	20

（2）敞开式电缆终端的外绝缘必须满足所设置环境条件的要求，并有一个合适的泄漏比距。在一般环境条件下，外绝缘的爬距在污秽等级最高情况下户外采用 400 mm，户内采用 300 mm，并不低于架空线绝缘子的爬距。

（3）电缆终端的选择。外露于空气中的电缆终端装置类型应按下列条件选择：

①不受阳光直接照射和雨淋的户内环境应选用户内终端。

②受阳光直接照射和雨淋的户外环境应选用户外终端。

对电缆终端有特殊要求时，选用专用的电缆终端。目前最常用的终端类型有热缩型、冷缩型、预制型，在使用时需根据安装位置、现场环境等因素进行相应选择。

（4）电缆中间接头的选择。三芯电缆中间接头应选用直通接头。目前最常用的直通接头类型有热缩型、冷缩型，可根据电缆敷设环境及施工工艺等因素进行相应选择。

2.2.7　避雷器的特性参数选择

避雷器的主要特性参数应符合下列规定：

（1）冲击放电电压应低于被保护的电缆线路的绝缘水平，并留有一定裕度。

（2）当有冲击电流通过避雷器时，两端子间的残压值应小于电缆线路的绝缘水平。

（3）当雷电过电压侵袭电缆时，电缆上承受的电压为冲击放电电压和残压，两者之间数值较大者称为保护水平 U_p，BIL＝（120％～130％）U_p。

（4）10 kV 避雷器的持续运行电压，对于中性点不接地或经消弧线圈接地的接地系统，应分别不低于最大工作线电压的 110％和 100％；对于经小电阻接地的接地系统，应不低于最大工作线电压的 80％。

（5）一般采用无间隙复合外套金属氧化物避雷器。

2.2.8　电缆线路系统的接地

电缆的金属屏蔽和铠装、电缆支架和电缆附件的支架必须可靠接地，接地电阻不大于 10 Ω。在冻土地区进行电缆线路系统接地时应考虑高土壤电阻率和冻胀灾害的影响。高原冻土的平均土壤电阻率都在 3 000～5 000 Ω·m 之间，需根据当地运行情况进行处理。可采用换土填充等物理性降阻剂进行降阻，禁止使用化学类降阻剂进行降阻。

2.2.9　电缆金属护层的接地方式

电力电缆金属屏蔽层必须直接接地。交流系统中三芯电缆的金属屏蔽层，应在电缆线路两终端和接头等部位实施接地；当三芯电缆有塑料内衬层或隔离套时，金属屏蔽层和铠装层应分别接地，且两者之间应采取绝缘措施。

2.2.10　直埋敷设电缆与其他电缆或管道、道路、构筑物等相互间距

直埋敷设电缆与其他电缆、管道、道路、构筑物等之间允许的最小距离，应符合表2.13 的规定。

表 2.13 直埋敷设电缆与其他电缆或管道、道路、构筑物等相互间最小净距表

电缆直埋敷设时的配置情况		平行/m	交叉/m
电力电缆之间或与控制电缆之间	10 kV 及以下	0.1	0.5*
	10 kV 以上	0.25**	0.5*
不同部门使用的电缆间		0.5**	0.5*
电缆与地下管沟及设备	热力管沟	2.0**	0.5*
	油管及易燃气管道	1	0.5*
	其他管道	0.5	0.5*
电缆与铁路	非直流电气化铁路路轨	3	1
	直流电气化铁路路轨	10	1
电缆与建筑物基础		0.6***	
电缆与公路边		1.0***	
电缆与排水沟		1.0***	
电缆与树木的主干		0.7	
电缆与 1 kV 以下架空线电杆		1.0***	
电缆与 1 kV 以上架空线杆塔基础		4.0***	

注：①对于 1 000 m＜海拔≤4 000 m 的高海拔地区的电力电缆之间的相互间距应适当增加，建议表中数值调整为平行 0.2 m，交叉 0.6 m。

②对于 1 000 m＜海拔≤4 000 m 的高海拔地区的电缆应尽量减少与热力管道等发热类地下管沟及设备的交叉，当无法避免时，建议表中数值调整为平行 2.5 m，交叉 1.0 m。

* 表示用隔板分隔或电缆穿管时可为 0.25 m。

** 表示用隔板分隔或电缆穿管时可为 0.1 m。

*** 表示特殊情况可酌减且最多可减少 50%。

2.3 土建部分

2.3.1 荷载分类

本典型设计建（构）筑物外部荷载分类见表 2.14。

表 2.14　建（构）筑物外部荷载分类表

序号	荷载类别	简称	含义	实例
1	永久荷载	恒荷载 Gk	在构件使用期间，其值不随时间变化或其变化值可忽略不计的荷载	结构自重、土重、土侧压力
2	可变荷载	活荷载 Qk	其值随时间变化，且其变化值与平均值相比不可忽略的荷载	地面活荷载、地面堆积活荷载、车辆荷载、水压力、水浮力
3	偶然荷载	—	在构件使用期间不一定出现，而一旦出现，其值很大且持续时间较短的荷载	爆炸力、冲击力等

2.3.2　荷载选定

本典型设计按以下荷载考虑：

（1）一般地面活动荷载、堆积荷载取 $4.0 \sim 10$ kN/m²。

（2）当电缆排管、电缆沟、隧道、电缆井等结构件处于道路人行道和小型车通行区域时，应考虑标准轴载为 35 kN 进行结构设计；当处于城市车行道时，应考虑标准轴载为 100 kN 进行结构设计；当电缆管道处于公路时，应以双轮组标准轴载为 2×140 kN 进行结构设计。

（3）一般不考虑地面活荷载和车辆荷载同时作用的情况。按地震烈度七度设防，在计算地震作用时，应计算结构等效重力荷载产生的水平地震作用和动土压力作用。

（4）其他荷载情况，使用前请自行校验。

2.3.3　地质条件

本典型设计根据常用地质条件表 2.15 进行结构设计。

表 2.15　常用地质条件表

项目	条件值
地基承载力特征值/kPa	100
地下水位距地面/mm	≥500
土的重度/（kN·m⁻³）	18
土的内摩擦角	30°
土的黏聚力/kPa	40

（1）边坡的坡度允许值，应根据当地经验，按照同类土层的稳定坡度确定，当土质良好且均匀、无不良地质现象、地下水不丰富时，坡度允许值如下：

①对于密实的碎石土边坡，当坡高在 5 m 以内时，坡度允许值为 1∶0.35～1∶0.50；当坡高为 5 m～10 m 时，坡度允许值为 1∶0.50～1∶0.75。

②对于中密的碎石土边坡，当坡高在 5 m 以内时，坡度允许值为 1∶0.50～1∶0.75；当坡高为 5 m～10 m 时，坡度允许值为 1∶0.75～1∶1.00。

③对于稍密的碎石土边坡，当坡高在 5 m 以内时，坡度允许值为 1∶0.75～1∶1.00；当坡高为 5 m～10 m 时，坡度允许值为 1∶1.00～1∶1.25。

④对于坚硬的黏性土边坡，当坡高在 5 m 以内时，坡度允许值为 1∶0.75～1∶1.00；当坡高为 5 m～10 m 时，坡度允许值为 1∶1.00～1∶1.25。

⑤对于硬塑的黏性土边坡，当坡高在 5 m 以内时，坡度允许值为 1∶1.00～1∶1.25；当坡高为 5 m～10 m 时，坡度允许值为 1∶1.25～1∶1.50。

（2）土质边坡开挖时，应采取排水措施，边坡的顶部应设置截水沟。在任何情况下不应在坡角及坡面上积水。

（3）边坡开挖时，应由上往下开挖，依次进行。弃土应分散处理，不得将弃土堆置在坡顶及坡面上。当必须在坡顶或坡面上设置弃土转运站时，应进行坡体稳定性验算，严格控制堆栈的土方量。

（4）边坡开挖后，应立即对边坡进行防护处理。

其他地质条件，使用前请自行校验。

土质边坡的坡率允许值应根据经验、按工程类比的原则并结合已有稳定边坡的坡率值分析确定。当无经验且土质均匀良好、地下水位低、无不良地质现象和地质环境条件简单时按表 2.16 确定。

表 2.16　土质边坡坡率允许值

边坡土体类别	状态	坡率允许值（高宽比）	
		坡高小于 5 m	坡高 5～10 m
碎石土	密实	1∶0.35～1∶0.50	1∶0.50～1∶0.75
	中密	1∶0.50～1∶0.75	1∶0.75～1∶1.00
	稍密	1∶0.75～1∶1.00	1∶1.00～1∶1.25
黏性土	坚硬	1∶0.75～1∶1.00	1∶1.00～1∶1.25
	硬塑	1∶1.00～1∶1.25	1∶1.25～1∶1.50

注：1. 此处碎石土的充填物为坚硬或硬塑状态的黏性土；

2. 砂土或充填物为砂土的碎石土的边坡坡度允许值均按自然休止角确定。

2.3.4　构件等级

本典型设计的混凝土构件按二 a、二 b 等级设计，在其他使用环境下请按《混凝土结构设计规范》（GB 50010-2010）自行校验。

2.3.5　电缆敷设一般规定

不同敷设方式的电缆根数按表 2.17 进行选择。

表 2.17　不同敷设方式的电缆根数

敷设方式		电缆根数
直埋		4 根及以下
排管	开挖排管	20 根及以下
	非开挖拉管	7 根及以下
	非开挖顶管	36 根及以下
电缆沟		30 根及以下
隧道		20 根以上

2.3.6　电缆防火

一般情况下宜选用阻燃电缆，站室电缆沟槽（夹层）、竖井、隧道、管沟等非直埋敷设的电缆，应选用阻燃电缆。

1. 电缆通道的防火设计

（1）电缆总体布置的规定。

敷设于电缆支架上的电力电缆，在敷设时应逐根固定在电缆支架上，所有电缆走向按出线仓位顺序排列，电缆相互之间应保持一定间距，不得重叠，尽可能少交叉。

敷设于电缆支架上的通信线缆，宜放入耐火电缆槽盒中并固定。

（2）防火封堵。

为了有效防止电缆因短路或外界火源造成电缆引燃或沿电缆延燃，应对电缆及其构筑物采取防火封堵分隔措施。防火墙两侧电缆涂刷防火涂料各 1 m。

当电缆穿越楼板、墙壁或盘柜孔洞以及管道两端时，应用防火堵料封堵。防火封堵材料应密实无气孔，厚度不应小于 100 mm。

（3）电缆接头的表面阻燃处理。

电缆接头应采用防火涂料进行表面阻燃处理，即在接头及其两侧 2～3 m 和相邻电缆上绕包阻燃带或涂刷防火涂料，涂料总厚度应为 0.9～1.0 cm。

2. 电缆沟、隧道和竖井的防火设计

在电缆可能着火导致严重事故的回路、易受外部影响波及火灾的电缆密集场所，应有适当的阻火分隔，并按工程的重要性、火灾概率及其特点和经济合理等因素，确定采取下列安全措施。

（1）阻火分隔封堵。

阻火分隔封堵包括设置防火门、防火墙、耐火隔板与封闭式耐火槽盒。防火门、防火墙用于电缆沟、隧道及其通道分支处及出入口处。

（2）火灾监控报警和固定灭火装置。

在电缆进出线集中的隧道、电缆夹层和竖井中，为了把火灾事故限制在最小范围内、尽量减小事故损失，可加设监控报警、测温和固定自动灭火装置。

2.3.7 电缆构筑物防水、排水、通风措施

1. 电缆构筑物防水措施

电缆构筑物的防水应根据场地地下水及地表水下渗状况，选用充气、膨胀式等防水措施和防水材料。

2. 电缆构筑物排水措施

电缆隧道排水宜采用机械排水方式，电缆隧道内应设置排水沟和集水井，地面坡度应不小于 0.5%，在集水井处设置自动水位排水泵。排水应接入市政排水系统，在排水泵出水管路上应设置止回阀防止倒灌。

3. 电缆构筑物通风措施

电缆隧道一般采用自然通风，特殊情况时应考虑机械通风。自然通风方式要求通风区域较短，且应保证隧道内空气有效流动，在进、排风孔处应设置防止小动物进入的设施。当有地上设施时，建筑设计应与周围环境相适应。

2.3.8 标志

电缆路径沿途应设置统一的警示带、标识牌、标识桩、标识贴等电力标志。

1. 警示带

主要用于直埋、排管、电缆沟和隧道敷设电缆的覆土层中。应在外力破坏高风险区域电缆通道宽度范围内两侧设置，当电缆通道宽度大于 2 m 时应增加警示带数量。警示带样式宜为黄底红字，并需留有服务电话。警示带样式如图 2.1 所示。

图 2.1 警示带样式

2. 标识牌

在电缆终端头、电缆接头、拐弯处、夹层内、隧道及竖井的两端、人井内等地方的电缆上应装设标识牌。在电缆沟、隧道内电缆本体上应每间隔 50 m 加挂电缆标识牌；在电缆排管进出井口处加挂电缆标识牌。标识牌的字迹应清晰不易脱落、规格应统一、材质应能防腐、挂装应牢固。并联使用的电缆应有顺序号。

标识牌规格宜为 80 mm×150 mm、白底黑字，在其长边两端打孔，采用塑料扎带、捆绳等非导磁金属材料牢固固定，电缆标识牌样式，如图 2.2 所示。

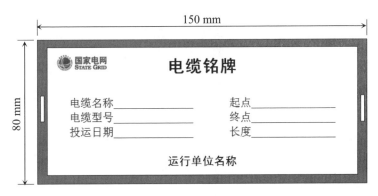

图2.2 电缆标识牌样式

电缆终端头标识牌在电杆下线时应绑扎（粘贴）在电缆保护管顶端（电缆保护管宜高2.5 m）；箱体内电缆终端标识牌绑扎在电缆终端头处；电缆中间接头标识牌置于电缆中间接头两侧 1.5 m 处。电缆终端头标识牌和电缆中间接头标识牌样式一样，如图 2.3 所示。

电缆终端头标识牌	
线路名称 _____	产品型号 _____
施工单位 _____	运维单位 _____
生产厂家 _____	投运时间 _____

图2.3 电缆终端头标识牌样式

3. 标识桩、标识贴

标识桩一般为普通钢筋混泥土预制构件面喷涂料、颜色宜为黄底红字。在敷设路径起、终点及转弯处以及直线段每隔 20 m 应设置一处标识桩，当电缆路径在绿化隔离带、灌木丛等位置时可延至每隔 50 m 设置一处标识桩。标识桩样式如图 2.4 所示。

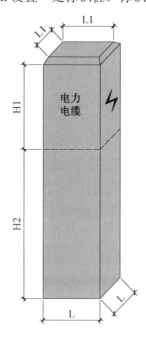

图2.4　标识桩样式

标识桩参数见表 2.18。

表 2.18　标识桩参数

	参数
L1	80 mm
H1	150 mm
H2	250 mm
L	100 mm
α	45°

当直埋电缆在人行道、车行道等不能设置高出地面的标志时，可采用平面标识贴进行标识。电缆标识贴应牢靠固定于地面，宜选用树脂反光或不锈钢等耐磨损耐腐蚀的材料。树脂反光材料背面用网格地胶固定；不锈钢材料背面做好锚固件。

标识贴规格宜为 120 mm×80 mm，形状、大小可根据地面状况适当调整；标识贴上应有电缆线路方向指示。在电缆井周围 1 m 范围内，各方向通道上均应设置标识贴，标识贴样式，如图 2.5 所示。

图2.5　标识贴样式

2.3.9　冻土地区设计原则

1. 季节性冻土

（1）对强冻胀性土、特强冻胀性土，基础的埋置深度宜大于设计冻深 0.25 m；对不冻胀、弱冻胀和冻胀性地基土，基础埋置深度不宜小于设计冻深；对深季节冻土，基础底面可埋置在设计冻深范围之内，基底允许冻土层最大厚度可按 JGJ 118-2012《冻土地区建筑地基基础设计规范》的规定进行冻胀力作用下基础的稳定性验算，并结合当地经验确定。

（2）基槽开挖完成后底部不宜留有冻土层（包括开槽前已形成的和开槽后新冻结的）。当土质较均匀、且通过计算确认地基土融化、压缩的下沉总值在允许范围之内时，或当地有成熟经验时，可在基底下存留一定厚度的冻土层。

2. 多年冻土

（1）对不衔接的多年冻土地基，当构筑物热影响的稳定深度范围内地基土的稳定和变形都能满足要求时，应按季节冻土地基计算基础的埋深。

（2）对衔接的多年冻土，当按保持冻结状态利用多年冻土作地基时，基础埋置深度可通过热工计算确定，但不得小于构筑物地基多年冻土的稳定人为上限埋深以下 0.5 m。

（3）在多年冻土地区构筑物地基设计中，应按 JGJ 118-2012《冻土地区建筑地基基础设计规范》的相关规定对地基进行静力计算和热工计算。

2.3.10　隧道照明

（1）电缆隧道内应设置照明设备，满足正常及事故工况的照明。照明灯具应为节能、防潮、防爆型，外壳应接地。照明回路宜采用双电源供电。

（2）安全出口标识灯宜安装在隧道上方，并指明出口方向。

（3）照明回路开关应采用双控开关，开关应选用防水防尘型，其安装位置距底板宜为 1.3 m。

（4）照明回路分支导线截面不应小于 2.5 mm^2，中性线（N 线）及保护地线（PE 线）截面应与相线截面相同。

第3章 变电站自动化系统

3.1 概 述

变电站自动化系统指在变电站内应用自动控制技术、信息处理和传输技术、计算机硬软件技术实现变电站运行监测、协调、控制和管理任务，部分代替或取代变电站常规二次系统，减少和代替运行值班人员对变电站运行进行监视、控制的操作，使变电站更加安全、稳定、可靠运行。

变电站综合自动化系统的实质是以计算机技术为核心，通过将变电站原有的保护、仪表、中央信号、远动装置等二次设备系统及其功能重新分解、组合、互连、计算机化而形成，集变电站保护、测量、监视和远方控制于一体，完全替代了变电站常规二次设备，简化了变电站二次接线。通过变电站综合自动化系统内各设备间相互信息交换，数据共享，完成变电站运行监视和控制任务。

变电站综合自动化系统的研究内容主要包括：

（1）对 220 kV 及以上电压变电站，以服务于电力系统安全、经济运行为中心。通过先进的计算机技术、通信技术，为新的保护和控制技术采用提供技术支持，解决过去未能解决的变电站监视、控制问题，促进各专业在技术和管理上的协调配合，为电网自动化进一步发展奠定基础，提高变电站安全、可靠、稳定运行水平。如采集高压电器设备本身的监视信息；断路器、变压器和避雷器等的绝缘和状态信息等；采集继电保护和故障录波等装置完成的各种故障前后瞬态电气量和状态量的记录数据，将这些信息传送给调度中心，以便为电气设备的监视制订检修计划，为事故分析提供原始数据。

（2）对 110 kV 及以下电压变电站，以提高供电安全与供电质量，改进和提高用户服务水平为重点。侧重于利用变电站综合自动化系统，对变电站的二次设备进行全面的改造，取消常规的保护、测量监视、控制屏，全面实现变电站综合自动化，以提高变电站的监视和控制技术水平、改进管理、加强用户服务、实现变电站无人值班、减人增效。

变电站综合自动化就是通过微机化的保护、测控单元采集变电站内各种信息，如母线电压、线路电流、变压器各侧电气量及变电站内各种一次及辅助设备（如断路器等）

的状态信息采集，并对采集到的信息加以分析和处理，借助于计算机通信手段，相互交换和上送相关信息，实现变电站运行监视、控制、协调和管理。与传统变电站二次系统不同的是各个保护、测控单元既保持相对独立，继电保护装置设备不依赖于通信或其他设备，可自主、可靠地完成保护控制功能，迅速切除和隔离故障；又通过计算机通信的形式，相互交换信息，实现数据共享，协调配合工作，减少了电缆和设备配置，增加了新的功能，提高了变电站整体运行控制的安全性和可靠性。

变电站综合自动化系统可实现以下功能：

① 随时在线监视电网运行参数、设备运行状况、自检、自诊断设备本身的异常运行。当发现变电站设备异常变化或装置内部异常时，立即自动报警并相应地闭锁出口动作，以防止事态扩大。

② 当电网出现事故时，快速采样、判断、决策，迅速隔离和消除事故，将故障限制在最小范围内。

③ 完成变电站运行参数在线计算、存储、统计、分析报表、远传和保证电能质量的自动和遥控调整工作。

借助变电站综合自动化系统，可实现对变电站运行自动监视、管理、协调和控制，减轻了变电站运行值班人员的劳动强度，提高了变电站自动化水平。变电站综合自动化是实现变电站无人值班的重要手段之一。不同电压等级、不同重要性的变电站实现无人值班的要求和手段不尽相同。

无人值班的关键是通过采取不同技术措施，来提高变电站整体自动化水平，减少事故发生机会，缩短事故处理和恢复时间，使变电站运行更加稳定可靠，从而把变电站运行值班人员从单调、重复、精神紧张的劳动中解放出来，让人做更富有创造性的工作，实现减人增效。

变电站综合自动化的发展，为电网综合自动化的深入发展开辟了广阔天地。变电站综合自动化是一项提高变电站安全稳定可靠运行水平，降低运行维护成本，提高经济效益，向用户提供高质量电能的一项重要技术措施。变电站综合自动化包括两个方面内容：

① 横向综合。

利用计算机手段将不同厂家的设备连在一起，替代或升级老设备的功能。

② 纵向综合。

在变电站这一级内提供信息、优化、综合处理分析信息和增加新的功能，增强变电站内部、各控制中心间的协调能力。如借用人工智能技术，在控制中心可实现对变电站控制和保护系统进行在线诊断和事件分析；或在变电站当地自动化功能协助之下，完成电网故障自动恢复。变电站综合自动化与一般自动化区别关键在于自动化系统是否做为一个整体执行保护、检测和控制功能。

3.2　变电站自动化系统的特点

1. 功能综合化

变电站综合自动化系统是个技术密集，多种专业技术相互交叉、相互配合的系统。它是建立在计算机硬件和软件技术、数据通信技术的基础上发展起来的。它综合了变电站内除一次设备和交、直流电源以外的全部二次设备。微机监控子系统综合了原来的仪表屏、操作屏、模拟屏和变送器柜、远动装置、中央信号系统等功能；微机保护子系统代替了电磁式或晶体管式的保护装置。还可根据用户的需要将微机保护子系统和监控子系统合并，进而综合故障录波、故障测距和小电流接地等子系统的功能。

2. 分级分布式、微机化的系统结构

变电站综合自动化系统内各子系统和各功能模块由不同配置的单片机或微型计算机组成，采用分布式结构，通过网络、总线将微机保护、数据采集、控制等各子系统连接起来，构成一个分级分布式的系统。一个综合自动化系统可以有十几个甚至几十个微处理器同时并行工作，实现各种功能。

3. 测量显示数字化

长期以来，变电站采用指针式仪表作为测量仪器，其准确度低、读数不方便。在采用微机监控系统后，彻底改变了原来的测量手段，常规指针式仪表全被 CRT 显示器上的数字表所代替，读数直观明了。而原来的人工抄表记录则完全由打印机打印报表所代替，这不仅减轻了值班员的劳动，而且提高了测量精度和管理的科学性。

4. 操作监视屏幕化

变电站实现综合自动化，不论是有人值班、还是无人值班，操作人员在变电站内，还是在主控站或调度室内，都能面对彩色屏幕显示器，对变电站的设备和输电线路进行全方位的监视与操作。常规庞大的模拟屏被 CRT 屏幕上的实时主接线画面取代；常规在断路器安装处或控制屏上进行的跳、合闸操作被 CRT 屏幕上的鼠标操作或键盘操作所代替；常规的光字牌报警信号被 CRT 屏幕画面闪烁和文字提示或语言报警所取代。通过计算机上的 CRT 显示器，可以监视全变电站的实时运行情况和对各开关设备进行操作控制。

5. 运行管理智能化

变电站综合自动化系统另一个最大的特点是运行管理智能化。智能化的含义不仅是能实现许多自动化的功能，如电压、无功自动调节；不完全接地系统单相接地自动选线；自动事故判别与事故记录、事件顺序记录、制表打印、自动报警等，更重要的是还能实现故障分析和故障恢复操作智能化；而且能实现自动化系统本身的故障自诊断、自闭锁和自恢复等功能，这对于提高变电站的运行管理水平和安全可靠性是非常重要的，也是常规的二次系统无法实现的。常规的二次设备只能监视一次设备，而本身的故障必须靠维护人员去检查，本身不具备自诊断能力。总之，变电站实现综合自动化可以全面地提高变电站的技术水平和运行管理水平，使其能适应现代化大电力系统运营的需要。

6. 变电站自动化系统的优点

（1）控制和调节由计算机完成，减轻了劳动强度，避免了误操作。

（2）简化了二次接线，整体布局紧凑，减少了占地面积，降低了变电站建设投资。

（3）通过设备监视和自诊断，延长了设备检修周期，提高了运行可靠性。

（4）以计算机技术为核心，提供了很大发展、扩充余地。

（5）减少了人的干预，因而人为事故大大减少。

（6）经济效益显著。减少占地面积，降低了二次建设投资；降低了变电站运行维护成本；设备可靠性增加，维护方便；减轻和替代了值班人员的大量劳动；延长了供电时间，减少了供电故障。

3.3　变电所自动化系统的结构和配置

3.3.1　变电站分类

为便于研究变电站自动化问题，应对变电站进行分类。分类的主要依据如下：

（1）决定二次系统构成和配置的主要因素。

（2）实现变电站少人或无人值班的技术手段和要求。

由于二次系统的配置和构成主要取决于变电站的电压等级、规模和其在电网中的地位，为实现变电站无人值班，对于同样规模的新建变电站和老变电站，其采用的技术手段、实现方法和技术要求可能差异很大，因此变电站采用以下两种方法分类。

1. 按电压等级分类

根据变电站的电压等级和规模将变电站分为以下两类：

（1）35～110 kV 变电站。

这类变电站在系统中主要起分配电能的作用。它的高压侧电压为 35～110 kV，低压侧电压一般是 10 kV、35 kV 或 10 kV。低压侧系统的中性点一般采用不接地或经消弧线圈接地的方式。这类变电站容量不大，属中小型变电站。

（2）220～500 kV 变电站。

这类变电站大部分为枢纽变电站，它在系统中的地位十分重要。它的一次侧电压为220～500 kV，二次侧电压为 220 kV 或 110 kV。220～500 kV 系统的中性点均采用直接接地的方式。这种变电站接线复杂、地位重要、容量较大，属大中型变电站。

2. 按新老程度分类

（1）新建变电站。

新建变电站主要包括新增变电站、全部更新变电站、二次设备全部更新变电站。

（2）老变电站。

老变电站主要为现有变电站和部分二次设备更新的变电站。

3. 按数字化水平分类

（1）传统变电站。

（2）数字化变电站。

（3）智能变电站。

3.3.2 体系结构

综上所述，变电站自动化系统采用自动控制和计算机技术实现变电站二次系统的部分或全部功能。为达到这一目的，满足电网运行对变电站的要求，变电站自动化系统体系结构如图 3.1 所示。

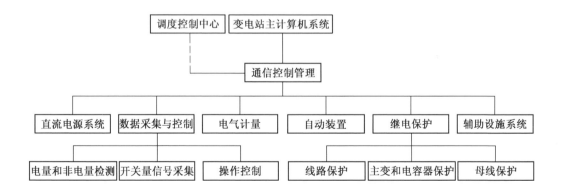

图 3.1 变电站自动化系统体系结构图

"数据采集与控制"、"继电保护"和"直流电源系统"三大模块是变电站自动化系统的基础；"通信控制管理"是桥梁，它联系变电站内各部分、变电站与调度控制中心，使它们之间得以相互交换数据。变电站主计算机系统对整个自动化系统进行协调、管理和控制，并向运行人员提供变电站运行的各种数据、接线图、表格等画面，使运行人员可远程控制开关分合，还向运行和维护人员提供对自动化系统进行监控和干预的手段。变电站主计算机系统完成了很多过去由运行人员完成的简单、重复、烦琐的工作，如收集、处理、记录和统计变电站运行数据和变电站运行过程中所发生的保护动作、开关分合闸等重要事件，其还可按运行人员的操作命令或预先设定执行各种复杂的工作。"通信控制管理"连接系统各部分，负责数据和命令的传递，并对传递过程进行协调、管理和控制。

同变电站常规电磁式二次系统相比，变电站自动化系统在体系结构上增添了变电站主计算机系统和通信控制管理两部分；在二次系统具体装置和功能实现上，计算机化的二次设备代替和简化了非计算机设备，数字化的处理和逻辑运算代替了模拟运算和继电器逻辑；在信号传递上，数字化信号传递代替了电压、电流模拟信号传递。

数字化使变电站自动化系统相比变电站常规二次系统数据采集更精确、传递更方便、处理更灵活、运行更可靠、扩展更容易。例如，在常规电磁式二次系统变电站里，运行人员通过查看模拟仪表的指针偏转角度来获取变电站运行数据，如母线电压、线路功率等，其误差较大。不同的人、站在不同的角度观察，会得出不同的数据。而采用变电站自动化技术，直接用数字表示各种测量值后，就没有上述现象。又如，继电保护异常和动作信号通过保护装置信号继电器的触点传递给中央信号系统，所表达的内容非常简单，只能是"发生"或"未发生"。若要监测多项信号，则需要继电保护装置提供更多辅助触点，增加接线。采用微机保护后，利用计算机通信技术，仅用一根通信电缆便可得到各种保护状态以及测量值、定值等。

3.3.3　变电站无人值班自动化系统配置模式

变电站自动化技术是实现变电站少人或无人值班的关键。变电站无人值班自动化系统大致有两种配置模式。

第一种配置模式，是在常规二次系统的基础上增加具备遥测、遥信、遥控和遥调等"四遥"功能的远动装置 RTU，或改造现有的远动装置 RTU，使之具备"四遥"功能。通过 RTU 实现变电站运行遥测、遥信信息的检测、远传和变电站内开关的遥控。这种模式虽然解决了变电站无人值班、信息远传和开关遥控问题，但对变电站的二次系统并没有带来根本性的变化，变电站原有二次系统存在的问题仍然存在，甚至因为变电站实现无人值班变得突出。如变电站电磁式二次系统的信号传递主要通过触点断开或闭合完成，若信号触点卡住，在远方监测很难及时发现；再如电磁型或集成电路型二次设备自检能力很弱，甚至没有，这样这类设备的隐性故障往往直到发生并造成重大事故后才被人所知。

这种模式主要用于中低压老变电站无人值班改造上。

第二种配置模式，即变电站综合自动化系统。变电站综合自动化系统指利用变电站自动化技术，对变电站的二次设备（包括控制、信号、测量、保护、自动装置、远动装置）的功能重新组合和优化设计而形成的以计算机为核心、综合性的变电站自动化系统。它替代变电站电磁式二次系统，对变电站运行进行自动监视、测量、控制和协调以及与远方调度控制中心通信。变电站综合自动化系统可以收集到较齐全的数据和信息，有计算机高速计算能力和判断功能，可以方便地监视和控制变电站内各种运行及操作。变电站自动化系统主要特征是功能综合化、结构微机化、操作监视屏幕化、运行管理智能化，具有设计简捷、维护方便、占地面积小、变电运行更安全可靠等优点。

变电站综合自动化系统的结构模式主要有集中式、集中分布式和分布分散式3种。

集中式系统一般采用功能较强的计算机并扩展其I/O接口，集中采集、集中处理计算，甚至将保护功能也集中在一起。集中式系统结构框图如图3.2所示，这种方式提出得较早，其可靠性差，功能有限。

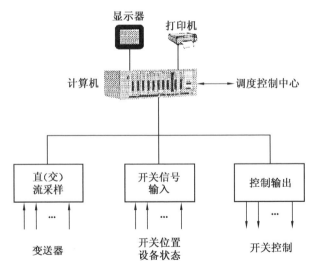

图3.2　集中式系统结构框图

随着计算机技术的发展，特别是通信技术的发展，人们又提出集中分布式系统结构。集中分布式系统结构系统结构框图如图3.3所示。这种系统结构的最大特点是将自动化系统功能分散给多台计算机来完成，各功能部分通过简单的计算机通信交换信息，系统可靠性大幅度提高，维护也相对比较方便。

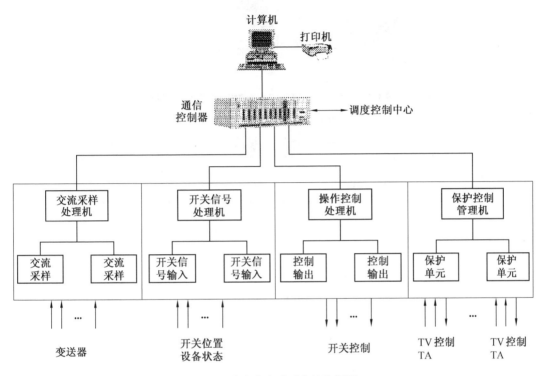

图 3.3　分布集中式系统结构框图

随着工业控制技术、计算机技术和网络通信技术的进一步发展，分布分散式系统开始出现。该系统的主要特点是按照变电站的元件和开关间隔进行设计的。将变电站一个开关间隔所需的全部数据采集、保护和控制等功能集中由一个或几个智能化的测控单元（IED）完成。测控单元可直接放在开关柜上或安放在开关间隔附近，相互之间用光缆或特殊通信电缆连接。这种系统代表了现代变电站自动化技术发展的趋势，大幅度地减少了连接电缆，减少了电缆传送信息的电磁干扰，具有很高的可靠性，比较好地实现了部分故障不相互影响，方便系统维护和扩展，大量现场工作可一次性地在设备制造厂家内完成。分散分布式系统结构框图如图 3.4 所示。

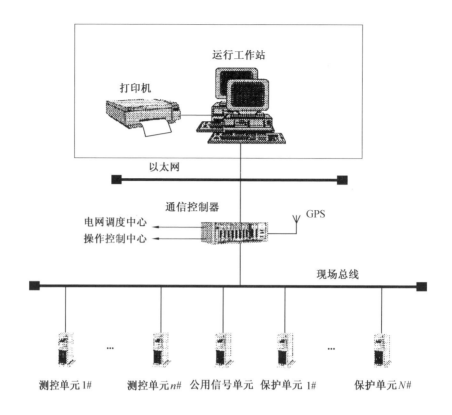

图3.4 分散分布式系统结构框图

二次设备配置模式如下：

（1）常规模式。

常规模式的CT负担重，测量CT精度低；占地面积大，设备配置有部分重叠；缺乏自诊断能力，维护工作量大，且带有一定的盲目性。

（2）常规模式+RTU。

常规模式+RTU增加了计算机功能：

①自动巡检；

②屏幕监视；

③报表；

④数据远传。

其可实现重要参数远方监视和控制；减轻了值班人员的一些劳动；TV、TA负载加重。

（3）变电站综合自动化。

变电站综合自动化模式替代、取消了常规二次设备；简化了二次接线，减少了占地面积；实现了变电站自动进行监视、管理、协调和控制。

①备用进线自动投入装置。

②保障装置。

③故障自动恢复。

④事故处理。

⑤保护、监控接口。

⑥远方和当地控制。

⑦操作监视。

⑧防误闭锁。

其不仅对电气运行监视，还包括对一、二次设备运行监视；资源、数据共享。

3.4　变电站监控系统的基本功能

3.4.1　监控系统主要功能

为满足业务监视需求，监控系统应实现如下功能。

1. 图形

通过图形运行人员可以对站内运行设备进行监视、挂牌/摘牌工作，以配合实际设备的运行监视、检修、调试、操作等工作；通过与控制中心的配合，可以实现运行人员对实际设备的控制操作工作。

（1）图形内容。

监控系统应至少显示如下图形：

①电气主接线图。显示厂站内一次设备实时运行状态（包括变压器挡位、断路器位置等）和各主要电气量（电流、电压、频率、有功、无功、变压器绕组温度及油温等）的实时值及潮流方向等内容。在主接线图上以热点或按钮的方式链接间隔分图及一、二次设备运行工况图。

②一次间隔的间隔分图。

③继电保护配置图。反映各保护投退情况、查看保护的定值参数及压板位置等。

④直流系统图。显示充电装置的基本运行参数。

⑤站用电系统状态图。

⑥趋势曲线图。

⑦毫秒级实时 PMU 曲线图。

⑧电压棒状图。

⑨自动化系统运行工况图。用图形方式及颜色变化显示站内自动化系统的设备配置、工作状态和通信状态。

⑩遥测表、开关量表。

⑪GOOSE 通信状态图。

⑫网络交换机端口通信状态图。

⑬间隔层设备通信状态一览图。

⑭一次设备运行工况图。显示各设备的铭牌参数、CT 及 PT 变比和实时监测信息。

（2）图形编辑。

①应采用符合 Windows 标准的窗口管理系统，窗口颜色、大小等可进行设置和修改。

②应支持多种汉字输入法，支持矢量汉字字库。

③应支持图元的定义、编辑、导入导出功能及典型图模板的图形编辑功能。

④应支持图模库一体化，通过与数据交互，在生成图的同时，自动生成相应设备模型及拓扑关系等。

⑤VQC、曲线等功能模块可以以插件的模式在图形中编辑、显示。

⑥图形编辑应支持在线编辑、修改、定义、生成、删除、调用和与数据连接功能，并自动同步其他节点。

（3）图形浏览。

①应支持放大、缩小、自动适应屏幕浏览以及导航浏览、分层显示、打印功能。

②应具有电网拓扑识别功能，可以按一次设备电压等级，用预定颜色标识设备的带电、停电、异常状态。

③应能支持光字牌功能，通过站、间隔的层次模式逐级递归浏览、确认相应事件。

④当变电站发生事故时，图形应能按预定动作主动推出相应间隔分图，或推出只包含事故间隔分图的索引图。

⑤图形应提供可扩展的方式，完成其他功能模块请求的数据显示、数据交互工作，图形除实时态功能外，还可以配合其他模块完成事故追忆显示、防误预演显示等功能。

（4）图形操作。

①通过与数据、控制的协作，在图形上应具备如下操作功能入口：

a. 一次设备的人工操作。

b. 程序化操作的启动、停止工作。

c. 一、二次设备的挂牌、摘牌工作。

d. 人工置数及取消人工置数操作。

e. 报警事件的确认操作。

②工作牌的外观、显示位置、动作行为可以预先设置。图形上工作牌状态应自动同步、更新到其他节点。

2. 报表

（1）报表模板制作。

①报表应支持制作报表模板，利用报表模板查询历史/实时数据，生成报表的模式。

②报表模板中内容字体、颜色、边框样式可设，模板可以自由定义、编辑、复制、删除，支持同步到网络其他节点。

③报表应支持对单元格的公式计算功能，公式应包括绝对值、平均值、最大/最小值、求和、四则运算等。

（2）报表生成。

①报表应支持打印预览、打印功能，打印纸张大小、缩放比例可设。

②应能浏览、打印三年内任意时期的日报表、周报表、月报表、年报表，应能按要求定时打印日报表、周报表、月报表及年报表。

③报表应支持 Excel 格式导出功能。

（3）报表内容。

监控系统应包含如下报表：

①站内电气量的日报表、周报表、月报表、季报表和年报表。

②一次设备状态监测信息报表。

③站内电能量报表。

3. 曲线

曲线能直观显示数据的变化规律，形象地反映电力系统厂站设备的运行情况和负荷变化情况。曲线有实时曲线和历史曲线两种。

（1）曲线制作。

①曲线的描述、背景色、曲线颜色、曲线 X、Y 轴坐标等可单独配置。

②应支持按组定义曲线。组内曲线共用一个坐标系，颜色可单独配置。曲线组的名称、Y 轴范围等可设。

③曲线宜以插件的方式在图形中按照定义的显示模式显示，曲线也可以作为独立模块呈现给用户。

（2）曲线浏览。

①历史曲线应支持按天、月等时间跨度浏览的模式，支持遥测最大值、最小值、平均值的曲线显示。

②实时曲线时间窗口可设，如 5 min、1 h、24 h 等。刷新周期最小为 1 s，且可以设置。

③当选择曲线上的某一点时，应显示此点对应的数据。

④应支持曲线打印功能。

4. 报警

对报警信息进行综合分类管理和信号过滤，实现全站信息的分类报警功能。根据报警信息的级别实行优先级管理，方便重要报警信息的及时处理，有助于变电站应对各类突发事件。

（1）应可以配置报警的动作、显示、确认方式等行为。

① 动作行为包括电笛、电铃、语音、打印、存储、推图以及是否显示等。

② 显示行为包括报警信息的字体、颜色、背景色、闪烁方式以及报警确认前图标、确认后图标。

③ 确认方式包括人工确认、自动确认以及延时自动确认，延时自动确认时间可配置。

（2）除默认报警类型外，遥信、遥测报警应可自定义报警类型。

（3）应可按照报警类型自定义报警显示组，可按报警显示组检索、过滤、显示报警信息。

3.4.2　历史数据

1. 数据存储

针对厂站内四遥量、报警信息、统计信息、工作日志进行存储，应实现如下存储功能：

（1）应实现对遥测、遥信、遥控、遥脉量（四遥量）的定时存储功能。

（2）应实现对报警信息的存储功能。

（3）应实现对遥测、遥信、遥控、遥脉量的统计结果存储功能。

（4）应实现对工作日志的存储功能。

2. 数据展示

（1）应实现对遥测、遥信、遥控、遥脉量及统计结果的展示功能。

（2）应实现对报警信息的分类查询功能。

（3）应实现对工作日志的编辑和查询功能。

（4）应实现对事故发生时各种数据的追忆功能。

3.4.3　故障信息

故障信息功能应包括常规的故障信息子站二次设备监测及故障分析功能，以及在此之上的故障信息综合分析决策功能。

1. 保护装置管理

应显示保护装置的名称、厂家、型号等基本信息，监视保护装置与厂站监控系统的通信状态，同时提供对保护装置的定值、压板、当前定值区、开入量、模拟量的在线查看功能。

2. 故障动作记录查看

能够接收并提供界面显示保护装置在电网发生故障时的动作信息，包括保护装置动作后产生的保护事件信息、故障录波报告、保护报警信息等。

3. 故障波形分析

（1）能够对从保护装置接收到的 Comtrade 格式录波文件进行波形分析，以多种颜色显示各个通道的波形、名称、有效值、瞬时值、开关量状态。

（2）能对单个或全部通道的波形进行放大、缩小操作；能对波形进行标注；能局部或全部打印波形。

（3）能自定义显示通道个数；能显示双游标；能正确显示变频分段录波文件；能进行向量和谐波分析。

4. 故障信息综合分析决策

当保护动作时，保护信息功能应自动收集一次、二次设备的信息，并进行综合故障分析处理，最终整理打包成故障报告。故障报告内容包括故障设备名称、故障时间、故障序号、故障区域、故障相别、开关动作信息、保护动作信息等。

3.4.4　电能质量监测

根据电能质量检测装置的监测分析结果，监控系统应实现以下功能：
（1）供电电压偏差监视及阈值报警。
（2）供电电压波动及闪变监视。
（3）供电频率偏差监视及阈值报警。
（4）三相电压不平衡度监视及阈值报警。
（5）公用电网谐波监视及报警。

3.4.5　控制与调节

1. 人工控制与调节

（1）控制范围。
人工控制与调节主要范围应包括以下对象并可扩展：
①断路器、刀闸、地刀的分/合。
②调节变压器分接头。
③无功补偿设备的投/退。
④定值参数的修改、定值区号设定。
⑤软压板投/退。

⑥辅助控制涉及的开启/关闭，运行/停止操作，如空调、灯光等辅助设备的启动/停止等。

⑦一、二次设备挂牌、摘牌操作，人工置数及取消人工置数。

（2）控制过程。

①应具备被控对象信息及状态提示、操作员和监护员登录、被控对象的设备编号确认、控制执行等一系列过程。

②对开关设备实施控制操作一般应按三步进行：选点－预置－执行。只有当预置正确时，才能进行执行操作。

③应具备预置超时自动撤销功能。

（3）安全措施。

①操作必须在具备控制权限的工作站上进行。

②应通过控制权限对操作主机和操作人员进行验证。

③操作时，应对操作对象的调度编号进行验证；应对操作人员进行口令确认验证。双席操作时，还需对监护人员进行口令确认验证。

④操作时每步应有提示，每步的结果有相应的响应；操作时应对通道的运行状况进行监视。

⑤禁止同时对同一厂站内的一个或多个设备进行操作。

⑥应提供防误闭锁定义工具和检查功能，对任一设备的分、合操作支持分别提供不同的防误闭锁条件，对遥调对象支持根据数值范围提供不同的闭锁条件；定义方法直观简便，对防误检查有明确的返回结果和原因。所有操作应进行防误检查。

（4）控制记录。

①控制过程应记录，记录内容包括操作人员姓名、控制对象、控制内容、控制时间、操作者所用的工作站、控制结果等。

②所有控制记录应长期存储，提供查询、打印功能。

2. 程序化控制

厂站端程序化控制应具备以下功能：

（1）满足无人值班管理模式的要求。

（2）应支持在站控层和调度中心、集控（监控）中心下达的程序化操作命令。

（3）操作过程中应检查防误逻辑，保证各类程序化操作应通过五防校验。

（4）应具备程序化控制系列指令的编辑、修改功能。

（5）应具备仿真、预演功能。

（6）应支持保护压板投退及定值区切换操作。

（7）应具备程序化控制操作的暂停、启动功能。

（8）在程序化控制期间站内发生事故时程序化控制应立即停止。

3. 电压无功控制

利用变压器自动调压、无功补偿设备自动调节等功能，电压无功控制实现系统的安全经济运行及优化控制。电压无功控制应具备以下功能：

（1）应满足无人值班管理模式的要求，人工操作与远方控制须具有相互闭锁能力。

（2）应可实时监测电网中的相关数据，包括网络拓扑状态，分接头位置、无功、电压信息等。

（3）能对主变分接头、电容器、电抗器进行调节。

（4）应具备电压无功综合优化、电压优化和无功优先 3 种控制方式。

（5）电压无功（或功率因数）定值应支持时间分段与负荷分段两种方式。

（6）运行电压控制目标值应能在线修改，并可根据电压曲线和负荷曲线设定各个时段不同的控制参数。

（7）电压控制目标应可选择中压侧或低压侧，应能自动判别低压侧和中压侧主变的并列情况；在主变并列时，各主变分接头能实现同升同降。

（8）为减少定值整定，宜将相同策略的动作合并为同一定值。

（9）能自动适应系统运行方式的改变，并确定相应的控制策略。

（10）远方应能控制站端电压无功控制功能的投退及复归操作，并把相应的遥信量上传到调度中心/集控站。

（11）运行人员可以对每台电压无功控制对象（主变、电容器）进行启/退操作，来独立控制某一设备是否参与电压无功控制调节。

（12）应具备安全闭锁功能，系统出现异常时应能自动闭锁。当系统输出闭锁时，应提示闭锁原因。站内闭锁信号应支持向主站上送。

3.4.6　视频及环境监视功能

应能与视频、环境监控、消防等系统进行状态信息交互，实现以下功能：

（1）应与视频及环境监控系统进行状态信息交互，从而实现开关位置变化、保护动作发生时的视频联动功能。通信方式宜采用串口通信模式。

（2）应实现厂站内温度、湿度、水浸、风力、通风风机运行状态的监视及报警功能。

（3）应实现消防系统启泵阀信号、火灾报警信息、灭火系统动作信号的实时监视及报警功能。

（4）应实现消防栓压力、消防栓蓄水池水位、消防泵运行状态的监视功能。

（5）应实现水喷雾模块的压力、工作状态、动作状态的监视功能。

（6）应实现站内排水泵、给水泵工作状态的监视功能。

（7）应实现安防/门禁异常报警功能。

（8）应能获取变电站各房间（设备间、监控房间、公共区域）事故照明的开关状态。并能对站内各区域常规照明远程开启、关闭照明，包括事故照明。

3.4.7 用户管理

应能对用户组和用户进行权限管理，实现以下功能：

（1）应实现用户使用设置的功能。

（2）应实现对用户组的管理功能，包括增加、修改、删除用户组。

（3）应实现对用户名和密码的管理功能，包括增加、修改、删除用户和修改密码，修改所属用户组。

（4）应实现对用户密码的加密功能。

3.4.8 性能要求

1. 可用性

监控系统可用率≥99.99%。

2. 可靠性

系统平均故障间隔时间（MTBF）≥20 000 h。

3. 实时性

（1）遥信变化传送时间不大于 1 s。

（2）遥测变化传送时间不大于 3 s。

（3）动态画面响应时间不大于 2 s。

（4）画面跳转时间不大于 3 s。

（5）事故自动推画面时间不大于 5 s。

（6）站内状态估计计算时间小于 300 ms。

3.4.9 运行环境要求

1. 通信条件要求

（1）通信条件应满足系统应用的需求，原则上要求不低于 100 M 带宽，站控层宜选用 1 000 M 带宽。

（2）应采用符合规定的安全防护装置对通信进行安全防护。

2. 工作条件及环境条件

（1）工作条件

①环境温度：18~28 ℃。

②相对湿度：30%~75%。

（2）环境条件

①无爆炸危险、无腐蚀性气体及导电尘埃、无严重霉菌、无剧烈振动冲击源。

②接地和静电防护应符合 GB 50174—2008 有关规定。

③平均照度应不小于 500 lx。

④消防与安全应符合现行国家标准的有关规定。

3.5　通信网络

通信管理机是变电站自动化系统的神经中枢，它负责数据的传输、控制和管理。通信管理机负责与各测控单元、微机保护、非有效接地选线装置、微机直流屏、智能电能表等智能化电子装置（IED）通信，收集变电站遥测、遥信、电能量、保护事件、设备状态等各种实时数据，经预处理后送往变电站主计算机和远方集控中心，同时接收和下传变电站主计算机系统和远方集控中心发来的各种控制命令，如遥控、遥调、修改保护定值、信号复归等命令，接收 GPS 时钟信号并统一全系统时钟。除此之外，通信管理机还对各环节的通信进行监测和控制。

通信管理机把变电站各个单一功能的子系统（装置）有机结合起来，使上位机与各子系统或各子系统之间建立起数据通信或和操作，组成了变电站自动化系统的神经网络。综合自动化系统的通信功能包括系统内部的现场级间的通信和自动化系统与上级调度的通信两部分。

3.5.1　综合自动化系统的现场级通信

综合自动化系统的现场级通信主要解决自动化系统内部各子系统与上位机（监控主机）和各子系统间的数据通信和信息交换问题，通信范围在变电站内部。对于集中组屏的综合自动化系统来说，通信范围实际是在主控室内部；对于分散安装的自动化系统来说，通信范围扩大至主控室与子系统的安装地，最大的可能是开关柜间，即通信距离加长了。

综合自动化系统现场级的通信方式有并行通信、串行通信、局域网络和现场总线等多种方式。

目前，在变电站自动化系统中，与通信管理机进行通信和管理的设备分为以下几类：

（1）测控单元。

（2）微机保护。

（3）自动装置。包括非有效接地选线装置、备用电源自投、低频减载装置等。

（4）微机直流屏。

（5）智能电能表。

（6）变电站主计算机。

上述各类装置的信息传输特点和要求互不相同，为保证信息传输的实时性和可靠性，对其通信传输处理也随之不同，下面分别介绍。

1. 与测控单元通信

通信管理机与测控单元间通信数据量大，要求周期性更新，实时性要求高。通信管理机采用一路或多路 RS 422/485 或现场总线与各测控单元相连，通信介质采用屏蔽双绞线或光缆，通信速率为 4 800 b/s、9 600 b/s 或 78 kb/s。通信控制方式一般采用查询方式，通信管理机为主机负责查询，测控单元为从机接收查询并应答。随着现场总线的应用，单纯的查询方式已改为查询和主动上送混合传输方式，大大缩短了信息实时响应时间。通信管理机与测控单元通信主要有以下内容：

（1）遥信：开关、刀闸等位置信号，开关设备及辅助设备状态信号，变压器有载调压开关挡位等。

（2）遥测：P、Q、I、功率因数、F、U、开口三角电压、控制母线直流电压、主变温度等。

（3）事件顺序记录。

（4）测控单元自检信息。

（5）校时。

（6）遥控、遥调命令。

2. 与微机保护通信

通信管理机与微机保护通信数据量一般不大，通信随机性大、突发性强、可靠性要求高。当保护动作时，保护动作信息须实时可靠上送，而保护定值或测量值只在需要查看或修改时才传送。通信管理机一般不直接与保护单元通信，而是通过保护通信管理机间接与各保护单元通信。通信管理机与保护通信管理机间采用光电隔离的 RS 422 通信接口相连。因变电站里往往采用多家保护设备，各厂家保护采用的通信规约不一致，所以为了通信处理方便，通信管理机对使用不同通信规约的保护设备分别用不同的串行口与之进行通信。通信管理机一般提供 2～3 个 RS 422 通信接口，通信速率为 2 400 b/s 或 4 800 b/s，通信方式采用查询方式。通信管理机与微机保护通信主要有以下内容：

（1）动作信息。

（2）整定值。

（3）测量值。

（4）开关状态。

（5）信号复归。

（6）整定值修改。

（7）自诊断信息。

（8）对时。

3. 与自动装置通信

通信管理机与自动装置，例如非有效接地选线装置通信，其通信特点与微机保护通信类似，故往往采用与微机保护通信相同的规约，将其作为一种保护单元看待。

4. 与微机直流屏通信

通信管理机与直流屏通信是接收直流屏的各种信息，实现对直流电源的远方监测。微机直流电源数据量不大，但数据既有模拟量数据又有开关量数据，通信实时性要求不高，但要求周期性更新。通信管理机与直流屏的通信用光电隔离的 RS 422 或 RS 485 接口相连，通信速率为 2 400 b/s 或 4 800 b/s，采用主从查询通信方式。通信管理机与直流层通信内容有：

（1）整定值。

（2）测量值。

（3）开关状态。

（4）自检信息。

（5）对时信息。

5. 与智能电能表通信

通信管理机与智能电能表通信数据量小、具有周期性、时间间隔较长。通信管理机与智能电能表的通信采用 RS 485 接口相连，最多可挂 128 块表，通信速率为 9 600 b/s，采用查询通信方式。通信管理机与智能电能表通信内容有：

（1）底数。

（2）抄见数。

（3）最大需求量。

（4）设定值。

6. 与变电站主计算机通信

通信管理机与变电站主计算机通信数据量大，实时性及可靠性要求较高。对于中压变电站，通信管理机主要采用一路 RS 232 通信接口与变电站主计算机系统通信，通信速率为 9 600 b/s，通信方式采用查询方式，通信内容包括上述 5 类全部信息。由于数据量大，且有实时性、可靠性要求，在通信传输过程中，根据不同的传输要求，需对信息进行分类，采取不同的传输策略。对断路器位置遥测信号采用变位插入，优先传输；而对全部遥信的现存状态则间隔数分传一次，保证遥信的正确性；对遥测信号则采用变化传送与定时传送相结合的方法，保证实时性。

3.5.2　综合自动化系统与上级调度通信

综合自动化系统通过远动机与调度或控制中心通信。远动机为电网调度自动化系统对变电站进行监测和控制提供了更为丰富的信息和新的功能。如保护定值的远传和修改、故障状态下的电气参数等，即使常规的遥测、遥信信息也因变电站无人值班或计算机系统远方监测和控制的要求而大为增加。比较明显的是设备状态信号的增加。稍大一点的变电站，其遥测、遥信总量便超出了远动规约遥测 256 点、遥信 512 点的限制。再加上有不少调度自动化系统使用时间已久，增加新的功能非常困难，扩充余度也很少。这些因素给系统运行维护、设备选型与上级调度或控制中心通信接口带来很多不便。

通信管理机是变电站自动化系统的关键部分，其可靠性、稳定性、实时性均要求比较高。特别是规模较大的变电站，对通信管理机要求就更高。通信管理机需要同数十个测控单元、保护单元进行高速通信，而且同时还要同变电站主计算机系统、上级调度自动化系统或操作控制中心进行通信。在选型中，通信管理机的 CPU 除具有比较好的运算处理能力外，还应具有多级中断处理能力。由于通信设计环节多，处理复杂，且灵活性要好，通信管理机宜选用数据处理能力强、实时性高的可靠性嵌入式装置。

3.6　变电站监控系统日常运行管理

3.6.1　管理体系

严格的运行管理体系、贯彻责任到人、并配备专职技术员对设备进行定期巡检是保证变电站监控系统安全运行的必要手段。变电站监控系统的管理体系分为两部分：一是电力调度的指导职责；二是变电站的管理、运行、维护职责。

1. 电力调度职责

（1）电力调度是变电站电网计算机监控系统的技术管理归口单位，包含了变电站监控系统的技术管理职能部门，负责变电站监控系统的技术监督和专业技术指导工作。

（2）负责贯彻执行上级主管部门颁发的变电站监控系统各项规程、规定、制度、标准和导则。

（3）负责审核变电站监控系统技术要求和规划方案。

（4）参加 220 kV 及以上变电站监控系统重大事故的调查和分析。

（5）组织电网变电站监控系统的技术、经验交流和专业培训。

（6）负责 220 kV 及以上变电站监控系统重要运行指标的集中统计、分析及评价并定期上报和下发。

2. 变电站运行管理

（1）自动化管理机构职责。

①负责调度管辖范围内监控系统设计方案的审查、规划的制订、事故的调查分析。

②贯彻执行上级主管部门颁发的变电站监控系统各项规程、规定、制度、标准和导则，及电网变电站监控系统的技术标准、规程规范和管理制度。

③负责组织变电站监控系统的整体验收工作，做好各类测试数据的记录，办理相应的设备交接手续。

④负责协调变电站监控系统建设与一次设备同步设计、同步施工、同步验收和同步投入运行。

⑤负责本局调度管辖范围内变电站监控系统各项运行指标的统计、分析及评价并定期上报和下发。

（2）运行人员职责。

①负责所管变电站监控系统的运行管理工作。

②负责保障变电站监控系统相关设备正常工作所需条件，保障系统的安全、稳定运行，对系统运行率指标负责。

③负责变电站监控相关设备（含不间断电源）的日常巡视，发现有异常情况及时同现场核对，并及时报告相关责任部门。日常定期巡视内容包括：

a. 对间隔层检查。检查正常运行显示，时钟；检查零漂，检验各电压、电流通道刻度和测量误差；检查定值区的固化定值是否与定值通知单一致；检查遥信动作情况，与调度核对数据量和状态量；插件是否发热、松动。

b. 对监控机与五防机的检查。鼠标、键盘是否运用灵活，各连接线是否松动；各种数据量与状态量是否与实际运行情况相符；遥控执行情况；核对保护信息是否与当时值班记录一致，动作是否正确；检查计算机是否有病毒侵入，系统运行是否良好；检查五防机是否能正确进入系统，正确执行操作任务；检查五防钥匙充电情况，功能是否正常；对 UPS 电源进行自动切换检查，对 UPS 电源放电时间进行测试，是否合格。

④负责变电站监控系统相关设备的接入、缺陷处理和检修等维护工作的许可和监督。

⑤在维护人员的指导下，负责变电站监控系统相关设备进行断电复位等简单缺陷处理工作。

⑥配合自动化数据核对、缺陷处理等维护、定检工作。

（3）维护人员职责。

①负责变电站监控系统相关设备的接入、缺陷处理和检修等维护工作。

②负责保证变电站监控系统所属设备的工作状态的良好，性能的稳定，对系统可用率等指标负责。

③负责定期核对变电站监控系统数据和现场是否一致，保证采集数据的正确性和完整性。

④负责本局调度管辖范围内变电站监控系统所属设备的定期巡检和校验。

⑤接受自动化管理机构指定的其他工作。

3.6.2　管理内容与方法

从运行、维护、技术和安全4个方面给出变电站监控系统日常管理方法。

1. 变电站监控系统的运行管理

（1）变电站监控系统的验收交接。

①新建或改建的变电站监控系统，在投运前均应进行验收。

②自动化管理机构负责组织变电站监控系统的整体验收工作，做好各类测试数据的记录，办理相应的设备交接手续。

③ 变电站监控系统的验收按相关验收规范进行。

（2）变电站监控系统运行人员基本要求。

①具备计算机的基本常识，能对监控计算机进行基本操作。

②应熟悉变电站监控系统的结构、原理，网络连接及各接入装置功能。

③能对现场运行的计算机监控系统进行正常的监视、操作、定期巡检及日常检查。

④能对变电站监控系统中装置上的作业及安全措施进行监督。

⑤能发现变电站监控系统中的一些基本缺陷，并能及时汇报相关责任部门处理。

（3）变电站监控系统定时巡检。

①对变电站监控系统各设备进行定时巡检，及时发现监控系统的异常情况，并及时汇报处理。

②巡检内容应包括变电站监控系统各主机运行是否正常；各设备运行指示灯指示应正常；监控程序数据应正常刷新；各监控装置、智能设备通信是否正常，监控功能是否正常。

③变电站监控系统接入各装置的电源指示灯是否正常，运行指示灯是否正常，装置无死机现象和异常情况发生。

④对变电站监控系统的日负荷潮流报表进行检查，发现异常和错误数据及时通知相

关部门进行处理。

（4）运行人员应及时地对变电站监控系统主机报告的事项进行检查，发现有异常情况及时同现场核对，并及时报告相关责任部门。

（5）运行人员应对变电站监控系统不间断电源进行定期检查，发现异常及时报告相关责任部门。

（6）变电站监控系统正常运行时，所有遥控操作均应通过五防闭锁后，在监控机上进行操作，故障时经有关部门批准后，方可解除五防装置，并在监控装置上进行操作。

（7）变电站监控系统正常运行时，遥控出口压板处于投入状态。

（8）由于设备原因不能远方遥控时，经有关部门许可后可在测控装置上进行就地控制，操作完毕后将选择开关打回远方位置。

（9）凡影响变电站监控系统设备正常运行的检修、试验、故障处理等工作，在工作前要事先向相关责任部门进行申请，并开具工作票，征得相关责任部门同意后，并得到系统运行人员许可后方可进行。

（10）运行人员可按照现场运行规程的规定，对监控装置进行断电复位等简单缺陷处理工作。

（11）运行人员如果发现监控装置设备紧急故障，如设备电源起火、有冒烟现象等，应立即断开监控装置电源，缓解故障情况后，及时通知相关责任部门进行处理。

（12）在变电站一次设备检修试验工作完毕后，运行人员应核实自动化数据和现场是否一致，发现不一致时应首先通知检修人员核查；仍未发现故障原因时，值班人员应通知自动化人员进行核查。

（13）发现监控系统后台机在运行中信息接收异常或出现故障时及时与远动人员联系。

2. 变电站监控系统的维护管理

（1）维护工作。

①自动化专业部门应按需要对变电站监控系统进行维护，并办理工作票，做好相应记录。

②变电站监控系统的维护包括系统故障后的系统软硬件、应用软件重新安装、根据运行需要对原有系统的功能完善、数据及系统备份以及版本的升级等。

③监控程序软件维护应设专人负责收集软件功能改进意见，并向厂家开发人员反映，配合厂家人员修改程序。

④监控程序修改之前应先做好备份，以备意外情况下的及时恢复。

⑤未经运行部门同意，不得将变电站监控系统自动化设备停运，不得擅自在设备上工作。

（2）自动化专业部门应建立变电站监控系统的定期巡检、定期校验、定期轮换和缺陷管理制度，建立巡检记录簿、检验记录簿、缺陷处理记录簿，上述各项工作均应详细记录在相应的记录簿上。

（3）维护人员应对变电站监控系统进行定期巡检，巡检的项目和指标严格按规定进行。

（4）维护人员应定期对监控程序进行备份。

（5）维护人员应定期对监控装置进行定检，保证监控装置的运行良好。

（6）维护人员在变电站监控系统进行维护工作步骤：

①必须先取得值班员的同意，履行相关工作、安全步骤后，方可进行变电站监控系统维护工作。

②在变电站监控系统维护工作前做好监控程序和相关数据备份工作。

③变电站监控系统维护工作不得影响监控系统的正常运行监视，如果影响不可避免，则应先通知运行人员，获得许可后方可进行。维护完成后及时做好维护工作记录。

④变电站监控系统维护工作结束前对修改部分进行功能测试，并由值班员验收后，方可结束变电站监控系统维护工作。

（7）新增监控设备需经自动化人员验收合格并做记录后方可投运。

（8）运行人员应积极配合自动化人员核对遥测、遥信等自动化数据。

（9）监控系统应制订相应的设备定检计划，根据相关规程的要求，对系统的各项功能按计划及时开展定检工作。

3. 变电站监控系统的技术管理

（1）变电站监控系统一经投入运行，运行人员必须做好运行记录（在运行日志上记录系统在当班是否正常及出现的异常情况），交接班时要检查、确认监控系统的运行工况是否正常。

（2）监控主机经验收合格投入运行后，如无特殊情况不得退出监控程序。

（3）运行人员严禁修改监控系统数据、配置。

（4）运行人员应仔细观察和分析计算机监控系统运行中出现的异常现象，发现后应立即上报相关责任部门。

（5）变电站监控系统病毒防护。

①在监控主机上不得使用、安装同监控系统无关的计算机软件。

②变电站监控系统的网络应为独立专用网络，未经维护部门批准，严禁将任何计算机联入该网络。为了满足生产上的需要，变电站监控系统专用网络与本局局域网、省中调自动化专网以及地区县电力公司调度自动化有长期或短期的网络连接，应遵循《全国电力二次系统安全防护总体方案》。

（6）变电站监控系统数据备份。

①自动化专业部门应定期对变电站监控系统进行数据备份，监控系统及数据库应有不少于两份的可用备份，并存放于不同介质与不同地点。

②各运行单位应制定相应的系统和数据备份制度，确保备份的完整性、可用性和及时性。

（7）自动化专业部门应配备必要的备品、备件和检修工具、仪表、仪器，并分类存放。备品、备件应定期进行检测。

（8）为保证变电站监控系统设备的正常维护、及时排除故障，有关自动化运行管理机构必须配备专用的交通与通信工具。

（9）监控系统在现场应有齐全的运行资料，如监控系统装置缺陷记录、主要设备的技术说明书、监控装置接线原理图等。

（10）变电站监控系统的图纸、技术资料、档案文件等应统一存放，由专人管理。

（11）自动化专业部门应定期进行变电站监控系统的运行统计、分析。

（12）自动化专业人员一般应具有中专及以上学历，有较高的业务能力和专业水平。各单位每年应有对自动化专业人员的再培训计划，保证必要的培训时间。

4. 变电站监控系统的安全管理

（1）不得修改、增加、删除监控主机的文件及进行与工作无关的计算机操作。

（2）严禁带电拔插主机、打印机、显示器连线，在未退出监控程序情况下关机。

（3）计算机监控系统设备附近严禁堆放易燃、易爆及有腐蚀的物品和使用电炉等电热器具。

（4）防潮：10 kV 地下室雨季多潮，规定在 7～9 月打开加热器驱潮。

（5）防寒：室外设备，如 SF_6 断路器在低温下 SF_6 气体密度低，因此规定在 12 月至次年 2 月要打开加热器升温防寒。

（6）防雷：在远动箱与调度之间通信线路上加装隔离变压器。

（7）变电站的计算机监控系统各装置由维护人员负责清洁。注意防尘，制定对设备定时清灰制度。

（8）计算机监控系统电力专用不间断电源，未经许可，不得在此电源上接入其他用电设备。

（9）明确运行人员在监控计算机上操作的权限，每位运行人员应严格按照本人的权限进行操作，严禁用他人的名字和权限进行本人不允许的操作，运行人员需对自己的密码负责。

（10）运行中的监控软件系统未经批准不得更改参数设定。

（11）监控系统软件、相关应用软件未经批准不得随意复制，严禁外流扩散。

（12）监控系统使用新引入的应用软件前，应首先进行计算机病毒的检测，确定无病毒感染后方可投入使用。

3.6.3　通信网络管理

1. 通信装置定检规定

（1）远动专业人员每季度对变电所远动通信装置巡视一次。

（2）远动通信装置每年定检一次，利用春、秋检期间对装置进行定检。

2. 定检内容

（1）对远动通信装置、电量采集装置及端子排灰尘进行清扫。

（2）检查测控屏，分散测控装置 PT、CT 信号、控制输出端子螺丝是否松动，如松动，必须拧紧。

（3）检查遥信、遥测、遥调、遥控及电量采集装置运行标识指示灯是否工作正常。

（4）检查当地功能计算机工作是否正常，画面调用及遥测、遥信数据是否正常刷新并与主站对试，并记录在值班日志上。

（5）对各线路及主变、电容器遥测误差进行测试并满足小于 1.5%指标。

3. 通信网络远动设备的运行管理

（1）应定期核对自动化信息的准确性，进行主备通信单元切换和通信网络测试、标准时钟的校对、逆变电源切换等维护工作，发现问题及时处理并做好记录。

（2）在下列情况下，经调度和远动主管单位同意，允许远动装置退出运行。

①装置故障或异常需停下检修。

②定期检修的远动设备。

③因通信设备检修致使远动装置停运。

④其他特殊情况需停用的远动装置。

（3）投入系统运行的远动装置要明确专职维护人员。

（4）远动设备的运行维护包括：

①定期巡检、检查和测试运行中的设备，发现异常及时处理。

②发、收两端定期校核遥测精度和遥信、遥控、遥调的正确性。

③若遥控、遥调、遥信误动或拒动，遥测误差值大于规定值，电量采集数与抄见数不符时，应查明原因及时处理。

④定期记录远动装置接收电平，发现问题应及时处理。

⑤建立设备运行巡视记录簿并按期填写。

⑥保持设备和周围环境的整齐清洁。

（5）未经远动专业人员同意，非远动人员不得在远动装置及其二次回路上工作和操作，但按规定由运行人员操作的开关、按钮及保险器等不在此限。

（6）通信网络与远动装置故障评价如下：

①由于通信网络与远动装置故障，构成现行《电力生产事故调查规程》所列事故条款之一者应记为事故。

②通信网络与远动装置连续故障停用时间超过 48 h 者应记为障碍。

③通信网络与远动装置连续故障停用时间超过 24 h 者应记为异常。

4. 通信网络远动设备的检验管理

（1）运行中的远动交流采样装置和直流变送器必须按照专用检验规程进行检验。

（2）远动设备的检验分为 3 种：

①新安装设备的验收检验。

②运行中设备的定期检验。

③运行中设备的补充检验。

（3）远动装置主机定期检验分为：

①全部检查和试验。

②部分检查和试验。

（4）补充检验分为：

①远动装置经过改进后的检查和试验。

②运行中发现不正常情况后的试验。

（5）远动设备在检验和维修之后应及时编写技术报告。

5. 通信网络远动设备的技术管理

（1）正式运行的远动设备必须具有下列资料：

①出厂图纸、说明书、出厂检验记录。

②符合现场实际的原理图、安装接线图、外部回路接线图、技术说明书及远动通道路径图。

③试制或改进的远动设备应有试制报告或设备改进报告。

④各类装置专用检验规程。

⑤定期检验报告。

⑥运行维护记录（包括运行情况分析、检测记录、故障记录、缺陷处理记录及存在的问题等）。

（2）对运行的远动装置做必要的改进时应先充分讨论，提出方案并经远动主管部门批准后才能进行。回路变动后，设备专责人应及时修改图纸并做好记录。

（3）远动专职人员对运行中的远动装置要按月进行统计、分析，并按规定逐级上报。

（4）远动系统数字遥测误差不大于±1.5%，模拟指示遥测误差不大于±2.5%。

（5）在变电站二次回路上工作，应严格遵守现行《电业安全工作规程》（发电厂和变电所电气部分）的规定。

（6）遥测变送器的电压回路应装设容量适当的保险器。

（7）远动装置的金属外壳均应与接地网牢固连接。

（8）远动装置安装地点应综合考虑防尘、温度要求和运行上的方便，并尽量缩短电缆连线，有条件可设远动专用机房。

（9）远动设备电源要求稳定可靠，应采用不间断电源。

6. 通信网络远动通道的技术管理

（1）远动通道应在通信设计中统一安排，应有两个独立的远动通道。当一个通道故障或检修时，可自动切换或人工切换到另一个通道上。必须保证远动通道畅通无阻，在特殊情况下通道需要中断时，通信人员必须事先通知远动人员并取得调度部门同意后才能中断。

（2）远动通道由通信运行部门按通信电路的规定进行维护、管理、统计与故障评价。远动系统运行指标应列入此项统计数字。

（3）远动通道应具备必要的传输质量，其误码率一般不大于 0.000 01。运行中的远动通道收端入口的信噪比不得小于 17.3 dB（2NP）。远动通道的频率偏差、频幅特性和接口电平等应符合通信设备远动设备的技术条件要求。

第4章　电力变压器

变压器是根据电磁感应原理，在完成传输电能的同时，又改变了电压，是"电生磁""磁生电"的一种具体应用。当一次绕组接入交流电源时，便有交变电流流过一次绕组，在铁芯中就会产生一个交变磁通。这个交变磁通同时穿过一、二次绕组，就会在一、二次绕组内感应产生交变电势 e1 和 e2，由于一、二次的匝数不同，所以一、二次电势不等。若二次绕组与负载相连。在二次电势的作用下便有电流流过负载，这样就把一次绕组从电源取得的电能传给了负载，还达到了改变输出电压的目的。

4.1　变压器概述

变压器是利用电磁感应原理来改变交流电压的装置，主要构件是初级线圈、次级线圈和铁芯（磁芯）。

按绝缘介质和冷却方式分类，电力变压器有油浸式、干式、充气式（SF_6）等变压器，油浸式变压器又有油浸自冷式、油浸风冷式、油浸水冷式和强迫油循环冷却式等。

4.1.1　电力变压器的结构

铁芯：是变压器的主要部件之一，构成变压器的主磁路，同时用以支持和固定绕组。由铁轭(或旁轭)和铁芯柱两部分组成，绕组就套在铁芯柱上，铁轭则将铁芯柱连接起来使之形成闭合磁路。

绕组：是具有改变电压、电流功能的单匝或几个线圈的组合。泛指高、低压线圈合在一起产生变压或变流功能的一对线圈。

线圈：是一组串联的线匝所构成的电气设备的零部件。

油箱：油箱是油浸变压器的外壳，器身（铁芯和线圈）装在充满变压器油的油箱中。大型变压器一般有两个油箱：本体油箱和有载调压油箱，有载调压油箱内装有切换开关。因为切换开关在进行操作过程中会产生电弧，若进行频繁操作将会使油的绝缘性能下降，因此设一个单独的油箱将切换开关单独放置。

变压器的保护装置：①储油柜；②呼吸器；③安全装置（安全气道或压力释放阀）；④瓦斯继电器等。

油务处理装置：①注油阀；②放油阀；③油样塞；④油渣塞、放气塞；⑤蝶形阀门；⑥油位计。

测温元件：测量变压器上层油温，便于运行人员监视变压器运行是否正常。有电接点温度计和遥测温度计两种。

绝缘套管：用于将变压器内部的各侧线圈引线引到油箱的外部，不但使引线对地绝缘，而且起到固定引线的作用。

调压装置：用来改变变压器绕组匝数以调整电压，从而保证电网的电压质量、保持电网安全稳定运行、提高供电可靠性。分为无载调压和有载调压两类。

冷却系统：通过油的对流，经散热器冷却后流回油箱，以降低变压器的运行温度，使变压器运行在额定温升之下，以延长变压器的使用寿命。

变压器的冷却介质有油（O）、水（W）、和空气（A）。循环种类有自然循环（N）、强迫非导向循环（F）、强迫导向循环（D）。

变压器型号：由两部分组成。第一部分：汉语拼音的代表符号，用以代表该台变压器的分类、结构特征和用途；第二部分：数据，分子代表额定容量（kVA），分母代表高压绕组电压等级（kV）。

4.1.2 变压器原理

变压器主要应用电磁感应原理来工作，当变压器一次侧施加交流电压 U_1，流过一次绕组的电流为 I_1，则该电流在铁芯中会产生交变磁通，使一次绕组和二次绕组发生电磁联系，根据电磁感应原理，交变磁通穿过这两个绕组就会感应出电动势，其大小与绕组匝数以及主磁通的最大值成正比，绕组匝数多的一侧电压高，绕组匝数少的一侧电压低，当变压器二次侧开路，即变压器空载时，一、二次端电压与一、二次绕组匝数成正比，即 $U_1/U_2=N_1/N_2$，但初级与次级频率保持一致，从而实现电压的变化。

4.1.3 变压器的主要参数

1. 额定电压

变压器的一个作用就是改变电压，因此额定电压是重要参数之一。额定电压是指在多相变压器的线路端子间或单相变压器的端子间指定施加的电压，或当空载时产生的电压，即在空载时当某一绕组施加额定电压时，则变压器所有其他绕组同时都产生电压。

额定电压是根据变压器的绝缘强度和允许温升而规定的电压值，单位用伏（V）、千伏（kV）表示。三相变压器原边和副边的额定电压系指线电压。原边额定电压 U1 是指原边绕组上应加的电源电压（或输入电压），副边额定输出电压 U2 通常是指原边加 U1

时副边绕组的开路电压。使用时原边电压不允许超过额定值（一般规定电压额定值允许变化±5%）。考虑有载运行时变压器有内阻抗压降，所以副边额定输出电压 U2 应较负载所需的额定电压高 5%～10%。对于负载是固定的电源变压器，副边额定电压 U2 有时是指负载下的输出电压。

变压器产品系列是以高压的电压等级而分的，现在电力变压器的系列分为 10 kV 及以下系列、35 kV 系列、63 kV 系列、110 kV 系列和 220 kV 系列等。额定电压是指线电压，且均以有效值表示。

2. 额定容量

变压器的主要作用是传输电能，因此，额定容量是它的主要参数。额定容量是一个表现功率的惯用值，它是表征传输电能的大小，用 kVA 或 MVA 表示，当对变压器施加额定电压时，根据它来确定在规定条件下不超过温升限值的额定电流。

双绕组变压器的额定容量即为绕组的额定容量，由于变压器的效率很高，通常一、二次侧的额定容量设计成相等。变压器视在功率计算公式：

$$S = \sqrt{3}UI\cos\theta$$

式中　S——视在功率；

　　　U——电压；

　　　I——电流。

3. 额定电流

额定电流是指变压器按规定的工作时间（长时连续工作或短时工作或间歇断续工作）运行时原副边绕组允许通过的最大电流，是根据绝缘材料允许的温度定下来的。由于铜耗，电流会发热。电流越大，发热越厉害，温度就越高。在额定电流下，材料老化比较慢。但如果实际的电流大大超过额定值，变压器发热就很厉害，绝缘迅速老化，变压器的寿命就要大大缩短。因此变压器的额定电流就是各绕组的额定电流，是指线电流，也以有效值表示（要注意组成三相的单相变压器）。

4. 额定频率

额定频率是指变压器设计的运行频率，我国标准规定频率为 50 Hz，例如一台设计用 50 Hz、220 V 电源的变压器，若用 25 Hz、220 V 电源，则磁通将要增加一倍，由于磁路饱和，激磁电流剧增，变压器马上烧毁。所以在降频使用时，电源电压必须与频率成正比下降。另外，在维持磁通不变的条件下，也不能用到 400 Hz、1 600 V 的电源上。此时虽不存在磁路的饱和问题，但是升频使用时耐压和铁耗却变成了主要矛盾。因为铁耗与频率成 1.5～2 次方的关系。频率增大时，铁耗增加很多。由于这个原因，一般对于铁心采用 0.35 mm 厚的热轧硅钢片的变压器，50 Hz 时的磁通密度可达 0.9～1 T，而 400 Hz

时的磁通密度只能取到 0.4 T。此外变压器用的绝缘材料的耐压等级是一定的，低压变压器允许的工作电压不超过 300～500 V。所以在升频使用时，电源电压不能与频率成正比的增加，而只能适当地增加。

5. 空载电流和空载损耗

空载电流是指当向变压器的一个绕组（一般是一次侧绕组）施加额定频率的额定电压时，其他绕组开路，流经该绕组线路端子的电流，称为空载电流 I。其较小的有功分量 I_{oa} 用以补偿铁心的损耗，其较大的无功量 I_{or} 用于励磁以平衡铁心的磁压降。通常 I_o 以额定电流的百分数表示

$$I_o\%=(I_o/I_N)\times100=0.1\%\sim3\%$$

式中 I_o——空载电流；

I_N——空载励磁电流。

空载电流的有功分量 I_{oa} 是损耗电流，所汲取的有功功率称空载损耗 P_o，即指当以额定频率的额定电压施加于一个绕组的端子上，其余各绕组开路时所汲取的有功功率。忽略空载运行状态下的施电线绕组的电阻损耗时又称铁损。因此，空载损耗主要决定于铁心材质的单位损耗。

6. 阻抗电压和负载损耗

双绕组变压器当一个绕组短接（一般为二次侧），另一绕组流通额定电流而施加的电压称阻抗电压 U_z，通常阻抗电压以额定电压百分比表示

$$U_z\%=(U_z/U_N)\times100\%$$

一个绕组短接（一般为二次），另一绕组流通额定电流时所汲取的有功功率称为负载损耗 P_R（应折算到参考温度）。

负载损耗＝最大一对绕组的电阻损耗＋附加损耗，附加损耗包括绕组温度损耗，并绕导线的环流损耗，结构损耗和引线损耗，其中电阻损耗也称为铜耗，负载损耗也要折算到参考温度。

7. 温升和冷却方式

对于水冷变压器是指测量部分的温度与冷却器入口处的水温之差。

4.1.4 变压器检测判断的方法

1. 检测直流电阻

用电桥测量每相高、低压绕组的直流电阻，观察其相间阻值是否平衡，是否与制造厂出厂数据相符；若不能测相电阻，可测线电阻，从绕组的直流电阻值即可判断绕组是

否完整，有无短路和断路情况，以及分接开关的接触电阻是否正常。若切换分接开关后直流电阻变化较大，说明问题出在分接开关触点上，而不在绕组本身。上述测试还能检查套管导杆与引线、引线与绕组之间连接是否良好。它是变压器大修时、无载开关调级后、变压器出口短路后和 1～3 年 1 次等必试项目。

2. 检测绝缘电阻

用兆欧表测量各绕组间、绕组对地之间的绝缘电阻值和吸收比，根据测得的数值，可以判断各侧绕组的绝缘有无受潮，彼此之间以及对地有无击穿与闪络的可能。

测量部位：对于双绕组变压器，应分别测量高压绕组对低压绕组及地；低压绕组对高压绕组及地；高、低绕组对地，共三次测量。

测量前后对被测量绕组对地和其余绕组进行放电。

电力变压器的绝缘电阻值 R_{60} 换算至同一温度下，与前一次测试结果相比应无明显变化。换算公式为

$$R_2 = R_1 \times 1.5^{\frac{t_1-t_2}{10}}$$

式中　R_1、R_2——温度 t_1、t_2 时的绝缘电阻值。

3. 检测介质损耗

测量绕组间和绕组对地的介质损耗，根据测试结果，判断各侧绕组绝缘是否受潮、是否有整体劣化等。

4. 取绝缘油样作简化试验

用闪点仪测量绝缘油的闪点是否降低，绝缘油有无炭粒、纸屑，并注意油样有无焦臭味，同时可测油中的气体含量，用上述方法判断故障的种类、性质。

5. 空载试验

对变压器进行空载试验，测量三相空载电流和空载损耗值，以此判断变压器的铁心硅钢片间有无故障，磁路有无短路，以及绕组有无短路故障等现象。

4.1.5　变压器投入运行前的检查事项

拆除检修安全措施，恢复常设遮栏。变压器各侧开关、刀闸均应在拉开位置。

变压器本体及室内清洁，变压器上无杂物或遗留工具，各部无渗漏油等现象。

套管清洁完整，无裂纹或渗漏油现象，无放电痕迹，套管螺丝及引线紧固完好，主变油气套管压力正常。

变压器分接头位置应在规定的运行位置上，且三相一致。

外壳接地线紧固完好，各种标示信号和相色漆应明显清楚。

安全气道的阀门应开启，各连接阀门无渗漏油现象。

测温表的整定值位置正确，接线完好，指示正确。

保护装置和测量表计完好可用。

4.1.6　变压器故障分析

1. 变压器故障分类

油浸电力变压器的故障常被分为内部故障和外部故障两种。

内部故障为变压器油箱内发生的各种故障，其主要类型有：各相绕组之间发生的相间短路、绕组的线匝之间发生的匝间短路、绕组或引出线通过外壳发生的接地故障等。变压器的内部故障从性质上一般又分为热故障和电故障两大类。

外部故障为变压器油箱外部绝缘套管及其引出线上发生的各种故障，其主要类型有：绝缘套管闪络或破碎而发生的接地（通过外壳）短路，引出线之间发生相间短路故障等。

2. 电力变压器主要故障

（1）短路故障。

变压器短路故障主要指变压器出口短路，以及内部引线或绕组间对地短路及相与相之间发生的短路。

（2）放电故障。

根据放电的能量密度的大小，变压器的放电故障常分为局部放电、火花放电和高能量放电三种类型。

（3）绝缘故障。

目前应用最广泛的电力变压器是油浸变压器和干式树脂变压器两种，电力变压器的绝缘是变压器绝缘材料组成的绝缘系统，是变压器正常工作和运行的基本条件，变压器的使用寿命是由绝缘材料（即油纸或树脂等）的寿命所决定的。实践证明，大多变压器的损坏和故障都是因绝缘系统的损坏而造成。

4.1.7　变压器的日常巡检维护要点

1. 运行状况的检查

检查电压、电流、负荷、频率、功率因数、环境温度有无异常；及时记录各种上限值，发现问题及时处理。

2. 变压器温度检查

检查变压器的温度是否正常，储油柜的油位与温度是否相对应。温度不仅影响到变压器的寿命，而且会中止运行。在温度异常时，应及时查明原因并及时解决。

3. 异常响声、异常振动的检查

检查外壳、铁板有无振音，有无接地不良引起的放电声，附件有无常音及异常振动，从外部能直接检测共振或异常噪音时，应立即处理。

4. 嗅味

温度异常高时，附着的脏物或绝缘件容易烧焦，产生臭味，有异常应尽早清扫、处理。

5. 绝缘件及引线检查

绝缘件表面有无碳化和放电痕迹，是否有龟裂，引线接头、电缆、母线应无发热迹象。

6. 外壳及其他部件检查

外壳是否变形；储油柜的油位是否正常；各部位有无渗油、漏油；吸湿器是否完好，吸附剂是否变色；气体继电器内有无气体。

7. 变压器室的检查

检查是否有异物进入、雨水滴入和污染，门窗照明是否完好、温度是否正常各控制箱和二次端子箱是否关严，有无受潮。

变压器有下列情况之一者应立即停运，若有运用中的备用变压器，应尽可能先将其投入运行：

（1）变压器声响明显增大，很不正常，内部有爆裂声。

（2）严重漏油或喷油，使油面下降到低于油位计的指示限度。

（3）套管有严重的破损和放电现象。

（4）变压器冒烟着火。

（5）当发生危及变压器安全的故障，而变压器的有关保护装置拒动时，值班人员应立即将变压器停运。

（6）当变压器附近的设备着火、爆炸或发生其他情况，对变压器构成严重威胁时，值班人员应立即将变压器停运。

4.2　变压器的配置保护规则及分析

为了防止变压器在发生各种类型故障和不正常运行时造成不应有的损失，保证电力系统连续安全运行，变压器一般装设以下继电保护装置：

（1）为反映内部各种短路故障和油面降低，容量为 800 kVA 及以上油浸式变压器和容量为 400 kVA 及以上车间内油浸式变压器均应装设瓦斯保护。

（2）为反映变压器绕组和引出线的相间短路，以及中性点直接接地电网侧绕组和引出线的接地短路及绕组匝间短路，应装设纵差保护或电流速断保护。容量为 6 300 kVA 以下并列运行的变压器以及 10 000 kVA 以下单独运行的变压器当后备保护时限大于 0.5 s 时，应装设电流速断保护。容量为 6 300 kVA 及以上、厂用工作变压器和并列运行的变压器、10 000 kVA 及以上厂用备用变压器和单独运行的变压器、以及 2 000 kVA 及以上用电流速断保护灵敏性不符合要求的变压器，应装设纵联差动保护。

（3）反映变压器外部相间短路并作为瓦斯保护和差动保护（或电流速断保护）后备的过电流保护（或复合电压起动的过电流保护、负序过电流保护）。

（4）反映大接地电流系统中变压器外部接地短路的零序电流保护。

（5）反映变压器对称过负荷的过负荷保护。

（6）反映变压器过励磁的过励磁保护。

4.2.1 变压器的瓦斯保护

瓦斯保护是变压器内部故障的主保护，对变压器匝间和层间短路、铁芯故障、套管内部故障、绕组内部断线及绝缘劣化和油面下降等故障均能灵敏动作。当油浸式变压器的内部发生故障时，由于电弧将使绝缘材料分解并产生大量的气体，从油箱向油枕流动，其强烈程度随故障的严重程度不同而不同，气流与油流而动作的保护称为瓦斯保护，也称为气体保护。

轻瓦斯保护反应于气体容积，动作于信号。

重瓦斯保护反应于油流流速，动作于跳闸。

瓦斯保护可作为变压器内部故障的一种主保护，但不能作为防御各种故障的唯一保护。

1. 保护范围

瓦斯保护是变压器的主要保护，它可以反映油箱内的一切故障。包括：油箱内的多相短路、绕组匝间短路、绕组与铁芯或与外壳间的短路、铁芯故障、油面下降或漏油、分接开关接触不良或导线焊接不良等。瓦斯保护动作迅速、灵敏可靠而且结构简单。但是它不能反映油箱外部电路（如引出线上）的故障，所以不能作为保护变压器内部故障的唯一保护装置。另外，瓦斯保护也易在一些外界因素（如地震）的干扰下误动作，原理图如图 4.1 所示。

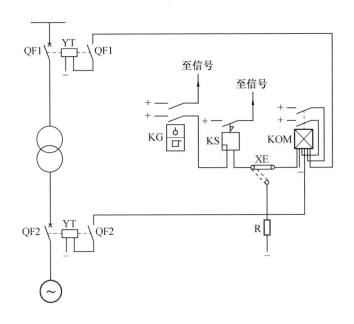

图 4.1　瓦斯保护原理图

4.2.2　变压器的纵联差动保护

输电线的纵联保护，就是用某种通信通道将输电线两端的保护装置纵向联结起来，将各端的电气量（电流、功率的方向等）传送到对端，将两端的电气量比较，以判断故障在本线路范围内还是在线路范围外，从而决定是否切断被保护线路。因此，理论上这种纵联保护具有绝对的选择性。

差动保护是一种依据被保护电气设备进出线两端电流差值的变化构成的对电气设备的保护装置，一般分为纵联差动保护和横联差动保护。变压器的差动保护属纵联差动保护，横联差动保护则常用于变电所母线等设备的保护。

纵联差动保护用来防御变压器绕组和引出线多相短路、大接地电流系统侧绕组和引出线的单相接地短路及绕组匝间短路，可用作变压器的一种主保护，变压器分侧纵联差动保护原理图如图 4.2 所示。

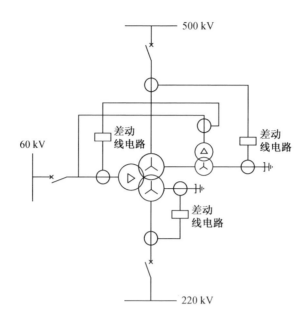

图 4.2　变压器分侧纵联差动保护原理图

1. 纵联差动保护原理

纵联差动保护是通过比较流入和流出变压器的电流大小而构成的一种保护。其差值就是差动电流。正常运行或区外故障时，差流（经过某些补偿措施后）很小，甚至接近于零。变压器区内故障时，差流较大，可达到额定电流几倍到几十倍，此时，应立即将变压器从系统中切除。

目前，变压器普遍采用的差动保护包括差动速断和比率差动，二者同时使用。

2. 励磁涌流的影响及消除

正常运行时，励磁电流仅为变压器额定电流的 3%~6%。在电压突然增加的特殊情况下，例如空载投入变压器或外部短路故障切除后恢复供电等情况下，就可能产生很大的励磁电流。这种暂态过程中出现的变压器励磁电流通常称为励磁涌流。

励磁涌流的存在，常导致差动保护的误动作。为此，必须采取相应措施克服励磁涌流对差动保护的影响。目前，广泛采用的方法是利用涌流中的二次谐波制动。

变压器空载合闸时，励磁涌流中含有较大成分的二次谐波分量（一般超过 20%），但在变压器内部故障或外部故障的短路电流中，二次谐波含量较小。因此，采用二次谐波制动是防止变压器差动保护误动的有效办法。

应注意的是，二次谐波制动的只是比率差动保护，而对差动速断保护没有影响。

4.2.3　变压器的后备保护

当回路发生故障时，回路上的保护将在瞬间发出信号断开回路的开断元件（如断路器），这个立即动作的保护就是主保护。当主保护因为各种原因没有动作，在延时很短时间后（延时时间根据各回路的要求），另一个保护将启动并动作，将故障回路跳开。这个保护就是后备保护。主保护反应变压器内部故障，后备保护反应变压器外部故障。保护范围主要是变压器外部线路，如图 4.3 所示。

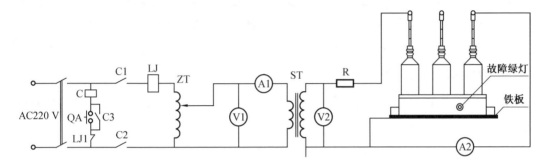

图 4.3　最小值作为后备保护原理图

电力变压器应装设外部接地、相间短路引起的过电流保护及中性点过电压保护装置，以作为相邻元件及变压器内部故障的后备保护。变压器的后备保护是其主保护的备用保护，当主保护失灵时，后备保护动作，以保证设备和人身安全。其保护范围为变压器和供电回路及回路上的负荷设备。

后备保护是指阻抗保护、低电压过流保护、复合电压过流保护、过流保护，它们都能反应变压器的过流状态，但它们的灵敏度不一样，阻抗保护的灵敏度高，过流保护的灵敏度低。

远后备保护：当主保护或断路器拒动时，由相邻电力设备或线路的保护来实现的后备保护。

近后备保护：当主保护拒动时，由本设备或线路的另一套保护来实现后备的保护；当断路器拒动时，由断路器失灵保护来实现近后备保护。

高后备保护和低后备保护是相对变压器而言的，变压器高压侧的后备保护称为高后备保护，变压器低压侧的后备保护称为低后备保护。

1. 后备保护用于在主保护故障拒动情况下，保护变压器

（1）高压侧复合电压启动的过电流保护；

（2）低压侧复合电压启动的过电流保护；

（3）防御外部接地短路的零序电流、零序电压保护；

（4）防止对称过负荷的过负荷保护；

（5）和高压侧母线相联的保护：高压侧母线差动保护、断路器失灵保护；

（6）和低压侧母线相联的相关保护：低压侧母线差动保护等。

2. 后备保护配置原则

（1）中性点直接接地运行，配置三段式零序过电流保护。

（2）中性点可能接地或不接地运行，配置一段两时限零序无流闭锁零序过电压保护。

（3）中性点经放电间隙接地运行，配置一段两时限式间隙零序过电流保护。

对于双圈变压器，后备保护可以只配置一套，装于降压变的高压侧（或升压变的低压侧）；对于三绕组变压器，后备保护可以配置两套：一套装于高压侧作为变压器的后备保护，另一套装于中压侧或低压的电源侧，作为相邻后备。

3. 后备保护的保护范围

（1）220 kV 复压方向过流保护：方向指向变压器，作为变压器、各中低压母线及出线的相间故障的后备保护。（中低压侧无电源，可不用方向）

（2）110 kV 复压方向过流保护：一般方向指向变压器，在 110 kV 有电源时，作为变压器的后备保护。（现在往往 110 kV 是开环运行的，一般不存在电源，有些地方将方向元件退出和"110 kV 复压过流保护"相同应用，多一套保护。）作为 110 kV 母线及各 110 kV 出线的相间故障的后备保护。

（3）35 kV 复压过流 I 段保护：作为 35 kV 母线及各 35 kV 出线的相间故障的后备保护。（定值较高，时间和线路速断配合，一般只考虑保证 35 kV 母线故障有灵敏度）

（4）220 kV 复压过流保护：作为变压器、各中低压母线及出线的相间故障的后备保护。

（5）110 kV 复压过流保护：作为 110 kV 母线及各 110 kV 出线的相间故障的后备保护。

（6）35 kV 复压过流 II 段保护：作为 35 kV 母线及各 35 kV 出线的相间故障的后备保护。（定值低，要保证出线全线有灵敏度，时间与出线过流配合）

（7）220 kV 零序方向过流保护：（一般方向多指向变压器），当方向指向 220 kV 母线时，作为 220 kV 母线及各 220 kV 出线的接地故障的后备保护。当方向指向变压器时，作为变压器、110 kV 母线及各 110 kV 出线的接地故障的后备保护，与中压侧零序方向一段或二段保护配合。与中压侧一段配合时一般不做 110 kV 线路的接地后备。且一般 T1 时间跳母联以缩小故障范围，T2 时间跳主变开关。

（8）110 kV 零序方向 I 段过流保护：方向一般指向 110 kV 母线，作为 110 kV 母线及各 110kV 出线的接地故障的后备保护，与出线一段配合。

（9）220 kV 零序过流保护：作为各类接地故障的总后备，一般定值低，时间长。

（10）110 kV 零序方向 II 段过流保护：方向一般指向 110 kV 母线，作为 110 kV 母线及各 110 kV 出线的接地故障的后备保护，与出线二段配合。

4.2.4　复合电压启动的过电流保护

电力系统出现故障时常伴随的现象是电流的增大和电压的降低，过流保护就是通过系统故障时电流的急剧增大来实现的。但是由于大型设备、机械的起动也会造成电流的瞬间增大，有可能造成开关的误动，为了防止其误动，在保护中增加低电压元件，将 PT 电压引入保护装置中，构成低电压闭锁过流，只有在"电流的增大和电压的降低"这两个条件同时满足时才出口跳闸。在将过流保护用于变压器的后备保护用时，再增加一个负序电压元件，作为一个闭锁条件，这样就构成了复合电压闭锁过流了，如图 4.4 所示。

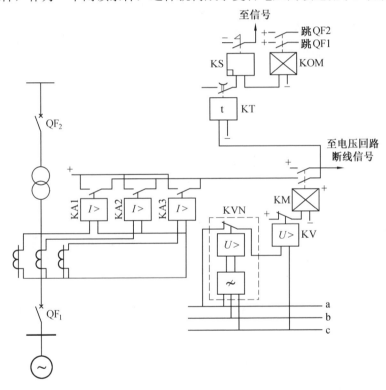

图 4.4　复合电压启动的过电流保护接线原理图

复合电压闭锁元件：是利用正序低电压和负序过电压反应系统故障，防止保护误动作的对称序电压测量元件。

复压闭锁过电流的作用是为了防止变压器过载时的误动，提高三相短路故障时出口的灵敏度。在保护装置中，复压有两个定值，即低电压闭锁值和负序电压闭锁值，由用户自己整定，延时后动作。

正常运行时，由于无负序电压，保护装置不动作。

当外部发生不对称短路时，故障相电流启动元件动作，负序电压继电器动作，变压器两侧断路器跳闸，切除故障。

（1）在后备保护范围内发生不对称短路时，由负序电压启动保护，因此具有较高灵敏度。

（2）在变压器后（高压侧）发生不对称短路时，复合电压启动元件的灵敏度与变压器的接线方式无关。

（3）由于电压启动元件只接于变压器的一侧，所以接线较简单。

由于复合电压启动的过电流保护具有以上优点，得到广泛的应用。复合电压闭锁过流保护的灵敏性比低电压启动的过流保护灵敏度要高，虽然两种保护的动作电流都是按躲过变压器额定电流来整定，但是低电压元件是按变压器额定电压的 70% 左右来整定，而复合电压闭锁元件中的负序电压是按变压器额定电压的 0.06～0.12 倍来整定的。

4.2.5 零序电流保护

主变零序保护适用于 110 kV 及以上电压等级的变压器。由主变零序电流、零序电压、间隙零序电流元件构成，根据不同的主变接地方式分别设置如下三种保护形式：中性点直接接地保护方式、中性点不直接接地保护方式、中性点经间隙接地保护方式。

防御大接地电流系统中变压器外部接地短路。

1. 零序分量的特点

（1）零序电压。

故障点处的零序电压最高，离故障点越远，零序电压越低，变压器中性点接地处的零序电压为零。

（2）零序电流。

由故障点处零序电压产生，其大小与分布由接地变压器的分布与数目决定，而与电源的数目和位置无关。

零序电流保护的灵敏度直接决定于系统中性点接地的数目和分布。所以要求变压器中性点不应任意改变其接地方式。

（3）零序电压和零序电流的相位。

零序或负序功率方向与正序功率方向相反，即正序功率方向由母线指向故障点，而零序功率方向却由故障点指向母线。

正方向短路时，保护安装处母线零序电压与零序电流的相位关系，取决于母线背后元件的零序阻抗（一般零序电流超前零序电压为 95°～110°），与被保护线路的零序阻抗和故障点位置无关。

（4）零序功率。

在线路正方向故障时，零序功率由故障线路流向母线，为负值；在线路反方向故障时，零序功率由母线流向故障线路，为正值。

2. 零序电流保护的特点

在中性点直接接地的电网中，由于零序电流保护简单、经济、可靠，作为辅助保护或后备保护获得了广泛的应用。具有以下特点：

（1）灵敏性高。

①由于线路的零序阻抗较正序阻抗大，所以线路始端和末端接地短路时，零序电流变化显著，曲线较陡，因此零序电流 I 段和零序电流 II 段保护范围较长。

②零序过电流保护按躲过最大不平衡电流来整定，继电器的动作电流一般为 2～3 A。而相间短路的过电流保护要按最大负荷电流来整定，动作电流值通常为 5～7 A。所以，零序过电流保护灵敏性高。

③零序电流保护受系统运行方式变化的影响小，保护范围较稳定。因为系统运行方式变化时，零序网络不变或变化不大，所以零序电流的分布基本不变。

（2）速动性好。

零序过电流保护的动作时限比相间短路过电流保护的动作时限短。

尤其是对于两侧电源的线路，当线路内部靠近任一侧发生接地短路时，本侧零序电流保护一段动作跳闸后，对侧零序电流将增大，可使对侧零序电流保护一段也相继动作跳闸，因而使总的故障切除时间更加缩短。

（3）不受过负荷和系统振荡的影响。

当系统中发生某些不正常运行状态，如系统振荡、短时过负荷时，三相仍然是对称的，不产生零序电流，因此零序电流保护不受其影响，而相间短路电流保护可能受其影响而误动作，所以需要采取必要的措施予以防止。

（4）方向零序电流保护在保护安装处接地时无电压死区。

零序电流保护较之其他保护实现简单、可靠，在 110 kV 及以上的高压和超高压电网中，单相接地故障约占全部故障的 70%～90%，而且其他的故障也都是由单相故障发展起来的，所以零序电流保护就为绝大多数的故障提供了保护，具有显著的优越性，因此在中性点直接接地的高压和超高压系统中获得普遍应用。

3. 零序电流保护的缺点

（1）受变压器中性点接地数目和分布的影响显著。对于运行方式变化很大或接地点变化很大的电网，保护往往不能满足系统运行所提出的要求。

（2）在单相自动重合闸动作的过程中将出现非全相运行状态，再考虑到系统两侧的发电机发生摇摆，可能会出现较大的零序电流，可能影响零序电流保护的正确工作。

（3）当采用自耦变压器联系两个不同电压等级的电网（如 110 kV 和 220 kV 电网）时，则在任一电网中发生接地短路时都会在另一电网中产生零序电流，这使得零序电流保护的整定配合复杂化，并增大了零序三段保护的动作时限。

4.2.6 三段式零序电流保护

瞬时电流速断保护（简称：速断保护，又称：电流Ⅰ段）只能保护本线路的首端部分；规程规定：最小保护范围不应小于线路全长的 15%～20%；速断保护就是依靠采取保护装置一次侧动作电流大于保护范围外短路时的最大短路电流而获得选择的一种电流保护。

带时限电流速断保护（简称：限时速断保护，又称：电流Ⅱ段）能保护线路全长，但下一条线路某些地方短路时不能起后备保护作用；限时速断保护其动作电流是按与相邻线路电流速断的动作电流相配合来选择的，因此称为限时速断保护。

定时限过流保护（简称：过流保护，又称：电流Ⅲ段）虽然能保护本线路和下一条线路全长，但动作时间比较长。过电流保护就是反应被保护设备电流值增大且当其超过某一设定值而动作的保护。

4.2.7 过负荷保护

电力变压器过负荷保护的真的动作电流 I_{op} 的整定计算公式也与电力线路过负荷保护基本相同，$I_{op(ol)} = \dfrac{1.2\sim1.3}{k_i} I_{30}$ 中的 I_{30} 应改为变压器的额定一次电流 $I_{1N.T}$。

电力变压器过负荷保护的动作时限一般也取 10～15 s，变压器过负荷保护原理接线如图 4.5 所示。

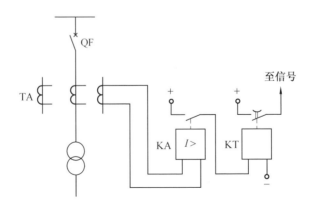

图 4.5 变压器过负荷保护接线原理图

1. 变压器过负荷的保护

过负荷保护一般取三相电流，该保护在变压器保护中有三个作用：

（1）用于发变压器过负荷告警信号；

（2）用于启动变压器风扇冷却设备；

（3）对于有载调压变压器则还要作用于闭锁有载调压。

防御变压器对称过负荷。

2. 变压器过负荷的特点

（1）保护的原理最简单、直接，能比较真实地反映设备温度，在一定程度上可以反映短路故障。

（2）根据热累积的原理动作的保护。

（3）根据电流的大小来动作的保护。

3. 变压器过负荷的形式

（1）允许过负荷。

变压器虽然过负荷，但过负荷程度不大，且在过负荷前，变压器负荷较轻，变压器顶部油温并不高，变压器绕组的热点温度不会达到有危害的程度，这种过负荷是变压器允许的。

（2）限制过负荷。

变压器的过负荷程度较大，使顶部油温升高，变压器绕组的热点温度可能达到有害的程度，但还未达到危险的程度，这时变压器虽能继续运行，但会使绝缘强度下降威胁变压器的安全，影响变压器的寿命。这种过负荷是必须加以限制的。

（3）禁止过负荷。

变压器过负荷程度较大，时间较长，使变压器顶部油温已超过允许值，变压器绕组的热点温度已达到危险程度。这时变压器若继续运行，热点周围的绝缘油会分解产生气泡，绝缘强度严重下降，可能会导致变压器的重大故障，这种过负荷是必须禁止的。

变压器在过负荷运行时，应特别注意以下几点：

①密切监视变压器绕组温度和顶部油温。

②起动变压器的全部冷却装置，在冷却装置存在缺陷或冷却效率达不到要求时，应禁止变压器过负荷运行。

③对带有有载调压装置的变压器，在过负荷程度较大时，应尽量避免用有载调压装置调节分接头。

④主变可以在正常过负荷和事故过负荷情况下运行。正常过负荷情况下其允许值应根据主变的负荷曲线、冷却介质以及过负荷前主变所带的负荷来确定。事故过负荷和正

常过负荷的运行必须在主变无异常现象情况下运行。如主变存在冷却器损坏，严重渗漏油，本体保护有严重缺陷等情况下，则不允许过负荷运行。

4.3 变压器的实际容量计算

由于现场使用环境的平均温度与标准的温度规定有差异，使得变压器的实际容量与额定容量并不相等。一般规定，如果变压器安装地点的年平均气温 $\theta_{0,av} \neq 20\ ℃$ 时，则年平均气温每升高 $1\ ℃$，变压器的容量应相应减少 1%；对应着每低 $1\ ℃$，变压器容量应相应增加 1%。因此，变压器的实际容量（出力）应计入一个温度校正系数。

对室外变压器：通风条件好，易于散热，其实际容量为：

$$S_T = K_\theta S_{N,T} = \left(1 - \frac{\theta_{0.av} - 20}{100}\right) S_{N,T} \qquad (4.1)$$

式中 $S_{N,T}$——变压器的额定容量；

K_θ——温度校正系数。

对室内变压器：由于散热条件较差，变压器进风口和出风口间大概有 $15\ ℃$ 的温差，因此处在室内的变压器环境温度比户外温度大约高 $8\ ℃$，因此其容量要减少 8%。即：

$$S_T = K_\theta S_{N,T} = \left(0.92 - \frac{\theta_{0.av} - 20}{100}\right) S_{N,T} \qquad (4.2)$$

变压器的过负荷能力：是指它在保证变压器规定使用年限内，在较短时间内所能输出的最大容量。

对于油浸式变压器，其允许过负荷包括以下几部分。

（1）由于昼夜负荷不均匀而考虑的过负荷。

如果变压器的日负荷率小于1，则由日负荷率（填充系数）和最大负荷持续时间确定允许过负荷能力。负荷系数以及日最大负荷持续时间如图4.6所示，当填充系数越小，日最大负荷持续时间越短，允许负荷系数越大。

（2）由于夏季欠负荷而在冬季考虑的过负荷——"1%规则"。

如果在夏季（6、7、8月份）平均日负荷曲线中的最大负荷，每低于变压器额定容量 $1\% S_{N,T}$，则在冬季（12、1、2月份）可以过负荷 $71\% S_{N,T}$，但是最大不能超过 $71.5\% S_{N,T}$。

（3）可以综合考虑上述二者的影响，但是对于户外变压器而言，不得超过 $30\% S_{N,T}$；户内变压器不得超过 $20\% S_{N,T}$；$S_{N,T}$ 干式变压器一般不考虑正常过负荷。

（4）变压器的事故过负荷能力。

一般来讲，变压器在运行时最好不要过负荷，但是在事故情况下，可以允许时间较大幅度地过负荷运行。当工厂供电系统发生故障时，在较短时间内让变压器多带些负荷，保证供电的连续性要求。

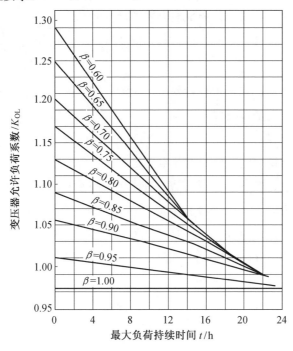

图 4.6　负荷系数以及日最大负荷持续时间

自然循环油浸式变压器允许事故过负荷值及对应时间，见表 4.1。

表 4.1　自然循环油浸式变压器允许事故过负荷值及对应时间

允许时间/min	120	80	45	20	10
过负荷/%	30	45	60	75	100

（5）变压器的并联运行条件。

两台及以上的变压器并联运行时，必须满足以下三个条件：

①额定一次、二次电压必须对应相等——否则会出现环流。

②所有变压器的阻抗电压（短路电压）对应相等——保证负荷分配均匀。

③联结组别相同——保证相序和相位相同。

4.4　变压器的运行及故障

1. 变压器巡检内容

（1）通过仪表监视电压、电流，判断负荷是否在正常范围之内。

变压器一次电压变化范围应在额定电压的 5% 以内。为了避免过负荷情况，三相电流应基本平衡，对于 Yyn0 结线的变压器，中性线电流不应超过低压线圈额定电流的 25%。

（2）监视温度计及温控装置，看油温及温升是否正常。

上层油温一般不宜超过 85 ℃，最高不应超过 95 ℃。（干式变压器和其他型号的变压器参看各自的说明书）

（3）冷却系统的运行方式是否符合要求，冷却装置（风扇、油、水）是否运行正常，各组冷却器、散热器温度是否相近。

（4）变压器的声音是否正常。正常的声响为均匀的嗡嗡声，如声响较平常沉重，表明变压器过负荷；如声音尖锐，说明电源电压过高。

（5）绝缘子（瓷瓶、套管）是否清洁，有无破损裂纹、严重油污及放电痕迹。

（6）油枕、充油套管、外壳是否有渗油、漏油现象，有载调压开关、气体继电器的油位、油色是否正常，油面过高，可能是冷却器运行不正常或内部故障（铁芯起火，线圈层间短路等）；油面过低可能有渗油、漏油，变压器油通常为淡黄色，长期运行后呈深黄色。如果颜色变深变暗，说明油质变坏，如果颜色发黑，表明炭化严重，不能使用。

（7）变压器的接地引线、电缆和母线有无过热现象。

（8）外壳接地是否良好。

（9）装置控制箱内的电气设备、信号灯运行是否正常；操作开关，联动开关位置是否正常；二次线端子箱是否严密，有无受潮及进水现象。

（10）变压器室的门、窗、照明应完好，房屋不漏水，通风良好，周围无影响其安全运行的异物（如易燃、易爆和腐蚀性物体）。

（11）特殊巡视，当系统发生短路故障或天气突变时需巡视：

①系统发生短路故障时，应立即检查变压器系统有无爆裂、断脱、移位、变形、焦味、烧损、闪络、烟火和喷油等现象。

②下雪天气 检查变压器引线接头部分有无落雪立即融化或蒸发冒气现象，导电部分有无积雪、冰柱。

③大风天气应检查引线摆动情况和是否搭挂杂物。

④雷雨天气应检查瓷套管有无放电闪络现象（大雾天气也应进行此项检查），以及避雷器放电记录器的动作情况。

⑤气温骤变时检查变压器的油位和油温是否正常。

⑥大修及安装的变压器运行几个小时后，应检查散热器排管的散热情况。

2. 变压器的投运和试运行

投运和试运行前需做的一些检查：

（1）变压器本体、冷却装置和所有附件无缺陷、不渗油。

（2）轮子制动装置的牢固性。

（3）油漆完好、相色标志正确、接地可靠。

（4）变压器顶盖上无遗留杂物。

（5）事故排油设施完好，消防设施齐全。

（6）储油柜、冷却装置、净油器等油系统上的油门均打开，油门指示正确。

（7）电压切换装置的位置符合运行要求；有载调压切换装置的远方操作机构动作可靠，指示位置正确。

（8）温度指示正确，整定值符合要求。

（9）冷却装置试运行正常。

（10）保护装置整定值符合规定，操作和联动机构动作灵活、正确。

3. 变压器声音异常及事故处理

若变压器的声音连续均匀，但比平时增大，而且变压器上层油温也有所上升，应查看变压器控制屏电流表、功率表（一般是过负荷）。电网发生单相接地或产生谐振过电压时，变压器声音也会增大。如声响中夹有杂音，而电流表无明显异常，则可能是内部夹件或压紧铁芯螺丝松动，使硅钢片震动增大。

若变压器连续的声响中夹有"噼啪"放电声，这可能是因变压器内部或外部发生局部放电所致。

当运行中的变压器发出很大且不均匀的响声，夹有爆裂声和"咕噜"声，这是由于变压器内部（层间、匝间）绝缘击穿，引线对外壳，引线对铁芯，引线之间局部放电造成的。由于分接开关接触不良引起打火，也会发出类似声音。

4. 变压器温度异常运行分析及事故处理

运行中的变压器内部的铁损和铜损转化为热量，铁损是基本不变的，铜损随负荷变化而变化。运行中变压器最高温升不超过 55 ℃，加环境温度不超过 95 ℃，绕组极限温度为 105 ℃，运行中的绕组温度比油面温度一般约高 10～15 ℃，如油面温度为 85 ℃，则绕组温度将达到 95～100 ℃。油（变压器顶部）的最高温升为 55 ℃（95 ℃），绕组的最高温升为 65 ℃（105 ℃），铁芯的最高温升为 70 ℃（110 ℃）。

5. 变压器油位异常分析及看不见油位事故处理

运行中的变压器如发生防爆管通气管堵塞、油标管堵塞、油枕呼吸器堵塞等故障，则在负荷温度变化正常时油标管内的油位就会变化不正常或不变，这些现象称假油位。油面过低一般是由变压器严重渗漏或大量跑油等造成，如严重缺油时，内部的铁芯、线圈就可能暴露在空气中使绝缘受潮，同时露在空气中的部分线圈因无油循环散热导致散热不良而引起损坏事故。处理：无论因渗漏油、放油未补充、气温急剧下降等诸因素造成油位指示器看不到油位，都应退出变压器。

6. 变压器外表异常分析及事故处理

（1）防爆玻璃破碎向外喷油。

应立即停运变压器，（原因主要是内部有急剧发出大量热量的部位，如绕组短路击穿，分接开关严重接触不良，起弧发热，使变压器油受热急剧分解出大量气体引起的。）

（2）套管严重破裂、放电。

套管发生严重破损并引起放电，则认为它已丧失正常运行的功能，应停运。

（3）变压器着火。

将变压器从系统中隔离，并立即采取正确的防火措施。如果是油溢在变压器顶盖上着火，则应打开变压器下部的房油阀放油，并将油引入储油柜内，采取措施防止再燃，应使用 1211 泡沫灭火剂以及干粉等不导电的灭火剂进行灭火。

为防止从变压器流出的油着火，变压器油坑内应放卵石，起到降温散热的作用。

7. 瓦斯保护动作后的处理

轻瓦斯动作后的处理：轻瓦斯动作于信号，首先应停止音响信号，并检查瓦斯继电器里气体的性质，从颜色、气味、可燃性判断是否发生故障。非故障原因：因进行滤油、加油而进入空气；因温度下降或漏油使油面缓慢低落，因外部穿越性短路电流的影响，因直流回路绝缘破坏或触点劣化等引起的误动作。复归信号后，可继续运行。轻微故障而产生少量气体：复归信号后立即汇报上级。确认为内部故障时，应将其停运，并进行必要的检查。

重瓦斯保护动作后的处理：原因可能是油面剧烈下降或保护装置二次回路故障，也可能是检修后充油速度快、静止时间短，油中空气分离后，使其跳闸。处理：发生瓦斯信号后，首先应停止音响信号，并检查瓦斯继电器动作的原因。如果不是上诉原因造成，则应收集瓦斯继电器内的气体，并根据气体多少、颜色、气味可燃性等来判断故障性质，见表 4.2。

重瓦斯动作后，不经过详细检查、测量，原因不明者，不得投入运行。

表 4.2　瓦斯故障分析表

序号	气体性质	故障性质
1	无色、无味、不燃	空气
2	黄色、不易燃	木质故障
3	灰白色、有强烈臭味、可燃	纸质或纸板故障
4	灰色、黑色、易燃	油质故障

8. 差动保护动作后的处理

差动保护是按照循环电流原理设计的，在变压器故障时，纵联差动和瓦斯都能反映出来，当差动保护动作后，运行人员拉开主变两侧隔离开关后，应重点注意：

（1）变压器套管是否完整，连接主变的母线上是否有闪络的痕迹。

（2）对主变差动保护区范围内的所有一次设备进行检查，以便发现在差动保护区有无异常。若上述检查没有结果，在排除误碰情况下进一步检查内部是否有故障。纵联差动保护在其保护范围外发生短路时，也可能发生误动作。

9. 后备保护动作后的处理

当主变由于定时限过电流保护动作跳闸时，首先应解除音响，然后详细检查有无越级跳闸的可能，各信号继电器有否掉牌，各操作机构有无卡死等现象。如不是越级跳闸，则应将低压侧所有断路器全部拉开，检查低压母线与主变本体有无异常情况，若查不出有明显故障现象时，则将主变空载情况下试送一次，正常后线路逐路恢复送电。若在检查中发现低压母线有明显的故障现象，而主变本体无明显故障现象时，应待母线故障消除后再试送。若检查发现主变本体有明显的故障现象时，则不可合闸送电，汇报上级听候处理。

4.5 变压器申请安装流程

变压器申请安装流程如下：

（1）根据企业内的容量进行分配，计算出变压器的容量

（2）到供电营业厅填写申请表，递交相关申请材料

①书面申请书。

②项目批文复印件（新建房）。

③厂区平面规划图。

④规划红线图原件和复印件。

⑤申请人身份证明（原件和复印件）。

⑥营业执照、法人资格证明（原件和复印件）。

⑦土地使用证明。

（3）供电公司一星期后进行现场勘察，确定供电方案。方案答复时限：高压单电源15个工作日,高压双电源30个工作日内,供电公司向企业提供书面的供电方案答复单（或《供电方案协议》）

（4）由企业自行委托有设计资质的设计单位设计，向设计单位提供的材料包括：

①供电方案答复单。

②设计委托书。

③用电设备清单。

设计图纸须送交供电公司审核合格，出具《审图意见书》，方可组织材料采购和工程施工，否则供电公司将无法验收接电。

（5）企业交纳费用

①外部工程费用按实收取。

②负控建设费：100 kV·A 及以上 22 000 元/套，50 kV·A 以上 100 kV·A 以下 18 000 元/套。

③用电启动方案编制费：10 千伏高供低计：500 元；10 千伏高供高计：1 000 元。

（6）由企业自行组织招标采购符合国家产业、行业规定的设备，自行委托有相应施工资质的单位进行施工，施工单位的施工资质证明材料应在施工前报供电公司审核后，并向供电公司提供开工报告后，方可进行施工。供电公司视工程情况还将进行中间验收

（7）工程竣工后，企业应提交下列文件，报竣工验收

①设备的产品合格说明书。

②试验记录，安装技术记录（包括隐蔽工程记录）。

③竣工图纸、施工指导书（施工技术措施）。

④有供电公司审核意见的电气部分设计图纸和设计变更函。

⑤供电企业认为必要的资料、记录。

⑥电气部分竣工图纸在工程送电后 1 个月内完成并报一份给供电公司存档。

供电公司受理报竣工后 5 个工作日内完成现场验收。

（8）如有缺陷需进行整改，由企业依据现场验收整改意见组织整改，整改结束后重新报竣工并重新验收，需交纳复验费

（9）工程验收合格后，企业与供电公司签订供用电合同及电费结算协议，企业需提供

①营业执照复印件。

②法人资质证明（或授权委托书）。

③税务登记证号及开户银行、账号。

④值班电工进网作业许可证原件和复印件。

受电工程验收合格并办理相关手续后 5 个工作日装表接电。

变压器申请办理安装流程图，如图 4.7 所示。

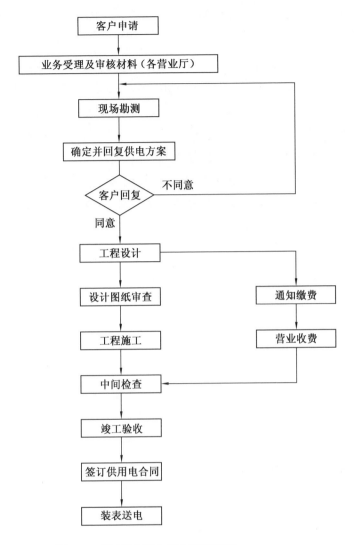

图 4.7　变压器申请办理安装流程图

4.6　变压器安装准则

变压器安装准则如下：

（1）变压器宽面推进时，低压侧应向外；变压器侧面推进时，油枕侧向外，便于带电巡视检查。

（2）变压器室的安全距离。室内变压器外壳，距门不应小于 1 m，距墙不应小于 0.8 m；额定电压为 35 kV 及其以上的变压器，距门不应小于 2 m，距墙不应小于 1.5 m；变压器二次线线的支架，距地面不应小于 2.3 m，高压线两侧应加遮栏；变压器室有操作用的开关时，在操作方向上应有 1.2 m 以上的操作宽度。

（3）变压器室属于一、二级耐火等级的建筑，其大门、进出风窗的材料应满足防火要求。

（4）变压器室应用铁门，采用木质门应包镀锌冷轧钢板（俗称铁皮），门的宽度和高度应根据安装设备情况而定，一般宽为 1.5 m，高为 2.5～2.8 m，门应向外开。较短（不超过 7 m）的配电室，允许有一个出口，超过 7 m 时不得少于两个出口。

（5）变压器室顶板高度按设计的要求，一般不低于 4.5～5 m。

（6）变压器一线的安装，不应妨碍变压器吊芯检查。

（7）进出风百叶窗的内侧要装有网孔不大于 10 mm×10 mm 的防动物网。基础下的进风孔不安百叶窗，但网孔外要安装直铁条，防止网格外的机械损伤，直铁条可采用直径为 1 mm 的圆钢，间距为 100 mm。

（8）变压器室出风窗顶部须靠近屋梁，自然通风温度不应高于 45 ℃，一般出口的有效面积应大于风口的有效面积的 1.1～1.2 倍。

（9）当自然通风的进风温度为 30 ℃时，变压器室地坪距离室外地坪的高度为 0.8 m；进风温度为 35 ℃时，变压器地坪距离室外地坪的高度为 1 m。

（10）变压器室内不应有与电气无关的管道通过，有关电缆内要采取防小动物进入的措施。

（11）变压器地基上的轨梁安装，要按不同变压器的轮距固定，基础轨距和变压器的轮距应吻合。

（12）单台变压器的油量超过 600 kg 时，应设储油坑。

（13）变压器室混凝土地面不起沙，路面抹灰刷白。

（14）各金属部件应涂防腐漆。

第5章 电力电缆

5.1 概　述

电力电缆在供电系统中起到传递和分配电能的作用。电缆线路的基建费用高于架空线路，但它具有下列优点：

（1）一般埋设于土壤中或敷设于室内、桥架、通廊、沟道中，占地少。

（2）受气候条件和周围环境影响小，传输性能稳定，中、低压线路可较少维护，安全性高。

电力电缆主要的结构部件为：导线、绝缘层和护层，除 1～3 kV 的电力电缆外，均需有屏蔽层。电力电缆线路中还必须配置各种接头和终端头等附件，便于不同长度的电缆间、电缆和电气设备间的连接。

电缆及其附件必须满足下列要求：

（1）能长期承受电网的工作电压和运行中经常遇到的各种过电压，如操作过电压、大气过电压和故障过电压。

（2）能可靠地传送需要传输负荷。

（3）具有较好的机械强度、弯曲性能、密封性能和防腐蚀性能。

（4）有较长的使用寿命。

电力电缆的品种很多，分类方法多种多样，通常按照绝缘材料、结构、电压等级和特殊用途等方法分类。

按照电压等级分为中低压电缆和高压电缆。中低压电缆（一般指 35 kV 及以下）有：黏性浸渍纸绝缘电缆、不滴流电缆、聚氯乙烯绝缘电缆、聚乙烯绝缘电缆、交联聚乙烯绝缘电缆、天然橡皮绝缘电缆、丁基橡皮绝缘电缆和乙丙橡皮绝缘电缆等。高压电缆（一般为 110 kV 及以上）有：自容式充油电缆、聚乙烯绝缘电缆和交联聚乙烯绝缘电缆等。

电缆附件应具有和电缆本体相同的工作性能。但由于电缆附件的电场分布较电缆的复杂，且须现场施工，工艺条件差，因此往往成为电缆线路中的薄弱环节。必须在设计、制造、安装施工和使用维护中都加以充分重视。

电力电缆型号各部分的代号及其含义见表 5.1。

表 5.1　电力电缆型号各部分的代号及其含义

类别、用途	导体	绝缘	内护层	特征	铠装层	外被层
N—农用电缆 V—聚氯乙烯塑料绝缘电缆 X—橡皮绝缘电缆 YJ—交联聚乙烯绝缘电缆 Z—纸绝缘电缆	L—铝线芯 T—铜线芯 （一般省略）	V—聚氯乙烯 X—橡皮 Y—聚乙烯 YJ—交联聚乙烯 Z—纸	H—橡套 F—氯丁橡皮套 L—铝套 Q—铅套 V—聚氯乙烯套 Y—聚乙烯套	CY—充油 D—不滴流 F—分相护套 P—贫油干绝缘 P—屏蔽 Z—直流	0—无 2—双钢带 3—细圆钢丝 4—粗圆钢丝	0—无 1—纤维层 2—聚氯乙烯套 3—聚乙烯套

注：阻燃电缆在代号前加 ZR；耐火电缆在代号前加 NH

5.2　电力电缆的结构特点

5.2.1　聚氯乙烯绝缘电力电缆

聚氯乙烯绝缘电力电缆的绝缘层由聚氯乙烯绝缘材料挤包制成。多芯电缆的绝缘线芯绞合成圆形后再挤包聚氯乙烯护套作为内护套，其外为铠装层和聚氯乙烯外护套。聚氯乙烯绝缘电缆有 5 种：单芯、二芯、三芯、四芯和五芯。

额定电压为 6 kV 及以上的电缆，其导体表面和绝缘表面均有半导电屏蔽层；同时在绝缘屏蔽层外面还有金属带组成的屏蔽层，以承受故障时的短路电流，避免因短路电流引起电缆温升过高而损坏绝缘。

聚氯乙烯绝缘电力电缆安装、维护都很简便，多用于 10 kV 及以下电压等级，在 1 kV 配电线路中应用最多，特别适用于高落差场合。

图 5.1 是 1 kV 聚氯乙烯绝缘电力电缆结构图。

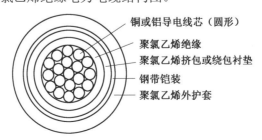

图5.1　1 kV聚氯乙烯绝缘电力电缆结构图

5.2.2　交联聚乙烯绝缘电缆

交联聚乙烯绝缘电力电缆（简称交联电缆）的电场分布均匀，没有切向应力，重量轻，载流量大，已用于 6～35 kV 及 110～220 kV 的电缆线路中。

1. 35 kV 及以下交联聚乙烯绝缘电力电缆

1 kV 交联聚乙烯绝缘电力电缆与聚氯乙烯绝缘电力电缆的结构基本相同，其结构如图 5.2 所示。

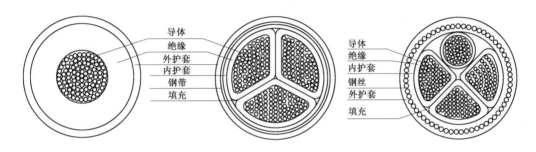

图 5.2　0.6/1 kV 交联聚乙烯绝缘电力电缆结构图

图 5.3 为 6～35 kV 三芯交联聚乙烯绝缘铠装电力电缆结构图。在圆形导体外有内半导电屏蔽、交联聚乙烯绝缘和外半导电屏蔽。外面还有铜带分相屏蔽、包带和聚氯乙烯护套；3 个缆芯中间有一圆形填芯，连同填料扭绞成缆后，外面再加护套、铠装等保护层。

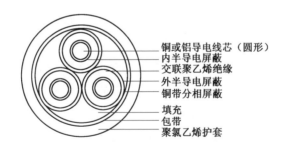

图 5.3　6～35 kV 三芯交联聚乙烯绝缘铠装电力电缆结构图

导体屏蔽层为半导电材料，绝缘屏蔽层为半导电交联聚乙烯，并在其外绕包一层 0.1 mm 厚的金属带（或金属丝）。电缆内护层（套）的形式，除了上面介绍的 3 个绝缘线芯共用一个护套外，还有绝缘线芯分相护套。分相护套电缆相当于 3 个单芯电缆的简单组合。

6～35 kV 交联聚乙烯绝缘电力电缆在冶金钢铁企业供配电系统中得到广泛应用，已取代传统的油浸纸绝缘电力电缆。

2. 110～220 kV 交联聚乙烯绝缘电力电缆

（1）与充油电缆相比，交联聚乙烯绝缘电力电缆有以下优点：

①有优越的电气性能。交联聚乙烯作为电缆的绝缘介质，具有十分优越的电气性能，在理论上其性能指标比充油电缆还要好，见表 5.2。

表 5.2　交联聚乙烯电力电缆和充油电缆的主要性能比较

电缆种类	电气			热性能			机械性能		
	ε	$\tan\delta$	绝缘性能	允许温度/℃		绝缘热阻/（℃·cm·W^{-1}）	线膨胀系数/℃$^{-1}$	弹性模量	伸缩节的抵抗能力
				平时	断路时				
交联电缆	2.3	0.03 以下	受工艺影响大	90	230	450	20.0×10^{-6}	大	小
充油电缆	3.4～3.7	0.25～0.4	绝缘性能稳定	80～85	150	550	16.5×10^{-6}	大	大

②有良好的热性能和机械性能。聚乙烯经交联工艺处理后，大大提高了电缆的耐热性能，交联聚乙烯绝缘电缆的正常工作温度达 90 ℃，比充油电缆高。因而在相同导体截面时，载流量比充油电缆大。

③敷设安装方便。由于交联聚乙烯是干式绝缘结构，不需附设供油设备，这样给线路施工带来很大的方便。交联聚乙烯绝缘电缆的接头和终端头采用预制成形结构，安装比较容易。敷设交联聚乙烯绝缘电缆的高差不受限制。在有振动的场所，例如厂房的桥架上、皮带通廊内敷设电缆，交联聚乙烯电缆也显示出它的优越性。施工现场火灾危险也相对较小。

（2）与充油电缆相比，交联聚乙烯绝缘电缆的缺点有：

①交联聚乙烯作为绝缘介质制成的电缆，其性能受工程的影响很大。从材料生产、处理到绝缘层（包括屏蔽层）挤塑的整个生产过程中，绝缘层内部难以避免出现杂质、水分和微孔，且电缆的电压等级越高，绝缘厚度越大，挤压后冷却收缩过程产生空隙的概率也越大。运行一定时期后，由于"树脂"老化现象，使整体绝缘下降，从而降低电缆的使用寿命。

②终端和接头的绝缘品质还是比不上充油电缆附件，特别是一旦终端或接头附件密封不良而受潮后，容易引起绝缘破坏。

（3）110～220 kV 交联聚乙烯绝缘电力电缆的结构如图 5.4 所示，这种电缆对于所用材料及结构工艺要求较高。

下面以 110 kV 交联聚乙烯绝缘电力电缆为例作结构介绍。

（1）导体。导体为无覆盖的退火铜单线绞制，紧压成圆形。为减小导体集肤效应，提高电缆的传输容量，对于大截面导体（一般 >1 000 mm²）采用分裂导体结构。

（2）导体屏蔽。导体屏蔽应为挤包半导电层，由挤出的交联型超光滑半导电材料均匀包覆在导体上。表面应光滑，不能有尖角、颗粒、烧焦或擦伤等痕迹。

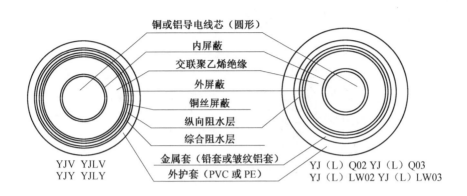

图5.4　110~220 kV交联聚乙烯绝缘电力电缆结构图

（3）交联聚乙烯绝缘。电缆的主绝缘由挤出的交联聚乙烯组成，采用超净料。110 kV 电压等级的绝缘标称厚度为 19 mm，任意点的厚度不得小于规定的最小厚度值 17.1 mm（90%标称厚度）。

（4）绝缘屏蔽。亦为挤包半导电层，要求绝缘屏蔽必须与绝缘同时挤出。绝缘屏蔽是不可剥离的交联型材料，以确保与绝缘层紧密结合，其要求同导体屏蔽。

（5）半导电膨胀阻水带。这是一种纵向防水结构，一旦电缆的金属护套破损造成水分进入电缆，半导电膨胀阻水带吸水后就会膨胀，阻止水分在电缆内纵向扩散。

（6）金属屏蔽层。一般由疏绕软铜线组成，外表面用反向铜丝或铜带扎紧。

（7）金属护套。金属护套由铅或铝挤包成型，或用铝、铜、不锈钢板纵向卷包后焊接而成。成型的品种有无缝铅套、无缝波纹铝套、焊缝波纹铝套、焊缝波纹铜套、焊缝波纹不锈钢套、综合护套等 6 种。这些金属护套都是良好的径向防水层，但内在质量、应用特性和制造成本各不相同。目前国内除了波纹铜套和波纹不锈钢套外，其余都有生产。一般用铅或铝来制作护套的较多。

（8）外护层。外护层包括铠装层和聚氯乙烯护套（或聚乙烯护套）等。交流系统单芯电缆的铠装层一般由窄铜带、窄不锈钢带、钢丝（间置铜丝或铝丝）制作，只有交流系统三芯统包型电缆的铠装层才用镀锌钢带或不锈钢带。无铠装的电缆，在金属护套的外面涂敷沥青化合物，然后挤上聚氯乙烯外护套。在外护套的外面再涂覆石墨涂层，作为外护套耐压试验用的电极。当有铠装层时，在金属护套沥青涂敷外面包以衬垫层后，再绕制铠装层和挤包外护套。

5.2.3　橡胶绝缘电力电缆

6～35 kV 橡胶绝缘电力电缆，导体表面有半导电屏蔽层，绝缘层表面有半导电材料和金属材料组合而成的屏蔽层。多芯电缆绝缘线芯绞合时，采用具有防腐性能的纤维填充，并包以橡胶布带或涂胶玻璃纤维带。橡胶绝缘电缆的护套一般为聚氯乙烯或氯丁橡胶护套。橡胶绝缘电力电缆的结构如图 5.5 所示。

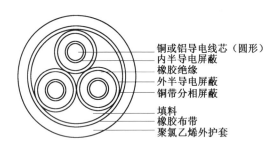

图5.5　6～10 kV 橡胶绝缘电力电缆结构图

橡胶绝缘电缆的绝缘层柔软性较好，其导体的绞合根数比其他形式的电缆稍多，因此电缆的敷设安装方便，适用于落差较大和弯曲半径较小的场合。可用于固定敷设的电力线路，也可用于定期移动的电力线路。

橡胶绝缘电缆的特点如下：

（1）柔软性好，易弯曲，适于多次拆装的线路。

（2）耐寒性好，电气性能和化学性能稳定。

（3）抗电晕、耐臭氧，耐热、耐油性较差。

5.2.4　阻燃电力电缆

普通电缆的绝缘材料有一个共同的缺点，就是具有可燃性。当线路中或接头处发生故障时，电缆可能因局部过热而燃烧，并导致事故损失扩大。阻燃电缆是在电缆绝缘或护层中添加阻燃剂，即使在明火烧烤下，电缆也不会燃烧。阻燃电缆的结构与相应的普通的聚氯乙烯绝缘电缆和交联聚乙烯绝缘电缆的结构基本相同，只是用料有所不同。对于交联聚乙烯绝缘电缆，其填充物（或填充绳）、绕包层、内衬层及外护套等，均在原材料中加入阻燃剂，以阻止火灾延燃；有的电缆为了降低电缆火灾的毒性，电缆的外护套不用阻燃性聚氯乙烯，而用阻燃性聚烯烃材料。对于聚氯乙烯绝缘电缆，有的采用加阻燃剂的方法，有的则采用低烟、低卤的聚氯乙烯料做绝缘，而绕包层和内衬层均有无卤阻燃料，外护套用阻燃型聚烯烃材料等。至于采用何种形式的阻燃电力电缆，要根据具体使用情况进行选择。其结构如图 5.6、图 5.7 所示。

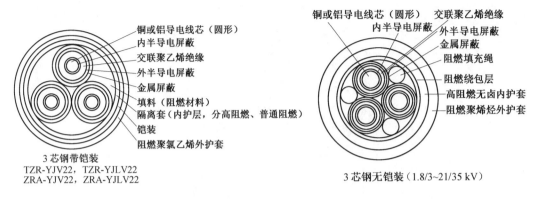

图5.6　特种阻燃及普通阻燃A类交联电缆结构图　　图5.7　低烟、无卤交联聚乙烯电缆结构图

5.2.5　耐火电力电缆

耐火电力电缆是在导体外增加耐火层，多芯电缆相间用耐火材料填充。其特点是可在发生火灾以后的火焰燃烧条件下，保持一定时间的供电，为消防救火和人员撤离提供电能和控制信号，从而大大减少火灾损失。耐火电力电缆主要用于 1 kV 电缆线路中，适用于对防火有特殊要求的场合，其结构如图 5.8 所示。

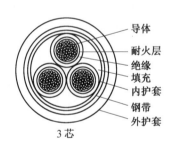

图5.8　0.6/1 kV NH-VV22耐火电力电缆结构图

5.2.6　变频电力电缆

变频电力电缆为变频器专用电缆，导体绝缘线芯一般采用 3 芯、3＋E 芯和 3＋3E 芯 3 种结构（E 指接地线芯），其中 3＋3E 对称线芯结构性能最好、最稳定。绝缘材料有硬质乙丙橡胶和交联聚乙烯两种，电压等级最高可达 8.7/15 kV。变频电力电缆采用的屏蔽方式有：铜丝编织屏蔽、铜带绕包屏蔽、铜丝缠绕屏蔽、铜丝铜带组合屏蔽、铜带纵包屏蔽（分轧纹与不轧纹）、铝带纵包屏蔽（分轧纹与不轧纹）。纵包结构的屏蔽效果比绕包结构的好。选用何种屏蔽方式要依据电缆的使用场合而定。屏蔽层的截面最好不低于相线截面的 50%。变频电力电缆的护套材料多为聚氯乙烯、乙丙橡胶和无卤低烟阻燃聚烯烃，其结构如图 5.9 所示。

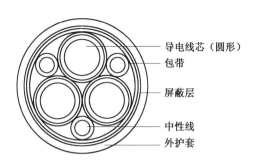

图5.9　变频电力电缆3＋3E对称结构图

5.2.7　油浸纸绝缘电力电缆

油浸纸绝缘电力电缆由导体、油浸绝缘纸和护层 3 部分组成。为了改善电场的分布情况，减小切向应力，6 kV 及以上的电缆加有屏蔽层。多芯电缆绝缘线芯间还需增加填芯和填料，以便将电缆绞制成圆形。

1. 油浸纸绝缘统包型电力电缆

油浸纸绝缘统包型电力电缆的各导体外包有纸绝缘，绝缘厚度依电压而定。在绝缘线芯之间填以纸、麻或其他材料为主的填料，将各绝缘线芯连同填料扭绞成圆形，外面再用绝缘纸统包起来。如果用于中性点接地的电力系统中，则统包绝缘层的厚度可以薄一些；如果用于中性点不接地的电力系统中，统包绝缘层的厚度则要求厚一些。统包绝缘层不仅加强了各导体与铅（铝）护套之间的绝缘，同时也将 3 个绝缘线芯扎紧，使其不会散开。统包绝缘层外为多芯共用的一个金属（铅或铝）护套。由于敷设环境不同，有的电缆在金属护套外，还有铠装层，铠装层外有聚氯乙烯护套或聚乙烯护套。主要用于 10 kV 及以下电压等级线路中。

2. 油浸纸绝缘分相铅（铝）包电力电缆

油浸纸绝缘分相铅（铝）包电力电缆的主要特点是各导体绝缘层外加了铅（铝）套，然后再与内衬垫及填料绞成圆形,用沥青麻带扎紧后，外加铠装和保护层。主要用于 35 kV 电压等级线路中。

3. 自容式充油电力电缆

自容式充油电力电缆一般简称为充油电缆，其特点是利用压力油箱向电缆绝缘内部补充绝缘油的办法，消除因温度变化而在纸绝缘层中形成的气隙，以提高电缆的工作电场强度。

单芯充油电缆的导体中心留有可对电缆补充绝缘油的油道。所用的绝缘油是低黏度的电缆油，它可以提高补充浸渍速度，减小油流在油道中的压降。电缆的油道通过管路与压力箱相连。当电缆温度上升时，绝缘油受热膨胀，电缆内的油压力升高，压力油箱内的弹性元件在此油压力的作用下而收缩，吸收由于膨胀而多余的油量。当电缆温度下降时，绝缘油体积缩小，压力油箱中的绝缘油在弹性元件的作用下流入电缆中，这样做能维持电缆内部的油压，避免在绝缘层中产生气隙。

根据供油箱的压力，自容式充油电缆可分为：低油压（压力 0.05～0.34 MPa）、中油压（压力 0.59～0.79 MPa）、高油压（压力 0.98～1.47 MPa）3 种。自容式充油电缆主要为单芯结构，其结构如图 5.10 所示。单芯充油电缆的电压等级从 110 kV 到 750 kV。

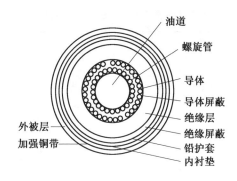

图5.10　单芯自容式充油电力电缆结构图

充油电缆的绝缘层采用高压电缆纸绕包而成。导体表面及绝缘层外表面均有半导电纸带组成的屏蔽层，绝缘层外为金属护套，护套外是具有防水性的沥青和塑料带的内衬层、径向加强层、铠装层和外被层。径向铜带用以加强内护套，并承受机械外力。有纵向铜带或钢丝铠装的电缆，可以承受较大的拉力，适用于高落差的场合。外被层一般为聚氯乙烯护套或纤维层（或采用阻燃性材料制成）。

5.2.8　直流电力电缆

直流电力电缆的结构与交流电力电缆有很多相似之处，但直流电力电缆的绝缘在运行中长期承受的直流电压可比交流高 5～6 倍。一般投入运行的直流电力电缆大部分为黏性浸渍纸绝缘电力电缆，只有当线路高差较大或电压特别高时采用充油电缆。聚乙烯绝缘的直流电缆需解决空间电荷对电气性能的影响。冶金钢铁企业中应用的直流电缆大多是给直流除尘设备供电。

直流电缆与交流电缆不同的另一特点是：绝缘必须能承受快速的极性转换。在带负荷的情况下，极性转换实际上会引起电缆绝缘内部电场强度的增加，通常可达50%～70%。直流电缆由于在金属护套和铠装上不会有感应电压，所以不存在护套损耗问题。

直流电缆的护层结构主要考虑机械保护和防腐。直流电缆通常采用铅护套，并大多挤包聚乙烯或氯丁橡皮作为防腐层。在铅包和防腐层之间，有时还用镀锌钢带或不锈钢带加强，可以起抗扭作用。

5.3 聚氯乙烯绝缘电力电缆的性能及技术参数

5.3.1 型号及应用

适用于交流额定电压（U_0/U）为 0.6 kV /1 kV、3.6 kV /6.0 kV 的线路使用。

1. 型号、名称及使用条件

（1）型号、名称及敷设场合见表 5.3。

表 5.3　聚氯乙烯绝缘电力电缆的型号、名称及敷设场合

型号		名称	敷设场合
铜芯	铝芯		
VV	VLV	聚氯乙烯绝缘聚氯乙烯护套电力电缆	可敷设在室内、隧道、电缆沟、管道、易燃及严重腐蚀的地方，不能承受机械外力作用
VY	VLY	聚氯乙烯绝缘聚乙烯护套电力电缆	可敷设在室内、管道、电缆沟及严重腐蚀的地方，不能承受机械外力作用
VV22	VLV22	聚氯乙烯绝缘钢带铠装聚氯乙烯护套电力电缆	可敷设在室内、隧道、电缆沟、地下、易燃及严重腐蚀的地方，不能承受拉力作用
VV23	VLV23	聚氯乙烯绝缘钢带铠装聚乙烯护套电力电缆	可敷设在室内、电缆沟、地下及严重腐蚀的地方，不能承受拉力作用
VV32	VLV32	聚氯乙烯绝缘细钢丝铠装聚氯乙烯护套电力电缆	可敷设在地下、竖井、水中及易燃和严重腐蚀的地方，不能承受大拉力作用
VV33	VLV33	聚氯乙烯绝缘细钢丝铠装聚乙烯护套电力电缆	可敷设在地下、竖井、水中及严重腐蚀的地方，不能承受大拉力作用
VV42	VLV42	聚氯乙烯绝缘粗钢丝铠装聚氯乙烯护套电力电缆	可敷设在竖井、易燃及严重腐蚀的地方，能承受大拉力作用
VV43	VLV43	聚氯乙烯绝缘粗钢丝铠装聚乙烯护套电力电缆	可敷设在竖井及严重腐蚀的地方，能承受大拉力作用

（2）使用条件：导电线芯长期工作温度不能超过 70 ℃，短路温度不能超过 160 ℃（最长持续时间 5 s）。电缆敷设时，温度不能低于 0 ℃，弯曲半径应不小于电缆外径的 10 倍，电缆敷设不受落差限制。

2. 规格范围

聚氯乙烯绝缘电力电缆规格范围见表 5.4。

表 5.4　聚氯乙烯绝缘电力电缆规格范围

型号 (铜芯)	型号 (铝芯)	芯数	标称截面/mm² 0.6 kV/1 kV	标称截面/mm² 3.6 kV/6 kV	型号 (铜芯)	型号 (铝芯)	芯数	标称截面/mm² 0.6 kV/1 kV	标称截面/mm² 3.6 kV/6 kV
VV / VY	—	1	1.5～800	10～1 000	VV / VY	—	3	1.5～300	10～300
V	VLV / VLY	1	2.5～1 000	10～1 000	—	VLV / VLY	3	2.5～300	10～300
VV22 / VV23	VLV22 / VLV23	1	10～1 000	10～1 000	VV22 / VV23	VLV22 / VLV23	3	4～300	10～300
VV / VY	—	2	1.5～185	—	VV32 / VV33	VLV32 / VLV33	3	4～300	16～300
—	VLV / VLY	2	2.5～185	—	VV42 / VV43	VLY42 / VLY43	3	4～300	16～300
VV22 / VV23	VLV22 / VLV23	2	4～185	—	VV / VV22	VLV / VLV22	3+2	4～185	—
VV / VY	VLV / VLY	3+1	4～300	—	VV / VV22	VLV / VLV22	4+1	4～185	—
VV22 / VV23	VLV22 / VLV23	3+1	4～300	—	VV / VV22	VLV / VLV22	5	4～185	—
VV32	VLV32	3+1	4～300	—					
VV42	VLV42	3+1	4～300	—					
VV / VY	VLV / VLY	4	4～185	—					
VV22、VV32、VV23、VV42	VLV22、VLV32、VLV23、VLV42	4	4～185	—					

5.3.2 主要结构数据

1. 导体

（1）导体表面应光洁，无油污，无损伤屏蔽绝缘的毛刺、锐边以及凸起或断裂的单线。

（2）四芯电缆的截面有等截面和不等截面（3 芯＋1 芯）两种。

2. 绝缘

（1）导体和绝缘外面的任何隔离层或半导电屏蔽层的厚度应不包括在绝缘厚度内。

（2）绝缘的标称厚度应符合表 5.5 的规定。

表 5.5 聚氯乙烯绝缘电力电缆绝缘标称厚度

导体标称截面/mm²	额定电压/kV				导体标称截面/mm²	额定电压/kV			
	0.6/1	1.8/3	3.6/6	6/6 6/10		0.6	1.8/3	3.6/6	6/6 6/10
	绝缘标称厚度/mm					绝缘标称厚度/mm			
1.5、2.5	0.8	—	—	—	150	1.8	2.2	3.4	4.0
4、6	1.0	—	—	—	185	2.0	2.2	3.4	4.0
10	1.0	2.2	3.4	4.0	240	2.2	2.2	3.4	4.0
16	1.0	2.2	3.4	4.0	300	2.4	2.4	3.4	4.0
25	1.2	2.2	3.4	4.0	400	2.6	2.6	3.4	4.0
35	1.2	2.2	3.4	4.0	500～800	2.8	2.8	3.4	4.0
50、70	1.4	2.2	3.4	4.0	1000	3.0	3.0	3.4	4.0
95、120	1.6	2.2	3.4	4.0					

3. 铠装

（1）铠装钢带或铠装铝带的层数、厚度和宽度应符合表 5.6 的规定。

（2）铠装钢丝的直径应符合表 5.7 的规定。

表 5.6 铠装钢带或铠装铝带的层数、厚度和宽度（mm）

铠装前假定直径	细钢丝直径	粗钢丝直径	铠装前假定直径	细钢丝直径	粗钢丝直径
≤15.0	0.8～1.6		35.1～60.0	2.5～3.15	
15.1～25.0	1.6～2.0	4.0～6.0	>60.0	3.15	4.0～6.0
25.1～35.0	2.0～2.5				

注：钢丝直径不包括钢丝上的非金属防蚀层，如用户要求或同意，允许用比规定直径更大的钢丝

表 5.7　铠装钢丝的直径（mm）

| 铠装前假定直径 | 层数×厚度（≥） | | 宽度（≤） | 铠装前假定直径 | 层数×厚度（≥） | | 宽度（≤） |
	钢带	铝带或铝合金带			钢带	铝带或铝合金带	
≤15.0	2×0.2	2×0.5	20	35.1～50.0	2×0.5	2×0.5	35
15.1～25.0	2×0.2	2×0.5	25	50.1～70.0	2×0.5	2×0.5	45
25.1～35.0	2×0.5	2×0.5	30	>70.0	2×0.8	2×0.8	60

注：铠装前假定直径在 10.0 mm 以下时，宜用直径为 0.8～1.6 mm 的细钢丝铠装，也可采用厚度为 0.1～0.2 mm 的镀锡钢带重叠绕包一层作为铠装，其重叠率应不小于 25%

4. 外护层

塑料外套的标称厚度应符合表 5.8 的规定。

表 5.8　塑料外套的标称厚度（mm）

护套前假定直径	塑料外套标称厚度	护套前假定直径	塑料外套标称厚度	护套前假定直径	塑料外套标称厚度
≤12.8	1.8	41.5～44.2	2.5	72.9～75.7	3.6
12.9～15.7	1.8	44.3～47.1	2.6	75.8～78.5	3.7
15.8～18.5	1.8	47.2～49.9	2.7	78.6～81.4	3.8
18.6～21.4	1.8	50.0～52.8	2.8	81.5～84.2	3.9
21.5～24.2	1.8	52.9～55.7	2.9	84.3～87.1	4.0
24.3～27.1	1.9	55.8～58.5	3.0	87.2～89.9	4.1
27.2～29.9	2.0	58.6～61.4	3.1	90.0～92.8	4.2
30.0～32.8	2.1	61.5～64.2	3.2	92.9～95.7	4.3
32.9～35.7	2.2	64.3～67.1	3.3	95.8～98.5	4.4
35.8～38.5	2.3	67.2～69.9	3.4	98.6～101.4	4.5
38.6～41.4	2.4	70.0～72.8	3.5		

5.3.3　主要技术指标

（1）出厂电缆导体的直流电阻值应符合表 5.9 的规定。

表 5.9　出厂电缆导体的直流电阻值

标称截面/ mm²	直流电阻（+20 ℃）/（Ω·km⁻¹） ≤		标称截面/ mm²	直流电阻（+20 ℃）/（Ω·km⁻¹） ≤	
	铜	铝		铜	铝
1.5	12.1	—	95	0.193	0.320
2.5	7.41	—	120	0.153	0.253
4	4.61	7.41	150	0.124	0.206
6	3.08	4.61	185	0.099 1	0.164
10	1.83	3.08	240	0.075 4	0.125
16	1.15	1.91	300	0.060 1	0.100
25	0.727	1.20	400	0.047	0.077 8
35	0.524	0.868	500	0.036 6	0.060 5
50	0.387	0.641	630	0.028 3	0.046 9
70	0.268	0.443	800	0.022 1	0.036 7

（2）出厂电缆绝缘电阻常数在室温时不低于 36.7（0.6/1.0）。

（3）出厂电缆在室温下，能承受交流 50 Hz 电压试验，试验电压见表 5.10，单芯无铠电缆浸入水中 1 h 后按表 5.10 的规定进行电压试验。当用直流电压时，所加的电压为工频试验电压的 2.4 倍。

表 5.10　试验电压

额定电压/kV	试验电压/kV	时间/min
0.6/1.0	3.5	5
3.6/6.0	11	5

（4）当电缆敷设安装后进行直流耐压试验，建议试验电压为 $2.5U_0$（U_0 为导体对地电压），时间为 5 min。

5.3.4　聚氯乙烯绝缘电力电缆的载流量

1～6 kV 四芯聚氯乙烯绝缘电力电缆载流量见表 5.11 和 5.12。

表 5.11 1～6 kV 四芯聚氯乙烯绝缘电力电缆载流量

（导线工作温度：65 ℃，环境温度：25 ℃）

芯数+导线截面 /mm²	空气敷设长期允许载流量/A		直埋敷设长期允许载流量/A			
			土壤热阻系数(80 ℃)/(cm·W⁻¹)		土壤热阻系数(120 ℃)/(cm·W⁻¹)	
	铜芯	铝芯	铜芯	铝芯	铜芯	铝芯
3×4+1×2.5	29	22	38	29	35	27
3×6+1×4	38	29	48	37	44	34
3×10+1×6	51	40	65	50	58	45
3×16+1×6	68	53	84	65	76	58
3×25+1×10	92	71	111	86	100	77
3×35+1×10	115	89	139	107	123	95
3×50+1×16	144	111	173	133	152	117
3×70+1×25	178	136	208	160	183	140
3×95+1×35	218	168	249	191	218	167
3×120+1×35	252	195	285	220	248	192
3×150+1×50	297	228	329	253	286	220
3×185+1×50	341	263	350	286	321	248

表 5.12 6 kV 三芯聚氯乙烯绝缘及护套电缆长期允许载流量

（导线工作温度：65 ℃，环境温度：25 ℃）

芯数+导线截面 /mm²	空气敷设长期允许载流量/A		直埋敷设长期允许载流量/A			
			土壤热阻系数(80 ℃)/(cm·W⁻¹)		土壤热阻系数(120 ℃)/(cm·W⁻¹)	
	铜芯	铝芯	铜芯	铝芯	铜芯	铝芯
10	56	43	63	49	58	45
16	73	56	82	63	75	58
25	95	73	105	81	96	74
35	118	90	133	102	119	92
50	148	114	165	127	147	113
70	181	143	200	154	178	137
95	218	168	237	182	210	162
120	251	194	271	209	240	185
150	290	223	310	215	272	210
185	333	256	348	270	309	237
240	391	301	406	313	356	274

5.4 交联聚乙烯绝缘电力电缆的性能及技术参数

5.4.1 0.6 kV/1 kV 交联聚乙烯绝缘电缆

适用于交流额定电压为（U_0/U）0.6 kV/1 kV 的线路使用。

1. 型号、名称及适用范围

0.6 kV/1 kV 交联聚乙烯绝缘电力电缆型号、名称及适用范围见表 5.13。

表 5.13 0.6 kV/1 kV 交联聚乙烯绝缘电力电缆型号、名称及适用范围

型号	名称	用途
YJV YJLV	铜芯或铝芯交联聚乙烯绝缘、聚氯乙烯护套电力电缆	敷设在室内、隧道内及管道中，可经受一定的敷设牵引，但电缆不能承受机械外力作用，单芯电缆不允许敷设在磁性材料管道中
YJV22 YJLV22	铜芯或铝芯交联聚乙烯绝缘、聚氯乙烯护套内钢带铠装电力电缆	敷设在室内、隧道内、管道及埋地敷设，电缆能承受机械外力作用但不能承受大的拉力
YJV32 YJLV32	铜芯或铝芯交联聚乙烯绝缘、聚氯乙烯护套内细钢丝铠装电力电缆	敷设在高落差地区或矿井中、水中，电缆能承受相当的拉力和机械外力作用

注：1 kV 交联电力电缆可以制成阻燃 A 类、B 类、C 类，也可以制成耐火 1 kV 交联电力电缆

2. 规格

0.6 kV/1 kV 交联聚乙烯绝缘电力电缆规格见表 5.14。

表 5.14 0.6 kV/1 kV 交联聚乙烯绝缘电力电缆规格

型　号	芯数	标称截面/mm^2	型　号	芯数	标称截面/mm^2
YJV、YJLV	1	1.0～630	YJV、YJV22 YJV32、YJLV、 YJLV22 YJLV32	3+1	4～400
YJV、YJV22、 YJV32 YJLV、YJLV22、 YJLV32	2	1.0～400	YJV、 YJV22YJV32 YJLV、YJLV22 YJLV32	4	1.0～400
YJV、YJV22、 YJV32 YJLV、YJLV22、 YJLV32	3	1.0～400	YJV、YJV22、 YJV32 YJLV、YJLV22 YJLV32	5	1.0～400

3. 使用特性

（1）最高额定温度。电缆长期使用时，其线芯最高工作温度不超过 90 ℃。5 s 短路温度不超过 250 ℃。

（2）安装要求。电缆敷设时不受落差限制，敷设时环境温度不低于 0 ℃，敷设时电缆的最小弯曲半径不小于 10 倍的电缆外径。

4. 主要技术性能

0.6 kV/1 kV 交联聚乙烯绝缘电力电缆主要技术性能见表 5.15。

表 5.15　0.6 kV/1 kV 交联聚乙烯绝缘电力电缆主要技术性能

电缆额定电压	0.6 kV/1 kV	绝缘热延试验 200 ℃ 15 min 20 N/cm² 压力 载荷下最大伸长率不大于/%	175
线芯直流电阻	按 GB 3957 或 IEC 228	冷却后最大永久伸长率/%	15
工频 5 min 耐压试验/kV	3.5 kV 不击穿	4 h 工频耐压试验（kV）不击穿	2.4

5.4.2　3.6～35 kV 交联聚乙烯绝缘电缆

35 kV 及以下交联聚乙烯绝缘电力电缆适用于固定敷设的电力线路中。

1. 型号、名称及适用范围

（1）型号、名称及敷设场合。

3.6～35 kV 交联聚乙烯绝缘电力电缆型号、名称及敷设场合见表 5.16。

表 5.16　3.6～35 kV 交联聚乙烯绝缘电力电缆型号、名称及敷设场合

型号		名称	敷设场合
铝芯	铜芯		
YJLV	YJV	交联聚乙烯绝缘聚氯乙烯护套电力电缆	架空、室内、隧道、电缆沟及地下
YJLY	YJY	交联聚乙烯绝缘聚乙烯护套电力电缆	
YJLV22	YJV22	交联聚乙烯绝缘钢带铠装聚氯乙烯护套电力电缆	室内、隧道、电缆沟及地下
YJLV23	YJV23	交联聚乙烯绝缘钢带铠装聚乙烯护套电力电缆	
YJLV32	YJV32	交联聚乙烯绝缘细钢丝铠装聚氯乙烯护套电力电缆	高落差、竖井及水下
YJLV33	YJV33	交联聚乙烯绝缘细钢丝铠装聚乙烯护套电力电缆	
YJLV42	YJV42	交联聚乙烯绝缘粗钢丝铠装聚氯乙烯护套电力电缆	需承受拉力的竖井及海底
YJLV43	YJV43	交联聚乙烯绝缘粗钢丝铠装聚乙烯护套电力电缆	

注：一根或两根单芯电缆不允许敷设于磁性材料管道中

（2）使用条件

①在 1～110 kV 电压范围内，交联聚乙烯绝缘电力电缆可以代替纸绝缘和充油电缆，交联电缆的优点有：工作温度高，载流量大；可以高落差或垂直敷设；安装敷设容易，终端和中间接头处理简单，维护方便。

②导体最高工作温度为 90 ℃，短时过载温度为 130 ℃，短路温度为 250 ℃。

③接地故障持续时间：电压等级标志 U_0/U 为 0.6 kV/1 kV、3.6 kV/6 kV、6 kV/10 kV、21 kV/35 kV 和 64 kV/110 kV 的电缆适用于每次接地故障持续时间不超过 1 min 的三相系统，1 kV/1 kV、6 kV/6 kV、8.7 kV/10 kV 和 26 kV/35 kV 电缆适用于每次接地故障持续时间一般不超过 2 h，最长不超过 8 h 的三相系统。

④电缆敷设温度应不低于 0 ℃，弯曲半径对于单芯电缆大于 15D，对于三芯电缆大于 10D。（D 为电缆外径）

2. 主要结构数据

（1）交联聚乙烯绝缘电力电缆绝缘标称厚度符合表 5.17 的规定。

（2）导电线芯采用绞合紧压圆导体，也可采用实心圆导体。

表 5.17 交联聚乙烯绝缘电力电缆绝缘标称厚度

导体标称截面/ mm²	在额定电压（U_0/U）下的绝缘标称厚度/mm						
	3.6 kV/6 kV	6 kV/6 kV, 6 kV/10 kV	8.7 kV/10 kV	12 kV/20 kV	18 kV/20 kV	21 kV/35 kV	26 kV/35 kV
25	2.5	3.4	4.5	—	—	—	—
35	2.5	3.4	4.5	5.5	8.0	—	—
50	2.5	3.4	4.5	5.5	8.0	9.3	10.5
70	2.5	3.4	4.5	5.5	8.0	9.3	10.5
95	2.5	3.4	4.5	5.5	8.0	9.3	10.5
120	2.5	3.4	4.5	5.5	8.0	9.3	10.5
150	2.5	3.4	4.5	5.5	8.0	9.3	10.5
185	2.5	3.4	4.5	5.5	8.0	9.3	10.5
240	2.6	3.4	4.5	5.5	8.0	9.3	10.5
300	2.8	3.4	4.5	5.5	8.0	9.3	10.5
400	3.0	3.4	4.5	5.5	8.0	9.3	10.5
500	3.2	3.4	4.5	5.5	8.0		

（3）电缆的额定电压、标称截面及芯数应符合表 5.18 的规定。

表 5.18　交联聚乙烯绝缘电力电缆的额定电压、标称截面及芯数

型号	芯数	额定电压 U_0/U(kV/kV)					
		3.6/6、6/6	6/10、8.7/10	8.7/15、12/20	18/20、21/35、26/35	66	110
		导电线芯的标称截面/mm²					
YJLV、YJV YJLY、YJY	1	25～500	25～500	35～500	50～300	95～800	240～800
YJLV32、YJV32 YJLV33、YJY33		25～500	25～500	35～500	50～300	—	—
YJLV42、YJV42 YJLY42、YJY43		25～500	25～500	35～500	50～300	—	—
YJLV、YJV YJLY、YJY	3	25～300	25～300	35～300	—	—	—
YJLV22、YJV22 YJLV33、YJV23		25～300	25～300	35～300	—	—	—
YJLV32、YJV32 YJLV33、YJV33		25～185	25～150	35～50	—	—	—
YJLV42、YJV42 YJLV43、YJV43		25～300	25～300	35～150	—	—	—

3. 10～35 kV 交联聚乙烯绝缘电力电缆载流量

10～35 kV 交联聚乙烯绝缘电力电缆长期允许载流量见表 5.19 所示。

表 5.19　10～35 kV 交联聚乙烯绝缘电力电缆长期允许载流量

（导线工作温度：80 ℃，环境温度：25 ℃，适用电缆型号：YJV、YJLV）

导线 截面积 /mm²	空气敷设长期允许载流量/A				直埋敷设长期允许载流量/A （土壤热阻系数（100 ℃），K·cm/W）			
	10 kV 三芯电缆		35 kV 单芯电缆		10 kV 三芯电缆		35 kV 单芯电缆	
	铜芯	铝芯	铜芯	铝芯	铜芯	铝芯	铜芯	铝芯
16	121	94			118	92		
25	158	123			151	117		
35	190	147			180	140		
50	231	180	260	206	217	169	213	165
70	280	218	317	247	260	202	256	202
95	335	261	377	295	307	240	301	240
120	388	303	433	339	348	272	342	269
150	445	347	492	386	394	308	385	303
185	504	394	557	437	441	344	429	339
240	587	461	650	512	504	396	495	390
300	671	527	740	586	567	481	550	439
400	790	623			654	518		
500	893	710			730	580		

5.4.3 110 kV 和 220 kV 交联聚乙烯绝缘电力电缆

1. 电缆使用环境及使用特性

（1）电缆使用环境。

110 kV 和 220 kV 交联聚乙烯绝缘电力电缆使用环境见表 5.20。

表 5.20 110 kV 和 220 kV 交联聚乙烯绝缘电力电缆使用环境

型号		电缆名称	使用环境
铝芯	铜芯		
YJV	YJLV	交联聚乙烯绝缘聚氯乙烯护套电力电缆	电缆可敷设在隧道或管道中，不能承受拉力和压力
YJY	YJLY	交联聚乙烯绝缘聚乙烯护套电力电缆	同上，电缆的防潮性较好
YJLW02	YJLLW02	交联聚乙烯绝缘皱纹铝包防水层聚氯乙烯护套电力电缆	电缆可敷设在隧道或管道中，可以在潮湿环境及地下水位较高的地方使用，并能承受一定压力
YJAY	YJLAY	交联聚乙烯绝缘铝塑涂综合防水层聚乙烯护套电力电缆	电缆可在潮湿环境及地下水位较高的地方使用
YJQ02	YJLQ02	交联聚乙烯绝缘铅包聚氯乙烯护套电力电缆	同上，但电缆不能承受压力
YJQ41	YJLQ41	交联聚乙烯绝缘铅包粗钢丝铠装纤维外护套层电力电缆	电缆可承受一定拉力，用于水底敷设

（2）电缆使用特性。

①电缆导体长期允许工作温度为 90 ℃。

②短路时（最长持续时间不超过 5 s），导体最高温度不超过 250 ℃，电缆线路中间有接头时，焊锡接头不超过 120 ℃，压接接头不超过 150 ℃，电焊或气焊接头不超过 250 ℃。

③电缆敷设时，在保证足够机械拉力的情况下不受落差限制，但不允许敷设于磁性材料管道中，也不允许环状的铁质金具固定电缆。

④电缆敷设时，其温度应不低于 0 ℃。当电缆温度低于 0 ℃时，应采用适当的方法将电缆加热至 0 ℃及以上。

2. 电缆的规格及结构

（1）电缆规格。

110 kV、220 kV 交联聚乙烯绝缘电力电缆规格范围见表 5.21。

表 5.21　110 kV、220 kV 交联聚乙烯绝缘电力电缆规格范围

型号	额定电压/kV	标称截面/mm²
YJV、YJLV	110	240，300，400，500，630
YJY、YJLY		240，300，400，500，630，800，1 000，
YJAY、YJLAY		1 200，1 400，1 600，1 800，2 000
YJLW02、YJLLW02	220	800，1000，1200
YJQ02、YJLQ02		240，300，400，500，630，800，1 000，
YJQ41、YJLQ41		1 200，1 400，1 600，1 800，2 000

（2）电缆结构。

①800 mm² 及以下的导体为紧压圆形绞合导体，1 000 mm² 及以上的导体为分割导体结构。

②内屏蔽采用超光滑交联型半导电屏蔽材料挤包在导体上，标称截面 500 mm² 及以上电缆的内屏蔽由半导电包带和挤包半导电层组成。

③绝缘采用超净交联聚乙烯绝缘材料挤包在导体屏蔽上。

④外屏蔽采用超光滑交联型屏蔽材料挤包在绝缘上。

⑤所有型号及规格的电缆都有纵向阻水层，纵向阻水层采用半导电阻水带绕包在外屏蔽与径向防水层之间。

⑥金属屏蔽层采用疏绕铜丝或铜带，铜丝的标称截面为 92 mm²，也可根据使用要求设计不同截面的金属屏蔽层。

⑦径向防水层分别为纵包铝塑复合带、皱纹铝套或铅套，皱纹铝套或铅套可作为金属屏蔽层。

⑧外护套采用 PVC 或 PE 护套材料挤制，表面涂敷一层半导电涂层。

3. 主要试验项目及技术指标

（1）电性能。

①局部放电试验。局部放电测试灵敏系数不大于 5 pC，标准规定成盘电缆在 $1.5U_0$ 下的局部放电量不大于 5 pC。

②交流耐压试验。试验在成盘电缆上进行，在导体和金属屏蔽之间施加 $2.5U_0$ 交流电压，保持 30 min，绝缘不发生击穿。

③tan δ 测量。将试样导体温度加热到高于电缆允许工作温度 5～10 ℃范围内，在 U_0 下测得的 tan δ 值不大于 10^{-3}。

④电容试验。在导体和金属屏蔽之间测量电容，测试结果与设计值的差不超过设计值的 8%。

⑤冲击电压试验及随后的交流电压试验。将导体温度加热到高于电缆允许工作温度 5～10 ℃范围内，对 110 kV 电缆施加 550 kV 冲击电压，对 220 kV 电缆施加 1 050 kV 冲击电压，进行正负极性各 10 次冲击试验，然后在室温下对电缆进行 2.5U_0、15 min 工频交流电压试验，电缆不击穿。

（2）物理性能。

①绝缘层中微孔。电缆绝缘层中应无大于 76 μm 的微孔，大于 51 μm、小于或等于 76 μm 的微孔数在每 10 cm³ 内应不超过 18 个，实际微孔尺寸可控制在 10 μm 以下。

②绝缘层厚度。绝缘层厚度平均值不小于标称值，任一处最薄点的厚度不小于标称值的 90%，在电缆同一截面上测得的最大厚度 T_{max} 和最小厚度 T_{min} 符合以下规定：

$$(T_{max}-T_{min})/T_{max}\leqslant 10\%$$

4. 电缆敷设

（1）电缆敷设方式。

①管道中平行敷设，如图 5.11 所示。

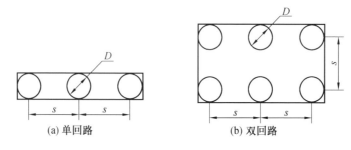

图5.11　管道中平行敷设

s—相邻两相电缆的中心距离，$s=2D$；D—管道内径

管道内径按下式计算：

$$D_{in}\geqslant 1.3d \ 或 \ D_{in}\geqslant d+30 \ mm$$

式中　D_{in}——管道内径；

d——电缆外径。

②直接埋地或空气中平行敷设，如图 5.12 所示。

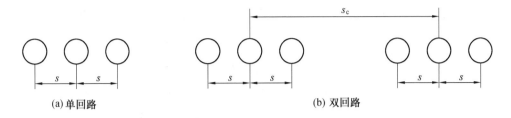

(a) 单回路　　　　　　　　　　　　(b) 双回路

图5.12　直接埋地或空气中平行敷设

s—相邻两相电缆中心距离，$s=2d$；s_c—两回路中间相电缆中心距离，$s_c=8d$；d—电缆外径

③直接埋地或空气中三角形敷设，如图 5.13 所示。

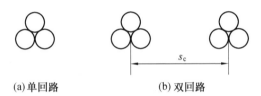

(a) 单回路　　　　　　　(b) 双回路

图5.13　直接埋地或空气中三角形敷设

s_c—相邻两相电缆的中心距离，$s_c=4d$；d—电缆外径

（2）电缆最小允许弯曲半径。

敷设时：$20d$；敷设后：$15d$；其中 d 为电缆外径。

（3）电缆敷设时承受的侧压力和最大允许拉力。

$$\text{SWP}=F/R，\quad F=aS$$

式中　SWP——电缆承受的侧压力；

　　　F——电缆最大允许拉力；

　　　R——电缆弯曲半径；

　　　S——电缆导体截面，mm^2；

　　　a——系数，铝导体，$a=40\ \text{N/mm}^2$；铜导体，$a=70\ \text{N/mm}^2$。

（4）金属屏蔽层接地方式

①两端接地。指电缆金属屏蔽层两端连接起来后接地，如图 5.14 所示。在这种情况下，金属屏蔽层中有环流通过，会降低电缆的载流量。

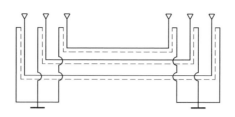

图 5.14　高压单芯电缆金属屏蔽层两端接地方式

②单端接地。指在电缆的一端将金属屏蔽层连接起来之后接地，如图 5.15 所示。在这种情况下，金属屏蔽层对地之间有感应电压存在，无环流通过，感应电压正比于电缆长度，这种接地方式仅适应于较短长度的线路。

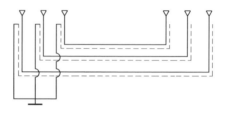

图 5.15　高压单芯电缆金属屏蔽层单端接地方式

③中间交叉互联两端接地。指电缆金属屏蔽层两端连接起来之后接地，并采用绝缘连接盒将金属屏蔽层进行换位连接，如图 5.16 所示。在这种情况下，金属屏蔽层中无环流通过，两端对地之间无感应电压，但中间对地有感应电压，且换位处感应电压最大。

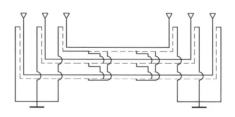

图 5.16　高压单芯电缆金属屏蔽层交叉互联两端接地方式

5. 110 kV、220 kV 交联聚乙烯绝缘电力电缆载流量

110 kV、220 kV 交联聚乙烯绝缘电力电缆载流量见表 5.22。

表 5.22　110 kV、220 kV 交联聚乙烯绝缘电力电缆载流量（YJLW02、YJLLW02）

电压/kV	截面/mm²	直埋土壤中								空气中							
		平行敷设				三角形敷设				平行敷设				三角形敷设			
		单端或交叉互联		双端接地		单端或交叉互联		双端接地		单端或交叉互联		双端接地		单端或交叉互联		双端接地	
		Cu	Al	Cu	Al	Cu	Al	Cu	Al	Cu	Al	Cu	Al	Cu	Al	Cu	Al
110	240	558	434	469	387	516	405	493	393	807	628	738	590	734	573	672	532
	300	629	490	512	427	579	455	548	440	926	720	830	668	837	655	756	602
	400	718	563	557	473	655	520	610	496	1 080	845	942	769	966	762	857	691
	500	847	643	616	521	763	590	695	557	1 302	986	1 090	878	1 149	882	995	788
	630	923	734	649	570	825	669	741	622	1 454	1 153	1 184	997	1 269	1 021	1 080	896
	800	1 032	830	690	617	910	750	802	686	1 668	1 336	1 305	1 120	1 433	1 170	1 190	1 007
	1 000	1 187	947	755	678	1 041	854	891	765	1 992	1 576	1 479	1 276	1 695	1 371	1 367	1 157
	1 200	1 269	1 025	786	714	1 104	919	932	813	2 177	1 742	1 570	1 374	1 831	1 502	1 452	1 248
220	240	579	450	502	411	509	400	488	389	776	603	724	578	714	550	697	558
	300	654	509	551	455	571	449	542	435	888	690	816	654	812	624	789	635
	400	747	584	606	509	645	512	604	491	1 030	804	926	752	933	719	899	736
	500	884	669	678	565	750	581	689	551	1 239	936	1 078	860	1 109	825	1 055	850
	630	968	766	720	624	811	658	736	616	1 380	1 090	1 178	981	1 222	945	1 154	982
	800	1 089	870	773	682	894	738	798	681	1 582	1 261	1 310	1 109	1 379	1 071	1 286	1 123
	1 000	1 273	1 004	881	776	1 014	836	890	762	1 836	1 497	1 554	1 306	1 627	1 243	1 498	1 315
	1 200	1 374	1 095	933	829	1 074	898	935	812	2 092	1 659	1 682	1 429	1 758	1 353	1 608	1 440
	1 400	1 508	1 210	979	882	1 148	974	987	869	2 327	1 856	1 814	1 561	1 917	1 478	1 733	1 588
	1 600	1 599	1 291	1 021	925	1 194	1 023	1 022	909	2 492	1 999	1 918	1 662	2 022	1 567	1 820	1 692
	1 800	1 681	1 367	1 050	959	1 235	1 069	1 051	943	2 654	2 142	2 009	1 755	2 122	1 651	1 899	1 792
	2 000	1 756	1 439	1 092	1 001	1 269	1 110	1 082	978	2 816	2 287	2 120	1 863	2 217	1 738	1 983	1 890

5.5　阻燃电力电缆的性能及技术参数

阻燃电力电缆系列包括阻燃交联聚乙烯（化学交联、辐照交联）绝缘电力电缆、阻燃聚氯乙烯绝缘电力电缆、阻燃通用橡套电力电缆、阻燃船用电力电缆、阻燃矿用电力电缆等。

5.5.1　阻燃交联聚乙烯绝缘电力电缆

1. 使用条件

（1）电缆导体的长期最高工作温度。

① 化学交联：90 ℃；

② 辐照交联：105 ℃、125 ℃。

（2）短路时（最长持续时间不超过 5 s）电缆导体的最高温度不超过 250 ℃。

（3）敷设电缆时的环境温度不低于 0 ℃。

（4）额定电压、芯数、截面范围见表 5.23。

表 5.23　阻燃交联聚乙烯绝缘电力电缆规格 mm^2

芯数	第一类	0.6/1	1.8/3	3.6/6	6/10	8.7/15	12/20	21/35
	第二类	1/1	3/3	6/6	8.7/10	12/15	18/20	26/35
单芯		2.5～800	2.5～800	25～1 200	25～1 200	35～1 200	50～1 200	50～1 200
2 芯		2.5～185	2.5～185					
3 芯		2.5～400	2.5～400		25～400	35～400	50～400	50～400
4 芯		2.5～185	2.5～185					
5 芯		2.5～300	2.5～300					

注：1. 额定电压属第一类的电缆，适用于接地故障时间不超过 1 min 的场合，额定电压属第二类的电缆，适用于接地故障时间一般不超过 2 h，最长不超过 8 h 的场合

　　2. 硅烷交联额定电压 0.6 kV/1 kV。辐照交联额定电压 0.6 kV/1 kV～1.8 kV/3 kV

2. 主要技术指标

（1）直流电阻。

出厂电缆导电线芯的电阻在 20 ℃时每千米的数值不大于表 5.24 中的规定。

表 5.24　阻燃交联聚乙烯绝缘电力电缆的直流电阻

标称截面 /mm^2	2.5	4	6	10	16	25	35	50	70	95
铜芯	7.56	4.70	3.11	1.84	1.16	0.734	0.529	0.391	0.270	0.195
铝芯	12.1	7.41	4.01	3.08	1.71	1.20	0.868	0.641	0.443	0.320
标称截面 /mm^2	120	150	185	240	300	400	500	630	800	
铜芯	0.154	0.126	0.100	0.076 2	0.060 7	0.047 5	0.036 9	0.028 6	0.022 4	
铝芯	0.253	0.206	0.164	0.125	0.100	0.077 8	0.060 5	0.046 9	0.036 7	

（2）电压试验及局部放电试验。

阻燃交联聚乙烯绝缘电力电缆的电压试验及局部放电试验见表 5.25。

表 5.25　阻燃交联聚乙烯绝缘电力电缆的电压试验及局部放电试验

额定电压/kV		0.6/1	1/1	1.8/3	3/3	3.6/6	6/6 6/10	8.7/10 8.7/15	12/20	18/20 18/30	21/35	26/35
电压 试验	试验电压/kV	3.5	4.5	6.5	9.5	11	15	22	30	45	53	65
	试验时间/min	5	5	5	5	5	5	5	5	5	5	5
局放 试验	试验电压/kV	—	—	—	—	6	9	13	18	27	32	39
	放电量</pC	—	—	—	—	20	20	20	20	20	10	10

3. 型号、名称及主要特性

600 V/1 000 V 及以下无卤低烟阻燃交联绝缘电力电缆型号及名称见表 5.26。

表 5.26　600 V/1 000 V 及以下无卤低烟阻燃交联绝缘电力电缆型号及名称

型号		名称
铜芯	铝芯	
WZR-YJY	WZR-YJLY	无卤低烟阻燃交联聚烯烃绝缘聚烯烃护套电力电缆
WZR-YJY23	WZR-YJLY23	无卤低烟阻燃交联聚烯烃绝缘钢带铠装聚烯烃护套电力电缆
WXR-YJY33	WZR-YJLY33	无卤低烟阻燃交联聚烯烃绝缘细钢丝铠装聚烯烃护套电力电缆
WZR-YJY43	WZR-YJLY43	无卤低烟阻燃交联聚烯烃绝缘粗钢丝铠装聚烯烃护套电力电缆
WZR-NH-YJY	—	无卤低烟阻燃交联聚烯烃绝缘聚烯烃护套耐火电力电缆
WZR-NH-YJY23	—	无卤低烟阻燃交联聚烯烃绝缘钢带铠装聚烯烃护套耐火电力电缆
WZR-NH-YJY33	—	无卤低烟阻燃交联聚烯烃绝缘细钢丝铠装聚烯烃护套耐火电力电缆
WZR-NH-YJY43	—	无卤低烟阻燃交联聚烯烃绝缘粗钢丝铠装聚烯烃护套耐火电力电缆

注：W—无卤低烟；ZR—阻燃系列

阻燃交联聚乙烯绝缘聚氯乙烯护套电力电缆型号、名称及主要特性见表 5.27。

表 5.27　阻燃交联聚乙烯绝缘聚氯乙烯护套电力电缆型号、名称及主要特性

型号		名称	主要特性及说明
铜芯	铝芯		
ZR-YJV	ZR-YJLV	阻燃交联聚乙烯绝缘聚氯乙烯护套 电力电缆	辐照交联在型号上加"F"以示与化学交联的区别，通过 GB/T 12666 标准规定的 A 类 敷设于室内、隧道、电缆沟及管道中
ZR-FYJV	ZR-FYJLV	阻燃辐照交联聚乙烯绝缘聚氯乙烯护套电力电缆	
ZR-YJV22	ZR-YJLV22	阻燃交联聚乙烯绝缘聚氯乙烯护套 钢带铠装电力电缆	能承受径向机械外力，但不能承受大的拉力，其余同上
ZR-FYJV22	ZR-FYJLV22	阻燃辐照交联聚乙烯绝缘聚氯乙烯护套 钢带铠装电力电缆	
ZR-YJV32	ZR-YJLV32	阻燃交联聚乙烯绝缘聚氯乙烯护套 细钢丝铠装电力电缆	敷设于竖井及具有落差条件下，能承受机械外力作用及相当的拉力，其余同上
ZR-FYJV32	ZR-FYJLV32	阻燃辐照交联聚乙烯绝缘聚氯乙烯护套 细钢丝铠装电力电缆	
ZR-YJV42	ZR-YJLV42	阻燃交联聚乙烯绝缘聚氯乙烯护套 粗钢丝铠装电力电缆	

特种阻燃交联聚乙烯绝缘电力电缆型号、名称及主要特性见表 5.28。

表 5.28　特种阻燃交联聚乙烯绝缘电力电缆型号、名称及主要特性

型号		名称	主要特性及说明
铜芯	铝芯		
TZR-YJV	TZR-YJLV	特种阻燃交联聚乙烯绝缘聚氯乙烯护套 电力电缆	辐照交联在型号上加"F"以示与化学交联的区别，通过 GB/T 12666 标准规定的 A 类，额定电压 10 kV 及以下，适用对消防有极高要求的场合，敷设于室内、隧道、电缆沟及管道中
TZR-FYJV	TZR-FYJLV	特种阻燃辐照交联聚乙烯绝缘聚氯乙烯护套 电力电缆	

续表 5.28

型号		名称	主要特性及说明
铜芯	铝芯		
TZR-YJV22	TZR-YJLV22	特种阻燃交联聚乙烯绝缘聚氯乙烯护套 钢带铠装电力电缆	能承受径向机械外力，但不能承受大的拉力，其余同上
TZR-FYJV22	TZR-FYJV22	特种阻燃辐照交联聚乙烯绝缘聚氯乙烯护套 钢带铠装电力电缆	
TZR-YJV32	TZR-YJLV32	特种阻燃交联聚乙烯绝缘聚氯乙烯护套细 钢丝铠装电力电缆	敷设于竖井及具有落差条件下，能承受机械外力作用及相当的拉力，其余同上
TZR-FYJV32	TZR-FYJLV32	特种阻燃辐照交联聚乙烯绝缘聚氯乙烯护套 细钢丝铠装电力电缆	

低烟、无卤阻燃交联聚乙烯绝缘聚烯烃护套电力电缆型号、名称及主要特性见表 5.29。

表 5.29　低烟、无卤阻燃交联聚乙烯绝缘聚烯烃护套电力电缆型号、名称及主要特性

型号		名称	主要特性及说明
铜芯	铝芯		
WZR-YJE	WZR-YJLE	低烟、无卤阻燃交联聚乙烯绝缘聚烯烃护套 电力电缆	"W"表示无卤；"F"表示辐照；"E"表示聚烯烃，适用于高层建筑、地下公共设施及人流密集场所等特殊场合
WZR-FYJE	WZR-FYJLE	低烟、无卤阻燃辐照交联聚乙烯绝缘聚烯烃护套 电力电缆	
WZR-YJE23	WZR-YJLE23	低烟、无卤阻燃交联聚乙烯绝缘聚烯烃护套 钢带铠装电力电缆	能承受径向机械外力，但不能承受大的拉力，其余同上
WZR-FYJE23	WZR-FYJE23	低烟、无卤阻燃辐照交联聚乙烯绝缘聚烯烃护套 钢带铠装电力电缆	
WZR-YJE33	WZR-YJLE33	低烟、无卤阻燃交联聚乙烯绝缘聚烯烃护套 细钢丝铠装电力电缆	能承受机械外力作用及相当的拉力，其余同上
WZR-FYJE33	WZR-FYJLE33	低烟、无卤阻燃辐照交联聚乙烯绝缘聚烯烃护套 细钢丝铠装电力电缆	

5.5.2 阻燃聚氯乙烯绝缘电力电缆

1. 使用条件

（1）电缆导体的长期最高温度：70 ℃。

（2）短路时（最长持续时间不超过 5 s）电缆导体的最高温度不超过 160 ℃。

（3）敷设电缆时的环境温度应不低于 0 ℃。

（4）额定电压主要分为：0.6 kV/1 kV、3.6 kV/6 kV。

（5）电缆芯数有：单芯、2 芯、3 芯、4 芯（4 芯等截面和 3 大 1 小两种）、5 芯（5 芯等截面、4 大 1 小及 3 大 2 小 3 种）。

（6）规格范围：单芯：1～1 000 mm²；多芯：1～300 mm²。

2. 型号、名称及主要特性

阻燃聚氯乙烯绝缘聚氯乙烯护套电力电缆型号、名称及主要特性见表 5.30。

表 5.30　阻燃聚氯乙烯绝缘聚氯乙烯护套电力电缆型号、名称及主要特性

型号		名称	主要特性及说明
铜芯	铝芯		
ZR-VV	ZR-VLV	阻燃聚氯乙烯绝缘聚氯乙烯护套 电力电缆	成束燃烧通过 GB 12666.5 标准规定的 A 类，敷设于室内、隧道、桥梁、电缆沟等场合
ZR-VV22	ZR-VLV22	阻燃聚氯乙烯绝缘聚氯乙烯护套 钢带铠装电力电缆	能承受径向机械外力，但不能承受大的拉力，其余同上
ZR-VV23	ZR-VLV23	阻燃聚氯乙烯绝缘聚氯乙烯护套钢带铠装电力电缆	能承受径向机械外力，但不能承受大的拉力，其余同上
ZR-VV32	ZR-VLV32	阻燃聚氯乙烯绝缘聚氯乙烯护套 细钢丝铠装电力电缆	能承受机械外力作用及相当的拉力，其余同上
ZR-VV42	ZR-VLV42	阻燃聚氯乙烯绝缘聚氯乙烯护套 粗钢丝铠装电力电缆	

特种阻燃聚氯乙烯绝缘聚氯乙烯护套电力电缆型号、名称及主要特性见表 5.31。

表 5.31　特种阻燃聚氯乙烯绝缘聚氯乙烯护套电力电缆型号、名称及主要特性

型号		名称	主要特性及说明
铜芯	铝芯		
TZR-VV	TZR-VLV	特种阻燃聚氯乙烯绝缘聚氯乙烯护套电力电缆	"T"特种带高阻燃隔氧、隔热层，成束燃烧通过 GB 12666.5 标准规定的 A 类，适用于对消防有极高要求的场合，敷设于室内、隧道、管道、电缆沟等场合
TZR-VV22	TZR-VLV22	特种阻燃聚氯乙烯绝缘聚氯乙烯护套钢带铠装电力电缆	能承受径向机械外力，但不能承受大的拉力，其余同上
TZR-VV32	TZR-VLV32	阻燃聚氯乙烯绝缘聚氯乙烯护套细钢丝铠装电力电缆	能承受机械外力作用及相当的拉力，其余同上

低烟、低卤阻燃聚氯乙烯绝缘聚烯烃护套电力电缆型号、名称及主要特性见表 5.32。

表 5.32　低烟、低卤阻燃聚氯乙烯绝缘聚烯烃护套电力电缆型号、名称及主要特性

型号		名称	主要特性及说明
铜芯	铝芯		
DZR-VE	DZR-VLE	低烟、低卤阻燃聚氯乙烯绝缘聚烯烃护套电力电缆	"D"低卤，"E"聚烯烃。氯化氢气体逸出量小于 50 mg/g。适用于高层建筑、地下公共设施及人流密集场所等特殊场合
DZR-VE23	DZR-VLE23	低烟、低卤阻燃聚氯乙烯绝缘聚烯烃护套钢带铠装电力电缆	能承受径向机械外力，但不能承受大的拉力，其余同上
DZR-VE33	DZR-VLE33	低烟、低卤阻燃聚氯乙烯绝缘聚烯烃护套细钢丝铠装电力电缆	能承受机械外力作用及相当的拉力，其余同上
DDZR-VV	DDZR-VLV	低烟、低卤阻燃聚氯乙烯绝缘聚氯乙烯护套电力电缆	敷设在室内、隧道内及管道中，电缆不能承受较大的机械力作用
DDZR-VV22	DDZR-VLV22	低烟、低卤阻燃聚氯乙烯绝缘聚氯乙烯护套钢带铠装电力电缆	敷设在室内、隧道内及管道中，电缆能承受较大的机械力作用
DDZR-VV32	DDZR-VLV32	低烟、低卤阻燃聚氯乙烯绝缘聚氯乙烯护套钢丝铠装电力电缆	敷设在大型游乐场、高层建筑等抗拉强度高的场合中，电缆能承受较大机械外力作用

5.6 耐火电力电缆的性能及技术参数

5.6.1 耐火聚氯乙烯绝缘电力电缆

1. 型号、名称、规格及使用范围

耐火聚氯乙烯绝缘电力电缆的型号、名称、规格及使用范围见表 5.33。

表 5.33 耐火聚氯乙烯绝缘电力电缆的型号、名称及使用范围

型号	名称	规格	使用范围
NH-VV	铜芯聚氯乙烯绝缘、聚氯乙烯护套 耐火电力电缆	1 芯、2 芯、3 芯、4 芯、5 芯 3+1 芯、3+2 芯、4+1 芯 1.5~630 mm²	适用于有特殊要求的场合,如大容量电厂、核电站、地下铁道、高层建筑等
NH-VV22 NH-VV32	铜芯聚氯乙烯绝缘、聚氯乙烯护套 钢带钢丝铠装耐火电力电缆	1 芯、2 芯、3 芯、4 芯、5 芯 3+1 芯、3+2 芯、4+1 芯 1.5~630 mm²	

2. 使用条件

电缆长期使用,最高工作温度不得超过 70 ℃,5 s 短路不超过 160 ℃。电缆敷设时不受落差限制,环境温度不低于 0 ℃,电缆的弯曲半径大于电缆外径的 10 倍。

5.6.2 耐火交联聚乙烯绝缘聚氯乙烯护套电力电缆

耐火交联聚乙烯绝缘聚氯乙烯护套电缆用于交流 50 Hz,额定电压(U_0/U)为 0.6 kV/1 kV 及以下有耐火要求的电力线路,如高层建筑、核电站、石油化工、矿山、机场、飞机、船舶等要求防火安全较好的场合。

1. 使用条件

(1)电缆导体的最高额定温度为 90 ℃。

(2)短路时(最长持续时间不超过 5 s)电缆导体的最高温度不超过 250 ℃。

(3)敷设电缆时的环境温度应不低于 0 ℃,其弯曲半径应不小于电缆外径的 15 倍。

2. 型号、名称

耐火交联聚乙烯绝缘聚氯乙烯护套电力电缆型号、名称见表 5.34。

表 5.34　耐火交联聚乙烯绝缘聚氯乙烯护套电力电缆型号、名称

型号	名称
NHYJV-A	A 类铜芯耐火交联聚乙烯绝缘聚氯乙烯护套电力电缆
NHYJV-B	B 类铜芯耐火交联聚乙烯绝缘聚氯乙烯护套电力电缆
NHYJV22-A	A 类铜芯耐火交联聚乙烯绝缘钢带铠装聚氯乙烯护套电力电缆
NHYJV22-B	B 类铜芯耐火交联聚乙烯绝缘钢带铠装聚氯乙烯护套电力电缆

3. 规格范围

耐火交联聚乙烯绝缘聚氯乙烯护套电力电缆规格见表 5.35。

表 5.35　耐火交联聚乙烯绝缘聚氯乙烯护套电力电缆规格

型号	芯数	标称截面/mm²	型号	芯数	标称截面/mm²
NHYJV-A；B NHYJV22-A；B	1	4～300	NHYJV-A；B NHYJV22-A；B	3+2	25～185
NHYJV-A；B NHYJV22-A；B	2	10～185	NHYJV-A；B NHYJV22-A；B	4	4～240
NHYJV-A；B NHYJV22-A；B	3	10～185	NHYJV-A；B NHYJV22-A；B	4+1	4～185
NHYJV-A；B NHYJV22-A；B	3+1	4～240			

4. 主要技术性能

（1）出厂电缆导体直流电阻同交联电缆。

（2）出厂电缆应经受交流 50 Hz、3.5 kV 电压试验，5 min 不击穿。

（3）出厂电缆应能通过 GB 12666.6 耐火试验，试验条件见表 5.36。

表 5.36　耐火交联聚乙烯绝缘聚氯乙烯护套电力电缆的试验条件

耐火类别	A 类	B 类	耐火类别	A 类	B 类
火焰温度/℃	450～1 000	750～800	供火时间/min	90	90
施加电压/kV	1	1	试验结果	通过	通过

5.7 橡皮绝缘电力电缆的性能及技术参数

5.7.1 橡皮绝缘电力电缆的品种规格

橡皮绝缘电力电缆适用于 6 kV 及以下固定敷设的电力线路，也可用于定期移动的固定敷设线路。当用于直流电力系统时，电缆的工作电压可为交流电压的两倍。

1. 品种与敷设场合

橡皮绝缘电力电缆的品种与敷设场合见表 5.37。

表 5.37 橡皮绝缘电力电缆的品种与敷设场合

品种	型号		外护层种类	敷设场合
	铝芯	铜芯		
橡皮绝缘铅包电力电缆	XLQ	XQ	无外护层	敷设在室内、隧道及沟道中。不能承受机械外力和振动，对铅层应有中性环境
	XLQ21	XQ21	钢带铠装外麻被	直埋敷设在土壤中，能承受机械外力，不能承受大的拉力
	XLQ20	XQ20	裸钢带铠装	敷设在室内、隧道及沟道中，其余同 XQ2
橡皮绝缘聚氯乙烯护套电力电缆	XLV	XV	无外护层	敷设在室内、隧道及沟道中，不能承受机械外力
	XLV22	XV22	内钢带铠装	敷设在地下，能承受一定机械外力作用，但不能受大的拉力
橡皮绝缘氯丁护套电力电缆	XLF	XF	无外护层	敷设于要求防燃烧的场合，其余同 XLV

2. 工作温度与敷设条件

（1）导线长期允许工作温度应不超过 65 ℃。

（2）橡皮绝缘电力电缆应在不低于下列温度时敷设。

① 裸铅护套：-20 ℃，最小弯曲半径为 15D。

② 橡皮护套：-15 ℃，最小弯曲半径为 10D。

③ 聚氯乙烯护套：-15 ℃，最小弯曲半径为 10D。

④ 具有外护层的电缆：-7 ℃，最小弯曲半径为 20D。

（3）橡皮护套及聚氯乙烯护套的电缆应在环境温度不低于-40 ℃的条件下使用。

（4）无敷设落差的限制。

3. 橡皮电缆的规格

橡皮绝缘电力电缆的规格见表 5.38。

表 5.38　橡皮绝缘电力电缆的规格

型号	芯数		额定电压/V	
	主线芯	接地或中性线芯	500	6 000
			导线截面/mm²	
XLV、XLF	1	0	2.5~630	—
XV、XF			1~240	—
XLQ			2.5~630	4~500
XQ			1~240	2.5~400
XLV、XLF	2	0	2.5~240	—
XV、XF、XQ			1~185	—
XLV20、XLQ、XLQ21、XLQ20			4~240	—
XV22、XQ21、XQ20			4~185	—
XLV、XLF	3	0 或 1	2.5~240	—
XV、XF、XQ			1~185	—
XLV22、XLQ、XLQ21、XLQ20			4~240	—
XV22、XQ21、XQ20			4~185	—

5.7.2　橡皮绝缘电缆结构

1. 导线结构

（1）铜、铝导电线芯应符合现行国标的要求。

（2）接地线芯（即中性线芯）的标称截面积应符合表 5.39 的规定。

表 5.39　橡皮绝缘电力电缆中性线芯截面积（mm²）

标称截面积					
主线芯	中性线芯	主线芯	中性线芯	主线芯	中性线芯
1.0	1.0	10，16	6.0	95，120	35
1.5，2.5①	1.5	25，35	10	150，185	50
4.0	2.5	50	16	240	70
6.0	4.0	70	25		

注：①主线芯为 2.5 mm² 的铝芯电缆，其中性线芯截面积仍为 2.5 mm²

2. 绝缘结构

（1）橡皮绝缘电力电缆的标称厚度及公差见表 5.40。

表 5.40　橡皮绝缘电力电缆的标称厚度及公差

导线截面积/ mm²	额定电压/V		公差
	500	6 000	
	绝缘厚度/mm		
1.0，1.5	1.0	—	
2.5，4.0，6.0	1.0	3.0	
10，16	1.2	3.2	
25，35	1.4	3.2	
50，70	1.6	3.4	
95，120	1.8	3.4	1.绝缘橡皮标称厚度的允许偏差为±10%
150	2.0	3.6	2.最薄处的厚度偏差允许不超过标称值的 10%＋0.1 mm
185	2.2	3.6	
240	2.4	3.8	
300	2.6	3.8	
400	2.8	4.0	
500	3.0	4.0	
630	3.2	—	

注：绝缘线芯上允许绕包橡皮带或涂胶玻璃纤维

（2）6 kV 橡皮绝缘电力电缆的导电线芯表面及绝缘橡皮表面应包半导体层，厚度为 0.5～0.6 mm。

（3）多芯电缆中绝缘线芯应按右向绞合。绞合时可用具有防腐性能的纤维填充，并包橡皮带或涂胶玻璃纤维带；铅护套电缆允许采用电缆纸带绕包。500 V 级的两芯电缆，截面积在 6 mm² 及以下者，允许制成扁平电缆。

（4）电缆护套或线芯内应有制造厂的专用标志色线，或每隔 300 mm 以内，就印有制造厂名称及制造年份的标志带或印记。

3. 护层结构

（1）铅护套厚度。

橡皮绝缘电力电缆铅护套厚度见表 5.41。

表 5.41　橡皮绝缘电力电缆铅护套厚度（mm）

挤包铅护套前直径	铅层厚度			挤包铅护套前直径	铅层厚度		
	最小	标称	最大		最小	标称	最大
20.00 及以下	0.80	0.95	1.03	33.01～36.00	1.20	1.40	1.51
20.01～23.00	0.90	1.05	1.13	36.01～40.00	1.30	1.50	1.62
23.01～26.00	1.00	1.15	1.24	40.01 及以上	1.40	1.60	1.73
26.01～33.00	1.10	1.25	1.35				

注：铅层的最小厚度不适用于压铅机停车时的接头处

（2）橡皮绝缘电力电缆护套厚度。

橡皮绝缘电力电缆护套厚度见表 5.42

表 5.42　橡皮绝缘电力电缆护套厚度（mm）

护套前直径	护套厚度		护套前直径	护套厚度	
	聚氯乙烯	氯丁橡皮		聚氯乙烯	氯丁橡皮
10.00 及以下	1.6	1.5	15.01～30.00	2.2	3.0
10.01～15.00	1.6	2.0	30.01～40.00	2.6	3.5
15.01～20.00	1.8	2.0	40.01～50.00	3.0	4.0
20.01～25.00	2.0	2.5	50.01 及以上	3.4	4.5

5.7.3　橡皮绝缘电缆技术性能

1. 导线的直流电阻

导线直流电阻应符合现行国标的规定。

2. 电压试验

绝缘线芯应浸入室温水中 6 h 后，能承受表 5.43 规定的工频电压试验。绝缘厚度在 1.6 mm 及以下、电压为 500 V 的绝缘线芯，也可按表 5.44 规定的电压在干试机上进行工频火花击穿试验。

表 5.43　橡皮绝缘电力电缆浸水工频耐压试验

额定电压/V	试验电压/V	加压时间/min
500	2 000	5
6 000	10 000	5

表 5.44　绝缘线芯的火花试验电压

绝缘厚度/mm	试验电压/V	绝缘厚度/mm	试验电压/V
1.0	6 000	1.4	8 000
1.2	7 000	1.6	9 000

出厂电缆的电压试验也应按表 5.43 的规定。多芯电缆的铅护套的电缆，电压施加在线芯间和线芯与铅护套间；无金属护层的单芯电缆应浸在水中，电压施加在线芯与水间。

3. 结构性能要求

（1）非燃性橡皮护套及聚氯乙烯护套的断面不应有孔隙，表面不应有裂纹、气泡以及超过标称厚度公差的凹痕。橡套表面允许带有印痕和滑石粉斑点。允许用相同质量的橡皮修补橡皮绝缘及橡皮护套。

（2）橡皮电缆的绝缘橡皮和护套橡皮的力学性能要求应符合规定。

（3）铅层表面上色擦伤及凹痕应进行修理，以达到规定的铅层厚度。铅护套电缆直径大于 15 mm 时，其铅管应经受扩张试验，纯铅管在圆锥体上扩张到铅包前电缆直径的 1.5 倍应不开裂，合金铅扩张到 1.3 倍应不开裂。

5.8　变频器专用电力电缆的性能及技术参数

5.8.1　变频电缆的特点及用途

变频电缆适用于交流额定电压 8.7 kV/15 kV 及以下变频控制系统，作为供电电缆或电气连接，具有较强的耐电压冲击性，能经受变频时的脉冲电压，电缆具有良好的屏蔽性，并有效消除电磁干扰，降低变频电机噪声，保证系统稳定运行。广泛用于冶金、电力、石化等行业。

5.8.2　变频电缆的使用特性

（1）交流额定电压（U_0/U）：　0.6 kV/1 kV、1.8 kV/3 kV、3.6 kV/6 kV、6 kV/10 kV、8.7 kV/15 kV。最高工作温度：硅橡胶绝缘 180 ℃、氟 46 绝缘 200 ℃和 260 ℃两种、聚氯乙烯绝缘 70 ℃、交联聚乙烯 90 ℃。最低环境温度：敷设电缆时的环境温度应不低于 −40 ℃，聚氯乙烯护套电缆不低于 0 ℃。厚度为 0.5～0.6 mm。

（2）电缆允许弯曲半径：电缆最小弯曲半径为电缆外径的 10 倍。

5.8.3 变频电缆的基本型号及名称

变频电缆的基本型号及名称见表 5.45。

表 5.45 变频电缆的基本型号及名称

型号	名称
BPGGP	硅橡胶绝缘和护套铜丝编织屏蔽耐高温变频电力电缆
BPGGP2	硅橡胶绝缘和护套铜带绕包屏蔽耐高温变频电力电缆
BPGGPP2	硅橡胶绝缘和护套铜丝编织铜带绕包屏蔽耐高温变频电力电缆
BPGGP3	硅橡胶绝缘和护套铝聚酯复合膜绕包屏蔽耐高温变频电力电缆
BPGVFP	硅橡胶绝缘丁腈护套铜丝编织屏蔽耐高温变频电力电缆
BPGVFP2	硅橡胶绝缘丁腈护套铜带绕包屏蔽耐高温变频电力电缆
BPGVFPP2	硅橡胶绝缘丁腈护套铜丝编织铜带绕包屏蔽耐高温变频电力电缆
BPGVFP3	硅橡胶绝缘丁腈护套铝聚酯复合膜绕包屏蔽耐高温变频电力电缆
BPFFP	氟 46 绝缘和护套铜丝编织屏蔽耐高温变频电力电缆
BPFFP2	氟 46 绝缘和护套铜带绕包屏蔽耐高温变频电力电缆
BPFFPP2	氟 46 绝缘和护套铜丝编织铜带绕包屏蔽耐高温变频电力电缆
BPFFP3	氟 46 绝缘和护套铝聚酯复合膜绕包屏蔽耐高温变频电力电缆
BPVVP	聚氯乙烯绝缘和护套铜丝编织屏蔽变频电力电缆
BPVVP2	聚氯乙烯绝缘和护套铜带绕包屏蔽变频电力电缆
BPVVPP2	聚氯乙烯绝缘和护套铜丝编织铜带绕包屏蔽变频电力电缆
BPVVP3	聚氯乙烯绝缘和护套铝聚酯复合膜绕包屏蔽变频电力电缆
BPYJVP	交联聚乙烯绝缘聚氯乙烯护套铜丝编织屏蔽变频电力电缆
BPYJVP2	交联聚乙烯绝缘聚氯乙烯护套铜带绕包屏蔽变频电力电缆
BPYJVPP2	交联聚乙烯绝缘聚氯乙烯护套铜丝编织铜带绕包屏蔽变频电力电缆
BPYJVP3	交联聚乙烯绝缘聚氯乙烯护套铝聚酯复合膜绕包屏蔽变频电力电缆

注：导体线芯中铜丝可以采用镀锡，阻燃型电缆型号前加 ZR，软结构电缆型号前加 R

5.8.4 变频电缆的名称代号及含义

变频电缆的名称代号及含义见表 5.46。

表 5.46 变频电缆的名称代号及含义

名称代号	含义
BP	变频电力电缆
（T）	铜导体（省略）
G	硅橡胶绝缘或护套
F	F46 绝缘或护套
V	聚氯乙烯绝缘或护套
YJ	交联聚乙烯绝缘
VF	丁腈复合物护套
P（P1）	铜编织屏蔽（镀锡编织屏蔽）
P2	铜带绕包屏蔽
P3	铝聚酯复合膜绕包屏蔽
PP2	铜丝编织铜带绕包屏蔽

5.8.5 变频电缆的规格

变频电缆的规格见表 5.47。

表 5.47 变频电缆的规格

型号	芯数	标称截面/mm^2
全部型号	3+3 3+1 1	4、6、10、16、25、35、50、70、95、120、150、185、240

接地线芯截面	
主线芯标称截面/mm^2	接地线芯截面/mm^2
4	1（0.75）
6	1.5(1)
10	2.5(1.5)
16、25	4(2.5)
35	6
50、70	10
95	16
120、150	25
185	35
240	50(35)

5.8.6 变频电缆（交流额定电压 U_0/U：0.6 kV/1 kV）的主要技术指标

（1）出厂电缆导体直流电阻符合 GB 3956—2008 的规定。

（2）出厂电缆的绝缘电阻（20 ℃）氟塑料及硅橡胶绝缘应不小于 100 $M\Omega \cdot km^{-1}$，聚氯乙烯绝缘应不小于 50 $M\Omega \cdot km^{-1}$。

（3）出厂电缆经受交流 50 Hz 3.5 kV/5 min 电压试验不击穿。

（4）屏蔽层传输阻抗：电缆在 100 MHz 时传输阻抗等于或小于 100 Ω/m。电缆的理想屏蔽抑制系数等于或小于 0.7。

5.9 电力电缆的试验

5.9.1 电力电缆的工厂试验

电力电缆的试验按其目的与任务不同，分为电缆成品工厂试验、电缆线路竣工交接试验和预防性试验 3 种类型。制造厂对电缆成品应进行例行试验、抽样试验和形式试验。试验方法和试验结果必须符合有关技术标准规定。

1. 例行试验

例行试验又称出厂试验，它属于非破坏性试验。例行试验包括整盘电缆的局部放电试验、交流耐压试验、电缆导体直流电阻测试、电缆外护层耐压试验和电缆绝缘介质损耗角正切 tan δ 的测试等。制造厂通过例行试验验证电缆产品是否满足规定技术要求，检验电缆产品是否存在偶然因素造成的缺陷。

（1）局部放电试验。

局部放电试验，简称"局放"。交联聚乙烯电缆应当 100%进行局放试验，局放试验电压施加于电缆导体和金属屏蔽之间。通过局放试验可以检验出的制造缺陷有：绝缘中杂质和气泡，导体屏蔽层不完善（如凸凹、断裂）、导体表面毛刺以及外屏蔽损伤等。35 kV 交联聚乙烯电缆，在每一相导体和金属屏蔽之间施加电压 1.73U_0 时，局部放电量应不超过 10 pC；110～220 kV 交联聚乙烯电缆，在施加 1.73U_0 后，保持 10 s，然后缓慢降至 1.5U_0，在 1.5U_0 时 110 kV 电缆局部放电量应不超过 10 pC；220 kV 应为无可检测的放电。

（2）交流耐压试验。

每盘电缆，不论油纸绝缘还是交联聚乙烯绝缘，都要进行工频交流耐压试验，以不发生绝缘击穿为合格。其试验电压与持续时间应符合表 5.48 的规定。

表 5.48　电缆工频交流耐压试验标准

电缆类型		额定电压（U_0/U）/kV	试验电压/kV	时间/min
油纸绝缘	黏性浸渍单芯、分相	0.6/1～3.6/6	$2.5U_0+2$	5
		6/10～26/35	$2.5U_0$	5
	黏性浸渍带绝缘	0.6/1～6/6	$2.5\times\dfrac{U_0+U}{2}+2$	5
		6/10～8.7/10	$2.5\times\dfrac{U_0+U}{2}$	5
	充油	64/110	138	15
		127/220	225	
交联聚乙烯绝缘		3.6/6～18/30，（21/35）	$3.5U$	5
		21/35，26/35，64/110，127/220	$2.5U$	30

注：1. 表中黏性浸渍带绝缘电缆系单相试验标准

　　2. 21 kV/35 kV 交联聚乙烯电缆的试验标准可由制造厂任选一种

（3）导体直流电阻测试。

测量导体直流电阻并换算到 20 ℃时的每千米的电阻值，应不大于表 5.49 的规定。

表 5.49　电缆导体 20 ℃时的直流电阻

导体标称截面/mm²	直流电阻/(Ω·km⁻¹)		导体标称截面/mm²	直流电阻/(Ω·km⁻¹)	
	铜	铝		铜	铝
16	1.15	1.91	600	0.029 7	—
25	0.727	1.20	630	0.028 3	0.046 9
35	0.524	0.868	800	0.022 1	0.036 7
50	0.387	0.641	845	0.020 9	
70	0.268	0.443	1 000	0.017 6	0.029 1
95	0.193	0.320	1 200	0.015 1	
120	0.153	0.253	1 400	0.012 9	
150	0.124	0.206	1 600	0.011 3	
185	0.099 1	0.164	1 800	0.010 1	
240	0.075 4	0.125	2 000	0.009	
300	0.060 1	0.100	2 200	0.008 3	
400	0.047 0	0.077 8	2 500	0.007 3	
500	0.036 6	0.060 5			

导体直流电阻换算公式为

$$R_{20} = \frac{R_t}{1 + \alpha(t - 20)}$$

式中　R_t——单位长度电缆导体在测试温度时的直流电阻，Ω；

　　　R_{20}——单位长度电缆导体在 20 ℃时的直流电阻，Ω；

　　　t——测量的环境温度，℃；

　　　α——导体材料以 20 ℃为基准的电阻温度系数，铜导体，$\alpha = 0.003\ 93$ ℃；铝导体，$\alpha = 0.00\ 407$ ℃。

（4）电缆外护套耐压试验。

高压电缆的外护套必须有良好的对地绝缘。外护套应能经受直流耐压 25 kV，持续时间 1 min，不发生击穿为合格。

（5）介质损耗测试。

电缆介质损耗正切 $\tan\delta$，是高压充油电缆的重要质量指标，除测试成盘电缆的 $\tan\delta$ 外，还需测试电缆油的 $\tan\delta$，在正常环境温度下，成盘电缆的 $\tan\delta$ 不得大于表 5.50 的规定。

表 5.50　成盘电缆 $\tan\delta$ 的最大值

额定电压 (U_0/U)/kV	$\tan\delta_{max}$			$\Delta\tan\delta_{max}$	
	U_0	$\frac{5}{3}U_0$	$2U_0$	U_0 与 $2U_0$ 之间	U_0 与 $\frac{5}{3}U_0$ 之间
64/110	0.003 3	—	0.004 5	0.001 4	—
127/220	0.003 0	0.003 6	—	—	0.000 7

如果环境温度低于 20 ℃，测量结果应按下式进行校正，即

$$\tan\delta_{20} = [1 - 0.02 \times (20 - t)]\tan\delta_t$$

式中　$\tan\delta_{20}$——换算到 20 ℃时的 $\tan\delta$ 的数值；

　　　$\tan\delta_t$——室温为 t ℃时，所测的 $\tan\delta$ 的数值。

如果环境温度等于或高于 20 ℃时，则不必校正。

油温为（100±1）℃，电场梯度为 1 kV/mm 时，电缆油的介质损耗角 $\tan\delta$ 应小于 0.003。

2. 抽样试验

抽样试验是制造厂按照一定额度对成品电缆或取自成品电缆的试样进行的试验。抽样试验多数为破坏性试验，通过它验证电缆产品的关键性能是否符合标准要求。抽样试验包括电缆各结构层的尺寸检查和弯曲试验等机械性能试验。

（1）尺寸检查。

尺寸检查项目有测量绝缘厚度、检查导体结构、检测外护层和金属护套厚度。用测微计测出的金属护套厚度的最小值应符合标准规定。

（2）机械性能试验。

项目有电缆弯曲试验以及随后进行的电气试验和物理检查。弯曲试验是将试样在直径为 25（D+d）的圆柱体上反复弯曲 3 次，其中，D 为金属护套外径，单位"mm"；d 为导体外径，单位"mm"。弯曲试验后，试样再重复进行例行试验中的交流耐压试验。然后进行试样的绝缘检查、金属护套和外护层检查。对铅护套要进行扩张试验，铅护套在圆锥体上扩张至原直径的 1.3 倍，应不破裂。抽样试验的试验额度为：结构尺寸检测，抽取交货盘数的 10%进行，至少做一盘。机械性能抽样试验，当交货批量多芯电缆总长度超过 2 km，单芯电缆总长度超过 4 km 时，按表 5.51 确定的额度抽取试样。抽样试验如一次不合格，应从同一批产品中加倍取样，对不合格项目进行第二次试验。如果第二次试验仍然不合格，则整批电缆都要进行校验。凡检验不合格的产品均不得以成品出厂。

表 5.51　抽样试验额度

电缆交货长度/km		试样数	电缆交货长度/km		试样数
多芯电缆	单芯电缆		多芯电缆	单芯电缆	
2＜L≤10	4＜L≤20	1	20＜L≤30	40＜L≤60	3
10＜L≤20	20＜L≤40	2	余类推		

3. 形式试验

形式试验是为了检验电缆产品的各种电气性能、机械物理性能和其他特定的性能是否满足预期的设计和使用要求而进行的一次性试验。形式试验属于破坏性试验。

形式试验的试样应取自通过了例行试验和抽样试验的成品电缆。进行形式试验的电缆试样，应制作两个试验终端，终端尾管下的电缆试样长度应不少于 10 m。当充油电缆进行形式试验时，终端最高点油压力应保持在电缆允许最低工作油压下，偏差为±25%。形式试验项目包括：长期工频耐压试验（高压电缆 24 h，中压电缆 4 h）；雷电冲击电压试验，正负极性各 10 次；操作冲击电压试验，正负极性各 3 次。以上试验，电缆绝缘应不击穿。形式试验还包括介质损耗角正切与温度关系试验、金属护套和加强层液压试验以及外护套刮磨试验等。

为了检验电缆长期运行的可靠性，根据国际大电网会议推荐，150～500 kV 的挤包绝缘电缆及各种型号附件，除进行上述试验外，还需通过系统预鉴定试验。该项试验电缆试样长度约 100 m，试验时间为一年，试验电压为 $1.7U_0$，不少于 180 次的热循环电压试验和电缆样品雷电冲击电压试验。经过上述试验电缆和附件应不出现劣化迹象，然后才能确认制造厂对该产品具备供货资格。

5.9.2　电缆线路的交接试验

电缆线路竣工后，为检验施工单位安装质量，验证线路电气性能是否达到设计要求和是否符合安全运行需要，检查施工过程中电缆及附件有无损伤，以及验证电缆线路是否存在其他重大质量隐患，必须按规定对电缆线路进行交接试验。

1. 交接试验项目

（1）橡塑绝缘电力电缆试验项目。

①测量绝缘电阻。

②交流耐压试验。

③测量金属屏蔽层电阻和导体电阻比。

④检查电缆线路两端的相位。

⑤交叉互联系统试验。

（2）纸绝缘电缆试验项目。

①测量绝缘电阻。

②直流耐压试验及泄漏电流测量。

③检查电缆线路两端的相位。

（3）自容式充油电缆试验项目。

①测量绝缘电阻。

②直流耐压试验及泄漏电流测量。

③检查电缆线路两端的相位。

④充油电缆的绝缘油试验。

⑤交叉互联系统试验。

2. 交接试验的一般规定

（1）对电缆的主绝缘做耐压试验或测量绝缘电阻时，应分别在每一相上进行。对一相进行试验或测量时，其他两相导体、金属屏蔽或金属套和铠装层一起接地。

（2）对金属屏蔽或金属套一端接地，另一端装有护层过电压保护器的单芯电缆主绝缘做耐压试验时，必须将护层过电压保护器短接，使这一端的电缆金属屏蔽或金属套临时接地。

（3）对额定电压为 0.6 kV/1 kV 的电缆线路应用 2 500 V 绝缘电阻表测量导体对地绝缘电阻代替耐压试验，试验时间为 1 min。

3. 绝缘电阻测量

测量各电缆导体对地或对金属屏蔽层间和各导体间的绝缘电阻，应符合下列规定：

（1）耐压试验前后，绝缘电阻测量应无明显变化。

（2）橡塑电缆外护套、内衬套的绝缘电阻不低于 0.5 MΩ/km。

（3）测量电缆主绝缘用绝缘电阻表的额定电压，宜采用如下等级：

① 0.6 kV/1 kV 以下电缆用 1 000 V 绝缘电阻表；

② 0.6 kV/1 kV 以上电缆用 2 500 V 绝缘电阻表；6 kV/6 kV 及以上电缆也可用 5 000 V 绝缘电阻表。

（4）橡塑电缆外护套、内衬套的测量一般用 500 V 绝缘电阻表。

4. 直流耐压试验及泄漏电流测量

（1）直流耐压试验电压标准。

① 纸绝缘电缆直流耐压试验电压 U_t 可采用下列公式计算，试验电压见表 5.52 的规定。

对于统包绝缘电缆：

$$U_t = \frac{5 \times (U_0 + U)}{2}$$

对于分相屏蔽电缆：

$$U_t = 5 \times U_0$$

式中　U_0——相电压；

　　　U——线电压。

表 5.52　纸绝缘电缆直流耐压试验电压标准

单位：kV

电缆额定电压 U_0/U	1.8/3	3/3.6	3.6/6	6/6	6/10	8.7/10	21/35	26/35
直流试验电压	12	17	24	30	40	47	105	130

② 充油绝缘电缆直流耐压试验电压应符合表 5.53 的规定。

表 5.53　充油绝缘电缆直流耐压试验电压标准

单位：kV

电缆额定电压 U_0/U	雷电冲击耐受电压	直流试验电压
48/66	325	165
	350	175
64/110	450	225
	550	275
127/220	850	425
	950	475
	1 050	510
200/330	1 175	585
	1 300	650
290/500	1 425	710
	1 550	775
	1 675	835

（2）试验时，试验电压可分 4～6 阶段均匀升压，每阶段停留 1 min，并读取泄漏电流值。试验电压升至规定值后维持 15 min，其间读取 1 min 和 15 min 时泄漏电流，测量时应消除杂散电流的影响。

（3）纸绝缘电缆泄漏电流的三相不平衡系数（最大值与最小值之比）不应大于 2；当 6 kV/10 kV 及以上电缆的泄漏电流小于 20 μA 和 6 kV 及以下电压等级电缆泄漏电流小于 10 μA 时，其不平衡系数不做规定。泄漏电流值和不平衡系数只作为判断绝缘状况的参考，不作为是否能投入运行的判据。其他电缆泄漏电流值不做规定。

（4）电缆的泄漏电流具有下列情况之一者，电缆绝缘可能有缺陷，应找出缺陷部位，并予以处理：

① 泄漏电流很不稳定；

② 泄漏电流随试验电压升高急剧上升；

③ 泄漏电流随试验电压时间延长有上升现象。

5. 交流耐压试验

（1）橡塑电缆采用 20～300 Hz 交流耐压试验。20～300 Hz 交流耐压试验电压及时间见表 5.54。

表 5.54 橡塑电缆 20～300 Hz 交流耐压试验电压、时间

额定电压（U_0/U）/kV	试验电压	时间/min	额定电压（U_0/U）/kV	试验电压	时间/min
18/30 及以下	2.5 U_0 (或 2 U_0)	5(或 60)	190/330	1.7 U_0 (或 1.3 U_0)	60
21/35～64/110	2U_0	60	290/500	1.7 U_0 (或 1.1 U_0)	60
127/220	1.7 U_0 (或 1.4 U_0)	60			

（2）不具备上述试验条件或有特殊规定时，可采用施加正常系统相对地电压 24 h 方法代替交流耐压。

6. 测量金属屏蔽层电阻和导体电阻

测量在相同温度下的金属屏蔽层和导体的直流电阻。

7. 检查电缆线路的两端相位

两端相位应一致，并与电网相位相符合。

8. 充油电缆的绝缘油试验

充油电缆的绝缘油试验应符合表 5.55 的规定。

表 5.55 充油电缆使用的绝缘油试验项目和标准

项目		要求	试验方法
击穿电压	电缆及附件内	对于 64 kV/110 kV～190 kV/330 kV，不低于 50 kV；对于 290 kV/500 kV，不低于 60 kV	按《绝缘油击穿电压测定法》（GB/T 507—2002）中的有关要求进行试验
	压力箱中	不低于 50 kV	
介质损耗因数	电缆及附件内	对于 64 kV/110 kV～127 kV/220 kV，不大于 0.005；对于 190 kV/330 kV，不大于 0.003	按《电力设备预防性试验规程》（DL/T 596—2005）中的有关要求进行试验
	压力箱中	不大于 0.003	

9. 交叉互联系统试验

（1）交叉互联系统对地绝缘的直流耐压试验。

试验时必须将护层过电压保护器断开。在互联箱中将两侧的三相电缆金属套都接地，使绝缘接头的绝缘环也能结合在一起进行试验，然后分别在每段电缆金属屏蔽或金属套与地之间施加 10 kV 直流电压，加压时间为 1 min，不击穿。

（2）非线性电阻型护层过电压保护器。

①氧化锌电阻片。对电阻片施加直流参考电流后测量其压降，即直流参考电压，其值应在产品标准规定的范围之内。

②非线性电阻片及其引线的对地绝缘电阻。将非线性电阻片的全部引线并联在一起与接地的外壳绝缘后，用 1 000 V 绝缘电阻表测量引线与外壳之间的绝缘电阻，其值不应小于 10 MΩ。

（3）交叉互联正确性检查试验。

本方法为推荐采用的方式，如采用本方法时，应作为特殊试验项目。使所有互联箱连接片处于正常工作位置，在每相电缆导体中通以大约 100 A 的三相平衡试验电流。在保持试验电流不变的情况下，测量最靠近交叉互联箱处的金属套电流和对地电压。测量完后将试验电流降至零，切断电源。然后将最靠近的交叉互联箱内的连接片重新连接成模拟错误连接的情况，再次将试验电流升至 100 A，并再测量该交叉互联箱处的金属套电流和对地电压。测量完后将试验电流降至零，切断电源，将该交叉互联箱中的连接片复原至正确的连接位置。最后将试验电流升至 100 A，测量电缆线路上所有其他交叉互联箱处的金属套电流和对地电压。试验结果符合下述要求，则认为交叉互联系统的性能是令人满意的：

①在连接片做错误连接时，试验能明显出现异乎寻常的大金属套电流。

②在连接片正确连接时，将测得的任何一个金属套电流乘以一个系数（其值等于电缆的额定电流除以上述的试验电流）后所得的电流值不会使电缆额定电流的降低量超过3%。

③将测得的金属套对地电压乘以上述②项中的系数，不超过电缆在负载额定电流时规定的感应电压的最大值。

（4）互联箱。

①接触电阻。本试验在做完护层过电压保护器的上述试验后进行。将闸刀（或连接片）恢复到正常工作位置后，用双臂电桥测量闸刀（或连接片）的接触电阻，其值不应大于 20 μΩ。

②闸刀（或连接片）连接位置。本试验在以上交叉互联系统的试验合格后密封互联箱之前进行，连接位置应正确。如发现连接错误而重新连接后，则必须重测闸刀（或连接片）的接触电阻。

5.9.3　电缆线路的预防性试验

电缆线路在投入运行之后，为了防止发生绝缘击穿及线路附属设备损坏，需按照一定周期进行电气试验，以判断电缆线路能否继续投入运行和预防电缆在运行中发生事故。预防性试验的一些项目与交接试验相似，但试验标准有所差异。对于充油电缆，为检验电缆油在运行后的性能变化，还应进行电缆油中溶解气体色谱分析试验。

1. 预防性试验项目

（1）纸绝缘电缆试验项目。

①绝缘电阻测量。

②直流耐压试验。

（2）橡塑绝缘电缆试验项目。

①主绝缘绝缘电阻。

②外护套绝缘电阻。

③内衬层绝缘电阻。

④铜屏蔽层电阻和导体电阻比。

⑤主绝缘直流耐压试验。

⑥交叉互联系统试验。

2. 预防性试验的一般规定

（1）对电缆的主绝缘做直流耐压试验或测量绝缘电阻时，应分别在每一相上进行。对一相进行试验或测量时，其他两相导体、金属屏蔽或金属套和铠装层一起接地。

（2）新敷设的电缆线路投入运行 3～12 个月，一般应做 1 次直流耐压试验，以后再按正常周期试验。

（3）试验结果异常，但根据综合判断允许在监视条件下继续运行的电缆线路，其试验周期应缩短，如在不少于 6 个月时间内经连续 3 次以上试验，试验结果不变坏，则以后可以按正常周期试验。

（4）对金属屏蔽或金属套一端接地，另一端装有护层过电压保护器的单芯电缆主绝缘做直流耐压试验时，必须将护层过电压保护器短接，使这一端的电缆金属屏蔽或金属套均临时接地。

（5）耐压试验后，使导体放电时，必须通过每千伏约 80 kΩ 的限流电阻反复几次放电直至无火花后，才允许直接接地放电。

（6）除自容式充电电缆线路外，其他电缆线路在停电后投运之前，必须确认电缆的绝缘状况良好。凡停电超过 1 星期但不满 1 个月的电缆线路，应用绝缘电阻表测量该电缆导体对地绝缘电阻，如有疑问，必须用低于预防性试验规程直流耐压试验电压的直流电压进行试验，加压时间为 1 min；停电超过 1 个月但不满 1 年的电缆线路，必须做 50% 预防性试验规程试验电压值的直流耐压试验，加压时间为 1min；停电超过 1 年的电缆线路，必须做预防性试验。

（7）对于额定电压 0.6 kV/1 kV 的电缆线路，可用 1 000 V 绝缘电阻表测量导体对地绝缘电阻代替直流耐压试验。

（8）直流耐压试验时，应在试验电压升至规定值后 1 min 以及加压时间达到规定时测量泄漏电流。泄漏电流值和不平衡系数（最大值与最小值之比）只作为判断绝缘状况的参考，不作为是否能继续运行的判据。但如发现泄漏电流与上次试验值相比有很大变化，或泄漏电流不稳定，随试验电压的升高或加压时间的增加而急剧上升时，应查明原因。如受表面泄漏电流或对地杂散电流等因素的影响，则应加以消除；如怀疑电缆线路绝缘不良，则可提高试验电压（以不超过产品标准规定的出厂试验直流电压为宜）或延长试验时间，确定能否继续运行。

（9）运行单位根据电缆线路的运行情况和历年的试验报告，可以适当延长试验周期。

3. 纸绝缘电力电缆的预防性试验

纸绝缘电力电缆线路的预防性试验项目、周期和要求见表 5.56。

表 5.56　纸绝缘电力电缆预防性试验项目、周期和要求

序号	项目	周期	要求	说明
1	绝缘电阻	在直流耐压试验之前进行	自行规定	额定电压为 0.6 kV/1 kV 的电缆用 1 000 V 绝缘电阻表；0.6 kV/1 kV 以上电缆用 2 500 V 绝缘电阻表（6 kV/6 kV 及以上电缆也可用 5 000 V 绝缘电阻表）
2	直流耐压试验	（1）1～3 年 （2）新做终端或接头后进行	（1）试验电压值按表 5.57 的规定，加压时间为 5 min，不击穿 （2）耐压 5 min 时的泄漏电流值不应大于耐压 1 min 时的泄漏电流值 （3）三相之间的泄漏电流不平衡系数不应大于 2	6 kV/6 kV 及以下电缆的泄漏电流小于 10 μA、8.7 kV/10 kV 电缆的泄漏电流小于 20 μA 时，对不平衡系数不做规定

纸绝缘电力电缆预防性试验直流耐压试验电压见表 5.57。

表 5.57　纸绝缘电力电缆预防性试验直流耐压试验电压

电缆额定电压 U_0/U	直流试验电压/kV	电缆额定电压 U_0/U	直流试验电压/kV
1.8/3	12	6/10	40
3/3.6	17	8.7/10	47
3.6/6	24	21/35	105
6/6	30	26/35	130

4. 橡塑绝缘电缆的预防性试验

橡塑绝缘电力电缆是指聚氯乙烯绝缘、交联聚乙烯绝缘和乙丙橡皮绝缘电力电缆。橡塑绝缘电力电缆线路预防性试验项目、周期和要求见表 5.58。

表 5.58　橡塑绝缘电力电缆预防性试验项目、周期和要求

序号	项目	周期	要求	说明
1	主绝缘绝缘电阻	（1）重要电缆：1 年 （2）一般电缆： 3.6 kV/6 kV 及以上 3 年； 3.6 kV/6 kV 以下 5 年	自行规定	0.6 kV/1 kV 电缆用 1 000 V 绝缘电阻表；0.6 kV/1 kV 以上电缆用 2 500 V 绝缘电阻表（6 kV/6 kV 及以上电缆也可用 5 000 V 绝缘电阻表）
2	外护套绝缘电阻	（1）重要电缆：1 年 （2）一般电缆： 3.6 kV/6 kV 及以上 3 年； 3.6 kV/6 kV 以下 5 年	每千米绝缘电阻值不应低于 0.5 MΩ	用 500 V 绝缘电阻表
3	内衬层绝缘电阻	（1）重要电缆：1 年 （2）一般电缆： 3.6 kV/6 kV 及以上 3 年； 3.6 kV/6 kV 以下 5 年	每千米绝缘电阻值不应低于 0.5 MΩ	用 500 V 绝缘电阻表
4	铜屏蔽层电阻和导体电阻比	（1）投运前 （2）重做终端或接头后 （3）内衬层破损进水后	对照投运前测量数据自行规定。当前者与后者之比与投运前相比增加时，表面铜屏蔽层的直流电阻增大，铜屏蔽层有可能被腐蚀；当该比值与投运前相比减少时，表面附件中的导体连接点的接触电阻有增大的可能	用双臂电桥测量在相同温度下的铜屏蔽层和导体的直流电阻
5	主绝缘直流耐压试验	新做终端或接头后	耐压试验可以是交流或直流试验： （1）直流试验电压值按表 5.59 的规定，加压时间为 5 min，不击穿；交流试验电压值按表 5.60 和 5.61 的规定，谐振试验加压时间为 5 min、0.1 Hz 试验加压时间为 15 min，不击穿 （2）耐压 5 min 时的泄漏电流不应大于耐压 1 min 时的泄漏电流	
6	交叉互联系统	2～3 年	试验方法见表 5.62。交叉互联系统除进行定期试验外，如在交叉互联大段内发生故障，则也应对该大段进行试验。如交叉互联系统内直接接地的接头发生故障，则与该接头连接的相邻两个大段都应进行试验	

橡塑绝缘电力电缆预防性试验直流耐压试验电压见表 5.59。

表 5.59　橡塑绝缘电力电缆预防性试验直流耐压试验电压　　　　　　　kV

电缆额定电压 U_0/U	直流试验电压	电缆额定电压 U_0/U	直流试验电压
1.8/3	11	21/35	63
3.6/6	18	26/35	78
6/6	25	48/66	144
6/10	25	64/110	192
8.7/10	37	127/220	305

橡塑绝缘电力电缆预防性试验 20~300 Hz 交流耐压试验电压见表 5.60。

表 5.60　橡塑绝缘电力电缆预防性试验 20~300 Hz 交流耐压试验电压　　　kV

电缆额定电压 U_0/U	交流试验电压	电缆额定电压 U_0/U	交流试验电压
8.7/10	2.0 U_0	64/110	1.6 U_0
26/35	1.6 U_0	127/220	1.36 U_0

橡塑绝缘电力电缆预防性试验 0.1 Hz 超低频交流耐压试验电压见表 5.61。

表 5.61　橡塑绝缘电力电缆预防性试验 0.1 Hz 超低频交流耐压试验电压　　kV

额定电压 U_0/U	交流试验电压	额定电压 U_0/U	交流试验电压
1.8/3	3 $U_0$5	8.7/10	3 $U_0$26
3.6/6	3 $U_0$11	12/20	3 $U_0$36
6/6	3 $U_0$18	21/35	3 $U_0$63
6/10	3 $U_0$18	26/35	3 $U_0$78

单芯电缆线路交叉互联系统预防性试验方法和要求见表 5.62。

表 5.62　单芯电缆线路交叉互联系统预防性试验方法和要求

试验项目	试验方法和要求
电缆外互套、绝缘接头外互套与绝缘夹板的直流耐压试验	试验时必须将护层过电压保护器断开。在互联箱中将另一侧的三段电缆金属套都接地，使绝缘接头的绝缘夹板也能结合在一起试验，然后在每段电缆金属屏蔽或金属套与地之间施加直流电压5 kV，加压时间为1 min，不击穿
非线性电阻型护层过电压保护器	（1）碳化硅电阻片：将连接片拆开后，分别对三组电阻片施加产品标准规定的直流电压，测量流过电阻片的电流值。这三组电阻片的直流电流值应在产品标准规定的最小和最大值之间。如试验时的温度不是20 ℃，则被测电流值应乘以修正系数（120$-t$）/100（t为电阻片的温度，℃） 　（2）氧化锌电阻片：对电阻片施加直流参考电流后测量其压降，即直流参考电压，其值应在产品标准规定的范围之内 　（3）非线性电阻片及其引线的对地绝缘电阻：将非线性电阻片的全部引线并连在一起与接地的外壳绝缘后，用1 000 V绝缘电阻表测量引线与外壳之间的绝缘电阻，其值不应小于10 MΩ

续表 5.62

试验项目	试验方法和要求
互联箱	（1）接触电阻：本试验在做完护层过电压保护器的上述试验后进行。将连接片恢复到正常工作位置后，用双臂电桥测量连接片的接触电阻，其值不应大于20 μΩ （2）连接片的连接位置：本试验在以上交叉互联系统的试验合格后密封互联箱之前进行。连接位置应正确。如发现连接错误而重新连接后，则必须重测连接片的接触电阻

5. 自容式充油电缆线路的预防性试验

自容式充油电缆线路的预防性试验项目、周期和要求见表 5.63。自容式充油电力电缆主绝缘预防性试验直流耐压试验电压见表 5.64。电缆油中溶解气体组分含量的注意值见表 5.65。

表 5.63 自容式充油电缆线路的预防性试验项目、周期和要求

序号	项目		周期	要求	说明
1	电缆主绝缘直流耐压试验		（1）电缆失去油压并导致受潮或进气经修复后 （2）新做终端或接头后	试验电压值按表5.64的规定，加压时间5 min，不击穿	
2	电缆外护套和接头外护套的直流耐压试验		2～3年	试验电压为6 kV，试验时间为1 min，不击穿	（1）根据以往的试验成绩，积累经验后，可以用测量绝缘电阻代替，有疑问时再做直流耐压试验 （2）本试验可与交叉互联系统中绝缘接头外护套的直流耐压试验结合在一起进行
3	压力箱	供油特性	与其直接连接的终端或塞止接头发生故障后	压力箱的供油量不应小于压力箱供油特性曲线所代表的标称供油量的90%	试验按国标GB 9326.5的规定进行
		电缆油击穿电压		不低于50 kV	试验按国标GB/T 507的规定进行。在室温下测量油击穿电压
		电缆油的tan δ		不大于0.005（100 ℃）	试验方法同电缆及附件内电缆油tan δ

续表5.63

序号	项目		周期	要求	说明
4	油压示警系统	信号指示	6个月	能正确发出相应的示警信号	合上示警信号装置的试验开关,应能正确发出相应的声、光示警信号
		控制电缆线芯对地绝缘	1～2年	每千米绝缘电阻不小于1 MΩ	采用1 000 V或2 500 V绝缘电阻表测量
5	交叉互联系统		2～3年		试验方法见表5.65。交叉互联系统除进行定期试验外,如在交叉互联大段内发生故障,则应对该大段进行试验。如交叉互联系统内直接接地的接头发生故障,则与该接头连接的相邻两个大段都应进行试验
6	电缆及附件内的电缆油	击穿电压	2～3年	不低于45 kV	试验按《绝缘油击穿电压测定值》GB/T 507—2002的规定进行。在室温下测量油击穿电压
		tan δ	2～3年	电缆油在温度为(100±1) ℃和场强1 MV/m下的tan δ对于53 kV/66 kV～127 kV/ 220 kV不应大于0.03、对于190 kV/330 kV不应大于0.01	采用电桥以及带有加热套能自动控温的专用油杯进行测量。电桥的灵敏系数不得低于$1×10^{-5}$,准确度不得低于1.5%,油杯的固有tan δ不得大于$5×10^{-5}$,在100 ℃及以下的电容变化率不得大于2%。加热套控温的控温灵敏系数为0.5 ℃或更小,升温至试验温度为100 ℃的时间不得超过1 h
		油中溶解气体	怀疑电缆绝缘过热老化或终端或塞止接头存在严重局部放电时	电缆油中溶解的各气体组分含量的注意值见表5.65	油中溶解气体分析的试验方法和要求按《变压器油中溶解气体的分析和判断导则》GB 722—2014的规定。注意值不是判断充油电缆有无故障的唯一指标,当气体含量达到注意值时,应进行追踪分析查明原因,试验和判断方法参照《变压器油中溶解气体的分析和判断导则》GB 722—2014规定进行

表 5.64 自容式充油电力电缆主绝缘预防性试验直流耐压试验电压 kV

电缆额定电压 U_0/U	GB 311.1—2012 规定的雷电冲击耐受电压	直流试验电压	电缆额定电压 U_0/U	GB 311.1—2012 规定的雷电冲击耐受电压	直流试验电压
48/66	325	163	190/330	1 050	525
	350	175		1 175	590
				1 300	650
64/110	450	225	290/500	1 425	715
	550	275		1 550	775
				1 675	840
127/220	850	425			
	950	475			
	1050	510			

表 5.65 电缆油中溶解气体组分含量的注意值

电缆油中溶解气体的组分	注意值×10^{-6}（体积分数）	电缆油中溶解气体的组分	注意值×10^{-6}（体积分数）
可燃气体总量	1 500	CO_2	1 000
H_2	500	CH_4	200
C_2H_2	痕量	C_2H_6	200
CO	100	C_2H_4	200

5.10 电力电缆的选用

5.10.1 电力电缆选用的因素

为了确定所选用的电缆是否适用，需要考虑以下使用条件及资料，并应参阅有关标准。

1. 运行条件

（1）系统额定电压。

（2）三相系统的最高电压。

（3）雷电过电压。

（4）系统频率。

（5）系统的接地方式以及当中性点非有效接地系统（包括中性点不接地和经消弧线圈接地）单相接地故障时的最长允许持续时间和每年总的故障时间。

（6）选用电缆终端时应考虑环境条件：

① 电缆终端安装地点海拔高度。

② 是户内还是户外安装。

③ 是否有严重的大气污染。

④ 电缆与变压器、断路器、电动机等设备连接时所采用的绝缘和设计的安全净距。

（7）最大额定电流：

① 持续运行最大额定电流。

② 周期运行最大额定电流。

③ 事故紧急运行或过负荷运行时最大额定电流。

（8）相间或相对地短路时预期流过的对称和不对称的短路电流。

（9）短路电流最大持续时间。

（10）电缆线路压降。

2. 安装资料

（1）一般资料。

①电缆线路的长度和纵断面图。

②电缆敷设的排列方式和金属套互联与接地方式。

③特殊敷设条件（如敷设在水中），个别线路需要特殊考虑的问题。

（2）地下敷设。

①安装条件的详细情况（如直埋、排管敷设等），用以确定金属套的组成、铠装（如需要时）的形式和外护套的形式，如防腐、阻燃或防白蚁。

②埋设深度。

③沿电缆线路的土壤种类（即沙土、黏土、填土）及其热阻系数。

④在埋设深度上土壤的最高、最低和平均温度。

⑤附近带负荷的其他电缆或其他热源的详情。

⑥电缆沟、排管或管线的长度，若有工井则包括工井之间的距离。

⑦排管或管道的数量、内径和构成材料。

⑧排管或管道之间的距离。

（3）空气中敷设。

①最高、最低和平均空气环境温度。

②敷设方式（即直接敷设在墙上、支架上，单根或成组电缆，隧道、排管的尺寸等）。

③敷设于户内、隧道或排管中的电缆的通风情况。

④阳光是否直接照射在电缆上。

⑤特殊条件，如火灾危险。

电缆选择根据表 5.66 进行考虑。

表 5.66　应用领域和使用地点

应用领域	使用（敷设）地点
（1）发电	（1）土壤中
（2）配电	①直埋
（3）带有下列任务的用电	②在管子中
①作为配电电缆的干线供电	（2）空气中
②作为连接电缆的用户供电	①露天
③作为安装电缆的建筑物安装	②室内
	（3）混凝土
	（4）水中

3. 按负荷选择

负荷的性质决定了对电缆导体、绝缘和屏蔽的选择，外界影响引起的负荷主要对选择护套是决定性的。

（1）负荷的性质。

负荷的性质由电网电流、电压、频率及其发热、热机械性、电气、电磁性效应决定。负荷及其效应采取的措施见表 5.67。

表 5.67　负荷及其效应采取的措施

负荷原因	效应	负荷表现	采取的措施
电流	发热	大电流传输、电缆密集	更换导体材质，例如，铜导体代替铝导体、增大导线截面 更换绝缘材质，例如，在低压电缆中用 XLPE 代替 PVC 由土壤中改为空气中敷设
		高压设备	把金属护套接地由两端接地改为交叉互联或一端接地
		电网的固定接地星形汇接点	增大金属护套的截面
	热机械	室内和露天敷设的电缆	蜿蜒地敷设
		单根导线的单芯电缆	
	动态力	发电机连接处或变压器连接 （例如发电厂中）	耐短路的集束，电缆芯线捆扎箍
电压	局部放电	XLPE 绝缘电缆	紧密粘接的导电层
	运行电场强度	所有中压和高压电缆	电场限制，导线平滑层，提高绝缘层壁厚
	过压	跳闸的电网	接地时间分类
		高压电缆	合适配置绝缘
	发热（介电的损耗）	高压电缆和用于 U_0/U 为 6 kV/10 kV 的 PVC 绝缘电缆	纸绝缘电缆中热稳定绝缘系统，固体介质（例如 XLPE）
频率	改变电气值（例如，截流能力、电阻）	谐波，用于较高频率的设备，例如 400 Hz 的机场设备	在单芯电缆敷设或多芯电缆安装时注意相位对称

（2）外界条件引起的负荷。

由外界条件引起的负荷包括力、动物、化学品、辐射、氛围（温度、水）和燃烧。

外界影响因素采取的措施见表 5.68。

表 5.68 外界影响因素采取的措施

负荷原因	效应	负荷表现	采取的措施
1. 力			
张力	结构成分的延伸	管道放电缆时,如果线路方向频繁变向	使用增滑剂,增加放线滑轮数量,使用电动放线滑轮
		江河和海中敷设	多芯电缆中简单或双倍铠装
		矿山(坑道)电缆和矿井电缆	铠装多芯电缆
冲击力	结构成分变形	频繁的线路工作(锹、挖土机)	PE护套代替PVC护套钢带铠装
压力		电缆的固定卡箍处和粗糙的回填物	橡胶内护套,附加衬垫层
剪切力和扭曲	结构成分被拉断以及变形	在矿区敷设(地面塌陷的危险)	带钢丝铠装的多芯电缆,铜导线和橡胶内护套的单芯XLPE电缆
在地面和棱角上的摩擦力	外护套的磨损	管道中穿电缆,在砂石上牵引,线路中频繁变更方向	(1)PE护套 (2)放线滑轮和转向滑轮
振动	脆化 (1)导线 (2)铅护套	电动机连接电缆在桥上敷设	多线型或细丝型导线铅碲合金或铝护套
2. 动物			
(1)白蚁 (2)鼠类	破坏电缆由外护套开始	白蚁或鼠类大量出现的地区	(1)防护性添加剂 (2)坚硬性PE护套 (3)聚酰胺敷层 (4)金属带铠装(封闭型)
微生物	PVC外护套:颜色变化,表面变粗糙,可能失去弹性	适合微生物生长的气候,例如热带气候	PE护套
3. 化学物质			
(1)油 (2)汽油 (3)酸和其他	颜色变化,塑料膨胀和分解	在炼油厂、油库区域、污染的地表面、工业设备中敷设	耐油的PVC外护套混合物 (1)PE护套 (2)铝护套

续表 5.68

负荷原因	效应	负荷表现	采取的措施
4. 辐射			
电离辐射		核电站反应堆外壳中敷设, 医学设备中	耐 "冷却剂损耗" 电缆
紫外线（UV）	塑料脆化	在无阳光遮盖物情况下的露天敷设	添加炭黑的塑料护套 UV 稳定剂
		电杆敷设	低压塑料电缆: 在露天部分上套热缩管
5. 氛围			
湿气（水）	腐蚀金属护套	在水、河岔中直接敷设	（1）金属护套、多层护套、浸渍沥青的塑料薄膜（2）PE 护套（3）在至少有两层金属护套的电缆中, 通过非金属或防腐蚀箍隔开
温度（1）低（2）高	改变电缆的弹性特性	（1）寒带地区（2）热带、亚热带地区	（1）耐寒 PVC 混合物（2）XLPE 绝缘 PE 护套（3）XLPE 或 EPR 绝缘
6. 燃烧			
延燃		电缆密集, 主要（1）在高层建筑中（2）在工业中（3）在发电厂中	（1）PVC 护套（2）FR-PVC 护套（3）阻燃材料
破坏			绝缘和功能维持: 矿物质隔离层
腐蚀性燃烧废气			无卤族元素材料
因烟雾阻碍视线			

5.10.2 电力电缆绝缘水平的选择

1. 电缆和附件的额定电压

（1）以 U_0、U 表示电缆和附件的额定电压, 以 U_m 表示电缆运行最高电压; 以 U_{p1} 和 U_{p2} 分别表示其雷电冲击和操作冲击绝缘水平。这些符号的含义如下:

U_0——设计时采用的电缆和附件的每个导体与屏蔽层或金属套之间的额定工频电压;

U——设计时采用的电缆和附件的任何两个导体之间的额定工频电压, U 值仅在设计非径向电场的电缆和附件时才有用；

U_m——设计时采用的电缆和附件的任何两个导体之间的运行最高电压，但不包括由于事故和突然甩负荷所造成的暂态电压升高；

U_{p1}——设计时采用的电缆和附件的每个导体与屏蔽层或金属套之间的雷电冲击耐受电压之峰值；

U_{p2}——设计时采用的电缆和附件的每个导体与屏蔽层或金属套之间的操作冲击耐受电压之峰值。

（2）电缆的额定电压值 U_0/U 和 U_m 的关系见表 5.69。

表 5.69　电缆的额定电压值 U_0/U 和 U_m 的关系（kV）

序号	U_0/U	U_m	序号	U_0/U	U_m
1	1.8/3，3/3	3.5	7	50/66	72.5
2	3.6/6，6/6	6.9	8	64/110	126
3	6/10，8.7/10	11.5	9	127/220	252
4	8.7/15，12/15	17.5	10	190/330	363
5	12/20，18/20	23.0	11	290/500	550
6	21/35，26/35	40.5			

2. 电缆绝缘水平选择

（1）电力系统种类。

A 类：接地故障能尽快地被消除，但在任何情况下不超过 1 min 的电力系统。

B 类：该类仅指在单相接地故障情况下能短时运行的系统。一般情况下，带故障运行时间不超过 1 h。但是，如果有关电缆产品标准有规定时，则允许运行更长时间。

注：应该认识到接地故障不能自动和迅速切除的电力系统中，接地故障时，在电缆绝缘上产生过高的电场强度使电缆寿命有一定程度的缩短。如果预期电力系统经常会出现持久的接地故障，也许将该系统归为下述的 C 类是合理的。

C 类：该类包括不属于 A 类或 B 类的所有系统。

（2）U 的选择。

U 值应按等于或大于电缆所在系统的额定电压进行选择。

（3）U_m 的选择。

U_m 值应按等于或大于电缆所在系统的最高工作电压选择。

（4）U_{p1} 的选择。

根据线路的冲击绝缘水平、避雷器的保护特性、架空线路和电缆线路的波阻抗、电缆的长度以及雷击点离电缆终端的距离等因素通过计算后确定，但不应低于表 5.70 的规定值。

表 5.70　电缆的雷电冲击耐受电压（kV）

U_0/U	1.8/3	3.6/6	6/10	8.7/10，8.7/15	12/20	18/20	21/35
U_{p1}	40	60	75	95	125	170	200
U_0/U	26/35	50/66	64/110	127/220	190/330	290/500	
U_{p1}	250	450	550	1050	1175	1550	

（5）U_{p2} 的选择。

对于 330 kV 和 550 kV 超高压电缆应考虑操作冲击绝缘水平，U_{p2} 应与同电压级设备的操作冲击耐受电压相适应，表 5.71 列出了电缆操作冲击耐受电压值。

表 5.71　电缆的操作冲击耐受电压（kV）

U_0/U	190/330	290/500
U_{p2}	950	1 175

（6）外护套绝缘水平选择。

对于采用金属套一端互联接地或三相金属套交叉互联接地的高压单芯电缆，当电缆线路所在系统发生短路故障或遭受雷电冲击和操作冲击电压作用时，在金属套的不接地端或交叉互联处会出现过电压，可能会使外护套绝缘发生击穿。为此需要装设过电压限制器，此时作用在外护套上的电压主要取决于过电压限制器的残压。外护套的雷电冲击耐受电压按表 5.72 选择。

表 5.72　电缆外护套雷电冲击耐受电压（kV）

电缆主绝缘雷电冲击耐受电压	雷电冲击耐受电压	电缆主绝缘雷电冲击耐受电压	雷电冲击耐受电压
380～750	37.5	1 175～1 425	62.5
1050	47.5	1 550	72.5

3. 电缆绝缘种类和导体截面的选择

（1）绝缘种类的选择。

①油纸绝缘电缆具有优良的电气性能，使用历史悠久，一般场合下仍可选用。如电缆线路落差较大时，可选用不滴流电缆。

②聚氯乙烯绝缘电缆的工作温度低，特别是允许短路温度低，因此载流量小，不经济，稍有过载或短路则绝缘易变形。故对 1 kV 以上的电压等级不应选用聚氯乙烯绝缘电缆。

③乙丙橡胶绝缘（EPR）电缆的柔软性好，耐水，不会产生水树枝，耐 γ 射线，阻燃性好，低烟低卤。但其价格昂贵，故在水底敷设和在核电站中使用时可考虑选用。

④交联聚乙烯（XLPE）电缆具有优良的电气性能和机械性能，施工方便，是目前最主要的电缆品种，可推荐优先选用。对绝缘较厚的电力电缆，不宜选用辐照交联而应选用化学交联生产的交联电缆。为了尽可能减小绝缘偏心的程度，对 110 kV 及以上电压等级，一般宜选用在立塔（VCV）生产线或长承模生产线（MDCV）上生产的交联电缆。

⑤充油电缆的制造和运行经验丰富，电气性能优良，可靠性也高，但需要供油系统，有时需要塞止接头。对于 220 kV 及以上电压等级，经与交联电缆作技术经济比较后认为合适时仍可选用充油电缆。

（2）导体截面选择。

导体截面应从有关的电缆产品标准中列出的标称截面中选取。如果所选的某种形式的电缆没有产品标准，则导体截面应从 GB/T 3956—2008 中第 2 种导体的标称截面中选取。在选择导体截面时应考虑下列因素：

①在规定的连续负荷、周期负荷、事故紧急负荷以及短路电流情况下电缆导体的最高温度。

注：在 IEC 60287—1995 中提供了持续载流量的详细计算方法。

②在电缆敷设安装和运行过程中受到的机械负荷。

③绝缘中的电场强度。采用小截面电缆时由于导体直径小导致绝缘中产生不允许的高电场强度。

④应采用铜芯电缆的场合：电机励磁、重要电源、移动式电气设备等需要保持连接具有高可靠性的回路；振动剧烈、有爆炸危险或对铝有腐蚀等严酷的工作环境；耐火电缆。

⑤优先采用铜芯电缆的场合：紧靠高温设备配置；安全性要求高的重要公共设施中；水下敷设当工作电流较大需增多电缆根数时。

5.10.3 电力电缆结构的选择

1. 电缆的使用环境

电缆的使用环境主要由金属套和外护套的性能决定。

（1）铅套和铝套电缆适用于范围比较广泛，除一般场所外，铅套电缆、铝套电缆、不锈钢套电缆还有其特别适用的场合。

①铅套电缆：适用于腐蚀较严重但无硝酸、醋酸、有机质（如泥煤）及强碱性腐蚀质，且受机械力（拉力、压力、振动等）不大的场所。

②铝套电缆：适用于腐蚀不严重和要求承受一定机械力的场所（如直接与变压器连接、敷设在桥梁上、桥墩附近和竖井中等）。

③不锈钢套电缆：适用于腐蚀较严重或要求承受机械力的能力比铝套更强的场所。

（2）外护套适用的场所。

①02 型（PVC-S1 和 PVC-S2 型聚氯乙烯）外护套主要适用于有一般防火要求和对外护套有一定绝缘要求的电缆线路。

②03 型（PE-S7 型聚乙烯）外护套主要适用于对外护套绝缘要求较高直埋敷设的电缆线路。

2. 金属屏蔽层截面的选择

（1）对于无金属套的挤包绝缘的金属屏蔽层，当导体截面为 240 mm² 及以下时可选用铜带屏蔽；当导体截面大于 240 mm² 时宜选用铜丝屏蔽。金属屏蔽的截面应满足在单相接地故障或不同地点两相同时发生故障时短路容量的要求。

（2）对于有径向防水要求的电缆应采用铅套，皱纹铝套或皱纹不锈钢套作为径向防水层，其截面应满足单相或三相短路故障时短路容量的要求。如所选电缆的金属套不能满足要求时，应要求制造厂采取增加金属套厚度或在金属套下增加疏绕铜丝。

3. 交联电缆径向防水层的选择

对于 35 kV 及以下交联聚乙烯电缆一般不要求有径向防水层，但 110 kV 及以上的交联电缆应具有径向防水层。敷设在干燥场合时可选用综合防水层作为径向防水层；敷设在潮湿场合、地下或水底时应选用金属径向防水层。

4. 外护套材料的选择

在一般情况下可按正常运行时导体最高工作温度选择外护套材料，当导体最高工作温度为 80 ℃时，可选用 PVC-S1（ST1）型聚氯乙烯外护套；导体最高工作温度为 90 ℃时，应选用 PVC-S2（ST2）聚氯乙烯或 PE-S7（ST7）聚乙烯外护套；在特殊环境下如有需要可选用对人体和环境无害的防白蚁、鼠啮和真菌侵蚀的特种外护套；电缆敷设在有火灾危险场所时应选用防火阻燃外护套。

电力电缆的护层应按敷设环境、是否承受拉力和机械外力作用来选择。选择时一般要考虑以下因素：

（1）架空敷设或沿建筑物敷设时易遭受机械损伤，所以一般不选用裸铅包电缆。

（2）架空敷设和有爆炸危险的场所应选用裸钢带铠装电缆。

（3）在厂房内敷设，宜选用不带麻被层的电缆。

（4）在电缆沟和电缆隧道内敷设，宜选用裸钢带铠装电缆。对于充砂电缆沟，可选用带麻被层或塑料护层的电缆。

（5）直接埋设可选用有麻被层的钢带铠装电缆。在含有腐蚀性土壤的地区，应选用塑料外护层电缆。

（6）室外架设宜选用不延燃护层且耐腐蚀的电缆。

（7）大跨度跨越栈桥或排水沟道的电缆宜选用钢丝铠装电缆。

（8）垂直敷设并有较大落差处宜选用不滴流电缆。

（9）移动机械设备所用电缆应选用重型橡皮护套电缆。

（10）具有腐蚀性介质的场所应选用聚氯乙烯外护套电缆。

（11）塑料电缆性能良好，价格低廉，但它在低温时变硬发脆，日光照射使增塑剂容易挥发而使绝缘加速老化，因此不易在室外敷设。

每种电缆均有多种外护层结构的品种，其选择主要取决于不同敷设场合、不同敷设方式下的环境条件，表 5.73 列出了电缆外护层的类型及其适用场所。

5. 电缆终端的选择

电缆终端的设计取决于所要求的工频和冲击耐受电压值（可能与电缆所要求的值不同）、大气污染程度和电缆终端所处位置的海拔高度。

（1）工频和冲击耐受电压水平。

终端的工频和冲击耐受电压水平应在考虑绝缘水平、大气污染、海拔高度后确定。

（2）大气污染。

由大气污染程度确定电缆终端所用套管的形式和最小爬距。

（3）海拔高度。

高海拔处的空气密度比海平面处的低，因此降低了空气的介电强度，从而适合于海平面处的空气净距在较高海拔处有可能会不够。电缆终端的击穿强度和内绝缘与油界面间的闪络放电值则不受海拔高度的影响。在标准大气压条件下能符合冲击耐受电压试验要求的终端均可在不高于 1 000 m 的任何海拔高度使用。为了确保在更高海拔处符合使用要求，应适当增加在正常条件下规定的空气净距。

表 5.73　电缆外护层的类型及其适用场合

外护层类型		电缆敷设方式									适用的环境条件
外护层型号	外护层名称	架空	室内	遂道	电缆沟	管道	直埋 土壤	直埋 砾石	竖井	水中	
无	（裸铅包、裸铝包）		○	△	△	△					无外力作用，对铅包或铝包具有中性环境
02	聚氯乙烯套	○	○	○	○	○	□		□		无外力作用，一般气候均可
03	聚乙烯套	△		○	○	○	□		□		无外力作用，一般气候均可，透潮性稍优
20	裸钢带铠装		○	○	○						能承受小的径向机械力，不能承受拉力，要求具有中性环境
(21)	钢带铠装纤维外被						△	△			
22	钢带铠装聚氯乙烯套		○	○	○		○	○			能承受小的径向机械力，不能承受拉力，可用于严重腐蚀环境
23	钢带铠装聚乙烯套		○		○		○	○			
30	裸细圆钢丝铠装										能承受一定的拉力，小的径向外力，要求具有中性环境
32	细圆钢丝铠装聚氯乙烯套						△	△	○	○	能承受一定的拉力，小的径向外力，但可用于严重腐蚀环境
33	细圆钢丝铠装聚乙烯套						△	△		○	
(40)	裸粗圆钢丝铠装								○		能承受大的拉力，小的径向外力，要求非严重腐蚀环境
41	粗圆钢丝铠装纤维外被									○	

注：①○—适用；△—可以采用；□—只适用铝护套电缆

②外护层类型中还有 31、42、43，工矿企业很少采用，省略，圆括号内表示"不推荐采用"

（4）终端形式和性能要求。

①对于额定电压 26 kV/35 kV 及以下交联电缆终端推荐选用热收缩式、冷收缩式和预制件装配式，可在技术经济比较后选用。

②对于 64 kV/110 kV 及以上的电缆终端，其性能应该满足 IEC 60840 及 GB 11017 的各项要求，并根据具体情况加以选定。

第6章 高低压电气设备

6.1 220 kV 气体绝缘金属封闭开关设备

220 kV 气体绝缘金属封闭开关设备（Gas Insulated Metal-enclosed Switchgear，GIS）是指全部或部分采用绝缘性能好的气体(主要为 SF_6)作为绝缘介质的金属封闭开关设备。

220 kV GIS 在电力系统中主要起控制、保护、测量等作用，它是最重要的输配电设备之一。同敞开式设备相比，220 kV GIS 具有体积小、占地面积少、易于安装、受外界环境影响小、运行安全可靠、配置灵活、维护简单、检修周期长等特点。

6.1.1 220 kV GIS 结构

1. 220 kV GIS 的组成

220 kV GIS 的总体配置的一种实例如图 6.1 所示，它由 6 个功能单元组合而成。在总体配置上，一个功能单元占用一个隔位，因此一个功能单元又常称为"间隔"。间隔宽度是衡量 220 kV GIS 结构小型化的一个重要指标。

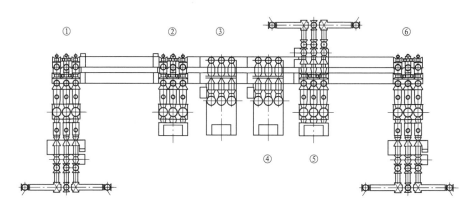

图 6.1 220 kV GIS 开关站实例图

根据接线形式常规间隔分为套管（电缆）进（出）线间隔（①⑤⑥）、测保间隔（③

④）、母联间隔（②），其中进（出）线间隔是表征 220 kV GIS 技术水平的特征间隔。220 kV GIS 整体布局见表 6.1～表 6.4。

表 6.1　220 kV GIS 进（出）线间隔布局表

220kV GIS 进（出）线间隔典型布局	主要特点
	（1）采用了隔离-接地三工位开关 （2）主母线采用三相共箱结构 （3）断路器卧式布置 （4）主母线隔离开关为独立气室
	（1）采用了独立的隔离开关、接地开关 （2）主母线采用三相共箱结构 （3）断路器竖直布置 （4）主母线隔离开关为独立气室
	（1）出线侧采用隔离-接地三工位开关 （2）主母线侧采用独立的隔离开关、接地开关 （3）主母线采用分相布置 （4）断路器卧式布置

表 6.2　220 kV GIS 测保间隔布局表

220kV GIS 测保间隔	主要功能及组成
	主要用来测量主母线电压，对主母线进行过电压保护，通常由电压互感器、避雷器、隔离开关、接地开关等部件组成

表 6.3　220 kV GIS 母联间隔布局表

220kV GIS 母联间隔	主要功能及组成
	主要用来完成双母线的切换，当某条主母线发生故障时切除该母线，另一条母线正常供电 由电流互感器、断路器、隔离开关、接地开关等部件组成

表 6.4　220 kV GIS 的结构形式与特征

类别	类型	特征
圆筒结构	三相分箱型	（1）各单元的每相都封闭在独立的外壳内 （2）同轴圆筒电极系统，电场较均匀，不会发生相间短路，制造方便 （3）外壳和绝缘隔板数量多，密封环节多，损耗较大
	部分三相共箱型	（1）一般仅三相主母线封闭在一个圆筒外壳内，分支回路中各元件仍保持单相封闭型特征 （2）结构简化，总体配置走线方便

2. 主要构成元件

组成 220kV GIS 间隔的部件主要有断路器、隔离开关、接地开关、隔离-接地三工位开关、快速接地开关、电流互感器、主母线、电压互感器、避雷器等。

（1）断路器（CB）。

220 kV GIS 配用的断路器应具有优良的开断性能、电寿命长、运行安全可靠、少维护的特点。断路器的形式及特征见表 6.5。220 kV GIS 均采用罐式 SF_6 断路器。灭弧室从原理上主要分压气式和自能式两种；从运动方式上分单动和双动两种。双动自能结构灭弧室对操动机构操作功的需求最低。

表 6.5　220 kV GIS 用断路器形式及特征

类别	类型	特征
总体布置	卧式	重心低、抗震好
	立式	检修方便
三级配置方式	一字形排列	操作传动简单、可靠，间隔宽度略大
操动方式	单相操动	每相配操动机构
	三相操动	三相共用一台操动机构
操动机构	液压	成本较高、稳定性好，在特殊环境特别是低温环境下高压液体密封困难
	弹簧	可靠性好，稳定性较液压低，成本较低
	气动	很少采用

图 6.2 为断路器的内部结构图，断路器由本体和操动机构组成，配用的操动机构有电动储能弹簧机构、液压机构和气动机构 3 种。本体由灭弧室静侧装配、灭弧室动侧装配和壳体组成，导电系统由主导电触头和弧触头组成。静触头和动触头都是通过支撑绝缘件和过度法兰固定在壳体的端部，同时动触头侧的中间触头部分通过绝缘拉杆与操动机构的拐臂相连接。断路器为三相分箱式结构，三相并列布置在底架上，每相配一台操动机构，适用于单相单独操作和三相之间电气联动操作或三相共用一台大功率机构。

自能灭弧室通过电弧加热灭弧气体提升了气室的压力，因此用来增加吹弧气体压力所需的功将大幅降低，这样作用在断路器、外壳及基础上的负荷也将大幅降低。双动结构就是将原来的静侧也变成了运动部分，这样断口在打开时，两侧相同的相对速度对功的需求就降了一半左右。

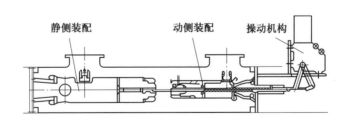

图 6.2　断路器的内部结构图

（2）隔离开关（DS）。

220 kV GIS 用气体绝缘金属封闭型隔离开关，由开关本体和操动机构两部分组成。按其主回路构成分为直线形、角形和 T 形 3 种，见表 6.6。一般为三相联动，配用一台电动操动机构，可以满足就地手动操作要求。为了监视隔离断口的工作状态，在操动机构上装有分、合闸位置指示器。除此之外，在本体箱体上还应安装隔离断口观察窗。

由于 220 kV GIS 一般采用双母线结构，因此要求具有分合母线转移电流能力。此外，当连接变压器时还需具备分合感性小电流能力。

隔离开关断口应具有对地绝缘能力，主回路应能承受额定短时短路电流，确保设备运行和检修时的安全，配备电动操动机构。

表 6.6　220 kV GIS 用典型隔离开关结构

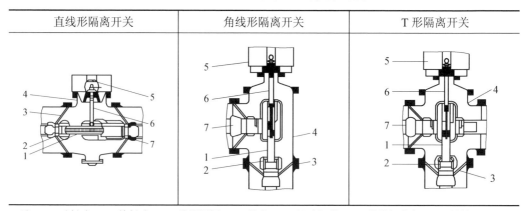

注：1—动触头；2—静触头；3—绝缘隔板；4—外壳；5—操动机构；6—绝缘操作杆；7—导体

（3）接地开关（ES）。

220 kV GIS 用接地开关是主回路接地单元，接地开关的作用是释放主回路上的残留电荷，要求开关断口具有对地绝缘能力，主回路应能承受额定短时短路电流，确保设备运行和检修时的安全。接地开关由开关本体和操动机构两部分组成，一般为三相联动结构，配备一台电动操动机构。

（4）隔离-接地三工位开关（DS-ES）。

隔离开关、接地开关可以单独配置，隔离开关与接地开关也可以组合成隔离-接地三工位开关。组合开关只需一套操动系统，结构更为紧凑，且具备隔离开关与接地开关之间的互锁功能。

三相隔离-接地三工位开关由 3 台单相隔离-接地三工位开关本体、一台三工位操动机构装置和三相联结装置组成。单相隔离-接地三工位开关装置一般都设置了触头位置的观察窗，观察窗可用于监视三工位开关的开关位置，三工位操作机构配置的辅助触点开关有助于实现远程监控三工位开关的位置状态。图 6.3 为隔离-接地三工位开关结构图，单相隔离-接地三工位开关通过滑动导体在 T 形导体中滑动时停留在不同的位置来实现连通、隔离和接地功能。隔离-接地三工位开关本体在中间隔离位置没有限位功能，操动机构需要具备隔离位置准确输出的能力。

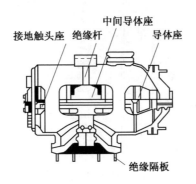

图 6.3　隔离-接地三工位开关结构图

（5）快速接地开关（FES）。

快速接地开关是具有关合短路电流能力的接地开关。标准规定如果连接的回路有带电可能，又不能预先确定回路是否带电，则应配用快速接地开关。快速接地开关一般装在 GIS 进（出）线单元的线路侧。快速接地开关对已经处于隔离状态的系统元件（架空线、电缆和变压器）进行接地和短路操作。快速接地开关同时具有防接通的功能，即系统元件在无意带电的情况下也能可靠接地。快速接地开关结构如图 6.4 所示。

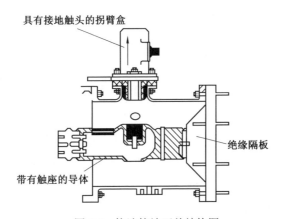

图 6.4　快速接地开关结构图

FES 是具备开合感应电流的接地开关。当 220 kV GIS 的进（出）线距离较长且平行于同塔线路时，安装在线路入口的接地开关除应具备释放显露残留电荷和承受断路电流的能力外，还应具有分合电磁感应电流和静电感应电流的能力。

快速接地开关由单相的快速接地开关本体、拐臂盒和三相共用一台的电动弹簧操动机构及联动装置组成。电动弹簧操动机构通过联动装置带动拐臂盒上的拐臂，拐臂带动拐臂盒中的导体快速移动并和主回路连通，完成主回路的接地。

（6）电流互感器（CT）。

在结构上 220 kV GIS 普遍采用套管型电磁式电流互感器，二次绕组根据计量、保护需要来设置。电子式电流互感器已有应用，它具有尺寸小、重量轻、线性度好、耐过电压和抗扰能力强等优点。一种典型 CT 结构如图 6.5 所示。

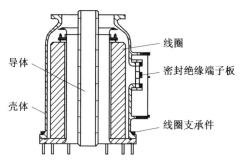

图 6.5　一种典型 CT 结构图

电流互感器是 220 kV GIS 中的电流测量与保护元件，基于电磁感应原理，以主回路的单相导体为原边绕组，副边绕组缠绕在环形铁芯上。副边绕组中可能有几个用于不同原边电流的抽头，分测量和保护两种，其中保护线圈的感应电流误差较大，但电流的误差在额定的精度值范围内。在使用中二次回路不能开路，否则会产生高电压而造成设备的损坏。

在布置方面，电流互感器可以单独安装在主回路上，也可以与断路器、套管或电缆等组装在一起。其铁芯与线圈的配置有内装式和外装式两种，内装式铁芯和二次绕组置于充气外壳内，利用屏蔽改善内部电场，二次回路通过绝缘密封端子引出，结构简单紧凑；外装式的铁芯和二次绕组安装在充气壳体外面。

（7）主母线。

主母线分单相和三相共箱两种结构，单相母线与三相共箱母线的主要技术差异在于绝缘子技术，三相绝缘子相对难度系数要高，但单相结构不会发生相间短路故障。

三相共箱封闭母线可以采用三相盆式绝缘子将它分割为多个气室。相邻气室的母线模块通过和母线的架设方向相一致的具有设计公差补偿作用的波纹管连接在一起。通过能吸收水平热膨胀的动触头来连接母线模块的导体。

（8）电压互感器（PT）。

①电磁式电压互感器。电磁式电压互感器具有结构简单、体积小、容量大、精度高、绝缘性能稳定可靠、能释放线路或母线上的残留电荷等优点，是 220 kV GIS 采用的主要品种。电磁式电压互感器如图 6.6 所示。

图 6.6　电磁式电压互感器

②电容式电压互感器。电容式电压互感器为气体绝缘的罐式结构，其构成原理与大气绝缘产品相同。

二次绕组的负载阻抗很大,运行过程中二次回路不能短路,否则二次绕组将因过热而烧毁。

（9）避雷器（LA）。

通常采用氧化锌避雷器限制过电压,因为氧化锌具有理想的非线性伏安特性和较大的热容量。同时氧化锌制造简单,保护特性稳定且与 220 kV GIS 的伏-秒特性配合很好。如图 6.7 所示。

图 6.7　避雷器

实践证明,在 220 kV GIS 进（出）线的前沿安装氧化锌避雷器对限制雷电侵入过电压效果很好,如果在每条架空进（出）线的接口处都装有避雷器,一般无须在母线上或变压器附近再装避雷器。但采用电缆进（出）线时,由于线路损耗,而且入侵雷电波经过多次折射和反射后,过电压将大幅下降,因此只采用在电缆首端与架空线接口处安装避雷器的方案即可。在进出线数较多时,为了减少设备费用,可将避雷器安装在主母线上,并与电压互感器组合成一个单元。

6.1.2　性能

220 kV GIS 的整体技术性能见表 6.7。

表 6.7　220 kV GIS 的主要技术参数

序号	参数名称	单位	典型参数		说明
1	额定电压	kV	220		
2	额定电流	A	2 000/3 150/4 000		[1]
3	额定短路开断电流	kA	31.5/40/50		[1]
4	额定关合电流	kA	100/125		[1]
5	额定短时耐受电流	kA	40/50		[1]
6	额定峰值耐受电流	kA	100/125		[1]
7	开合容性电流		C_1/C_2		[1]
8	额定短时工频耐受电压	kV	极对地、开关装置断口间及极间：460		[1]
			隔离断口间：460（+146）		
9	额定雷电冲击耐受电压	kV	极对地、开关装置断口间及极间：1 050		[1]
			隔离断口间：1 050（+206）		
10	机械寿命		M_1/M_2		[1]
11	电寿命		E_1/E_2		[1]
12	充气压力		制造厂提供		

注：[1] 典型参数一栏中的数值可根据工程实际情况选用

6.1.3 试验项目与检验规则

220 kV GIS 的型式试验、出厂试验和交接试验应符合表 6.8 中的国家标准。

表 6.8 220 kV GIS 依据的主要国家标准

序号	标准号	名称
1	GB/T 191—2008	包装储运图示标志
2	GB 311.1—2012	绝缘配合 第 1 部分：定义、原则和规则
3	GB 1207—2006	电磁式电压互感器
4	GB 1208—2006	电流互感器
5	GB 1984—2014	高压交流断路器
6	GB 1985—2014	高压交流隔离开关和接地开关
7	GB 4208—2008	外壳防护等级（IP 代码）
8	GB 7674—2008	72.5 kV 及以上气体绝缘金属封闭开关设备
9	GB 11032—2010	交流无间隙金属氧化物避雷器
10	GB/T 12022—2014	工业六氟化硫
11	GB/T 3222.2—2009	声学环境噪声的描述、测量与评价 第 2 部分：环境噪声级测定
12	GB/T 4109—2008	交流电压高于 1 000 V 的绝缘套管
13	GB/T 4585—2004	交流系统用高压绝缘子的人工污秽试验
14	GB/T 4473—2008	交流高压断路器的合成试验
15	GB/T 7354—2003	局部放电测量
16	GB/T 8905—2012	六氟化硫电气设备中气体管理和检测导则
17	GB/T 11022—2011	高压开关设备和控制设备标准的共同技术要求
18	GB/T 11023—1989	高压开关设备六氟化硫气体密封试验方法
19	GB/T 13384—2008	机电产品包装通用技术条件
20	GB/T 13540—2009	高压开关设备和控制设备的抗震要求
21	GB/T 16927.1—2011	高电压试验技术第 1 部分：一般定义和试验要求
22	GB/T 16927.2—2013	高电压试验技术第 2 部分：测量系统

1. 型式试验

型式试验可以使用符合 GB 12022—2014 的未用过的 SF_6 或者符合 GB/T 8905—2012 的用过的 SF_6。

型式试验是为了验证开关设备和控制设备及其操动机构和辅助设备的额定值和性能。

型式试验的试品应与正式生产产品的图样和技术条件相符合，下列情况下开关设备和控制设备及其操动机构和辅助设备应进行型式试验：

（1）新试制的产品应进行全部型式试验。

（2）转厂及异地生产的产品应进行全部型式试验。

（3）当产品的设计、工艺或生产条件及使用的材料发生重大改变而影响到产品性能时应做相应的型式试验。

（4）正常生产的产品每隔 8 年应进行性能验证试验，具体的验证试验项目在产品标准中规定。

（5）不经常生产的产品（停产 3 年以上），再次生产时应按相关的规定进行验证试验。

（6）系列产品或派生产品应进行相关的型式试验，部分试验项目可引用相应的有效试验报告。

依据 GB 7674—2008 第 6 章要求，220 kV GIS 所需进行的型式试验见表 6.9。

表 6.9　220 kV GIS 的型式试验内容

序号	型式试验项目	条款号
1	验证设备绝缘水平的试验及辅助回路的绝缘试验	6.2
2	验证无线电干扰电压（RIV）水平的试验（如果适用）	6.3
3	验证设备所有部件温升的试验以及主回路电阻测量	6.4 和 6.5
4	验证主回路和接地回路承载额定峰值耐受电流和额定短时耐受电流能力的试验	6.6
5	验证所包含的开关装置开断关合能力的试验	6.101
6	验证所包含的开关装置机械操作和行程-时间特性测量	6.102
7	验证外壳强度的试验	6.103
8	外壳防护等级的验证	6.7
9	气体密封性试验和气体状态测量	6.8
10	电磁兼容性试验（EMC）	6.9
11	辅助和控制回路的附加试验	6.10
12	隔板的试验	6.104
13	验证在极限温度下机械操作的试验	6.102.2
14	验证热循环下性能的试验以及绝缘子的气体密封性试验	6.106
15	接地连接的腐蚀试验（如果适用）	6.107

2. 出厂试验

出厂试验可以使用符合 GB/T 12022—2014 的未用过的 SF_6 或者符合 GB/T 8905—2012 的用过的 SF_6。

出厂试验应在完整的 220 kV GIS 组合电器装置上进行。根据试验性质，某些试验可以在元件、运输单元上进行。出厂试验产品与进行过型式试验的产品应保持一致。

依据 GB 7674—2008 第 7 章要求，出厂试验项目包括：

（1）主回路绝缘试验。

（2）辅助和控制回路试验。

（3）主回路电阻测量。

（4）密封性试验和气体状态检查。

（5）设计和外观检查。

（6）外壳压力试验。

（7）机械操作试验和开关装置的行程-时间特性测量。

（8）控制机构中辅助回路、设备和联锁试验。

（9）隔板压力试验。

产品出厂应附有出厂试验报告。

3. 交接试验

220 kV GIS 组合电气装置安装后，在投运前为了检查正确动作和设备绝缘的完整性，应对 220 kV GIS 进行交接试验。交接试验依据 GB 50150—2006 实施。

交接试验项目包括：

（1）测量主回路的导电电阻。

（2）主回路交流耐压试验。

（3）密封性试验。

（4）测量六氟化硫气体含水量。

（5）封闭式组合电器内各元件的试验。

（6）组合电器操动试验。

（7）气体密度继电器、压力表和压力动作阀检查。

制造厂和用户就现场的交接试验计划应达成协议。

6.1.4 运行与管理

1. 运行技术要求

当 220 kV GIS 安装在户内时，安装地点应具备良好的通风排气条件，同时配备 SF_6 气体浓度自动检测与报警装置，另外还应配备防毒面具、防护服等防护器具。

220 kV GIS 的壳体均应确保被可靠接地，同时接地导体应满足短路时的容量要求。

2. 管理与维护项目

（1）巡视检查。

巡视检查是对运行中的 220 kV GIS 设备进行外观检查，主要检查设备有无异常情况，并做好记录，如果发现异常应按照规定上报并处理。主要检查内容包括：

①检查各个操动机构的位置指示是否正确、记录其累积动作次数。

②检查各种信号灯、指示灯及监测装置是否正常工作。

③检查各仪表的数值是否正常。

④检查各部件可视部分是否有损坏、错位、老化等不正常现象。

⑤检查有无异常声音、异味。

⑥检查设备有无漏油、漏气。

⑦检查设备有无温升异常。

⑨检查照明、通风及各种监测装置是否正常、完好。

（2）定期检查。

220 kV GIS 处于全部或部分停电状态下，专门组织的维修检查。每 4 年进行一次，或按实际情况而定。主要检查内容包括：

①对操动机构进行维修检查，处理漏油、漏气或缺陷，更换损坏的零部件。

②维修检查辅助开关。

③校验压力表、压力开关、密度继电器及动作情况。

④检查传动部分的磨损，对传动部分添加润滑剂。

⑤断路器的机械特性试验。

⑥检查各种连杆的连接情况。

⑦检查接地装置。

⑧如果条件满足，可开展回路电阻测量工作。

（3）临时性检查。

根据 220 kV GIS 设备的运行状态及累积动作情况，依据制造厂对设备运行维护检查项目的要求，开展必要的临时性检查。主要检查内容包括：

①若气体含水量明显增加，应及时查找原因并处理。

②当 220 kV GIS 发生异常情况时，应对怀疑的元件进行检查并处理。

（4）分解检修。

断路器本体一般不用检修，但在运行过程中发现异常或缺陷时应进行检查和处理，根据诊断情况，开展必要的分解检修。分解检修宜由制造厂负责或在制造厂相关人员指导下进行。另外，每 15 年或按照制造厂家规定需要对主回路元件进行分解检修。

6.2 110 kV 气体绝缘金属封闭开关设备

110 kV 气体绝缘金属封闭开关设备（Gas Insulated Metal-enclosed Switchgear，GIS）是指绝缘的获得至少部分通过绝缘气体而不是处于大气压力下空气的金属封闭开关设备。

110 kV GIS 设备主要用于电力系统（包括发电厂、变电站、输配电线路和工矿企业等用户）的控制和保护，它是最重要的输配电设备之一。同敞开式设备相比，110 kV GIS 具有体积小、占地面积少、易于安装、受外界环境影响小、运行安全可靠、配置灵活、维护简单、检修周期长等特点。

6.2.1 结构

1. 分类

110 kV GIS 可以按如下方法进行分类：

（1）按照绝缘介质的不同，可以分为全气体绝缘型（简称 F-GIS）和部分气体绝缘型（又称混合绝缘型，简称 H-GIS）。

（2）按照结构形式的不同，可以分为三相共筒型和三相分箱型。

（3）按安置场所的不同，可以分为户内型和户外型。

2. 结构特点

110 kV GIS 主要功能单元由标准化的模块元件构成，包括：断路器（CB）、隔离开关(DS)和检修用接地开关(ES)或隔离-接地三工位开关(DS-ES)、快速接地开关(FES)、电流互感器（CT）、电压互感器(VT)、避雷器（LA）、母线（BUS）（包括主母线和分支母线）、进（出）线元件（包括电缆终端（CSE）、SF_6-空气套管（BSG）、油-气套管箱（OIL-GAS BSG））、汇控柜（LCP）等。利用标准元件可以组成各种间隔，满足不同主接线需求，图 6.8 为典型的 110 kV GIS 双母线电缆进出线间隔图。各元件的高压带电部分彼此连通，被封闭在接地的金属外壳中，由绝缘隔板支撑，壳体内充有 SF_6 气体作为绝缘介质。

110 kV GIS 常用的主接线方式有桥型接线（包括内桥和外桥）、单母线接线（包括单母线分段）和双母线接线（包括双母线分段）。一种典型的 110 kV GIS 总体配置实例如图 6.9 所示。

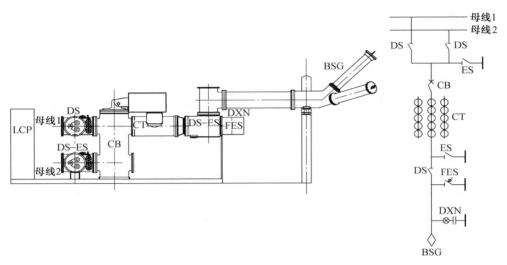

图 6.8　110 kV GIS 双母线电缆进出线间隔图

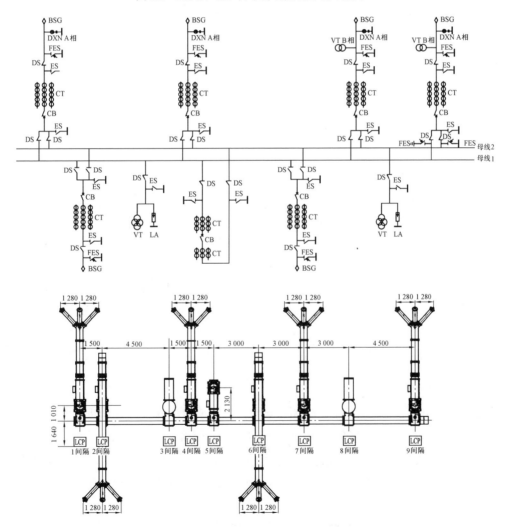

图 6.9　110 kV GIS 一种典型双母线分段接线方案图

3. 主要构成元件

(1) 断路器（CB）。

110 kV GIS 配用的断路器应具有优良的开断性能、电寿命长、运行安全可靠、少维护的优点。主要配用 SF$_6$ 断路器，结构上有压气式和自能式两种，配用的操动机构有电动储能弹簧操动机构和液压弹簧操动机构。110 kV GIS 用 SF$_6$ 断路器的结构形式及特征见表 6.10。一种典型的断路器结构如图 6.10 所示。

表 6.10 110 kV GIS 用断路器结构形式及特征

类别	类型	特征
总体布置	卧式	重心低，抗震性好，纵向尺寸大
	立式	占地面积小，检修空间大
三极配置方式	三角形排列	空间利用较好
	一字形排列	操作传动简单
引线方式	同侧	进出线在同一侧
	两侧（端）	进出线在不同侧（端）
操动方式	三相机械联动	三相共用一个操动机构
操动机构配置方式	机构下置	进出线位置较高，但机构维护方便
	机构上置	进出线位置较低，利于检修和观察

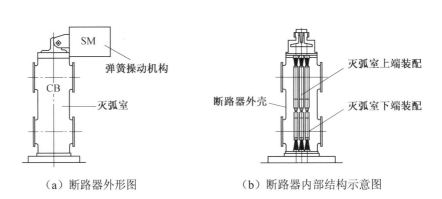

（a）断路器外形图   （b）断路器内部结构示意图

图 6.10 一种典型的断路器结构

(2) 隔离开关（DS）。

110 kV GIS 用气体绝缘金属封闭型隔离开关，由开关本体和操动机构组成。按其主回路的构成分为直线形和直角形两种，典型结构形式如图 6.11 所示。动触头可以做直线运动，也可以做旋转运动。一般为三相联动配用动力型简易操动机构，如电动机构、气动机构、弹簧机构等，并要求可以就地手动操作，通常机构上具有监视断口工作状态的分、合闸位置指示器。除此之外，壳体上还可以安装观察窗。

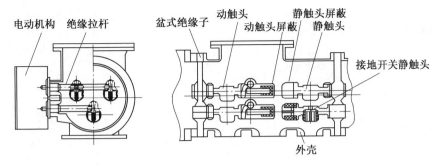

（a）直线形隔离开关

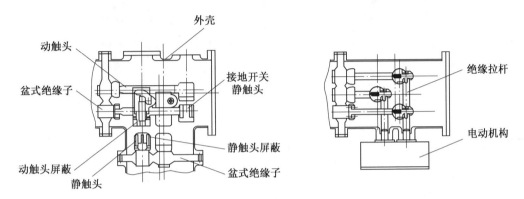

（b）直角形隔离开关

图 6.11 典型隔离开关结构图

（3）检修用接地开关（ES）。

110 kV GIS 用气体绝缘金属封闭检修用接地开关，由开关本体和操动机构两部分组成，一般为三相联动，动触头的运动方式有直动和转动两种。

接地开关还常常被用来作为 110 kV GIS 主回路参数和特性的测量端子，为此，要求接地开关的接地端子应能与地电位（即 110 kV GIS 外壳）绝缘。

（4）隔离-接地三工位开关（DS-ES）。

110 kV GIS 用隔离-接地三工位开关由隔离开关与工作接地开关组合而成，典型结构如图 6.12（a）所示。隔离-接地三工位开关通常采用三极共筒式结构，隔离及接地开关的三极动、静触头均封闭于同一个接地的金属外壳内，用一台电动操作机构进行三极联动操作，中间导体采用导通-隔离-接地的三工位方式，实现机械联锁，布局紧凑。

（5）快速接地开关（FES）。

110 kV GIS 用快速接地开关由开关本体和操动机构组成。由于需要具备关合短路电流、开合静电感应和电磁感应电流的能力，这类开关必须配备简易熄（耐）弧装置，配用动力型操动机构，能够快速完成合闸和分闸操作。通常快速接地开关配置在 110 kV GIS 进（出）线单元的线路侧。快速接地开关可以与隔离-接地三工位开关集成在一个壳体内，一种典型结构如图 6.12（b）所示。

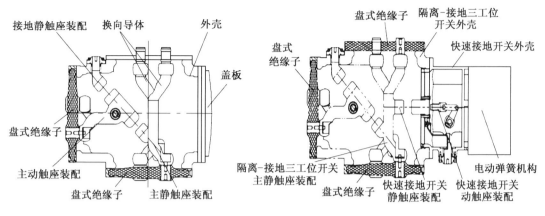

（a）隔离-接地三工位开关　　　　　　（b）快速接地开关的隔离-接地三工位开关

图 6.12　一种典型隔离-接地开关的结构图

（6）电流互感器（CT）。

110 kV GIS 用电流互感器有电磁式电流互感器和电子式电流互感器两种，一种典型 110 kV GIS 用电磁式电流互感器结构如图 6.13 所示，其二次绕组有测量用和保护用两种。

在布置上，电流互感器可以单独安装在主回路上，也可以与断路器、套管或电缆等组装在一起。其铁芯与线圈的配置有内装式和外装式两种。内装式铁心和二次绕组置于充气外壳中，利用屏蔽筒改善内部电场，二次回路通过绝缘密封端子引出，结构简单、紧凑；外装式铁芯和二次绕组安装在充气壳体外面，为了保证测量精度，必须在钢质外壳上采取隔磁措施，切断外壳中的磁路，同时还必须在外壳连接处增设绝缘隔板，并在二次绕组外部增设分流导体，排除外壳电流的影响。

电子式电流互感器近年在 110 kV GIS 中已有应用，具有尺寸小、重量轻、线性度好、耐过电压和抗干扰能力强、抗磁饱和、低功耗和宽频带等优点，但可靠性还有待在实际应用中验证。

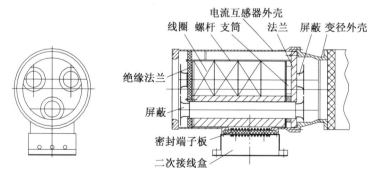

图 6.13　一种典型的电流互感器结构

（7）电压互感器（VT）。

110 kV GIS 用电压互感器有电磁式电压互感器、电容式电压互感器和电子式电压电流互感器三种。

图 6.14（a）为一种典型的电磁式电压互感器。这种电压互感器具有结构简单、体积小、容量大、精度高、绝缘性能稳定可靠、能释放线路或母线上残留电荷等优点，是目前 110 kV GIS 用电压互感器的主要品种。

110 kV GIS 用电容式电压互感器为气体绝缘的罐式结构，其构成原理与大气绝缘产品相同。

图 6.14（b）为近年出现的一种电子式电压电流互感器的结构。该结构集成了电子式电压互感器和电子式电流互感器，结构紧凑、体积小、重量轻。

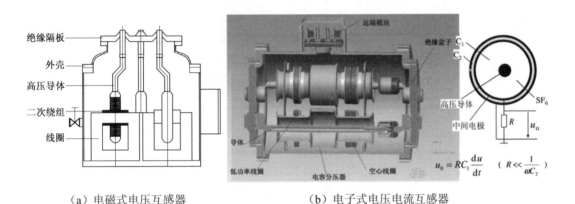

（a）电磁式电压互感器　　　　　　　（b）电子式电压电流互感器

图 6.14　110 kV GIS 用典型的电压互感器结构图

（8）避雷器（LA）。

110 kV GIS 普遍配用金属氧化物避雷器（MOA）限制过电压。这是因为氧化锌（ZnO）元件具有较理想的非线性伏安特性和较大的热容量。同时，MOA 构造简单、保护特性稳定，与 110 kV GIS 伏-秒特性配合很好。图 6.15 为 110 kV GIS 用典型避雷器结构图。

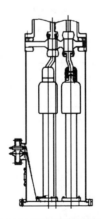

图 6.15　110 kV GIS 用典型避雷器结构图

6.2.2 性能

1. 主要技术参数

110 kV GIS 的主要技术参数见表 6.11。

表 6.11　110 kV GIS 的主要技术参数

序号	参数名称	单位	典型参数	说明
1	额定电压	kV	110	
2	额定电流	A	1 250/1 600/2 000/2 500/3 150/4 000	[1]
3	额定频率	Hz	50	
4	额定短路开断电流	kA	31.5/40/50	[1]
5	额定短路持续时间	s	2/3/4	[1]
6	额定关合电流	kA	100/125	[1]
7	额定短时耐受电流	kA	40/50	[1]
8	额定峰值耐受电流	kA	100/125	[1]
9	开合容性电流		C_1/C_2	[1]
10	额定短时工频耐受电压	kV	极对地、开关装置断口间及极间：230 隔离断口间：265/230+73	[1]
11	额定雷电冲击耐受电压	kV	极对地、开关装置断口间及极间：550 隔离断口间：630/550+103	[1]
12	机械寿命		M_1/M_2	[1]
13	电寿命		E_1/E_2	[1]
14	充气压力		制造厂提供	
15	SF_6 气体年泄漏率		0.5%	
16	合、分闸装置和辅助、控制回路的额定电源电压	V	DC：24/48/110/220 AC：110/220（单相三线制系统）、220/380 或 230/400（三相、三线或四线制系统）、110 或 220 或 230（单相两线制系统）	[1]
17	合、分闸装置和辅助、控制回路的电源频率	Hz	DC/AC 50	[1]

注：[1] 典型参数一栏中的数值可根据工程实际情况选用

2. 110 kV GIS 的主要特点

（1）占地面积小。一般 110 kV GIS 设备占地面积为常规设备的 46% 左右，符合我国节约用地的基本国策，减少了征地、拆迁、赔偿等昂贵的前期费用。

（2）由于 110 kV GIS 设备的元件是全封闭式的，因此不受污染、盐雾、潮湿等环境的影响。110 kV GIS 设备的导电部分外壳屏蔽，接地良好，导电体产生的辐射、电场干扰、断路器开断的噪声均被外壳屏蔽，而且 110 kV GIS 设备被牢固地安装在基础预埋件上，产品重心低，强度高，具有优良的抗震性能，尤其适合在城市中心或居民区使用。与常规设备相比，110 kV GIS 更容易满足城市环保的要求。

（3）SF_6 气体作为绝缘介质，气体本身不燃烧，防火性能好，而且具有优异的绝缘性能和灭弧性能，运行安全可靠，维护工作量少，检修周期长，适合于变电站无人值班，达到减员增效的目的。

（4）110 kV GIS 变电站施工工期短。110 kV GIS 设备的各个元件通用性强，采用积木式结构，组装在一个运输单元中，运到施工现场即可就位固定。现场安装的工作量比常规设备减少了 80% 左右。

6.2.3　试验

110 kV GIS 的型式试验、出厂试验和交接试验应符合表 6.12 中的国家标准。

1. 型式试验

对于型式试验，可以使用符合 GB/T 12022—2011 的未用过的 SF_6 或者符合 GB/T 8905—2012 的用过的 SF_6。

型式试验是为了验证开关设备和控制设备及其操动机构和辅助设备的额定值和性能。

型式试验的试品应与正式生产产品的图样和技术条件相符合，下列情况下，开关设备和控制设备及其操动机构和辅助设备应进行型式试验：

（1）新试制的产品应进行全部型式试验。

（2）转厂及异地生产的产品应进行型式试验：

（3）当产品的设计、工艺或生产条件及使用的材料发生重大改变而影响到产品性能时，应做相应的型式试验。

（4）正常生产的产品每隔 8 年应进行性能验证试验，具体的验证试验项目在产品标准中规定。

（5）不经常生产的产品（停产三年以上），再次生产时应按规定进行验证试验。

（6）对系列产品或派生产品，应进行相关的型式试验，部分试验项目可引用相应的有效试验报告。

表 6.12　110 kV GIS 依据的主要国家标准

序号	标准号	名称
1	GB/T 191—2008	包装储运图示标志
2	GB 311.1—2012	绝缘配合 第 1 部分：定义、原则和规则
3	GB 1207—2006	电磁式电压互感器
4	GB 1208—2006	电流互感器
5	GB 1984—2014	高压交流断路器
6	GB 1985—2014	高压交流隔离开关和接地开关
7	GB 4208—2008	外壳防护等级（IP 代码）
8	GB 7674—2008	72.5 kV 及以上气体绝缘金属封闭开关设备
9	GB 11032—2010	交流无间隙金属氧化物避雷器
10	GB/T 12022—2014	工业六氟化硫
11	GB/T 3222.2—2009	声学 环境噪声的描述、测量与评价 第 2 部分：环境噪声级测定
12	GB/T 4109—2008	交流电压高于 1 000 V 的绝缘套管
13	GB/T 4585—2004	交流系统用高压绝缘子的人工污秽试验
14	GB/T 4473—2008	交流高压断路器的合成试验
15	GB/T 7354—2003	局部放电测量
16	GB/T 8905—2012	六氟化硫电气设备中气体管理和检测导则
17	GB/T 11022—2011	高压开关设备和控制设备标准的共同技术要求
18	GB/T 11023—1989	高压开关设备六氟化硫气体密封试验方法
19	GB/T 13384—2008	机电产品包装通用技术条件
20	GB/T 13540—2009	高压开关设备和控制设备的抗震要求
21	GB/T 16927.1—2011	高电压试验技术第 1 部分：一般定义和试验要求
22	GB/T 16927.2—2013	高电压试验技术第 2 部分：测量系统

依据 GB 7674—2008 第 6 章要求，110kV GIS 所需进行的型式试验见表 6.13。

表 6.13　110 kV GIS 的型式试验内容

序号	型式试验项目	条款号
1	验证设备绝缘水平的试验及辅助回路的绝缘试验	6.2
2	验证无线电干扰电压（RIV）水平的试验（如果适用）	6.3
3	验证设备所有部件温升的试验以及主回路电阻测量	6.4 和 6.5
4	验证主回路和接地回路承载额定峰值耐受电流和额定短时耐受电流能力的试验	6.6
5	验证所包含的开关装置开断关合能力的试验	6.101
6	验证所包含的开关装置机械操作和行程-时间特性测量	6.102
7	验证外壳强度的试验	6.103
8	外壳防护等级的验证	6.7
9	气体密封性试验和气体状态测量	6.8
10	电磁兼容性试验（EMC）	6.9
11	辅助和控制回路的附加试验	6.10
12	隔板的试验	6.104
13	验证在极限温度下机械操作的试验	6.102.2
14	验证热循环下性能的试验以及绝缘子的气体密封性试验	6.106
15	接地连接的腐蚀试验（如果适用）	6.107

注：表中条款号引自 GB 7674—2008

2. 出厂试验

出厂试验可以使用符合 GB/T 12022—2014 的未用过的 SF_6 或者符合 GB/T 8905—2012 的用过的 SF_6。

出厂试验应在完整的 110kV GIS 组合电器装置上进行。根据试验性质，某些试验可以在元件、运输单元上进行。出厂试验产品与进行过型式试验的产品应保持一致。

依据 GB 7674—2008 第 7 章要求，出厂试验项目包括：

（1）主回路绝缘试验。

（2）辅助和控制回路试验。

（3）主回路电阻测量。

（4）密封性试验和气体状态检查。

（5）设计和外观检查。

（6）外壳压力试验。

（7）机械操作试验和开关装置的行程-时间特性测量。

（8）控制机构中辅助回路、设备和联锁试验。

（9）隔板压力试验。

产品出厂应附有出厂试验报告。

3. 交接试验

110 kV GIS 组合电气装置安装后，在投运前，为了检查正确动作和设备绝缘的完整性，应对 110 kV GIS 进行交接试验。交接试验依据 GB 50150—2006 实施。

交接试验项目包括：

（1）测量主回路导电电阻。

（2）主回路交流耐压试验。

（3）密封性试验。

（4）测量 SF_6 气体含水量。

（5）封闭式组合电器内各元件试验。

（6）组合电器操动试验。

（7）气体密度继电器、压力表和压力动作阀检查。

制造厂和用户就现场的交接试验计划达成协议。

6.2.4 运行与管理

1. 运行技术要求

当 110 kV GIS 安装在户内时，安装地点应具备良好的通风排气条件，同时配备 SF_6 气体浓度自动检测与报警装置，另外还应配备防毒面具、防护服等防护器具。

110 kV GIS 的壳体均应确保被可靠接地，同时接地导体应满足短路时的容量要求。

2. 管理与维护项目

（1）巡视检查。

巡视检查是对运行中的 110 kV GIS 设备进行外观检查，主要检查设备有无异常情况，并做好记录，如果发现异常应按照规定上报并处理。主要内容包括：

①检查各个操动机构的位置指示是否正确、记录其累积动作次数。

②检查各种信号灯、指示灯及监测装置是否正常工作。

③检查各仪表的数值是否正常。

④检查各部件可视部分是否有损坏、错位、老化等不正常现象。

⑤检查有无异常声音、异味。

⑥检查设备有无漏油、漏气。

⑦检查设备有无温升异常。

⑧检查照明、通风及各种监测装置是否正常、完好。

（2）定期检查。

110 kV GIS 处于全部或部分停电状态下，专门组织的维修检查。每 4 年进行一次，或按实际情况而定。主要内容包括：

①对操动机构进行维修检查，处理漏油、漏气或缺陷，更换损坏的零部件。

②维修检查辅助开关。

③校验压力表、压力开关、密度继电器及动作情况。

④检查传动部分的磨损，对传动部分添加润滑剂。

⑤断路器的机械特性试验。

⑥检查各种连杆的连接情况。

⑦检查接地装置。

⑧如果条件满足，可开展回路电阻测量工作。

（3）临时性检查。

根据 110 kV GIS 设备的运行状态及累积动作情况，依据制造厂对设备运行维护检查项目的要求，开展必要的临时性检查。主要内容包括：

①若气体含水量明显增加，应及时查找原因并处理。

②当 110 kV GIS 发生异常情况时，应对怀疑的元件进行检查并处理。

（4）分解检修。

断路器本体一般不用检修，但在运行过程中发现异常或缺陷时应进行检查和处理，根据诊断情况，开展必要的分解检修。分解检修宜由制造厂负责或在制造厂相关人员指导下进行。另外，每 15 年或按照制造厂家规定需要对主回路元件进行分解检修。

6.3　35 kV 柜式气体绝缘金属封闭开关设备和控制设备

柜式气体绝缘金属封闭开关设备和控制设备是一种用于 10～35 kV 或更高电压输配电系统以接受或分配电能并能对电力系统在正常运行和故障情况下实行控制、保护、测量、监视、通信等功能的开关设备，将各高压元件设置在箱形密封容器内，使之充入较低压力的绝缘气体，利用现代加工手段而制成的成套系列化产品。35 kV 柜式气体绝缘金属封闭开关设备和控制设备是指额定电压为 35 kV、设计压力不超过 0.3 MPa（表压），具有充气隔室的开关柜，是将高压 GIS 技术、SF_6 的绝缘技术、密封技术与空气绝缘金属封闭开关设备制造技术有机地相结合的产物。该类产品特别适用于对尺寸及可靠性要求高以及地下、高原、沿海地区等自然环境和使用条件相对恶劣的场合。目前主要使用在对可靠性要求高的地区、工矿企业的变电站，地铁、轻轨铁路等用地紧张、空间狭小受限制的变电站，以及海拔高的高原变电站。

6.3.1　产品的分类

35 kV 柜式气体绝缘金属封闭开关设备按用途可分为进线柜、出线柜、母联柜、母线提升柜、测量柜等，不同柜型可以实现不同功能。

按实现的一次主接线方案又可细分为单母线及单母线分段和双母线及双母线分段两种。

按气室的多少可细分为单气室、二气室、三气室和多气室四种。

密封壳体的结构类型主要分为钢板封闭方箱型，铝筒或钢筒封闭圆筒型，部分圆筒部分方箱型 3 大类。现代柜式气体绝缘金属封闭开关设备和控制设备绝大多数采用钢板封闭方箱型。

根据柜式气体绝缘金属封闭开关设备和控制设备在配电网中所处的位置和作用不同，常常分为一次配电开关柜 C-GIS（Cubicle type Gas Insulated Switchgear）和二次配电开关柜（充气环网柜），如图 6.16 所示。

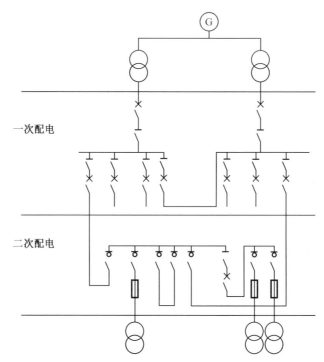

图 6.16 一次配电开关柜与二次配电开关柜的划分图

一次配电开关柜主开关以断路器为主，技术参数一般为额定电流 630～3 150 A，额定峰值耐受电流 31.5～50 kA，因位于配电电源的首端，对配电网的影响较大，一般涉及一条馈线乃至整个变电站，对开关柜的安全级别要求较高。二次配电开关柜主开关以负荷开关为主（包括负荷开关+熔断器组合电器），部分采用断路器，技术参数一般为额定电流 630 A，少数为 1 250 A，额定峰值耐受电流一般为 20 kA，少数为 25 kA，因位于馈线的中段或末端，对配电网的影响小，一般涉及一段馈线至一条馈线，对开关柜安全级别要求可有所降低。由于使用场合的不同，一次配电开关柜重要性高于二次配电开关柜，而后者使用数量倍于前者，故一次配电开关柜侧重性能，二次配电开关柜在保证性能的同时也注重价格。

6.3.2　一次主接线方案

根据一次主接线典型方案来考虑总体形状和尺寸、配置所需的一次高压元件、划分气室、与其他方案的兼顾等。在典型方案的基础上通过变换高压元件、简单地改变结构来尽可能多地实现各种不同的主接线。由于柜式气体绝缘金属封闭开关设备和控制设备气室内的高压元件检修非常不方便，所以在考虑主接线方案时与空气绝缘开关柜有所不同。图 6.17 和图 6.18 为柜式气体绝缘金属封闭开关设备和控制设备的一次主接线图。

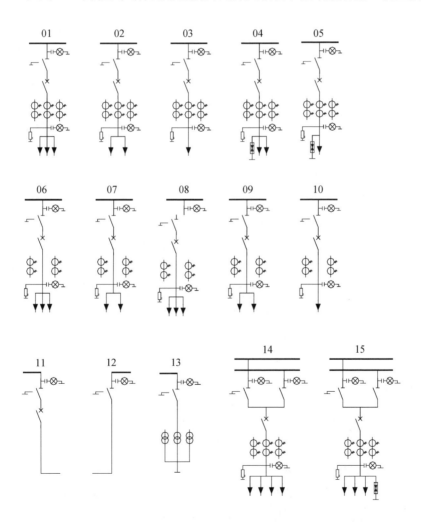

图 6.17　C-GIS 常用的一次主接线方案举例

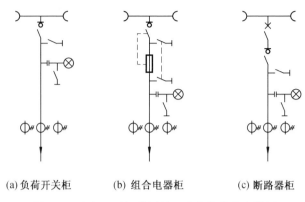

(a) 负荷开关柜　　(b) 组合电器柜　　(c) 断路器柜

图 6.18　充气环网柜常用的一次主接线方案举例

6.3.3　结构

35 kV 柜式气体绝缘金属封闭开关设备和控制设备以低压力 SF_6、N_2、CO_2、压缩空气或其他气体作为一次主回路的绝缘或/和灭弧介质，以断路器（负荷开关）为主要开断元件，将隔离开关、电流/电压传感器（互感器）等高压带电部件及其之间的连接导体安装于各功能充气室或集装于一个箱式的充气容器内。通过柜体上预留的插座孔由插接式电缆终端实现进出线，预留的插座孔也可插接避雷器、电压互感器等高压元件，当预留的插座孔或柜体连接的插孔不需要插接时则用专用的绝缘堵头堵上，需要使用时再取下。所有高压带电部件或者置于绝缘气体中，或者采用固体绝缘介质用接地屏蔽层或金属外壳进行封闭。这种开关柜的其他部分诸如操动机构、控制和保护单元、气室外的二次回路、电缆室、泄压通道等仍置于大气中，便于监视和维护。由于利用气密性金属容器布置高压元件和采用了新型的插接式绝缘连接方式，35 kV 柜式气体绝缘金属封闭开关设备和控制设备的柜体已由箱式发展为具有灵活组合、性能更好的铠装式柜体。可以配用传统的电磁式互感器或配用新型组合式电流/电压传感器进行一次主回路电流、电压的监视和测量，利用智能化技术实现就地或远程控制、保护、测量、通信、显示、监视、故障录波和时间记录等功能。

1. 总体结构

国内外各大电气公司生产的柜式气体绝缘金属封闭开关设备和控制设备均没有线路侧隔离开关和接地开关。如果在线路侧设置隔离开关和接地开关（或故障关合接地开关），当误操作后电弧造成的气体分解物对柜内的环境污染很大，势必影响柜内其他元件的正常运行，一旦误操作，整面柜子必须检修。又因故障关合时，常规接地开关关合短路电流的电寿命仅有两次，关合短路电流后需要检修。通过断路器进行接地操作即使误操作也不会对柜内环境造成污染，也就是说不会对柜内其他元件的正常运行造成影响，只要

·230·

电寿命不超过主开关允许的次数，整个柜子就不必检修，延长了检修周期，如果其他问题处理得好，则在柜子的整个寿命期可以做到不检修，大大减少了用户检修的工作量。另外，如果没有线路侧故障关合接地开关，该气体隔室按无电弧分解物来考虑水分控制，对生产、运行也极为有利。没有线路侧隔离开关和接地开关（或故障关合接地开关），母线侧隔离开关在隔离位置实现隔离功能，在接地位置仅仅是预接地，只有当断路器合闸后才真正实现线路侧接地。这种主接线实际上对提高运行可靠性是有利的。

（1）一次配电气体绝缘金属封闭开关设备和控制设备总体结构。

一次配电气体绝缘金属封闭开关设备和控制设备的功能单元主要由断路器气室、母线（或隔离开关）气室、电缆室、仪表室、柜体、泄压通道等部分的全部或部分组成。

纵观各种类型的中压 C-GIS，可以明显地看出总体结构与母线的结构有密切关系，母线的结构对总体结构有限制要求。为了使母线在现场便于安装，总体结构自然就顺应母线结构来确定了。一次主回路仅包含母线、三工位隔离开关、断路器 3 个主要模块，按它们之间的相对位置总体结构可以划分为上中下布置、下中上布置和后中前布置 3 大类，将 GIS 技术与常规开关柜技术有机结合并发展。

上中下布置的典型 C-GIS 产品总体结构布置图如图 6.19 所示，这种结构非常适合于插接式固体绝缘母线。

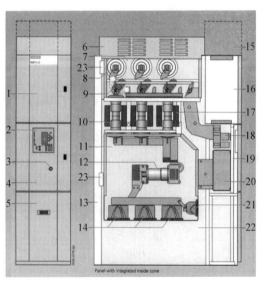

1—低压室门；2—智能控制器；3—紧急关闭按钮；4—机械操作门；5—电缆室门；6—母线盖；
7—母线室；8—主母线；9—三工位隔离开关；10—连接器；11—断路器室；12—断路器；
13—泄压通道；14—电缆插座；15—可选低压室；16—标准低压室；17—电流互感器；18—隔离开关机构；
19—机构操作面板；20—断路器机构；21—电压互感器插座；22—电缆室；23—防爆片

图 6.19　上中下布置的典型 C-GIS 总体结构布置图

下中上布置的典型 C-GIS 总体结构布置图如图 6.20 所示，这种结构非常适合于充气母线室+母线连接器，但这种布置实现双母线不太方便。

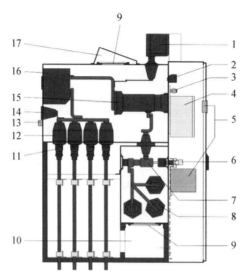

1—电压互感；2—气压表；3—密度继电器；4——路器操动机构；5—智能型控制；6—三工位隔离开关机构；7—三工位开关；8—主母线；9—压力释放盘；10—压力释放通道；11—插接式电缆头；12—电缆插座；13—测量电压接口；14—电缆和检验插座；15—断路器；16—电流互感器；17—压力释放通道

图 6.20　下中上布置的典型 C-GIS 总体结构布置图

后中前布置的典型产品结构如图 6.21 所示，这种结构非常适合于气体绝缘母线。

图 6.21　后中前布置的典型产品结构图

使用充气母线室+母线连接器母线结构不仅适用于下中上布置，也适用于上中下布置和后中前布置。

（2）二次配电气体绝缘金属封闭开关设备和控制设备总体结构。

对于二次配电气体绝缘金属封闭开关设备和控制设备，主要开关通常为负荷开关（负荷开关+熔断器组合电器）配电动或手动操动机构，也有断路器的方案。母线和所有开关共处一个充气隔室，典型间隔为负荷开关、负荷开关+限流熔断器组合电器，也有断路器的方案，气室内的高压带电元件诸如母线、隔离开关、接地开关、负荷开关/负荷开关+熔断器/断路器、电缆出线均采用上下布置，图 6.22 为单间隔充气环网柜典型布置图。通过母线连接器可以是具有扩展性的不同间隔模块的开关柜排列，也可以是标准的 3、4、5 或多至 7 个间隔共用一个充气箱体的开关柜，以简化母线连接，节省空间和成本。有时配置数字式继电器或控制保护单元。

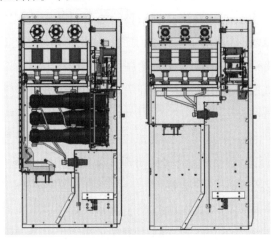

（a）组合电器柜　（b）负荷开关柜

图 6.22 单间隔充气环网柜典型布置图

环网柜按柜体结构划分为间隔式、整体式、间隔+整体混合式 3 种类型。环网柜按柜体结构划分的结构类型见表 6.14。

表 6.14　环网柜按柜体结构划分的结构类型

类型	结构特点	优 点	缺 点
间隔式	将一个支路做成一面开关柜	不同的柜型可以自由连接组合	体积大、成本高
整体式	一般将2~6个支路装在一个充有气体的密封壳体内，组合而成	体积小、安装容易，维护量少，安全性高	不利于扩建，功能单元有限
间隔+整体混合式	将一个支路做成间隔式，分别将两个支路、3个支路做成整体式	可按主接线要求，选择不同功能模块任意组合，构成更多的支路，可扩展，可加装计量、分段等小型柜，结构紧凑	

2. 母线

柜式气体绝缘金属封闭开关设备和控制设备目前有气体绝缘母线、插接式固体绝缘母线和气体绝缘母线+母线连接器 3 种类型的母线结构。母线采用何种形式主要是与制造精度要求的高低，现场安装时是否涉及绝缘气体的处理、抽真空，现场安装的方便程度等因素有关。气体绝缘母线现场安装时需要打开密封盖板进行母线的联结，然后进行抽真空、绝缘气体的处理、充气、检测水分含量，一切现场安装程序和高压 GIS 一样。插接式固体绝缘母线、气体绝缘母线＋固体绝缘母线连接器现场安装时不需要打开密封盖板，前者用插接件将母线单相地连接起来，母线是干式的；后者柜内的母线是共箱、气体绝缘的，柜间是用硅橡胶连接器连接靠固体绝缘材料的界面绝缘。插接式固体绝缘母线或充气绝缘母线+母线连接器除了不受尘埃和凝露的影响外，还具有便于母线连接、分段或改接的特点，前者对制造、现场安装的精度要求较高，后者对制造、现场安装的精度要求略低。目前柜式气体绝缘金属封闭开关设备和控制设备多采用气体绝缘母线＋固体绝缘母线连接器的结构。

35 kV 柜式气体绝缘金属封闭开关设备和控制设备中非常重要的一个元件就是母线连接器，图 6.23 为某柜式气体绝缘金属封闭开关设备和控制设备固体绝缘母线连接器结构示意图，其作用是当产品现场安装拼柜时，在不打开密封箱体上的密封盖板的情况下采用插接结构使两个柜体间的母线在电路上连通并承载额定电流、短路电流，同时在两柜之间的主母线导体与金属外壳间建立固体的界面绝缘。用类似结构也可解决其他高压元件的绝缘插接。

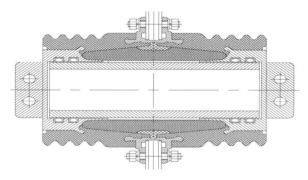

图 6.23　某柜式气体绝缘金属封闭开关设备和控制设备固体绝缘母线连接器结构示意图

3. 主要开断元件

35 kV 柜式气体绝缘金属封闭开关设备和控制设备中主要开断元件配置真空或 SF_6 断路器/负荷开关，充分发挥了真空或 SF_6 断路器/负荷开关灭弧室开断能力强和电寿命高的优点；C-GIS 90％以上采用真空断路器，但有一些用户要求使用 SF_6 断路器，配真空断路器存在截留过电压问题，配 SF_6 断路器需要增加一个 SF_6 气室，且气体压力较高，人们正在研究低压力（≤0.35 MPa）SF_6 断路器的开断技术。

充气环网柜中的负荷开关只开断额定电流，对开断性能要求不是很高，大多数配 SF_6 负荷开关，SF_6 负荷开关的开断断口能够满足隔离断口的要求，因此 SF_6 负荷开关能够和隔离开关复合化，减少了元件数量，这样能够节约制造成本。

4. 三工位开关

隔离开关、接地开关复合化，组合成三工作位置（简称三工位）开关，减少了元件数，自然提高了可靠性。近年来各国开发的 35kV C-GIS 全部采用三工位隔离接地开关，部分充气环网柜采用三工位负荷开关。

5. 熔断器

一般使用限流熔断器，在熔断器两侧设接地开关，当高压熔断器任意一相熔断时，熔断器顶端的撞击器应触发传动装置以及组合电器操动机构的脱扣装置，使联动的负荷开关自动跳闸。

6. 电缆终端

电源的进出方案、容量大小，由电缆终端的结构决定。电缆通过插接式电缆终端进出线。电缆终端有外锥、内锥两种结构形式。外锥通过扩展绝缘子实现多根电缆并联进出线，但扩展后的电缆数量一般为两根；内锥直接通过预留的内锥套管插座连接进出线，可并联多根电缆，目前最多的为 4 根。35 kV 电压等级的开关设备大多采用内锥插接式电缆终端。

内锥插接式电缆终端由两大部件组成，即内锥形套管插座和插接式电缆终端，结构如图 6.24～图 6.26 所示。插座套管安装在电气设备上（如柜式气体绝缘金属封闭开关设备和控制设备、变压器、分支箱等的插座组合）成为电气设备的一部分。插座绝缘套管由环氧树脂真空浇注制成，符合 DIN 47637 标准，法兰起连接、密封作用，端部为连接套筒，用以插入电缆终端接触环。

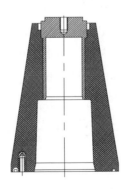

图 6.24　某柜式气体绝缘金属封闭开关设备和控制设备内锥套管插座示意图

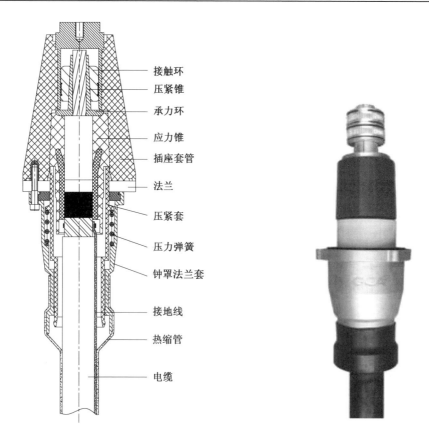

接触环
压紧锥
承力环
应力锥
插座套管
法兰
压紧套
压力弹簧
钟罩法兰套
接地线
热缩管
电缆

图 6.25　内锥套管插座和插拔式电缆终端装配示意图　　图 6.26　内锥插拔式电缆终端产品外形图

插接式电缆终端由导体接触系统、绝缘应力锥部件和钟罩形法兰套等部件组成。导体接触系统由接触环、压紧锥构成，接触环通过弹性触指与插座套筒的连接套筒相接触配合，确保了稳定的电气连接，这种结构在开关等电气设备上已广泛应用，运行可靠，压紧锥可配合不同截面的铜芯、铝芯电缆，适用电缆截面范围为 50～630 mm^2，这种结构不同于压接结构，它的最大特点是可装、可拆，可重复使用；绝缘应力锥部件是由高弹性硅橡胶注压成形，内部嵌有改善电缆屏蔽端部电场分布的应力锥，该部件与插座套管内锥压力配合，对电缆终端主绝缘也起密封作用；钟罩形法兰是用铝合金制造的，具有高机械强度，对电缆头起保护作用，钟罩内设置有压力弹簧，使主绝缘部件获得恒定压力，下部另外还有密封措施。

7. 控制元件和继电仪表

控制元件和继电仪表安装在继电器仪表室内，与开关柜的高压带电部分相对独立并完全隔离。面板装有各式各样的测量和保护用仪表，如电流表、电压表、信号和时间继电器等。室内设有集成式安装板，便于安装二次端子排。底部端子排也由水平安装改为倾斜安装，更适于安装和检测。侧板与上端顶板有控制线穿越孔，以便控制电源的连接。随着计算机和数字技术的发展，逐渐减少原来电磁式的保护装置，更多采用数字式继电器或控制保护装置，使控制面板分布更合理，外观更清晰。

二次配电开关柜往往根据实际情况将结构简化，并把主开关的操动机构也放在该室内。

8. 智能和保护单元

使用现代数字技术与软件技术配合开关元件、传感器等实现通信、控制、保护、联锁、检测等智能化功能。

开关设备状态在线监测主要包括监测功能主 IED、气体状态监测、局部在线监测、断路器状态在线监测、避雷器在线监测的传感器和其他 IED，如图 6.27 所示。

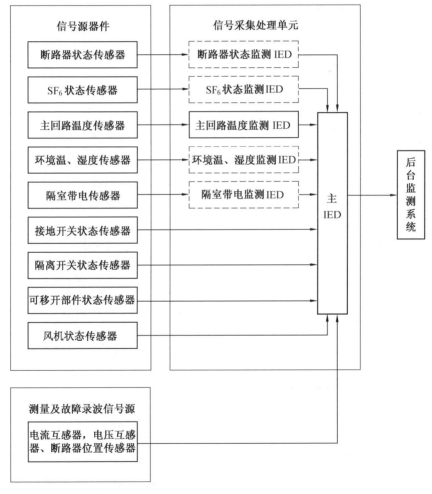

注：①虚框表示可以为物理装置，也可以为逻辑装置

②环境温/湿度监测 IED、隔室带电监测 IED 宜与主 IED 集成

③测量及故障录波为主 IED 所集成的除状态监测之外的重要功能

图 6.27　开关设备状态在线监测系统图

9. ZnO 避雷器

使用插接式 ZnO 避雷器便于连接且置于充气室外部。

6.3.4 性能

1. 主要技术参数

目前使用的 35 kV 柜式气体绝缘金属封闭开关设备和控制设备产品主要技术参数见表 6.15。

表 6.15 现生产和使用的 35 kV 柜式气体绝缘金属封闭开关设备和控制设备产品主要技术参数

	负荷开关柜	C-GIS	组合电器柜
额定电压/kV	35	35	35
额定频率/Hz	50	50	50
额定短路开断电流/kA		25，31.5	熔断器
额定电流/A	630	1 250～2 500	熔断器
额定短时工频耐受电压（相间、对地）/kV	95	95	95
额定短时工频耐受电压（断口）/kV	118	118	118
额定雷电冲击耐受电压（相间、对地）/kV	185	185	185
额定雷电冲击耐受电压（断口）/kV	215	215	215
额定短时耐受电流（4 s）/kA	20	25，31.5	
额定峰值耐受电流/kA	50	63，80	
额定短路开断次数/次		20～30	
年泄漏率/年	0.5%	0.5%	0.5%
分、合闸装置和辅助回路的额定电源电压/V	DC110，DC220，AC220	DC110，DC220，AC220	DC110，DC220，AC220
配置主要元件	负荷开关	三工位隔离开关	负荷开关
		真空断路器	熔断器
	弹簧机构	弹簧机构	弹簧机构

2. 主要优点

（1）高可靠性，不受外界环境影响。因主回路的带电部分密封或封闭，最大优点是不受外界环境的影响，如凝露、污秽、海拔、化学物质、小动物等，可适用于潮湿、污秽、沙尘等严酷场合，高海拔地区等非正常环境条件下，使设备长期安全运行，具有高可靠性，无触电和火灾的危险。

（2）小型化。由于用绝缘性能优于大气的气体（如 SF_6、N_2、CO_2、压缩空气或其他气体）作为绝缘介质，高压元件尺寸得以缩小，在箱形容器内排列方便、集装程度高，这就使得设备小型化。在 35 kV 级最为明显，安装面积、体积比空气绝缘开关柜大约缩小 50%～60%。

（3）维护工作量减少。因高压元件用绝缘气体密封，气室内零部件无腐蚀、生锈现象，也没有由此造成的操作方面的影响，维修的工作量很少。

（4）适用于双母线系统，且结构紧凑，具有较强竞争力。

6.3.5 试验

1. 试验标准

35 kV 柜式气体绝缘金属封闭开关设备和控制设备依据的主要国家标准见表 6.16。

表 6.16 柜式气体绝缘金属封闭开关设备和控制设备依据的主要国家标准

代号	名称
GB 3906—2006	3.6～35kV 交流金属封闭开关设备
GB/T 11022—2011	高压开关设备和控制设备标准的共用技术要求
GB 3804—2004	3.6～35kV 高压交流负荷开关
GB 1984—2014	交流高压断路器
GB 1985—2014	高压交流隔离开关和接地开关
GB/T 7354—2003	局部放电测量
GB 1207—2006	电磁式电压互感器
GB 1208—2006	电流互感器
GB/T 16927.1—2011	高电压试验技术 第一部分：一般定义和试验要求
GB 4208—2008	外壳防护等级（IP 代码）
GB 11022—2006	工业六氟化硫
GB12706.2—2008	额定电压 1 kV(U_m=1.2 kV)到 35 kV(U_m=35kV)挤包绝缘电力电缆及附件 第 2 部分：额定电压 6 kV(U_m=7.2 kV)到 30 kV(U_m=36 kV)电缆
GB12706.4—2008	额定电压 1 kV(U_m=1.2 kV)到 35 kV(U_m=35kV)挤包绝缘电力电缆及附件 第 4 部分：额定电压 6 kV(U_m=7.2 kV)到 35 kV(U_m=35kV) 电力电缆附件试验要求
GB/T14598.3—2006	电气继电器第 5 部分电器继电器的绝缘部分
GB/T17626.2—2008	电磁兼容试验和测量技术 静电放电抗扰度试验
GB/T17626.4—2008	电磁兼容试验和测量技术电快速瞬变脉冲群抗扰度试验
GB/T17626.5—2009	电磁兼容试验和测量技术浪涌（冲击）抗扰度试验

2. 型式试验

35 kV 柜式气体绝缘金属封闭开关设备和控制设备分为断路器柜、负荷开关柜和组合电器柜，它们的型式试验项目见表 6.17。

表 6.17　柜式气体绝缘金属封闭开关设备和控制设备的型式试验项目

型式试验项目	断路器柜	负荷开关柜	组合电器柜
绝缘试验	■	■	■
操动机构和辅助回路绝缘试验	■	■	■
短时耐受电流及峰值耐受电流试验	■	■	
关合和开断能力试验	■	■	■
电寿命试验	■		
异相接地故障试验	■		
电缆充电电流开合试验	■	■	
失步开断关合能力试验	■		
回路电阻测量	■	■	■
温升试验	■	■	■
机械特性及机械操作试验	■	■	■
机械寿命试验	■	■	■
辅助和控制设备的温升试验	■	■	■
防护等级试验	■	■	■
密封试验	■	■	■
脱扣联动试验			■
熔断器机械振动试验			■
充气隔室的压力耐受试验	■	■	■
电磁兼容试验（选做）	■	■	■

3. 出厂试验

柜式气体绝缘金属封闭开关设备和控制设备分为断路器柜、负荷开关柜、组合电器柜，它们的出厂试验项目见表 6.18。

表 6.18　柜式气体绝缘金属封闭开关设备和控制设备的出厂试验项目

出厂试验项目	断路器柜	负荷开关柜	组合电器柜
设计检查和外观检查	■	■	■
绝缘试验	■	■	■
操动机构和辅助回路绝缘试验	■	■	■
回路电阻测量	■	■	■
机械特性及机械操作试验	■	■	■
密封试验	■	■	■
充气隔室的压力试验	■	■	■
气体状态测量	■	■	■

4. 交接试验

根据 GB 50150—2006 的规定，开关设备制造厂商与使用方进行产品交接需要进行以下交接试验：

（1）测量主回路的导电电阻。

（2）主回路的交流耐压试验。

（3）密封性试验。

（4）各辅助元件试验。

（5）机械操动线圈的最低动作电压试验。

（6）气体密度继电器、压力表和压力动作阀检查。

（7）测量绝缘电阻。

（8）测量高压限流熔丝管熔丝的直流电阻。

（9）操动机构试验。

6.3.6　运行与管理

1. 运行技术要求

气体绝缘金属封闭开关设备在安装、调试完成后即可投入运行，运行前应对机构进行全面检查，对传动部分适当润滑，拧紧松动的螺母和螺钉。机构在正常检修时应将合闸弹簧能量释放。

气体绝缘金属封闭开关设备属于户内产品，安装地点应具备良好的通风排气条件，同时配备 SF_6 气体浓度自动检测与报警装置，另外还应配备防毒面具、防护服等防护器具。纯净的 SF_6 气体是无色、无味、无毒的，不易引起注意。但是，由于 SF_6 气体密度比空气大几倍，因而会在地势较低处沉积。当空气中的 SF_6 密度超过一定量时，可使人窒息。因此，工作人员进入安装现场，尤其是进入地下室、电缆沟等低洼场所工作之前，必须进行通风换气，并检测空气中的氧气浓度，只有氧气浓度大于 18%时，才能开始工作。从防保和安全角度出发，一般空气中的 SF_6 的浓度不应超过 $1\,000\times10^{-6}$ PPM。

虽然气体绝缘金属封闭开关设备设计能保证开关柜各部分操作程序正确的联锁，但是操作人员对开关柜各部分的操作仍应严格按照操作规程的要求进行，不应随意操作，更不应在操作受阻时不加分析强行操作，否则容易造成设备损坏甚至引起事故。气体绝缘金属封闭开关设备的联锁以电气联锁和提示性联锁为主，辅之以机械联锁，机械联锁功能是机械强制性闭锁，能满足联锁要求，但是操作人员不应因此而忽视操作规程。气体绝缘金属封闭开关设备的联锁功能是在正常操作过程中同时实现的，不需要增加额外的操作步骤，如发现操作受阻，应首先检查是否有误操作的可能，而不应强行操作以至损坏设备，甚至导致误操作事故的发生。

产品外壳均应确保可靠接地，同时接地导体应满足短路时的容量要求。

2. 管理与维护项目

气体绝缘金属封闭开关设备的检修和维护须按有关规程的要求进行，通常可分为巡视检查、一般检查、定期检查和临时检查 4 种。

（1）巡视检查。

每天至少一次巡视检查，无人值班的另定。巡视检查是对运行中的设备进行外观检查，主要检查设备有无异常情况，并做好记录，如有异常情况应按规定上报并处理。内容主要有：

①检查开关的位置指示是否正确，并与当时实际运行工况是否相符。

②检查断路器和隔离开关的动作指示是否正常，记录其累积动作次数。

③检查各种指示灯、信号灯和带电监测装置的指示是否正常，智能控制单元或控制和保护单元是否运行正常。

④检查各种仪表的数值是否正常。

⑤有无异常声音和异味。

⑥设备的操动机构和控制箱等的防护门、盖是否关严。

⑦外壳、支架等有无锈蚀、损坏，外壳漆膜是否有局部颜色加深或烧焦、起皮现象。

⑧设备有无漏气、漏油现象。

⑨接地端子有无发热现象，接触应完好。金属外壳的温度是否超过规定值。

⑩压力释放装置有无异常，其释放出口有无障碍物。

⑪室内的照明、通风和防火系统及各种监测装置是否正常、完好。

⑫所有设备是否清洁，标识清晰、完善。

（2）定期检查。

定期检查指设备处于全部或部分停电状态下，专门组织的维修检查。分为一般检修和详细检查。

一般检修是指将气体绝缘金属封闭开关设备停止运行，从外部进行一般检查与修理。每 3 年一次，内容主要有：

①检查操动机构分合闸指示情况、分合闸时间测量，有无异常、确认指示仪表信号是否正常。若开关不经常操作，每年应人为地进行分合闸操作一次。

②检查密封部件的紧固状况。

③维修检查辅助开关。

④控制柜内有无受潮、锈蚀和污损情况，低压回路配线有无松动，控制和保护单元功能是否正常，高压带电显示装置指示是否正常，微动开关、转换开关安装螺钉有无松动。

⑤校验压力表、压力开关、密度继电器或密度压力表的动作压力值。

⑥检查传动部件及齿轮等的磨损情况，对转动部件添加润滑剂。

⑦检查油漆或补漆工作。

详细检查是指将气体绝缘金属封闭开关设备退出运行，根据运行情况确定是否需要将密封盖板打开进行主回路检查，更换不能继续使用的零部件。主要内容有：

①操动机构的修理。修理变形和损坏部分、检查、调整与行程有关的部分，各连接部分的销、轴有无异常情况，检查传动系统与油缓冲器是否润滑，按规定更换零部件。每 6 年进行一次，可以不回收 SF_6 气体。

②对操动机构进行分合闸操作特性试验、密度控制器试验、防跳跃试验、控制和保护单元功能检查、主回路电阻测量。每 6 年进行一次，可以不回收 SF_6 气体。

③需要将密封盖板打开进行主回路检查，查看断路器出现严重故障时，应修理、更换，密封圈发生变形时应更换。每 12 年进行一次，需要回收 SF_6 气体。

（3）临时性检查。

临时性检查指根据气体绝缘金属封闭开关设备的运行状态或操作累计动作次数值，依据制造厂的运行维护检查项目和要求，对其进行必要的临时性检查。内容主要有：

①若气体湿度有明显增加时，应及时检查其原因。

②当设备发生异常情况时，应对有疑问的元件进行检查和处理。

临时性检查的内容应根据发生的异常情况或制造厂的要求确定。

（4）检修后的试验。

通常气体绝缘金属封闭开关设备检修后，要根据检修内容按出厂试验要求进行有关项目的试验。

6.4 SF_6 断路器

SF_6 断路器（以下简称 GCB）是一种以 SF_6 气体作为绝缘和灭弧介质，在高压输电线路中能关合、承载、开断运行回路正常电流，也能在规定时间内关合、承载及开断规定的过载电流的开关设备。它主要用于输电线路的控制和保护，有瓷柱式（以下简称 P×GCB）和落地罐式（以下简称 T×GCB）两种结构形式。

6.4.1 结构

1. 基本组成元件

（1）P×GCB 的组成元件有灭弧室、绝缘支柱、操动机构和控制柜。

灭弧室由静触头、动触头、灭弧室瓷套、操作杆、上下接线端子等组成。

绝缘支柱内装绝缘拉杆、直动密封系统和转动密封系统，并充有 SF_6 气体，与灭弧室共用一个气室。

操动机构常用有电磁操动机构、弹簧操动机构、液压操动机构、压缩空气气动操动机构和液压弹簧操动机构。

控制柜装有对断路器执行控制的二次元件。

（2）T×GCB 由绝缘套管、电流互感器、断路器壳体、操动机构和控制柜等组成。断路器壳体内装有 SF_6 气体、灭弧室、支撑绝缘子和操作杆等。

2. 产品外形结构

SF_6 断路器产品的外形结构见表 6.19。

表 6.19 SF_6 断路器产品外形结构

电压等级	P×GCB	T×GCB
35kV		
110kV		
220kV		

3. 总体结构

P×GCB 的主要特点是开断单元置于灭弧室瓷套中，由支持瓷套承担支撑和对地绝缘的作用，绝缘拉杆装于支持瓷套内，进行分合操作，其典型结构如图 6.28 所示。其优点是灭弧单元部分设计时不用过多考虑开断时的对地绝缘；改变支持瓷套后，易于形成多断口系列产品；成本相对较低。T×GCB 的主要特点是开断单元、导电回路等安装在用绝缘件支撑的接地金属罐体内，采用绝缘套管作为进出线。这种结构的优点是抗振性好，便于加装电流互感器，易于改型为 GIS 产品。

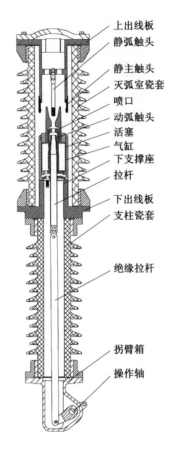

上出线板
静弧触头
静主触头
灭弧室瓷套
喷口
动弧触头
活塞
气缸
下支撑座
拉杆
下出线板
支柱瓷套

绝缘拉杆

拐臂箱
操作轴

图 6.28　P×GCB 典型结构

4. 灭弧室结构类型

SF_6 断路器经历了双压式、单压式和自能式等灭弧原理技术发展阶段，每种灭弧原理又都经历了不断自我完善的过程。

目前在电力系统中广泛使用的（特别是超高压领域）仍是压气式 SF_6 断路器。在静止状态，灭弧室内部压力是相同的，在分闸过程中，动触头开始运动，走过超程后，动、静触头间产生电弧；同时压气缸（或活塞）与动触头一块运动，使压气室内的 SF_6 气体压缩，气压升高。当电流过零时，压气室受压产生的高压气体沿设计好的气流通道吹向断口间，熄灭电弧。近年来，压气式原理在应用过程中不断得到了优化，如部分利用电弧能量的灭弧结构已经得到应用，即在大电流阶段电弧堵塞喷口，被电弧加热的气体反流入压气缸中，气缸中压力增大既来源于气体压缩，又来源于电弧能量，从而渐小了压气活塞的面积，降低了操作功。

20 世纪 90 年代以来，为了提高断路器的可靠性，降低操作能量，各种以利用电弧自身能量来加强灭弧效果的灭弧结构相继问世。灭弧单元采用热膨胀室和压气室分开的双气室结构，开断大电流时靠电弧能量自身使热膨胀室增压，热膨胀室压力大于压气室压力，单向阀关闭。气体在热膨胀室内进行热交换，形成低温高压气体；当电流过零时，这些气体吹向断口间使电弧熄灭。在分闸过程中，压气室内的气压开始时被压缩，但达到一定的气压值时，底部的弹性释压阀打开，一边压气，一边放气，使机构不必克服更多的压气反力，从而大大降低了操作功。在开断小电流时（通常在几千安以下），由于电弧能量小，热膨胀室内产生的压力小，此时压气室内压力高于热膨胀内压力，单向阀打开，被压缩的气体向断口处吹去，在电流过零时，这股气流吹向断口使电弧熄灭。

自能灭弧结构不限于一种简单模式，往往是几种原理的混合，如与小活塞压气相配合，与带泄压装置的压气室相配合，与旋弧原理相配合，与双动结构相配合等。这些混合技术的采用，都使断路器的机械操作能量大大减小，促进了灭弧技术的不断发展和提升。典型的灭弧原理及特点见表 6.20。

表 6.20　典型的灭弧原理及特点

方式	种类	灭弧原理图	特点
压气式	变熄弧距	 合闸　预压缩　气吹　分闸 1—静弧触头；2—静主触头；3—喷口；4—动弧触头； 5—气缸；6—活塞；7—操作杆；8—动主触头	较双压气式结构简单，开断电流大，需要较大的操作功，采用液压或气动操动机构
	定熄弧距	 合闸　预压缩　灭弧期间的气流　分闸 1—上出线端；2—静触头；3—动触头；4—气缸； 5—活塞；6—静触头；7—下出线端	开断电流大，需要较大的操作功，采用液压或气动操动机构

续表 6.20

方式	种类	灭弧原理图	特点
自能式	旋弧式	1—电弧；2—气流；3—静触头；4—线圈；5—升压室；6—电弧弧槽；7—喷嘴	采用电流线圈或永磁铁驱动电弧旋转，利于电弧冷却，同时加大了热膨胀效应，但往往需要适当的辅助压气来熄灭小电弧。操作功小，机械可靠性高，灭弧结构较复杂，开断能力偏小
自能式	热膨胀式	合闸位置　开断大电流　开断小电流　分闸位置　1—静弧触头；2—主触指；3—喷口；4—动弧触头；5—气缸；6—单向阀；7—减压阀；8—减压弹簧；9—压气室；10—热膨胀室	采用热膨胀＋辅助压力的灭弧原理。开断大电流时电弧使膨胀室增压，在电流过零时反向吹弧。开断小电流时，压气室增压，打开膨胀室的单向阀吹灭电弧。压气室下都有泄压阀，故不会产生大的压气操作反力
混合式	双动＋热膨胀式	1—上出线端；2—上部动触头系统；3—压气活塞；4—热膨胀室；5—压气室；6—减压阀系统；7—下出线端	采用热膨胀＋辅助压力的灭弧原理。在开断时上、下触头同时反向运动。在不增加操作功的基础上，提高了速度，操作功小，但灭弧室结构复杂

续表 6.20

方式	种类	灭弧原理图	特点
压气式＋热膨胀式		（a）开断初期　（b）开断后期 1—静触头；2—喷口；3—导电杆；4—气缸；5—活塞	以压气为主，附加热膨胀效应，提高了灭弧能力，减小了操作功和灭弧室尺寸，降低了机械负荷，提高了压气室内的压力

6.4.2　性能

1. 主要技术参数

目前 SF_6 断路器产品的主要技术参数见表 6.21。

表 6.21　目前 SF_6 断路器产品的主要技术参数

额定电压/kV	35	110	220
额定电流/A	1 600/2 000/2 500/3 150	2 500/3 150/4 000	3 150/4 000/5 000
额定短路开断电流/kA	25/31.5/40/50	31.5/40	50/63
额定短时工频耐受电压/kV	85/95	185/230	360/395/460
额定短时工频耐受电压（断口）/kV	110	210/265	415/460/530
额定雷电冲击耐受电压/kV	185	450/550	850/950/1050
额定雷电冲击耐受电压（断口）/kV	215	520/630	950/1 050/1 200
额定短时耐受电流持续时间/s	4	4	4
额定峰值耐受电流/kA	63/80/100/125	80/100	125/160

2. 主要特点

SF_6 气体具有优良的绝缘性能和灭弧性能，SF_6 断路器与油断路器、压缩空气断路器相比具有单断口电压高、灭弧能力强、开断电流大、断路器重量轻、操作功小、可靠性高、少维护、灭弧室结构多样化（压气式、自能式和混合式）等特点，避免了油断路器容易发生的喷火、喷油等不良现象。

6.4.3　试验

1. 试验标准

除参数表中规定的技术参数和要求外，其余均应遵照下例最新版本的国家标准。

（1）GB 311.1—2012《高压输变电设备的绝缘配合》

（2）GB 1984—2014《高压交流断路器》

（3）GB/T 11022—2011《高压开关设备和控制设备标准的共用技术要求》

（4）GB 50150—2006《电气装置安装工程电气设备交接试验标准》

2. 型式试验

断路器的型式试验项目见表 6.22。

表 6.22　断路器的型式试验项目

强制的型式试验项目	条款号
绝缘试验	6.2
无线电干扰电压试验	6.3
主回路电阻测量	6.4
温升试验	6.5
短时耐受电流和峰值耐受电流试验	6.6
密封试验	6.8
EMC 试验	6.9
常温下的机械操作试验	6.102.1～6.102.3
短路电流关合和开断试验	6.102～6.106
容性电流开合试验：线路充电电流开合试验（$U_r \geqslant 72.5$ kV）	6.111.5.1
容性电流开合试验：电缆充电电流开合试验（$U_r \leqslant 35$ kV）	6.111.5.2
使用时，强制的型式试验项目	条款号
防护等级验证	6.7
特殊使用条件下断路器延长的机械寿命试验 *#	6.102.4
低温和高温试验	6.101.3
湿度试验	6.101.4
端子静负载试验	6.101.6
临界电流试验	6.107
近区故障试验 #	6.109
失步关合和开断试验 *#	6.110
电寿命试验（仅适用于额定电压 35kV 及以下）*	6.112
严重冰冻条件下的操作验证试验 *#	6.101.5
单相和异相接地故障试验 *#	6.108
容性电流开合试验：线路充电电流开合试验*（$U_r \leqslant 35$kV ）	6.111.5.1
电缆充电电流开合试验#（$U_r \geqslant 72.5$ kV ）	6.111.5.2
单个电容器组开合试验*#	6.111.5.3
背对背电容器组开合试验*#	6.111.5.3
并联电抗器和电动机的开合试验 *#	IEC 61233 *

注：以上条款号为 GB 1984—2014 中条款号；应采用 GB/T 11022—2011 的 6.1.1 及 6.102.2 中规定的试品数量进行所有的型式试验。对于额定电压为 35kV 及以下的断路器的试验，用*标记；对于额定电压为 72.5 kV 及以上的断路器的试验，用#标记。对带标记的试验，允许使用一台附加的试品

3. 出厂试验

出厂试验是为了发现材料和结构中的缺陷，不会损坏试品的性能和可靠性。应该在制造厂内任一合适的地方对每台制成的设备进行出厂试验，以确保产品与已通过型式试验的设备相一致。根据协议任一项出厂试验都可在现场进行。

GB 1984—2014 标准规定的出厂试验项目包括：

（1）主回路的绝缘试验。

（2）辅助和控制回路的绝缘试验。

（3）主回路电阻的测量。

（4）密封试验。

（5）设计检查和外观检查。

（6）机械操作试验。

（7）可能需要进行一些附加的出厂试验，这在有关的产品标准中予以规定。

4. 交接试验

（1）SF_6 断路器安装试验项目应包括下列内容：

①测量绝缘电阻。

②测量每相导电回路的电阻。

③交流耐压试验。

④断路器均压电容器的试验。

⑤测量断路器的分、合闸时间。

⑥测量断路器的分、合闸速度。

⑦测量断路器主、辅触头分、合闸的同期性及配合时间。

⑧测量断路器合闸电阻的投入时间及电阻值。

⑨测量断路器分、合闸线圈绝缘电阻及直流电阻。

⑩断路器操动机构的试验。

⑪套管式电流互感器的试验。

⑫测量断路器内 SF_6 气体的含水量。

⑬密封性试验。

⑭气体密度继电器、压力表和压力动作阀的检查。

（2）测量断路器的绝缘电阻值：整体绝缘电阻值测量应参照制造厂的规定。

（3）每相导电回路的电阻值测量，宜采用电流不小于 100 A 的直流压降法。测试结果应符合产品技术条件的规定。

（4）交流耐压试验，应符合下列规定：

①在 SF$_6$ 气压为额定值时进行。试验电压按出厂试验电压的 80%选取。

②110 kV 以下电压等级应进行合闸对地和断口间耐压试验。

③罐式断路器应进行合闸对地和断口间耐压试验。

④500 kV 定开距瓷柱式断路器只进行断口耐压试验。

（5）断路器均压电容器的试验应符合有关规定。罐式断路器的均压电容器试验可按制造厂的规定进行。

（6）测量断路器的分、合闸时间，应在断路器的额定操作电压、气压或液压下进行。实测数值应符合产品技术条件的规定。

（7）测量断路器的分、合闸速度，应在断路器的额定操作电压、气压或液压下进行。实测数值应符合产品技术条件的规定。现场无条件安装采样装置的断路器，可不进行本试验。

（8）测量断路器主、辅触头三相及同相各断口分、合闸的同期性及配合时间，应符合产品技术条件的规定。

（9）测量断路器合闸电阻的投入时间及电阻值，应符合产品技术条件的规定。

（10）测量断路器分、合闸线圈的绝缘电阻值，不应低于 10 MΩ；直流电阻值与产品出厂试验值相比应无明显差别。

（11）断路器操动机构的试验，应按有关规定进行。

（12）套管式电流互感器的试验，应按本标准第 9 章的有关规定进行。

（13）测量断路器内 SF$_6$ 气体含水量（20 ℃的体积分数），应符合下列规定：

①与灭弧室相通的气室应小于 150 μL/L；

②不与灭弧室相通的气室应小于 250 μL/L；

③SF$_6$ 气体含水量的测定应在断路器充气 48 h 后进行。

（14）密封试验可采用下列方法进行：

①采用灵敏系数不低于 150 μL/L（体积比）的检漏仪对断路器各密封部位、管道接头等处进行检测时，检漏仪不应报警。

②必要时可采用局部包扎法进行气体泄漏测量。以 24 h 的漏气量换算，每个气室年漏气率不应大于 1%。

③泄漏值的测量应在断路器充气 24 h 后进行。

（15）在充气过程中检查气体密度继电器及压力动作阀的数值，应符合产品技术条件的规定。对单独运到现场的设备，应进行校验。

6.4.4 运行与管理

1. 维护项目

（1）巡视检查。

每天至少进行一次巡视检查，无人值班的另定。巡视检查是对运行中的断路器进行外观检查，主要检查设备有无异常情况，并做好记录，如有异常情况应按规定上报并处理。巡视检查内容主要有：

①断路器位置指示是否正确，并与当时实际运行工况是否相符。

②检查断路器的动作指示是否正常，记录其累计动作次数。

③各种指示灯、信号灯和带电监测装置的指示是否正常，控制开关的位置是否正确，控制柜内加热器的工作状态是否按规定投入或切除。

④各种压力表和油位计的指示值是否正常。

⑤裸露在外的接线端子有无过热情况，汇控柜内有无异常现象。

⑥设备的操动机构和控制箱等的防护门、盖是否关严。

⑦瓷套有无开裂、破损或污秽情况。

⑧各类管道及阀门有无损伤、锈蚀，阀门的开闭位置是否正确。

⑨设备有无漏气（SF_6气体）。

⑩接地端子有无发热现象，接触应完好。

⑪压力释放装置有无异常，其释放出口有无障碍物。

⑫所有设备是否清洁，标识清晰、完善。

（2）定期检查。

在停电状态下专门组织的维修检查。每 4 年进行一次或按实际情况而定。定期检查内容主要有：

①对操动机构进行维修检查，处理漏油或缺陷，更换损坏的零部件。

②维修检查辅助开关。

③校验压力表、压力开关、密度继电器或密度压力表的动作压力值。

④检查传动部位及齿轮等的磨损情况，对转动部件添加润滑剂。

⑤机械特性及动作电压试验。

⑥检查各种外露连杆的连接情况。

⑦检查接地装置。

⑧必要时进行回路电阻测量。

（3）临时性检查。

根据断路器的运行状态或操作累计动作次数值，依据制造厂的运行维护检查项目和要求，进行必要的临时性检查。临时性检查内容主要有：

①若气体湿度有明显增加时，应及时检查其原因。

②当断路器发生异常情况时，应对有怀疑的元件进行检查和处理。

临时性检查的内容应根据发生的异常情况或制造厂的要求确定。

（4）分解检修。

断路器在运行中发现异常或缺陷时，应进行有关的电气性能、SF_6 气体湿度、密封性能、机构动作机械特性等试验，根据相应的试验结果，进行必要的分解检修。停电状态下，对断路器分解检修，其内容与范围应根据运行中所发生的问题而定，这类分解检修宜由制造厂负责或在制造厂指导下协同进行。

①断路器在达到制造厂规定的操作次数或达到表 6.23 的操作次数时应进行分解检修。断路器分解检修时，应在制造厂技术人员在场指导下进行。检修时将主回路元件解体进行检查，根据需要更换不能继续使用的零部件。

表6.23　断路器动作(或累计开断电流)次数

使用条件	规定操作次数/次
空载操作	3 000
开断负荷电流	2 000
开断额定短路开断电流	15

②检修内容与周期。每 15 年或按制造厂规定应对主回路元件进行 1 次大修，主要检修内容包括电气回路、操动机构、气体处理、绝缘件检查、相关试验等。

2. 检修质量保证

（1）检查和检修后的验收应严格执行制造厂和国家及行业相关标准要求，使检修后的质量与性能达到原有的出厂指标要求。

（2）经分解检修后的断路器质量应保证其在检修周期内可靠运行，不发生因检修质量造成的缺陷或事故。

3. 断路器中 SF_6 气体质量监督

（1）SF_6 气体泄漏监测。

根据 SF_6 气体压力、温度曲线来监视气体压力变化，发现异常，应查明原因。

①气体压力监测：检查次数和抄表依实际情况而定。

②气体泄漏检查周期：必要时，当发现压力表在同一温度下，相邻两次读数的差值达 0.01～0.03 MPa 时。

③气体泄漏标准：运行中年漏气率小于 1%。交接时年漏气率小于 0.5%。

④SF$_6$气体补充气：根据监测的 SF$_6$气体压力的结果，低于额定值时，应补充 SF$_6$气体，并做好记录。

（2）SF$_6$气体湿度监测。

①周期：新设备投入运行及分解检修后一年应监测一次；运行一年后若无异常情况，可间隔 1～3 年检测一次。如湿度符合要求，且无补气记录，可适当延长检测周期。

②SF$_6$气体湿度允许标准见表 6.24，或按照制造厂的标准执行。

表6.24 SF$_6$气体湿度允许标准

气室	有电弧分解物的气室	无电弧分解物的气室
交接验收值	≤150 μL/L	≤250 μL/L
运行允许值	≤300 μL/L	≤500(1 000) μL/L

注：①测量时周围空气温度为200 ℃，大气压力为101 325 Pa

②若采用括号内数值，应先得到制造厂的认可

③在周围空气温度 0 ℃以上条件下进行。

（3）SF$_6$气体湿度测量方法很多，各单位可根据实际情况选用，但所使用的仪器和测量方法必须定期经上一级 SF$_6$气体监督检测中心检验和校准。

4. 运行及维护的安全技术措施

（1）断路器运行时的安全技术措施。

①断路器解体检查时，应将 SF$_6$气体回收加以净化处理，严禁排放到大气中。

②宜在晴朗干燥天气进行充气，并严格按照有关规程和检修工艺要求进行操作。充气的管子应采用不易吸附水分的管材，管子内部应干燥，无油无灰尘。

③在环境湿度超标而必须充气时，应确保充气回路干燥、清洁。可用电热吹风对接口处进行干燥处理，并立即连接充气管路进行充气。充气静止 24 h 后应进行湿度测量。

（2）SF$_6$新气储存及使用的安全技术措施。

①SF$_6$气瓶应储存在阴凉、通风良好的库房中，并直立放置。气瓶严禁靠近易燃、油污地点。

②新气使用前应进行检查，符合标准后方可使用。

③气瓶、阀冻结时严禁用火烤。

④SF$_6$新气应具有厂家名称、装灌日期、批号及质量检验单。SF$_6$新气到货后应按有关规定进行复核、检验，合格后方准使用。存放半年以上的新气，使用前要检验其湿度和纯度，符合标准后方准使用。

充装 SF$_6$气体的气瓶应不超过 5 年检验一次。

（3）断路器分解检查时的安全技术措施。

①断路器分解检查前，必须执行工作票制度，必须对被解体部分确定完全处于停电状态，并进行可靠的工作接地后，方可进行解体检查。

②断路器分解前，如有必要及条件允许时，可取气样做生物毒性试验以及做气相色谱分析和可水解氟化物的测定。

③断路器分解前，气体回收并抽真空后，用高纯氮气进行冲洗。且每次排放氮气后均应抽真空，每次充氮气压力应接近 SF$_6$ 额定压力。排放氮气及抽真空应用专用导管，人须站在上风方位。

④工作人员必须穿防护服，戴手套以及戴备有氧气呼吸器的防毒面具，做好防护措施。封盖打开后，人员暂时撤离现场 30 min，让残留的 SF$_6$ 及其气态分解物散出。

⑤分解设备时，必须先用真空吸尘器吸除零部件上的固态分解物，然后才能用无水乙醇或丙酮清洗金属零部件及绝缘零部件。

⑥工作人员工作结束后应立即清洗手、脸及人体外露部分。

⑦下列物品应做有毒废物处理：真空吸尘器的过滤器及洗涤袋、防毒面具的过滤器、全部抹布及纸；断路器或故障气室的吸附剂、气体回收装置中使用过的吸附剂等；严重污染的防护服也视为有毒废物。所有上述物品不能在现场加热或焚烧，必须用 20%浓度的氢氧化钠溶液浸泡 12 h 以上，然后装入塑料袋内深埋。

⑧防毒面具、塑料手套、橡皮靴及其他防护用品必须进行清洁处理，并应定期进行检查试验，使其处于备用状态。

5. SF$_6$ 气体的质量监督

（1）新气的质量监督。

①新气到货后，应检查是否有制造厂的质量证明书、净重、生产日期和检验报告单。

②新气到货后一个月内，以不少于每批一瓶抽样，其内容包括生产厂名称、产品名称、气瓶编号、按国家标准 GB 12022—2014 进行检验复核。

③国外进口的新气亦应进行抽样检验，可按国家标准 GB 12022—2014 验收。

④开关设备充气前，对每瓶 SF$_6$ 气体都应复核湿度，且不得超过国家标准 GB 12022—2014 的规定。

（2）运行中的 SF$_6$ 气体质量监督。

①SF$_6$ 气体检测项目、周期和要求按 GB 12022—2014 进行。

②现场取样时应在天气晴好，且环境温度接近 20 ℃的条件下进行，应注意避免取样条件对检测结果造成的影响。

③运行中如需补气，充气前对每瓶 SF$_6$ 气体都应复核湿度。

（3）设备分解检修前的气体质量监督。

①开关设备分解检修前应先进行气体检测，从设备中取气样的技术要求按 IEC 60480—2004、GB/T 8905—2012 执行。

②当气体中有害杂质超过允许值时，须先进行吸附净化，经检验合格后方可使用。

6.5 真空灭弧室

6.5.1 原理

当真空灭弧室处于合闸工作状态时，它相当于能承受额定电流下长期工作的金属导体，触头间几乎没有电位差。当真空灭弧室处于分闸工作状态时，它相当于承受额定电压下长期工作的断口，触头间几乎没有电流存在。燃弧和灭弧产生于合闸工作状态到分闸工作状态的、短暂的两种状态转变过程中。真空灭弧室的工作原理建立在真空绝缘、真空间隙击穿和真空电弧的理论基础之上。

1. 真空绝缘和击穿理论

（1）灭弧的介质。

灭弧室使用的介质不同，构成了不同的开关类型，如空气开关、油开关、SF_6开关和真空开关等。真空开关的灭弧器件为真空灭弧室，它的介质为真空。

衡量真空的程度即真空度，就是在封闭空间内气体分子数量减少的程度。通过器壁受到气体分子的压强变化来描述真空度。真空技术根据容器壁受到的压力大小，把真空划分为如下区间：

粗真空：1atm（$1.013\ 25\times10^5$ Pa）～1.33×10^2 Pa

低真空：1.33×10^2 Pa～1.33×10^{-1} Pa

高真空：1.33×10^{-1} Pa～1.33×10^{-5} Pa

超高真空：1.33×10^{-5} Pa～1.33×10^{-10} Pa

极高真空：$<1.33\times10^{-10}$ Pa

真空度与气体压强的关系是真空度越高气体压强越低。

（2）真空绝缘。

真空中放置一对电极，加上高压时，在一定的电压下也会产生电极之间的电击穿。它的击穿与空气中的电击穿有很大不同。空气中的击穿是由于气体中的少量自由电子在电场作用下高速运动，与气体分子碰撞产生较多的电子和离子，新生的电子和离子又同中性原子碰撞，产生更多的电子和离子。这种雪崩式的电离过程，在电极间形成了放电通道，产生了电弧。而真空中，由于压强较低，气体分子极少，在这样的环境中，即使电极间隙中存在着电子，它们从一个电极飞向另一个电极时，也很少有机会与气体分子碰撞，因而不可能有电子和气体分子碰撞造成雪崩式的电击穿。

当为处于真空中的一对电极加上电压，在达到一定电压时也会产生击穿，这种情况下的击穿称为真空击穿。人们通过试验摸索出了均匀电场中击穿电压与气体压强之间的关系，它是一条 V 形曲线。当极间距为 1 mm 时，击穿电压与气体压强之间的关系如图6.29 所示。在高真空范围内，击穿电压与气体压强变化关系基本维持不变。

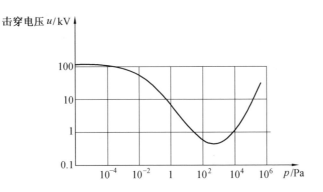

图 6.29　击穿电压与气体压强的关系

（1 mm 间隙，钨电极）

（3）真空间隙击穿理论。

真空中的击穿现象往往可以由场致发射机理和爆炸发射机理来解释。

①场致发射机理。

在光滑的电极表面都有许多的微观凸起，这些微观凸起称为晶须（与材料科学的晶胞和晶格相对应）。晶须的高度约为 10^{-4} cm，半径约为 10^{-5} cm，密度约为 10^4 个/cm^2。由于尖端效应的结果，晶须的尖端场强可以增强上百倍。这样，在平均电场强度为 10^6 V/cm 时，晶须尖端电场强度将大于 10^8 V/cm。阴极晶须会在强电场作用下发射电子（schottky 效应）。

晶须尖端场强增强的程度可由电场的增强系数表示，晶须的高径比与电极间距（d）的比值越大，电场的增强系数就越大；若电极间距增大，则电场的增强系数就减小。所以这一机理在真空灭弧室的小间隙击穿理论里比较适用。

在阴极发射电子电流的作用下，晶须的温度由两方面决定：

a. 流过晶须的电流产生的焦耳热。

b. 电极热传导引起的冷却。

其物理过程为晶须温度足够高，晶须尖端开始汽化，由于真空造成金属蒸汽密度梯度存在，电极间隙内金属原子密度上升，在电场的作用下碰撞电离加剧，形成等离子体，在电极间隙内形成穿透空间的等离子体，表现外观特征为间隙击穿。

晶须汽化需要一个临界场强 E_c，与其相应的间隙击穿电压为 $U_c=E_c\times d$。

在场致发射机理下，理论上当加到电极间隙上的电场达到 10^7 V/cm 时就会引起击穿，即引起显著的场致发射。但实际电极表面的微观凹凸不平、电极材料中的杂质及电极形状等影响，真空的击穿强度要比理论值低 1～2 个数量级。

②微粒击穿机理。

附着在阴极表面的微粒，在电场的作用下到达阳极并撞击阳极表面时使阳极表面温度升高，阳极局部表面由于汽化而产生等离子体，就可形成间隙击穿。

③影响间隙击穿的因素有：

a. 真空度。

b. 极间距。

c. 电极材料。

d. 电极表面状态。

e. 电极老炼情况。

2. 真空电弧理论

一般电弧或弧光放电是气体放电的一种形式。在正常情况下，气体具有良好的电气绝缘性能，但当在气体间隙的两端加上足够大的电压时，就可以引起电流通过气体，这种现象被称为放电。放电现象与气体的种类和压力、电极的材料和几何形状、两极间的距离以及加在间隙两端的电压等因素有关。电弧一旦形成，随着电流的增加，两极间的电压降低，这就是人们常说的负伏安特性。

真空电弧与高压气体电弧是完全不同的两种电弧。在真空环境下，气体非常稀薄，在 1.33×10^{-2} Pa 的真空度下，相同体积中所含气体分子数仅为标准大气压下的 10^{-7}，因此，在这种稀薄的气体中，即使在电极间的间隙中存在电子，它们从一个电极飞向另一个电极时，也几乎没有机会与气体分子碰撞而产生击穿。

因此，在真空间隙中的电弧不再是依靠电子与气体分子或原子碰撞产生的，而是由电极蒸发的金属蒸气来维持的。由于金属蒸气提供的方式不同，真空电弧具有两种状态：

（1）扩散型真空电弧。

真空电弧依靠阴极斑点发射出的电子和蒸发出的金属蒸气来维持。阴极斑点的温度比较高，达到了触头材料的沸腾点。真空电弧的维持电压只有几十伏特，由于金属蒸气的密度梯度形成了真空电弧为锥顶角约 60°，从阴极向阳极张开的发光体。由于电流磁动力的作用，使得阴极斑点在表面高速移动，一般运动方向由电极中心向边缘移动，电弧被拉长而熄灭。

随着电弧电流的增加，真空电弧的数量也在增加，电流磁动力加速了阴极斑点的移动速度，继续维持扩散型真空电弧的形状，但维持真空电弧的电压将增大（通常人们说的正伏安特性）。

随着电弧电流的不断增加，真空电弧在阳极一端不断地重叠，随着电流密度的增加将出现阳极斑点，阳极也大量地向空间提供金属蒸气，真空电弧变成集聚型真空电弧。维持真空电弧的电压开始降低，在这之后的电弧电流增加与维持真空电弧的电压成负的伏安特性。

（2）集聚型真空电弧。

集聚型真空电弧阳极斑点的收缩力限制了阴极斑点向四周的扩散运动，它们相互吸引，结果所有阴极斑点聚集在一起形成阴极斑点团。电极表面被局部强烈加热而导致严重熔化。

集聚型真空电弧的弧区具有很高的蒸气压力，一般略大于一个大气压。不过在远离弧区的地方蒸气压力仍很低。一旦电弧电流降低，电极蒸发出的金属蒸气减少，集聚型真空电弧开始转化成扩散型真空电弧。

聚集型真空电弧主要是阳极斑点形成所致，尤其是再出现阳极斑点的同时往往致使电极严重熔化。当电流未超过临界点时，电弧电压随着电流的增加快速上升。当到达临界点时，电压有一个突变会瞬时降到很低的数值。在突变之前电弧属于扩散型电弧，是靠阴极斑点提供的金属蒸气来维持电弧。在突变之后电弧属于聚集型电弧，阴极基本上和扩散型电弧相同，但阳极出现了阳极斑点，靠近阳极的弧柱出现收缩现象。

3. 真空灭弧室的灭弧原理

（1）交流电弧。

交流电弧燃烧过程中电流每半周期要过零一次，这是与直流电弧的本质区别之处。在一般电弧和高气压电弧中，电流经过零点时，弧隙的输入能量也就等于零，电弧的温度下降，形成熄弧的有利条件。在电流自然过零前后一段时间内，弧隙电阻变得非常大，以致成为限制电流值的主要因素，电流过零前后这一段时间被称为电流的零休时间，通常电流零休时间在几个到几十个微秒之间。随着电流的增大，电流的零休时间将随之减少。

真空电弧不再是依靠电子与气体分子或原子碰撞产生的，而是由电极蒸发的金属蒸气来维持的，在电流自然过零之前，电极提供的金属蒸气不足以维持电弧而发生电流的遮断，真空介质的绝缘恢复速度更快，一般情况下在电流过零后就不会有电弧产生现象。

（2）外加磁场对电弧的影响。

横向磁场对真空电弧的影响：当带电粒子离开阴极斑点进入等离子区域时，在洛伦兹力的作用下，阴极斑点被带动着移动，表现在真空间隙内为电弧在空间内高速运动，避免真空电弧对阳极局部过热，同时阴极带动电弧移动也拉长了真空电弧。提高电弧由扩散型电弧转变成聚集型电弧的临界点。

纵向磁场对真空电弧的影响：当带电粒子离开阴极斑点进入等离子区时，存在带正电荷的粒子和电子，由于电子的质量比较小，在阴极斑点自生磁场的作用下奔向真空电弧的外周。在纵向磁场作用下，电子受到的洛伦兹力使电子以真空电弧的中心线为轴线做螺旋线运动，限制真空电弧的重叠现象出现，同时也降低了真空电弧的电压，提高了电弧由扩散型电弧转变成聚集型电弧的临界点。

（3）真空灭弧室的灭弧过程。

真空灭弧室内的高真空（气体压力小于 $6.6\times10^{-2}\,Pa$）状态是灭弧室带电工作时的绝缘介质和灭弧介质。触头行将分离前，触头上原先施加的接触压力开始减弱，动触头与静触头之间的接触电阻开始增大，流过触头的负荷电流发热量增加。在触头刚要分离的瞬间，动触头与静触头之间仅靠一些表面毛刺（尖峰）接触，此时负荷电流将密集收缩到这些尖峰上，接触电阻急剧增大，电流密度急速增加，导致发热温度迅速提高，使触头表面金属蒸发。与此同时，在触头刚分离时，触头间的距离还十分小，触头间隙中电场强度比较高，金属蒸汽中的少量自由电子在电场作用下高速运动，与金属原子碰撞产生较多的电子和离子，新生的电子和离子又同中性原子碰撞，产生更多的电子和离子。这种雪崩式的电离过程，在电极间形成了放电通道，真空电弧生成。

一旦真空电弧形成，都要随着交流电的强制制约而变化，形成真空电弧的等离子体的温度也在变化。真空灭弧室的触头开距从刚开间隙转化到额定开距间隙的过程中，触头间隙内的电场强度随之降低，真空电弧的弧柱在不断拉长，在触头间隙内已经形成的不稳定的阳极斑点被熄灭，真空电弧变成锥顶角约 60°、从阴极向阳极张开的发光体。扩散型电弧在交流电过零前的 1/4 个周期内随着电流的降低而降低并在电流过零前发生电流遮断，实现电流过零时熄灭。

6.5.2 结构

图 6.30 是真空灭弧室结构示意图。其主要由绝缘外壳、屏蔽系统、触头系统、波纹管、导电杆、导向套等零部件组成。

图 6.30 真空灭弧室结构示意图

1. 绝缘外壳

真空灭弧室绝缘外壳起固定和绝缘作用，并与动端盖板、静端盖板和波纹管组成一个真空密封容器，将动、静触头包裹其内，完成开合功能。真空灭弧室绝缘外壳有玻璃绝缘外壳、陶瓷绝缘外壳和微晶玻璃绝缘外壳 3 种。

绝缘外壳既能承受大气压力，也能承受正常运输和正常运行过程中的机械振动。封闭容器气密性必须达到具有 20 年贮存期的标准，并且在贮存期内密封容器内的气体压力小于 6.6×10^{-2} Pa。

2. 屏蔽系统

真空灭弧室的屏蔽系统由屏蔽筒和屏蔽罩组成。屏蔽系统作用如下：

（1）防止燃弧过程中触头间产生大量的金属蒸气和液滴喷散到绝缘外壳的内壁，造成真空灭弧室外壳绝缘强度的降低和闪络现象。

（2）改善真空灭弧室内部电压的均压分布。

（3）冷却和凝结电弧生成物（金属蒸气），有助于电弧熄灭和残余等离子体的迅速衰减。

3. 触头系统

真空灭弧室内有一对对称的触头，由承载电弧的触头片和产生磁场的触头座构成，是真空灭弧室的关键元件之一，直接影响真空灭弧室的分断能力、电寿命、耐压强度、关合能力、载流过电流及长期导通电流能力等。

触头材料为铜基合金材料，如铜铬合金或钨铜合金等。触头按结构形式的不同分为圆柱形触头、螺旋槽触头、线圈型触头和马蹄形铁芯触头四种。

（1）圆柱形触头（图 6.31）。

圆柱形触头是最早用于真空灭弧室的一种触头，主要用于接触器用真空灭弧室，部分小电流负荷开关用真空灭弧室也有使用。随着电动机功率增加和负荷容量的增加以及小型化的要求，圆柱形触头结构也被其他触头结构所替代。

（2）螺旋槽触头（图 6.32）。

螺旋槽触头是旋转电弧理论的代表作，20 世纪，阿基米德螺线状触头结构与铜铋铝合金配合制造的真空灭弧室替代了配电领域的油开关和少油开关，打开了真空开关的使用场所。由于铜铋铝合金的自身缺陷，逐步被铜铬合金所替代，就是现在的万字形触头结构。具有屏蔽筒参与电弧燃烧并降低电弧能量的特点，屏蔽筒的材质一般是铜铬合金。

图 6.31　圆柱形触头　　　　　　图 6.32　螺旋槽触头

（3）线圈型触头（图 6.33）。

线圈型触头是纵向磁场理论的代表作，在 20 世纪与铜铬触头材料配合制造大电流或高电压的真空灭弧室。与 SF$_6$ 开关一起替代了配电领域的空气开关。将真空开关使用领域向高电压领域拓宽。由于线圈电极加工复杂、成本高、组装困难等原因，逐步被杯状纵磁触头所替代。

图 6.33　3×1/3 匝线圈触头

（4）马蹄形铁芯触头（图 6.34）。

马蹄形铁芯触头是将电流在导体圆周方向产生的磁场转变成触头间磁场的代表作，KAIMA 公司首先采用，也就是现在的 R 形触头结构。由于铁芯的磁导率和磁隙的存在，还有马蹄开口距离，都限制了触头间隙内磁场强度，一般用于低电压和小电流的真空灭弧室中。

真空灭弧室采用触头结构的不同，所表现出的性能在使用范围上存在差异。杯状触头具有结构合理、加工方便以及要求产品小型化等优点，因此，杯状触头有代替其他触头结构的趋势。

图 6.34　马蹄形铁芯触头

4. 波纹管

用于真空灭弧室的波纹管由非导磁不锈钢制成。制造工艺有液压成形波纹管和薄片焊接波纹管。液压成形波纹管由于制造成本低廉和质量稳定被广泛使用。

波纹管是实现触头合、分并保证气密性的元件，波纹管的疲劳寿命与工作条件（受热温度）有关。对于长期工作于高温车间或进行过电流频繁操作的真空灭弧室，应该考虑波纹管的疲劳寿命。

波纹管的寿命与它的工作行程有密切的关系，工作行程的增加或减少对波纹管的寿命的影响呈指数规律变化。真空灭弧室所要求的超行程如果变成开距操作，波纹管的寿命将从上万次缩减为几十次。

波纹管是真空灭弧室产生自闭力的实体。自闭力是在外界大气压力作用下，使动触头自行与静触头闭合的作用力。

5. 导电杆

真空灭弧室的导电系统由动导电杆和静导电杆组成，一端分别与动、静触头连接，另一端伸出真空灭弧室。动导电杆伸出真空灭弧室的部分分别与操作机构和外电路连接。静导电杆伸出真空灭弧室的部分主要与外电路连接。由于结构不同，连接的方式多种多样，一般采用螺纹固定方式。对于玻璃外壳真空灭弧室，静导电杆都有排气管和排气管保护帽，它也是构成真空密封空间的一个组成部分，应给予特别呵护。

真空灭弧室的触头和导电杆自身产生的热量主要通过导电杆热传导到真空灭弧室外露的导电杆部分，再与空气对流散热。真空灭弧室导电杆外露部分有镀银层，保证其温升满足有关标准的要求。

6. 导向套

真空灭弧室在分、合闸过程中，导向套限制导电杆沿着真空灭弧室的轴线运动。导向套与动导电杆之间的间隙比较小，不允许异物进入以免出现卡住问题。

导向套材料采用工程塑料，具有对运动导电杆的初步导向作用，但应注意，一般的真空开关都设置有开关自身的一级导向甚至二级导向，以给灭弧室提供更精确的运动导向。

导向套一般采用热注塑技术加工，导向套内壁突出的键与导电杆上的键槽配合构成对动导电杆的防扭装置，其作用是防止波纹管被扭曲，保证真空灭弧室的机械参数和寿命。

6.5.3　制造工艺

真空灭弧室绝缘外壳不同，其加工方法也不同。

1. 封口排气式制造工艺

对于玻璃绝缘外壳的真空灭弧室实施常规工艺，在 20 世纪真空灭弧室的制造工艺全部采用封口排气式加工。采用焊接工艺加工部件，采用氩弧焊封口加工作为装架工序的最后一道工步，属于单件作业加工形式。工艺流程如图 6.35 所示。

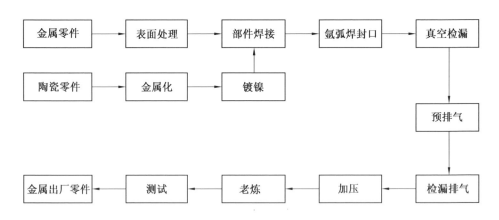

图 6.35　封口排气式工艺流程图

2. 一次封排式制造工艺

一次性封排真空灭弧室，就是将陶瓷金属封接、总装封口和排气工序在真空炉中一次性完成，结构上为不带排气管的真空灭弧室。该工艺是将真空灭弧室零件或已焊成的半成品，装在陶瓷绝缘外壳内，在需要封焊处预先放置好焊料，用夹具保证封装精度，放入真空炉中边加热边排气，在高温、高真空状态下焊料熔封，此时灭弧室内的真空度和真空炉内的真空度达到平衡。出炉的真空灭弧室具有从排气台上下来的灭弧室的功能。

一次封排工艺的前提条件是零件表面洁净度、光洁度和平整度要求比较严格，一次封排工艺在 20 世纪 80 年代初期已经应用于真空灭弧室制造工艺之中。但由于零件加工技术不能满足零件同轴度、光洁度、平面度的要求，使得该工艺推广举步唯艰。在那个年代，陶瓷外壳的真空灭弧室也是维持封口排气式制造工艺。

一次封排工艺是真空灭弧室制造工艺的突破性进展。其优点是生产周期短，减少了陶瓷绝缘外壳部件的焊接、氩弧焊封口和排气，将真空灭弧室的加工时间缩短 3 天时间；生产效率高、适合大批量生产，一次封排工艺将封口排气工艺中的陶瓷外壳焊接、氩弧焊封口和排气台上的排气统一在真空炉中一次完成，且真空炉的炉架结构优化以及应用卧式真空炉后，每炉加工出上百只真空灭弧室，而且产品质量稳定，一致性好，塑性变形材料在陶瓷金属封接中的应用，代替了精密合金与陶瓷的匹配封接；一次封排工艺避免了金属外壳（特别是波纹管）氧化；高温激活的锆铝吸气剂量远远大于排气温度激活的锆钒铁吸气剂量，一次封排的工作现场具有比较高的洁净度，避免了氩弧焊风尘的污染。一次封排除气彻底，组成真空灭弧室的材料在 800 ℃真空条件下的除气效果远远优于排气温度 500 ℃真空条件下的除气效果。排气台真空系统的流导远远小于真空炉真空系统的流导以及极限真空等因素，造成了一次封排式真空灭弧室的真空寿命和机械寿命比封口排气式真空灭弧室长。

6.5.4　性能

1. 耐压性能

理论上真空是无法击穿的，真空灭弧室内部处于高真空。真空绝缘是一个十分复杂的物理过程，其机理到目前为止仍没有明确的结论。从真空灭弧室制造工艺来看，真空灭弧室的耐压性能主要受以下几个方面的限制：

（1）电极的几何形状。

电极的几何形状对电场的分布有很大的影响，往往由于电极的几何形状不够恰当，引起电场在局部过于集中而导致击穿，这一点在高电压的真空灭弧室产品中尤其突出。电极边缘的曲率半径大小是重要因素。一般来说，曲率半径大的电极承受击穿电压的能力比曲率半径小的大。此外，击穿电压还和电极面积的大小成反比，即随着电极面积的增大击穿电压有所降低。面积增大导致耐压降低的原因主要是放电概率增加。

（2）间隙距离。

真空的击穿电压与间隙距离有着比较明确的关系。试验表明，当间隙距离较小时（≤5 mm），击穿电压随着间隙距离的增加而线性增长，但随着间隙距离的进一步增加，击穿电压的增长减缓，即真空间隙发生击穿的电场强度随着间隙距离的增加而减小。当间隙达到一定的长度后（≥20 mm），单靠增加间隙距离提高耐压水平已经十分困难，这时采用多断口反而比单断口有利。一般认为短间隙下的电击穿主要是场致发射引起的，而长间隙下的电击穿则主要是微粒效应所致。

（3）电极材料。

真空灭弧室工作在 10^{-2} Pa 以上的高真空环境，由于此时气体分子十分稀少，气体分子的碰撞游离对击穿已经不起作用，因此击穿电压表现出和电极材料有较强的相关性。真空间隙的击穿电压随着电极材料的不同而不同，研究者发现击穿电压和材料的硬度与机械强度有关。一般来说，硬度和机械强度较高的材料，往往有较高的绝缘强度。比如，钢电极在淬火后硬度提高，其击穿电压较淬火前可提高 80%。此外，击穿电压还和阴极材料的物理常数，如熔点、比热容和密度等正相关，即熔点较高的材料其击穿电压也较高。对比热容和密度而言亦然。这一问题的实质是在相同热能的作用下，材料发生熔化的概率越大，则击穿电压越低。

（4）真空度。

真空灭弧室内部零件表面吸附的气体分子依然存在，当受到物理作用后，在某一瞬间造成内部气体压力的降低，在电流老炼的最初几次表现尤为明显。

（5）电极的表面状况。

电极的表面状况对真空间隙的击穿电压影响较大。电极表面的氧化物、杂质和金属微粒都会使真空间隙的击穿电压明显下降。此外，无论真空灭弧室的电极表面在制造中加工得如何，大电流开断均会使电极表面变得凹凸不平，这也将使击穿电压降低。

（6）老炼效应。

电极老炼有电压老炼和电流老炼两种。一个新的真空间隙进行试验时，最初几次的击穿电压往往较低。随着试验次数的增加击穿电压也逐渐增大，最后会稳定在某一数值上。这种击穿电压随击穿次数增大的现象就是电压老炼的作用。电压老炼就是通过放电消除电极表面的微观凸起、杂质和缺陷。经过小电流的放电使表面的微观凸起点烧熔、蒸发，使电极表面光滑平整，局部电场的增强效应减小，提高了击穿电压。老炼对电极表面的纯化作用也是很重要的。由于电极表面的电子发射容易出现在逸出功较低的杂质所在处，击穿放电同样能使杂质熔化和挥发，也同样能提高间隙的击穿电压。老炼过程中若能同时抽气，把蒸发的气态物抽走，效果更佳。电压老炼只适宜用在真空间隙击穿电压的提高，对真空灭弧室触头间隙击穿电压的提高不会有太大的效果。电弧对触头表面的烧损将使电压老炼的效果全部失效。电流老炼是让真空灭弧室多次（几十次到几百次）开合几百安的交流电流。利用电弧高温去除电极表面一薄层材料，使电极表面层中的气体、氧化物和杂质同时除去。电流老炼的作用主要是除气和清洁电极表面，对真空灭弧室开断性能的提高有一定的改善作用。

一般经过常规老炼处理的真空灭弧室，都能满足产品标准规定的要求。特别是生产厂家使用了真空灭弧室管外绝缘介质超高压老炼工艺，真空灭弧室内部耐压水平远远高于产品标准的额定值。

2. 大电流开断性能

真空灭弧室只有配合真空断路器才能表现出它的大电流开断性能。真空灭弧室中的触头结构以及屏蔽结构决定了灭弧室的开断能力。

真空灭弧室的触头结构借助于流过电流产生纵向磁场或横向磁场对真空电弧施加作用，提高了电弧由扩散型电弧转变成集聚型电弧的临界点。经过人们对各种触头结构的尝试和创新，真空灭弧室的开断极限能力在不断提高。国内已经开发出具有 80 kA 极限开断能力的真空灭弧室。

3. 小电流开断性能

真空灭弧室只有配合真空断路器、真空负荷开关、接触器才能表现出它的小电流开断性能。开合电阻性和电阻电感性电流比较容易，燃弧时间短，不会产生危险的过电压和涌流，而小电感性和开合电容性负载电路则会引起严重的过电压和涌流，对电网造成威胁。

（1）小电感性电流。

负载包括高压电动机、空载变压器、并联电抗器、带电感性负载的变压器。这些小电感电流的数值为数十安至两千安，均低于额定短路电流值。当断路器开断电感性小电流时，由于电弧能量小，弧道中的电离并不强烈，电弧很不稳定，会发生在电流到达零点之前使电弧电流截断而强制熄弧的现象，这种电流被突然截断的现象称为"截流"。截断电流的数值称为截流值，由于截流留在电感中的磁场能量转化为电容上的电场能量，从而产生截流过电压。

截流值的大小不仅和触头材料等真空开关自身的因素有关，还和开断电流、电路参数等外部条件有关。触头材料具有较高熔点和较高热导率时，截流值较大。触头材料不能同时满足截流值数值小并且额定短路开断能力强两种性能。目前常用的 CuCr 系触头材料平均截流值是 3～5 A，使用 AgWC 系触头材料平均截流值可达到 0.5～1.1 A。开断速度、开距、触头表面粗糙度、开合次数、触头直径、极间磁场也会对截流数值有影响。

（2）电容性电流。

分断容性电流的过程中，电弧的重燃是产生过电压的根本原因。如果触头分得快，灭弧性能好，触头间绝缘强度的上升速度大于触头间恢复电压上升的速度，则电弧不会发生重燃，当然也就不会出现高的过电压。

合闸涌流是闭合电容器时出现的高频暂态电流，其频率可达几百到几千赫兹，数值比电容器正常工作电流大几倍至几十倍，涌流会造成触头的熔焊甚至不能分闸，更多的则是导致分闸后电压击穿从而产生过电压和 NSDD 等现象。

影响真空灭弧室开断容性负载能力的因素很多，包括灭弧室内部绝缘设计、触头材料的选择、零件表面的状况、灭弧室内部的洁净度、灭弧室装配的几何精度、灭弧室的电流电压老炼工艺、开关的运动机械参数等。

4. 温升性能

真空灭弧室的介质为真空，就是在封闭的空间内气体分子比标准大气压下的气体密度降低 7～8 个数量级，没有气体或液体对流降低导电体上的热量，只有通过导电体将热传导到真空灭弧室外露的金属导体，外露金属再与真空断路器、真空负荷开关、真空接触器的电连接体共同将热量传输给周围的空气。

与其他形式的灭弧室比较，真空灭弧室的温升相对比较高。特别是固封极柱形式的真空灭弧室更限制了导电金属与周围空气热交流的面积和空间，其温升性能尤为注意。采用横磁场的电极要比线圈式纵向磁场电极温升更小。另外灭弧室的加工工艺也会对其自身电阻有一定影响，从而影响温升性能。

6.5.5　试验

真空灭弧室的试验分为出厂试验和型式试验，型式试验分为 A 组试验和 B 组试验。

1. 出厂试验

出厂试验的项目分为一般要求和产品标识要求两类。

（1）一般要求。

①使用量具检测产品的外形尺寸、安装尺寸。

②使用 X 射线检测产品内部构件形位关系。

③使用目视、手感检测产品表面的釉层均匀、光滑，无锈斑、裂纹等缺陷。

②摇晃产品使用听力检测产品内部无异物。

④用目视检测触头磨损程度的标志。

（2）产品标识要求。

①产品铭牌固定牢固，字迹清晰。

②制造企业名称和商标。

③产品型号的全称。

2. 型式试验

（1）A 组试验。

A 组试验就是通常说的环境试验，一般情况都是生产厂家按照产品标准规定的周期，从出厂试验合格的产品中随意抽取 6 只产品进行以下几项试验。按照 GB/T 2423—2012 系列相关标准，经过低温试验、交变湿热试验、温度变化试验、机械冲击试验后，在正常大气条件下，静置两个小时后进行检查，不应有机械损伤、锈蚀、工频耐受电压检测不低于额定工频耐受电压现象发生。

（2）B 组试验。

B 组试验是通常说的产品性能验证试验。分为真空灭弧室单体性能验证试验和配合开关机构一起共同完成的验证试验。真空灭弧室单体性能验证试验分为生产厂家的检测和交接验证检测。生产厂家的检测部分参数也是为开关机构提供配套服务的。

①产品的主要机械特性和机械参数。

a. 触头开距。

b. 触头自闭力。

c. 额定开距下的触头反力。

d. 额定触头压力下限时的回路电阻。

e. 触头允许磨损厚度。

f. 运动部分的质量。

②产品配用的开关机构的机械特性和机械参数。

a. 平均分闸速度。

b. 平均合闸速度。

c. 触头合闸弹跳时间。

d. 触头合闸和分闸不同期。

e. 触头分闸反弹幅度。

f. 额定触头压力。

③产品的真空性能。

a. 产品内部气体压力。

真空灭弧室出厂时的内部气体压力行业标准要求低于 1.33×10^{-3} Pa。

b. 允许贮存期。

真空灭弧室行业标准要求，允许贮存期为 20 年。在贮存期内气体压力要求低于 6.6×10^{-2} Pa。贮存期约定为真空灭弧室产品尚未进行再次加工或安装的状态。

c. 额定开距下的工频耐受电压。

d. 额定开距下的雷电冲击耐受电压。

④与开关机构共同完成的试验。

真空开关在使用场所预期的各种情况都有可能发生，特别是短路电流的开断尤为引起人们注意。实际情况中这种现象发生的概率比较低，多数发生额定工作电流情况下的开断，在正常情况下，供电系统的真空开关动作都是在空载电流情况下操作的。

a. 型式试验项目。

★ 绝缘试验。

★ 机械试验。

★ 温升试验。

★ 峰值耐受电流和短时耐受电流试验。

b. 与断路器配套的试验项目。

★ 短路电流关合和开断试验。

★ 单相和异相接地故障试验。

★ 线路（电缆）充电开合电流。

★ 电寿命试验（额定短路开断电流的开断次数）。

c. 与负荷开关配套的试验项目。

★ 短路电流关合试验。

★ 线路（电缆）充电开合电流。

★ 有功负荷开合电流。

d. 与接触器配合的试验项目。

★ 电流的开断和关合试验。

★ 电寿命（额定电流的开断次数）。

★ 电动机电流开合试验。

⑤特殊用途的试验。

一般来说，断路器的性能比较全面，相对成本比较高。在性价比的要求下，负荷开关主要适用于对变压器高压端的保护，接触器主要适用于对电动机的保护，因场所特殊以及投资额的限制，为此也出现了为需要时进行的试验项目。

a. 断路器涉及的电容器组电流开合试验、电动机或电感器电流开合试验、近区故障开断试验。

b. 负荷开关涉及的电容器组电流开合试验、空载变压器开合电流试验、转移电流开断试验和交接电流开断试验。真空灭弧室具有的电寿命和开断能力，决定了负荷开关的使用次数。熔断器组合电器利用分励脱扣器动作可有效地减少熔断器的动作次数，从而大大减少了更换熔断器件的数量，这具有一定的技术经济意义。

c. 接触器涉及的极限开断电流试验和交接电流试验。真空灭弧室具有的电寿命和开断能力，决定了接触器——熔断器组合电器利用保护装置动作，接触器跳闸充分利用灭弧室的遮断能力，有效地减少熔断器的动作次数。

⑥型式试验的有关规定。

型式试验应经出厂试验合格的产品并安装在符合真空灭弧室产品标准规定的开关设备上进行。生产厂家在下列几种情况下进行型式试验以验证产品性能符合产品标准要求：

a. 新产品，进行全套的型式试验以确认产品性能达到产品标准要求。

b. 转厂试制的产品，进行全套的型式试验以确认产品达到产品标准要求。

c. 当产品的设计、工艺或所使用的原材料与关键元件（如触头材料、波纹管等）改变时，进行相应项目的型式试验。触头材料的制造工艺和制造厂家发生变化，进行与电寿命相关的型式试验；波纹管的制造工艺和制造厂家发生变化，进行与机械寿命相关的型式试验。

d. 经常生产的产品每年至少进行一次环境试验。每隔 8 年要进行与断路器、负荷开关、接触器配合完成的型式试验项目。

3. 接收试验

作为开关设备元件贮备件,真空灭弧室的接收试验应进行以下试验:

(1) 产品外观检查。

①使用目视、手感检测产品表面的釉层是否均匀、光滑,有无锈斑、裂纹等缺陷。

②使用目视观察产品外观金属表面有无锈蚀痕迹。

③动导电杆周围的导向套(有机高分子聚合材料色泽一致)与动导电杆之间有无间隙。

④电接触表面平整、无磕碰痕迹,镀层色泽基本一致。

(2) 产品标识的检查。

①产品铭牌固定牢固,标识清楚。

②产品商标和生产厂家与订货要求一致。

③产品型号与合格证上注明的产品型号一致。

④合格证出厂检测报告中,内部气体压力应小于 5×10^{-4} Pa。

6.5.6　真空灭弧室的使用

只有保证良好的使用环境、选择合适的真空灭弧室类型及参数、正确地安装与运行维护、对电路进行适当的回路保护才能充分发挥真空灭弧室的优良性能。

1. 使用环境

真空灭弧室周围空气温度应在-50~50 ℃之间。

相对湿度日平均值不大于 95%,月平均值不大于 90%。饱和蒸汽压日平均值不大于 2.2×10^{-3} MPa,月平均值不大于 1.8×10^{-3} MPa。如周围空气过于潮湿,其绝缘性就会下降。周围应无可使真空灭弧室外绝缘下降的盐雾、凝露、灰尘等各种污染,也不应有可造成真空灭弧室损坏的腐蚀性气体、可燃性气体及经常性的剧烈震动。

真空灭弧室无论是应用于户内开关设备还是户外开关设备,当海拔高度超过 1 km 时,都应与真空灭弧室生产厂家协商,适当地增加真空灭弧室绝缘外壳的高度,或者对原真空灭弧室的绝缘外壳进行适当的防护,如黏绝缘胶套、用环氧树脂固封等。虽然在高海拔时对真空灭弧室的检验标准没变,真空灭弧室的内部绝缘也没有下降,但是由于海拔较高时,空气较稀薄,无论是电晕,还是干弧放电、湿弧放电或冲击放电,都较低海拔时容易发生,真空灭弧室的外部绝缘将随之下降。例如:海拔高度 3 km 时的大气压约是海平面大气压的 69%,海拔高度 1 km 以下短时(1 min)工频耐压 42 kV 的电气产品,在海拔高度 3 km 时只能承受 37 kV。因此,必须增加绝缘外壳的高度或加以防护才能达到其检验标准和用户使用要求。

2. 真空灭弧室类型及参数

按安装于开关设备的不同，真空灭弧室可分为断路器用真空灭弧室、负荷开关用真空灭弧室、接触器用真空灭弧室等。断路器用真空灭弧室，在操动机构的控制下，能开断、关合、承载运行线路的正常电流，也能在规定时间内承载、关合及开断规定的异常电流（如短路电流）；负荷开关用真空灭弧室，在操动机构的控制下，能关合、开断及承载线路的正常电流（包括规定的过载电流），也能在规定时间内承载规定的异常电流（如短路电流）；接触器用真空灭弧室，能关合、开断及承载正常电流及规定的过载电流。各类真空灭弧室用途、性能、特点是不同的。用户应根据不同的使用场合，选择不同类别的开关设备及真空灭弧室。例如：线路中有时出现较大的短路电流，为防止事故扩大，需要开断予以保护，则选用真空断路器及断路器用真空灭弧室。正常负荷中出现的短路电流或过载电流，则可通过限流熔断器与真空负荷开关相互串联进行开断。同样容量的真空断路器和带限流熔断器的真空负荷开关相比，带限流熔断器的真空负荷开关要便宜很多。对于感性负载，如电机或电弧炉变压器等，则选用熔断器与真空接触器构成的组合电器较为合适。因为接触器用真空灭弧室的截流值低（一般在 3 A 以下，而断路器用真空灭弧室的截流值为 3～10 A），回路产生的过电压低，且其机械寿命和电寿命都很高，适于频繁操作的场合。

真空灭弧室的参数要根据实际情况选择。如额定短路开断电流、额定电流等，并不是越大越好，适当留有一定的安全系数就可以。从实际使用情况看，有时由于线路过电压造成极间放电等原因，波及真空灭弧室而使其损坏（多出现在电弧炉电路中）。但因为过流而损坏的几乎没有。如果真空灭弧室的机械寿命终了，就会漏气失效，即使电寿命余量再大，也需要更换真空灭弧室。参数选得过高，费用就会增高。

3. 安装

真空灭弧室安装前应检查其是否因运输等原因而损坏，型号、参数是否正确，外形尺寸、工频耐压、真空度、额定触头压力下的接触电阻等各项参数是否合格。安装前要用干净纱布将其导电杆、螺钉板等导电部位的灰尘等污物擦除，以使接触导电良好；将绝缘外壳表面擦拭干净，防止爬电。安装时应先将真空灭弧室的静端固定，紧固螺钉板上的螺钉时，应对称均匀紧固。安装导电夹或连接螺杆时应用专用扳手卡住动导电杆铣扁处，使之不能转动，以防扭伤波纹管。与连接螺杆相连的拉杆要与动导电杆同轴。真空灭弧室的安装，一定要满足真空灭弧室产品使用说明书的要求。触头压力过小，关合时很容易熔焊，长期工作时的温升也会过高。开距过小，就会影响其绝缘和开断性能；开距过大，就会影响真空灭弧室的机械寿命。分闸速度过小，特别是刚分速度过小，动触头不能在较短时间内达到较大的行程，两触头间的绝缘恢复速度低于系统的电压恢复速度，就不能有效开断；分闸速度过大，动触头组件的动能就会过大，到达最大开距时反弹，两触头间就会产生重燃或重击穿。合闸速度过小，合闸过程时间就会过长，两触头间的预击穿严重，触头表面严重熔化，容易产生熔焊；合闸速度过大，触头容易弹跳而熔焊。弹跳和反弹除了影响合、分闸性能外，还会降低真空灭弧室的机械寿命。安装完毕后，要空载操作几十次至几百次，并检查紧固螺钉是否有松动，参数是否有变化，若有变化则调整。

4. 运行维护

真空灭弧室运行中基本上不需要维修，维护工作量也相对较少。

真空灭弧室一般不单独直接使用，而是安装于真空开关（包括真空断路器、真空负荷开关、真空接触器）上使用，对真空灭弧室的运行维护应参照真空开关的运行维护要求。

真空灭弧室投入使用后，应经常擦拭绝缘外壳，使之清洁干燥，以免降低耐压水平。应定期检查调整真空开关的超程，保持触头间的压力。定期用工频耐压法检查真空灭弧室的真空度，如出现明显的辉光放电、持续放电或耐压水平明显下降时，应及时更换真空灭弧室。应定期检查真空灭弧室触头烧损标志的位置，推算触头烧损量，当烧损量达 3 mm（烧损标志与导向套口齐平）时，表明电寿命已经终了，应更换真空灭弧室。

（1）维修检查的种类。

真空灭弧室的维修检查可以分为巡视检查、定期检查和临时检查。

①巡视检查。

在巡视检查过程中，从外部监视处于使用状态下的真空开关有无异常。

②定期检查。

为了使真空开关经常保持良好状态，可靠地完成接通、开断负荷电流，开断故障电流、合闸送电等功能，应该每隔一定时间将真空断路器停役进行检修。根据检修内容可分为小修和大修两类。

③临时检查。

遇到下述情况，对认为有必要进行检修的部位临时进行检修。

a. 通常运行状态下认为有异常现象时。

b. 在巡视检查、定期检查中发现有异常现象时。

c. 开断过几次事故电流后。

d. 完成了预定次数的开断负荷电流和无负荷的分合闸后。

e. 使用环境的大气恶劣，由于过多的尘埃、盐雾或有害气体造成显著污秽时。

f. 执行了大大超过额定值条件的操作时，或以其他不合理的方法使用时。

（2）维修检查周期。

检查周期根据真空开关不同的使用状态，分、合闸频度，开断电流大小等而异，不同制造厂生产的产品检查周期也多少有所区别，以真空断路器为例，一般的检查周期见表 6.25。

表6.25 检查周期

检查类别	检查周期		以分、合闸次数确定的周期
	一般环境	恶劣环境	
巡视检查	日常巡视检查时		1 000 次
定期检查	第一次 1～2 年	1～2 年	5 000 次
	第二次及以后 6 年		
临时检查	根据需要		

在恶劣气候的环境中使用的真空开关，其检查周期必须比一般环境中的要短。另外，对分、合闸频度高的真空开关，检查周期有必要根据分、合闸次数来决定。

（3）维修检查时的一般注意事项。

①对运行状态下真空开关进行外观检查时，要防止进入危险区域，同时还必须断开真空开关的主回路和控制回路，并将主回路接地后才可以开始检修。

②真空开关中采用电动弹簧操动机构时，一定要将合闸弹簧储存能量释放后才可以开始检修。

③必须充分注意勿使真空灭弧室的绝缘壳体、法兰的熔接部分和排气管的压接部分碰触硬物而损坏。

④真空灭弧室外表面治污时，要用酒精之类的溶剂擦拭干净。

⑤进行检修操作时，不得麻痹疏忽，掉落工具。

⑥不允许用湿手、脏手触摸真空开关。

⑦必须注意：松动的螺栓、螺帽之类的零件要完全拧紧；弹簧挡圈之类的零件用过之后，禁止再使用。

⑧检查工作结束时，一定要查清有没有遗忘使用过的工具和器材。

（4）真空开关检查的具体内容。

要正确检查真空开关，就必须阅读专业书籍、技术杂志等书刊获得有关基本知识，并且认真阅读制造厂的使用说明书，充分了解它的结构、动作过程和性能，这是极为重要的。

真空开关的具体检查内容按制造厂的使用说明书进行。

与真空灭弧室相关的主要检查内容包括真空灭弧室绝缘外壳、真空灭弧室与主导电回路的连接螺栓、真空开关的机械特性（包括开距、超程、行程特性曲线、同期性、合闸弹跳、分闸反弹、合闸时间、分闸时间等）、真空灭弧室的真空度、真空灭弧室的烧损标志位置等。

5. 回路保护

在真空中，电流过零后介质恢复强度要比在空气中高 8～12 个数量级。高的介质恢复强度使真空电弧在电流过零后微秒或毫秒级立即熄灭。熄弧能力较强是其优点，但同时也产生一个问题，它在开断高频电流可能产生多次重燃过电压。在开断电机或变压器等感性元件时，在电流零点附近电路开断后，如果这时的开距还不够大，耐受不住系统中上升速度较大的瞬态恢复电压，会产生重燃。重燃后电路又向电机或变压器等感性元件中注入能量，并在电路中产生高频谐振。高频电流与工频电流相叠加，电源电压过零点时再次开断。因为高频电流的频率很高，周期很短，这时开距仍不大，耐受不住瞬态恢复电压，再次重燃，多次重燃产生的过电压（电压级升）幅值很大，频率很高（最高可达数兆赫兹），其上升陡度很大，很容易破坏电机和变压器的匝间绝缘。应选择合适的电路加以保护。各类避雷器虽然能限定过电压的幅值，却不能限定其上升陡度。选用阻容串联保护电路既可以限制过电压的幅值，又可以限制其上升陡度。三相电路中，阻容串联保护电路一般采用星形接法。

真空灭弧室在开断小电流时，会出现截流，产生截流过电压。对于开断轻载变压器、频繁操作的电弧炉变压器等，容易产生截流。截流过电压的频率一般在几千赫兹，上升陡度相对小些，危害不及多次重燃过电压大；但过电压的幅值大，会危害电机或变压器的安全运行。特别是耐冲击电压不高的干式变压器（一般不如油浸变压器绝缘水平高）或额定容量低、电压高的变压器（波阻抗高，可达 $10^4\,\Omega$）更易损坏。选用避雷器或阻容串联保护电路都可起到保护作用。三相电路中，避雷器采用中性点接地的星形接法。

在供电系统中，感性负载占的比例较大，常常采用并联电容器组来调整功率因数。6 kV 以上三相电路并联电容器组尽量采用中性点不接地的星形接法，而不采用三角形接法。三角形接法电容器直接承受线电压，任一台电容器击穿，就形成相间短路。出现很大的短路电流。如果故障切除不及时，故障电流和电弧使电容器的绝缘介质分解产生气体，使电容器爆炸，危及真空开关和真空灭弧室。采用中性点不接地的星形接法，当一台电容器击穿，通过故障点的电流仅为电容器额定电流的 1.5 倍，电容器保护断路器延时过电流动作切断故障点，可避免发生两相短路故障。

开断电容器组，如果真空灭弧室的耐压水平低，发生多次重燃或重击穿时，过电压倍数可达相对地电压的 5 倍以上，此时应尽量避免，可加装避雷器加以保护。

不管哪种保护装置，都应尽量靠近被保护元件布置。对于重要负荷，在真空开关的前后侧都应设置过电压保护装置。

6.5.7 真空灭弧室的使用寿命

真空灭弧室的寿命可分为真空寿命、电寿命和机械寿命三种。任一寿命终了，都要更换真空灭弧室。

真空寿命包括真空灭弧室的储存寿命和最低工作真空度。真空储存寿命为 20 年，即从出厂之日起，真空灭弧室在 20 年的储存期内，其真空度不得低于最低工作真空度。最低工作真空度为 6.6×10^{-2} Pa。低于 6.6×10^{-2} Pa，真空灭弧室的绝缘性能和开断性能都会下降。真空度可通过 VC-VIB 真空度测试仪或工频耐压法检验。

电寿命是指真空灭弧室能够成功开断额定短路电流的次数或开断额定电流的次数。实际使用过程中，开断的电流既可能是额定短路电流，也可能是额定电流或比额定电流还小的电流，还可能是介于额定短路电流与额定电流之间的任意值的电流。开断的电流是随机的，所以，使用电寿命是无法用次数计算的，只能根据触头烧损量或由于触头烧损沉积在绝缘外壳内表面的金属蒸发物是否严重影响绝缘或触头表面严重烧损后影响绝缘等因素确定。一般规定触头的烧损量为 3 mm。绝缘外壳内表面的绝缘和额定开距时触头间的绝缘可通过工频耐压和冲击耐压检验。

机械寿命一般是由真空灭弧室的波纹管决定的。而波纹管的寿命又与其使用状态有关。开距过大、波纹管受扭伤、开关合闸弹跳和分闸反弹，都将降低真空灭弧室的机械寿命，应该尽量避免。机械寿命是否终了，可通过真空开关上的计数器得知。

6.6 低压开关柜

380 V 抽屉式开关柜是适用于电压等级为交流 380 V 的低压抽出式成套开关设备和控制设备，是由带有母线和抽出式功能单元的柜式成套设备或柜组式成套设备构成，可以带有固定式或可移式部件，电能可以通过母线或分支线分配给各个功能单元的成套配电设备。

抽屉式开关柜的发展已经有近 40 年的历史。在我国 20 世纪 70 年代初，就已经有了成熟的应用案例。随着低压电器元件的革新，一次元件体积迅速减小，因此近 30 年来抽屉式开关柜的结构已经发生了较大的变化。总体而言，抽屉式开关柜的体积越来越小，单柜回路数越来越多。

有文献中明确指出了抽出式部件的一些特征，抽出式部件主要指一次回路而言，可不包含辅助回路或二次回路。因此，市场上还有一些比较特殊的抽出式开关柜，例如条形插入式开关柜。本文则以常见的抽屉式开关柜为主介绍相关的内容。

常见的抽屉式开关柜是采用钢板制成封闭的外壳，进出线回路的电器元件都安装在可抽出的抽屉中，构成能完成某一类供电任务的功能单元。功能单元与母线或电缆之间，用接地的金属板或塑料制成的功能板隔开，形成母线、功能单元和电缆 3 个区域。每个功能单元之间也有隔离措施。内部分隔形式，一般为 4b，也可以用 3b。抽屉式开关柜分为连接位置、试验位置、分离位置和移出位置。由于抽屉式开关柜有较高的可靠性、安全性和互换性，因此可组成集中控制的配电中心，在供电可靠性较高的工矿企业、高层建筑等场合得到广泛应用。

图 6.36 为某厂生产的一种抽屉式开关柜的正视图及背视图。通过此图，我们可以对抽屉式开关柜的壳体结构有个初步的印象。

需要指出的是，我国的 380 V 抽屉式开关柜目前主要执行的标准为：GB 7251.1—2013、GB/T 7251.12—2013、GB/T 24274—2009。其中 GB 7251.1—2013 等同采用了 IEC 61439.1—2011，GB/T 7251.12—2013 等同采用了 IEC 61439.2—2011。它们是在原有的 GB 7251.1—2013（IEC 61439.1—2011）的基础上修订而成的，将原标准中混淆在一起的总则部分与产品部分区分开来，使得作为强制标准的 GB 7251.1—2013 更有权威性和适用性。

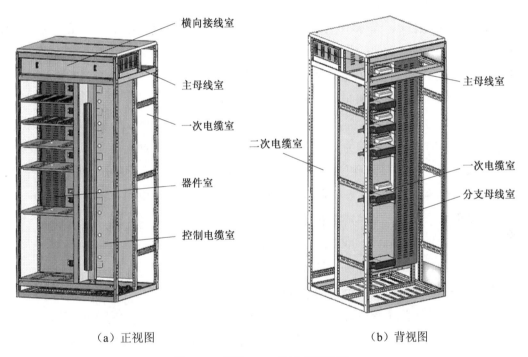

（a）正视图　　　　　　　　　　（b）背视图

图 6.36　某型 400 V 抽屉式开关柜

6.6.1　类别

1. 按用途分类

（1）配电中心闭开关柜。

（2）控制中心闭开关柜。

2. 按壳体类型分类

（1）绝缘材料型开关柜。

（2）金属材料型开关柜。

（3）绝缘和金属混合型开关柜。

3. 按安装方式分类

（1）靠墙式开关柜。

（4）离墙式开关柜。

6.6.2　结构

由于生产抽屉式开关柜的厂家比较多，产品各有特点，因此本节着重介绍抽屉式开关柜通用的一些结构要求。

成套设备的柜架、壳体和可抽出部件应有足够的机械强度和刚度，应能承受一定的机械应力、电气应力、热应力及正常使用时可能遇到的潮湿的影响，成套设备的壳体应符合 GB/T 20641—2006 的要求。以钢板材料壳体为例，支撑结构所用的钢板厚度不宜小于 2.5 mm，外壳所用的钢板厚度不宜小于 2.0 mm。

为了确保防腐，成套设备应采用防腐材料或在裸露的表面涂上防腐涂覆层，涂覆层应色泽均匀，有良好的附着力，并应经受耐腐蚀性试验验证，同时还要考虑成套设备使用及维修的条件。同样以钢板材料壳体为例，支撑结构部件有 3 种表面处理方法：镀锌、粉末喷涂、涂漆，无论采用哪种表面处理方法，都应该满足防腐要求。

框架的外形尺寸，应优先在下列数值中选取：

（1）高：1 800 mm，2 000 mm，2 200 mm。

（2）宽：400 mm，600 mm，800 mm，1 000 mm，1 200 mm。

（3）深：600 mm，800 mm，1 000 mm，1 200 mm。

尽管抽屉式单元本身就是一个隔离的单元，但是也不能忽视母线隔室、电缆隔室的隔离形式。规范上并没有明确规定抽屉式开关柜的隔离形式，从理论上来说似乎所有形式都是合适的。然而，在以往的实践中曾发生过多次因隔离不当引起的事故。因此，对于可靠性要求比较高的场合，建议采用 4b 形式的隔离；在施工质量和运行维护质量都很高的前提下，可以采用 3b 形式的隔离。其他隔离形式不建议采用。

柜体的防护等级应符合用户和现场的要求。

门的开启角度不得小于 90°，在开闭过程中不应损坏涂覆层，开门方向应符合设计的要求。门上的铰链应能承受足够的载荷量（如不小于 10 kg 或 4 倍于门本身的质量等）。

6.6.3　性能

1. 环境

抽屉式开关柜应满足以下环境要求：

（1）工作环境温度：−5～＋40 ℃，且 24 h 内平均温度不超过＋35 ℃。

（2）大气条件：在最高温度为＋40 ℃时，其相对湿度不得超过 50%。在较低温度时，允许有较大的相对湿度。例如：＋20 ℃时相对湿度为 90%。允许由于温度的变化，偶尔产生湿度的凝露。

（3）贮存环境温度：如果没有其他规定，运输和贮存过程的温度范围应在−25～＋55 ℃之间。在短时间内（不超过 24 h）可达到＋70 ℃。在此温度范围内，成套设备不应遭受任何不可恢复的损坏，然后还能在规定的使用条件下正常工作。

（4）海拔高度：不超过 2 000 m。

（5）污染等级：除制造商另有规定外，一般适用于污染等级为 3 的环境。对于其他污染等级可以根据成套设备的特殊用途或微观环境来考虑采用。

（6）过电压类别：安装在配电装置中的抽屉式开关柜的过电压类别为Ⅲ。

（7）安装倾斜角：不大于 5°。

（8）特殊条件：对于不符合以上正常使用条件或在特殊条件下使用时，应与客户签订专门的协议。同时，产品也应提供某些兼容性的技术资料，例如：当海拔超过 2 000 m 时的降容处理、不同环境温度对应的允许载流量等。

2. 额定电气参数。

（1）主电路额定工作电压：交流 380 V（400 V）。

（2）主电路额定频率：50 Hz。

（3）辅助电路额定工作电压。

①交流：6 V，12 V，24 V，36 V，42 V，48 V，110 V，127 V，220 V（230 V），380 V（400 V）。

②直流：6 V，12 V，24 V，36 V，48 V，110 V，220 V。

（4）额定绝缘电压：690 V。

（5）额定工频耐受电压：2.5 kV。

（6）额定冲击耐受电压：8 kV。

（7）额定电流。

①主母线额定电流优选值：400 A，500 A，630 A，800 A，1 000 A，1 250 A，1 600 A，2 000 A，2 500 A，3 150 A，4 000 A，5 000 A，6 300 A，8 000 A。

②配电母线额定电流优选值：400 A，500 A，630 A，800 A，1 000 A，1 250 A，1 600 A，2 000 A，2 500 A，3 150 A，4 000 A，5 000 A。

③功能单元额定电流优选值：按 GB/T 762—2002 中表 1 和第 3 章的规定选取。

（1）额定短时耐受电流优选值：15 kA，30 kA，50 kA，65 kA，80 kA，100 kA，125 kA，160 kA。

（2）额定峰值耐受电流优选值：30 kA，63 kA，105 kA，143 kA，176 kA，220 kA，275 kA，352 kA。

3. 机械、电气操作性能

抽屉单元应符合模数要求，主、备用回路之间可自由替换。功能单元应设计成即使主电路带电（但功能单元的主开关处于断开状态）也能用手直接或借助工具安全地将功能单元插入或抽出柜体。

抽出式功能单元应有 4 个明显的位置：连接位置、试验位置、分离位置和移出位置。功能单元在连接位置、试验位置和分离位置上都应有机械定位装置，且不会因外力的作用自行从一个位置移动到另一个位置。各个位置应设有明显的文字或符号标志。

其他机械操作性能、电气操作性能应符合设计的要求。

4. 电磁兼容性能

冶金钢铁企业应用的抽屉式开关柜应满足环境 A 的要求。

在正常运行条件下，不装有电子电路的成套设备不受电磁骚扰，因此不需进行电磁兼容性试验。全部使用无源元件（例如：二极管、电阻、压敏电阻、电容、浪涌抑制器、电感器等）的电子电路装置不需要进行试验。

对装有电子电路的成套设备，如果满足了下述条件，则不要求在最终的成套设备上进行电磁兼容性试验：

（1）采用的组合器件和元件符合相关的产品标准或通用的 EMC 标准，并符合规定的 EMC 环境要求。

（2）内部安装及布线是按照元器件制造商的说明书进行的（考虑互相影响，电缆的屏蔽和接地等）。

否则，应按照 GB/T 24274—2009 中表 13～表 17 的要求验证成套设备的电磁兼容性。

6.6.4 试验

抽屉式开关柜的试验分型式试验、出厂试验和安装试验。

1. 型式试验

型式试验是验证定型抽屉式开关柜的电气和机械性能是否达到 GB/T 24274—2009 的要求。

型式试验应在具有代表性的方案和规格的样机上进行。

型式试验的样机必须是经出厂试验合格的产品。

型式试验项目包括：

（1）一般检查。

（2）耐腐蚀试验。

（3）热稳定性试验。

（4）耐热性试验。

（5）耐受非正常发热和火焰危险的能力验证。

（6）标志试验。

（7）提升试验。

（8）温升试验。

（9）介电性能试验。

（10）短路耐受强度试验。

（11）保护电路有效性试验。

（12）功能单元互换性试验。

（13）功能单元机械操作试验。

（14）联锁机构操作试验。

（15）电气间隙、爬电距离和隔离距离验证。

（16）防护等级试验。

（17）门铰链试验。

（18）机械、电气操作试验。

（19）电磁兼容性试验。

2. 出厂试验

出厂试验是用来检查工艺和材料是否合格的试验。试验应在每台装配好的抽屉式开关柜上或在每个抽屉单元上进行。

出厂试验项目包括：

（1）一般检查。

（2）介电性能试验。

（3）保护电路有效性试验。

（4）功能单元互换性试验。

（5）机械、电气操作试验。

3. 安装试验

抽屉式开关柜安装完毕或大修完成后，应根据冶金钢铁相应的安装调试规范进行试验，才能投入运行。

6.6.5　选型原则

380 V 抽屉式开关柜在选型上首先应符合低压配电柜的一些通用要求：

（1）抽屉式开关柜应符合所在场所及其环境条件。

（2）抽屉式开关柜的额定频率应与所在回路的频率相适应。

（3）抽屉式开关柜的额定电压（含主回路及辅助回路）应与所在回路的标称电压相适应。

（4）抽屉式开关柜的额定电流不应小于所在回路的计算电流。

（5）抽屉式开关柜应满足短路条件下的动稳定和热稳定的要求。

（6）抽屉式开关柜内用于断开短路电流的电器应满足短路条件下的接通能力和分断能力要求。

同时，抽屉式开关柜的选择还应符合一些冶金钢铁行业的设计要求：

（1）抽屉式开关柜的布置应满足正常运行、检修和工作的要求。当设备检修或搬运时，不应影响其他设备及人身安全。在保证安全可靠的前提下，尽量降低造价，同时考虑留有扩建的条件。

（2）抽屉式开关柜的耐火等级以及与建筑物等的放火净距应符合 GB 50016—2014 的要求，且不宜与爆炸危险场所毗邻。

（3）抽屉式开关柜与其他高低压配电装置的安全距离应符合 GB 50060—2008 的有关规定。

第 7 章　不间断电源设备

7.1　UPS 不间断电源

7.1.1　UPS 定义

不间断电源（Uninterruptible Power Supply，UPS）可为重要的用电设备提供不间断的高质量的电力供应。在通信、计算机、自动化生产、航天、金融、网络等领域中，许多关键性设备一旦停电将会造成巨大的经济损失，即使瞬间的供电中断也会造成不堪设想的后果。UPS 能够在电网供电中断或者电网供电质量较差的情况下保证用电设备不间断地正常供电。在炼油化工企业中，UPS 给特别重要的用电负荷供电，主要给集散控制系统（Distributed Control System，DCS）、安全仪表系统（Safety Instrumentation System，SIS）、紧急停车系统（Emergency Shutdown Device，ESD）等系统供电，负载允许的电压波动时间小于 5 ms（主要原因是计算机类的 PG 信号在电压波动时间大于此范围时将重新启动）。

UPS 主要包括后备式 UPS 和在线式 UPS 两种，本章重点介绍在线式 UPS。

7.1.2　UPS 部件构成及功能

UPS 主要由以下几部分组成：蓄电池，用于储存电能；逆变器，用于将直流电变换为 50 Hz 交流电为负载供电；整流器和滤波器，将电网交流变换为直流，为逆变器直流输入端供电；充电器，为蓄电池充电；转换开关，用于负载供电方式的切换；其他部分，包括 EMI 滤波器、控制电路、保护电路和通信、显示等电路。以图 7.1 为例说明不间断电源 UPS 的工作原理。

电网供电正常时，交流输入经过 EMI 滤波器、AC/DC 整流器、滤波器后变换为恒定的直流，再经逆变器逆变为工频恒压交流为负载供电。同时输入交流经过充电器变换为直流给蓄电池充电。正常运行时，充电器只对蓄电池内部局部放电损耗进行补偿（处在浮充状态），当电网电压故障中断时，由已充电的蓄电池为逆变器供电，以保证负载供电不会间断。当电网电压恢复正常后，逆变器重新由整流器供电，同时充电器工作为蓄电池充电直至充满。

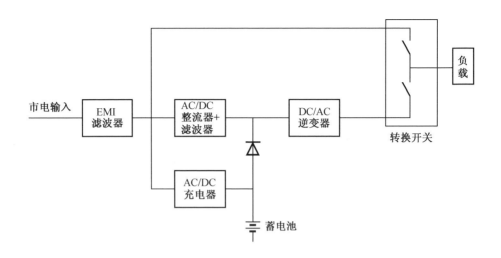

图 7.1　不间断电源 UPS 的工作原理

当 UPS 逆变出现故障或者过载时，控制系统在 5 ms 内切换到静态旁路状态，由旁路电源不间断供电。

UPS 主要部件及功能如下：

（1）蓄电池。目前广泛使用的是密封式免维护铅酸蓄电池或胶体电池，蓄电池的容量直接影响到 UPS 在电网停电时可维持的供电时间，也直接关系到 UPS 电源的体积、质量和价格。蓄电池给逆变器提供了一个比较稳定的直流电压，蓄电池的充电方式可分为浮充和均冲两种方式。

（2）逆变器。目前除在大容量 UPS 中采用晶闸管辅助换向逆变器外，基本上是采用全控型器件构成的 PWM 逆变器，其中使用最多的器件是 IGBT。为了实现在不可预见的故障时刻负载供电在 UPS 逆变器和电网交流供电之间无间断的切换，逆变器输出交流电压需要与电网交流电压实现频率和相位的同步。

（3）AC/DC 整流器和滤波器。用于将输入交流整流滤波后，为逆变器直流端供电。为提高 UPS 的功率因数，抑制 UPS 对电网的谐波注入，近年来 UPS 已大多采用输入功率因数校正（PFC）技术。

（4）充电器。UPS 中的充电器电路根据 UPS 电路结构、蓄电池电压大小和容量等的不同，有多种形式和连接方法，如 AC/DC 变流器、DC/DC 变流器、能量双向变换 DC/DC 变流器等，蓄电池的充电放电过程由控制电路根据 UPS 工作状态和蓄电池充电特性来确定。充电器并非是必需的配置，可与整流器和滤波器合并。

（5）转换开关。一般由晶闸管等电力电子器件组成，以实现 UPS 逆变器供电与电网交流电供电之间的快速切换，保证负载的无间断供电。

（6）EMI 滤波器。用于抑制来自电网的电磁干扰和射频干扰，同时也抑制 UPS 电源对电网的谐波和电磁干扰。

UPS 中还包括控制电路，以实现对整流器、逆变器、充电器、转换开关等部分及其 UPS 电源总体控制功能的控制。保护电路实现对 UPS 电源的故障检测和保护。

在线式 UPS 电源的特点是无论电网交流电压正常还是中断，UPS 中的逆变器始终处于工作状态并向负载提供全部所需的电能。图 7.2 为单台 UPS 原理框图。电网正常供电时，交流输入经 AC/DC 整流器变换成直流给逆变器供电，另一方面交流输入经蓄电池充电器为蓄电池充电。当电网交流电压中断时，逆变器自动转为由蓄电池供电，从而保证了负载的不间断供电。只有当逆变器故障时，才由转换开关将负载切换到由交流电网供电。

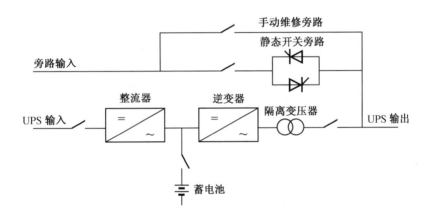

图 7.2　单台 UPS 原理框图

在线式 UPS 具有优良的电气性能，这是因为：①负载供电经过了 AC/DC、DC/AC 二级变换，直流环节的存在有效地消除了来自电网的电压波动、电压畸变、电磁干扰等影响，使得 UPS 逆变器能向负载提供高质量的正弦波电压。②电网电压中断时，逆变器直流端由蓄电池不间断地提供直流电，逆变器工作不间断，负载仍由逆变器供电，不需要开关切换。

工业用 UPS 一般均配置隔离变压器，将 UPS 输入、输出或旁路前后隔离成两个独立的电气系统，增加短路阻抗、减小短路电流、隔离相互之间的干扰，而商用 UPS 一般没有这项配置。

UPS 具有电源可靠性高、供电质量高、效率高损耗低、波形失真系数小、故障率低等优点。

7.1.3 UPS 系统分类

UPS 系统分类方法较多,按照输入输出相数不同,可分为单相/单相、三相/单相、三相/三相等 UPS 系统;按照设计电路工作频率的不同,可分为工频机、高频机;按照系统中 UPS 台数不同,可分为单台 UPS 系统、冗余 UPS 系统等。

常用的双机冗余 UPS 系统原理框图如图 7.3 所示。

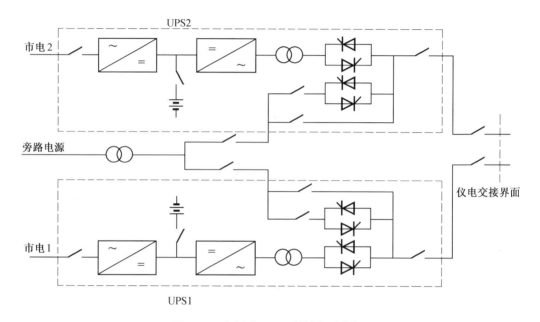

图 7.3　双机冗余 UPS 系统原理框图

另外还有串联冗余 UPS 系统,即 UPS1 的输出接至 UPS2 的旁路输入,UPS1 和 UPS2 串联运行,随着 UPS 并机技术的广泛应用,串联冗余方式的应用越来越少;并联冗余 UPS 系统,即在双机冗余 UPS 系统中增加并机,两台 UPS 电源的并联输出;多机冗余 UPS 系统与双机冗余系统类似,其供电可靠性的对比见表 7.1。

表 7.1　并联方式的负载率和可靠性

并机方式	1+1 (2 台并机)	2+1 (3 台并机)	3+1 (4 台并机)	4+1 (5 台并机)	5+1 (6 台并机)
单机输出功率占总负载 百分数/%	50	33.3	25	20	16.7
并联系统占总负载百分数/%	200	150	133.3	125	120
并机与单机的可靠性之比	9.2	5.3	3.1	2.05	1.35

由表 7.1 可知，多机冗余 UPS 系统能显著提高供电可靠性。随着并机台数增加，UPS 系统的利用率得到了提高，但是也降低了并机系统的可靠性。因此，冗余 UPS 系统选择时应综合考虑以上因素。

7.1.4 UPS 主要技术要求

1. UPS 主要技术标准及规范

按照某石油化工企业生产装置过程控制仪表电源配电系统技术管理规定，在设计 UPS 配电方案时主要应满足以下要求：

（1）UPS 配电系统在正常运行时可以进行 UPS 离线检修、蓄电池定期维护等工作。

（2）UPS 电源系统更换装置应能实现无扰动切换。

（3）低压母线直供馈出回路需配置隔离变压器或稳压器。

（4）具备两路供电的控制仪表应具备两路非同期工频交流电源同时工作条件。

（5）断开任意一路电源或同时断开两路电源或断开任意一路输出，仪表电源应不断电。

UPS 主要技术标准及规范，见表 7.2。

表 7.2 UPS 主要技术标准及规范

一、国内标准规范	
GB 7260.1—2008	不间断电源设备 第1.1部分：操作人员触及区使用的 UPS 的一般规定和安全要求
	1. 本部分适用于直流环节具有储能装置的电子式不间断电源设备 2. 本部分包括的不间断电源设备（UPS）的主要功能是保证交流电源输出的连续性。UPS 也可使电源保持规定的特性，从而提高电源质量 3. 本部分适用于预定安装在操作人员触及区内、用于低压配电系统的移动式、驻立式、固定式或嵌装式的 UPS 4. 本部分规定了保证操作人员和可能触及设备的外行人员安全的要求。当特别说明时，也适用于维修人员

续表 7.2

GB 7260.2—2009	不间断电源设备（UPS） 第 2 部分：电磁兼容性（EMC）要求
	1. 本部分适用于安装在下述场所的 UPS： （1）单台 UPS 或由数台 UPS 互联与相关控制器/开关装置构成单一电源组成的 UPS 系统 （2）连接至工业、住宅、商业和轻工业的低压供电系统的任何操作者可触及区或独立电气场所 2. 本部分拟作为下述定义的 C1 类、C2 类和 C3 类产品在投放市场前进行 EMC 合格评定的产品标准 3. 本部分考虑了 UPS 的物理尺寸和功率额定值范围涉及的不同的试验条件 4. 本部分不覆盖特殊安装环境，也未考虑 UPS 故障情况 5. 本部分不覆盖直流供电的电子镇流器或基于旋转式机组的 UPS 6. 本部分规定了 EMC 要求、试验方法、最低性能的电平。
GB/T 7260.3—2003	不间断电源设备（UPS） 第 3 部分：确定性能的方法和实验要求
	1. 本标准规定了确定不间断电源设备（UPS）性能的方法和试验要求 2. 本标准为 UPS 的基础标准，所有 UPS 产品符合其规定，其他 UPS 相关标准亦应以本标准的规定为准
GB 7260.4—2008	不间断电源设备 第 1.2 部分：限制触及区使用的 UPS 的一般规定和安全要求
	1. 本部分适用于直流环节具有储能装置的电子式不间断电源设备 2. 本部分包括的不间断电源设备（UPS）的主要功能是保证交流电源输出的连续性。UPS 也可使电源保持规定的特性，从而提高电源质量 3. 本部分适用于预定安装在限制触及区内、用于低压配电系统的移动式、驻立式、固定式或嵌装式 UPS 4. 本部分规定了保证维修人员安全的要求
YD/T 1095—2008	通信用不间断电源（UPS）
	1. 本标准规定了通信用在线式、互动式与后备式静止型不间断电源（UPS）的技术要求、试验方法、检验规则和标志、包装、运输、贮存 2. 本标准适用通信用在线式、互动式与后备式输出电压为正弦波的静止型不间断电源
YD/T 1970.4—2009	通信局（站）电源系统维护技术要求 第 4 部分：不间断电源（UPS）系统
	1. 本部分规定了不间断电源（UPS）系统的使用条件、维护和现场验收项目、周期、指标要求及检测方法 2. 本部分适用于通信局（站）中 UPS 系统

续表 7.2

二、国际标准规范	
IEC 60146	半导体变流器
IEC 60445	人机界面、标志和标识的基本原则和安全原则——电气设备端子及端子排标识规则 Basic and safety principles for man-machine interface, making and identification—Identification of equipment terminals and conductor terminations
IEC 60529	外壳防护等级 Classification of degrees of protection provided by enclosures
IEC 62040-1—2008	不间断电源（UPS）-第 1 部分：UPS 用一般要求和安全要求 Uninterruptible power systems (UPS) –Part 1: General and safety requirements for UPS
IEC 62040-2—2005	不间断电源系统（UPS）-第 2 部分：电磁兼容性（EMC）要求 Uninterruptible power systems (UPS) –Part 2: Electromagnetic compatibility (EMC) requirements
IEC 62040-3—2011	不间断电源系统（UPS）-第 3 部分：规定性能的方法和试验要求 Uninterruptible Power Systems (UPS) –Part 3: Method of Specifying the Performance and Test Requirements
ISO 3746	声学 噪声源声级的测量 测量方法 Acoustics-determination of sound power levels of noise sources using sound pressure. Survey method using an enveloping measurement surface of a reflecting plan
EN 50091	不间断电源系统（UPS） Uninterruptible power systems(UPS)

2. UPS 的主要技术参数

一般选择 UPS 的主要技术参数见表 7.3。

企业使用的 UPS 中一般采用阀控式铅酸蓄电池（Valve Regulated Lead Battery，VRLA 电池）。VRLA 电池的性能参数主要包括开路电压、工作电压、容量和内阻等。在环境温度 25 ℃条件下，某型号 2 V 系列电池单体的正常浮充电压为 2.25 V，温度补偿系数为 3 mV/℃；均衡充电电压为 2.35 V，温度补偿系数为 5 mV/℃。某型号 12 V 系列电池单体的正常浮充电压为 13.62 V，温度补偿系数为 18 mV/℃；均衡充电电压为 14.4 V，温度补偿系数为 30 mV/℃。

表 7.3　UPS 的主要技术参数表

序号	指　标　项　目	技术要求	备注
1	输入电压可变范围	−15%～+15%	
2	注入电网电流谐波总量	＜8%	40 次以下谐波
3	输入功率因数	＞0.92	
4	输入频率变化范围	50 Hz±4%	
5	频率跟踪范围	50 Hz±10%可调	
6	频率跟踪速率	0.5～2 Hz/s	
7	输出电压稳压精度	±1%	
8	输出频率	50±0.5 Hz	电池逆变方式
9	输出波形失真度	≤2%	线性负载
		≤4%	非线性负载
10	输出电压不平衡度	≤5%	正常工作方式
11	动态电压瞬变范围	±5%	正常工作方式
12	电压瞬变恢复时间	≤10 ms	正常工作方式
13	输出电压相位偏差	≤2°	
14	市电与电池转换时间	0 ms	
15	旁路逆变转换时间	＜4 ms	逆变器故障转换或输出过载
16	电源效率	＞10 kV·A≥90% ≤10 kV·A≥82%	正常工作方式
17	输出有功功率	≥额定容量×0.8	正常工作方式
18	输出电流峰值系数	≥3	正常工作方式
19	过载能力（125%）	10 min	正常工作方式
20	并机负载电流不均衡度	≤3%	对有并机功能的 UPS
21	纹波电压	≤1%	

3. UPS 试验内容

（1）形式试验内容。

①断路器的短路试验。

②电力电子器件的温升试验。

③电力晶闸管/二极管的电压降试验。

④电力晶闸管/二极管的关断试验和反向电压试验。

⑤决定可靠性的主要元器件（如蓄电池充电器、逆变器、静态开关等）的试验。

（2）出厂检验内容。

①UPS 的外观检查，是否和原机型、合同要求和经认证的图纸相一致。

②绝缘试验。

③耐压试验（电子回路除外）。

④机械试验，用以验证设备联锁和正确操作的有效性。

⑤电气运行试验，用以验证不同负载条件下输出值的正确性，验证所有电气控制、联锁、信号和保护回路功能的正确性。

⑥输出电压测试。

⑦谐波测试。

⑧全负载测试（测试至稳定状态且不少于 48 h）。

⑨效率测试。

⑩电源和负载在标准范围内变化时的输出电压和频率的暂态响应记录。

⑪静态开关切换时间的试验。

⑫噪声水平测试。

⑬逆变器负载试验。

⑭辅助设备和控制回路试验。

⑮蓄电池试验等。

4. UPS 元器件寿命要求

（1）UPS 系统中的设备、元器件选择和设计均应不少于以下规定的最小寿命限制。

①整流器、逆变器、静态开关和相关附件寿命不少于 20 年。

②旋转设备，如风扇，连续运行条件下不少于 4 年。

③电解电容器寿命不少于 8 年，电容器容量应在允许偏差范围内。

④运行在平均室内温度 25 ℃条件下，镍镉电池和通风式铅酸电池寿命不少于 12 年。

⑤运行在平均室内温度 20 ℃条件下，阀控式全密封铅酸电池寿命不少于 10 年。

⑥UPS 应设计为 4 年连续运行无须维护。

（2）UPS 设备最小 MTBF 值（环境温度 20 ℃时）可参照下列数值。

①整流器：150 000 h。

②逆变器：100 000 h。

③静态开关：200 000 h。

通过自诊断和监测功能减少设备的 MTTR 值（平均维修时间），在任何情况下 MTTR 值应小于 4 h。

5. UPS 工作模式

（1）正常工作模式。

在市电输入正常时，UPS 一方面通过整流器、逆变器给负载在线提供高品质交流电源；另一方面通过整流器给蓄电池充电，将电能储存在蓄电池中。

（2）电池工作模式。

当市电输入异常时，UPS 系统自动无间断地切换至电池工作模式，由蓄电池逆变输出交流电源给负载供电。市电输入恢复正常后，系统自动无间断地恢复到正常工作模式。

（3）旁路工作模式。

旁路工作模式有两种：一种能自动恢复到正常工作模式；另一种需要人工干预才能恢复到正常工作模式。

在逆变器过载达到延时时间后、逆变器受到大负载冲击等情况下，UPS 系统经过静态旁路开关自动切换到旁路电源向负载供电。UPS 恢复正常时，系统自动恢复到正常供电模式。

当人工关机、市电输入异常且蓄电池储能耗尽或发生严重故障等情况时，逆变器关闭，UPS 系统会停留在旁路工作模式。如果需要恢复到正常工作模式，需要人工手动干预。

（4）手动维修旁路工作模式。

需要对 UPS 系统及蓄电池等进行全面检修或进行故障维修时，可以通过合上手动维修旁路开关，将负载切换至旁路直接供电，以实现不停电维修。维修时需要断开 UPS 内部的市电输入、旁路输入和蓄电池输入开关以及输出开关，实现 UPS 内部不带电、负载仍维持供电的手动维修旁路工作模式。

（5）并机工作模式。

两台或多台 UPS 在冗余并机工作方式时，各台 UPS 自动将负载进行平均分担，如果其中一台 UPS 出现故障，该 UPS 自动退出运行，负载由剩余 UPS 自动平均分担；如果发生系统过载等情况，整个 UPS 系统转至旁路工作模式。

6. 蓄电池充电操作

（1）初始充电操作。

对新蓄电池的初始充电操作可以自动进行，充电时间不超过 8 h；也可以在断开负载的情况下手动进行。初始充电操作只能在蓄电池首次充电或周期性维护时进行。初始充电时应保持电流恒定，电压逐步增加至额定值，电流设定值应手动可调。

（2）浮充操作。

浮充操作时蓄电池充电器向蓄电池组施加恒定电压。此电压值应和蓄电池充电特性相一致并稳定在设定值的±2%范围内。设定值应在直流额定电压的±5%范围内可调。

（3）均充操作。

该操作用于将部分放电的蓄电池充电至 100%额定容量。均充操作应按照标准的 IV 特性曲线进行或者按照蓄电池实际充电水平分成两阶段进行。第一阶段（恒定电流阶段）将蓄电池充电至约 70%～80%额定容量，第二阶段（恒定电压阶段）在限定时间段内完成。第二阶段的时间段应可调，恒定电流充电阶段充电电压应逐渐增加至均充电电压，恒定电压充电阶段电压保持恒定而充电电流将逐渐减小。

当均充操作结束后，蓄电池充电器将自动切换至浮充电状态。

遇到下列情况时，阀控式铅酸电池需要进行均衡充电（相关数据仅举例说明，实际执行请参照具体型号电池技术手册）。

①单体电池浮充电压低于 2.16（2 V）、13.2（12 V）。

②新电池安装调试后，需要进行不超过 10 h 的均衡充电。

③电池放电超过 30%的额定容量时。

④搁置不用时间超过 3 个月时。

⑤全浮充运行超过 6 个月以上时。

7.1.5　安装调试

UPS 安装步骤如下：

（1）设备就位。

①确保 UPS 机房环境符合产品技术指标上规定的环境要求，特别是环境温度及通风条件。

② 拆开 UPS 及蓄电池包装，对 UPS 及蓄电池内外部是否存在运输损坏进行目视检查。如有损坏，及时联系通报厂商解决。

③按照 UPS 安装说明要求进行就位安装、设备固定。安装过程中应注意起吊点、吊装质量及重心位置，轻拿轻放、防止冲击损伤。

（2）电气安装。

① 确认 UPS 所有输入电气开关彻底断开、内部电源开关全部断开，并在开关处采取防止误操作的措施。

②依次进行接地、旁路和整流器输入、输出、蓄电池电缆的连接，连接过程中注意相序及连接极性的正确性。

③连接外部接口及信号辅助电缆。

（3）开机步骤。

①合上整流器输入开关。

②合上旁路开关。

③检查直流母线电压正常后，合上蓄电池开关。

④如需手动启动逆变器，则手动启动逆变器。

⑤最后合上 UPS 输出开关。

整个操作过程应注意关注各项指示、显示参数是否正常、有无异响异味存在，如有异常必须处理后方可继续操作。

7.1.6 UPS 装置维护检修

1. 检修周期

每 1～3 年检修 1 次。

2. 检修项目

（1）清扫 UPS 装置。

（2）检查所有接线。

（3）检验所有表计。

（4）检查主回路元件。

（5）检查清扫插件。

（6）检修电源开关、控制开关。

（7）检修辅助系统。

（8）检查保护回路。

（9）检修蓄电池组。

（10）回装。

（11）测试。

（12）检查各信号显示系统、报警回路。

（13）试运。

3. 检修内容与质量标准

（1）检修内容。

①解体检查与测试。

a. 取出全部插件并编号，以便回装。

b. 用吸尘器、毛刷等器具清除各部灰尘，必要时用无水酒精或专用清洗剂清洗。

c. 检查所有接线有无过热现象，并紧固所有螺栓。

d. 检查电压表、电流表、频率表等所有表计。

②主电路元件的检查与测试。

a. 检查主回路熔断器和热继电器有无异常现象。

b. 检查功率元件（晶体管、晶闸管、IGBT 管、MOSFET 管等）、换向电容等元件有无过热异常现象，必要时进行测试。

c. 检查交流滤波器电容外观有无变形、漏液，必要时进行容量测试。

d. 检查输出变压器有无损伤过热现象。

③对下列插件进行外观检查、清扫，并按照说明书要求测试功能参数。

a. 本机振荡部分。

b. 锁相同步部分。

c. 电压控制部分。

d. 脉冲分配部分。

e. 触发部分。

f. 静态开关控制电路中的电压、电流、相位等检测部分。

g. 静态开关控制电路中的手动操作与自动-手动切换逻辑回路部分。

h. 静态开关控制电路中的脉冲放大及整形回路部分。

i. 启动回路部分。

j. 保护回路部分。

k. 逆相、缺相检测回路部分。

l. 显示或报警回路部分。修理或更换已老化或损坏的元器件；检查电源开关、控制开关触点有无烧伤、过热现象；检查电源开关、控制开关动作是否灵活；测量主回路绝缘电阻（用 500 V 兆欧表测量，且应断开主回路中的电子元件或将电子元件短接）。

④辅助系统的检修。

a. 检修冷却风扇。

b. 检查照明及其他部分有无异常现象。

⑤检查保护回路。

a. 检查保护回路中的元器件有无损伤。

b. 校验保护回路中的继电器。

⑥检修蓄电池。

回装检修中拆卸的所有插件、元器件、连接线。

⑦测试 UPS 装置以下参数。

a. 输出电压误差。

b. 输出电压波形。

c. 输出电压的相位偏差。

d. 输出电压的频率。

e. 静态开关切换时间。

f. 测试点的主要性能参数（测试时，应将逆变器与主回路断开）。

模拟各种保护动作，检查信号显示系统及报警回路有无误动和拒动。

（2）质量标准。

①外观应清洁、盘面应无脱漆、锈蚀，标识应正确、齐全。

②所有接线应无过热，元件、插件的固定螺栓应无松动和锈蚀。

③电压表、电流表、频率表等表计的检验，应符合表计校验规程。

④主回路中的各部件应无损伤和过热，电子元件应无脱焊、虚焊。

⑤所有插件应清洁、无损伤；插件上的电子元件应无脱焊、虚焊、过热、老化现象；功能参数符合说明书要求。

⑥所有开关应完好无损且动作灵活、可靠。

⑦照明、冷却等辅助系统应完好，运行正常。

⑧保护回路中的元器件应无损伤，继电器的整定值准确。

⑨蓄电池完好。

⑩输出电压误差、波形、相位偏差和输出电源频率、静态开关切换时间应符合说明书规定，说明书无规定时，应与初次检测结果相符（在相同的测试条件下）。

⑪主回路的绝缘电阻应大于 5 MΩ。

⑫模拟保护回路动作时，信号显示系统应显示正确，报警回路应可靠报警。

（3）试运

试运方法与时间：带负荷试运 4 h，其各性能指标符合要求，无异常现象。

试运中检查项目与标准见表 7.4。

表 7.4　试运中检查项目与标准

序号	项目	标　准
1	检查逆变器的输出电压、电流、频率、输出波形	符合说明书要求
2	检查各元件	无过热和损伤现象
3	检查环境温度	符合说明书要求
4	检查装置的声音和气味	无异声和异味
5	检查各种信号、表计指示	指示准确、无异常
6	检查保护、报警回路	工作正常
7	检查辅助系统	工作正常
8	检查蓄电池	工作正常

4. 维护与故障处理

（1）检查周期：每天检查 1 次。

（2）检查项目与标准如下：

①检查环境及温度，环境应整洁，温度应符合说明书要求。

②观察 UPS 的操作控制显示屏，UPS 运行状态的模拟流程指示灯的指示应处于正常状态。

③所有的电源运行参数应处于正常值范围之内，且无任何故障和报警信息。

④检查信号指示、报警系统，指示应准确，报警系统应工作正常。

⑤检查各种表计指示，应准确不超标。

⑥对于多机冗余系统，检查负荷分配应均匀。

⑦检查冷却、照明等辅助系统，应工作正常。

⑧检查 UPS 音响噪声，应无可疑的变化。

⑨检查柜内各种元器件有无过热和损伤，各元器件应良好无异常。

⑩检查 UPS 用蓄电池组。

⑪必要时测量输出波形、输出频率等，应符合说明书要求，检查主要元件的温度，应正常。

（3）常见故障与处理

常见故障与处理见表 7.5。

表 7.5　常见故障与处理

序号	故障现象	故障原因	处理方法
1	换向器失败	换向电容器损坏	更换电容器
		换向电感损坏	更换电感
		输出过载或短路	检查输出回路
		触发控制回路故障	检修触发控制回路
		换向晶闸管损坏	更换晶闸管
2	逆变器主元件损坏	换向失败	参照本表第 1 条
		输出过载或短路	检查输出回路
		主元件保护回路失效	检修保护回路
		主元件自身质量问题	更换主元件
3	主熔断器熔断	换向失败	参照本表第 1 条
		输出过载或短路	检查输出回路
		主元件击穿短路	更换主元件
		直流或交流滤波电容器损坏	更换损坏的电容
		设备内有其他短路点	检查排除故障
4	静态开关不工作	静态开关主元件损坏	更换静态开关主元件
		静态开关触发脉冲回路有故障	检查修复触发回路
5	逆变器和市电不同步	锁相环失锁	检查失锁原因并处理
		市电频率偏差太大	无须处理

续表 7.5

序号	故障现象	故障原因	处理方法
6	逆变器或静态开关主元件过热	环境温度过高 冷却系统故障 长期过负荷 散热片上积尘太多 主元件性能老化 主元件与散热片接触不良	改善环境条件 检修冷却系统 检查调整负荷 清扫散热片 更换老化的元件 紧固主元件
7	UPS 中电子元器件过热或变色	电容器漏油或短路 电感绕组短路 晶体管元件击穿损坏 电子元器件的参数变化引起过流 回路中发生短路	更换电容器 修理或更换电感 更换晶体管 检查更换电子元件 查找排除短路点
8	信号灯不亮	灯泡松动 灯丝断 指示灯用变压器（或电阻）断线	拧紧灯泡 更换灯泡 修理或更换
9	在投入负荷时输出电压突然下降	负荷峰值电流超过规定，使保护动作	调整处理负荷
10	输出电压呈周期性波动	自控系统失调 直流阻抗匹配不良	检查处理自控系统 正确匹配直流阻抗
11	交流输出电压异常	直流输出电压异常 电压检测回路故障 基准信号失调 触发控制回路故障	检修直流供电回路 检修电压检测回路 调整基准信号 检查排除控制回路故障
12	变压器、电抗器过热	绕组内部短路 过负荷或负荷短路 环境温度太高	检修或更换绕组 调整负荷或处理负荷回路 改善环境条件
13	输出电压频率不正常	本机振荡部分的标准信号不正常 相关控制回路故障	检查调整标准信号 检修排除相关回路故障点

7.2 EPS 事故电源装置

7.2.1 用途

　　EPS（Emergency Power Supply）消防应急电源是一种集中消防应急供电电源，为消防应急照明、消防设施（卷帘门、消防泵、消防风机等）、消防控制中心或其他一级负荷及市电异常时需继续运行的重要负荷供电。

主要应用在医院、交通系统的高速公路、隧道、地铁、轻轨、民用机场等消防设施的道路交通照明、场馆照明、楼宇消防逃生照明、 消防泵、喷淋泵等消防设备。消防应急电源按用途可分为应急照明、混合动力和动力 EPS 消防应急电源 3 大类。

用于应急照明时，主要用于道路交通照明、场馆照明、楼宇消防逃生照明等。

用于混合动力时，包括应急照明和消防动力设备。

用于动力设施时，主要包括消防动力设备卷帘门、消防泵、消防风机等动力设备的供电。

7.2.2　结构

EPS 应急电源系统主要包括整流充电器、蓄电池组、逆变器、互投装置和系统控制器等部分。其中逆变器是核心，通常采用 DSP（Digital Signal Processing）或单片 CPU（Central Processing Unit）对逆变部分进行 SPWM 调制控制，使之获得良好的交流波形输出；整流充电器的作用是在市电输入正常时，实现对蓄电池组适时充电；逆变器的作用是在市电非正常时，将蓄电池组存储的直流电能变换成交流电输出，供给负载设备稳定持续的电力；互投装置保证负载在市电及逆变器输出间的顺利切换；系统控制器对整个系统进行实时控制，并可以发出故障报警信号和接收远程联动控制信号，并可通过标准通信接口由上位机实现 EPS 系统的远程监控。

EPS 主要结构原理图如图 7.4 所示。

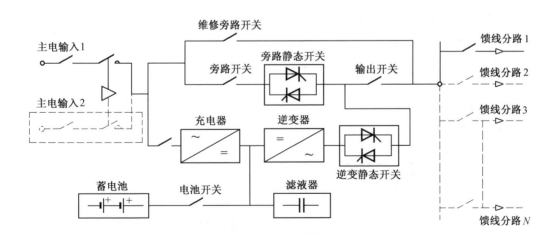

图 7.4　EPS 结构原理图

EPS 正常采用后备式运行方式，工作模式分为 EPS 消防应急电源市电工作模式，市电异常、电池逆变工作模式、手动维修旁路工作模式。

1. EPS 消防应急电源市电工作模式

EPS 消防应急电源市电工作模式如图 7.5 所示。

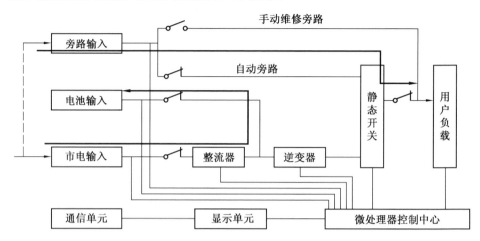

图 7.5　消防应急电源市电工作模式

当市电正常时，由市电经过互投装置给重要负载供电，同时进行市电检测及蓄电池充电管理，然后再由电池组向逆变器提供直流能源。在这里，充电器是一个仅需向蓄电池组提供相当于 10%蓄电池组容量（Ah）的充电电流的小功率直流电源，它并不具备直接向逆变器提供直流电源的能力。此时，市电经由 EPS 的交流旁路和转换开关所组成的供电系统向用户的各种应急负载供电。与此同时，在 EPS 逻辑控制板的调控下，逆变器停止工作处于自动关机状态。在此条件下，用户负载实际使用的电源是来自电网的市电，因此，EPS 应急电源也是通常说的一直工作在睡眠状态，可以有效地达到节能的效果。

2. 市电异常、电池逆变工作模式

市电异常、电池逆变工作模式如图 7.6 所示。

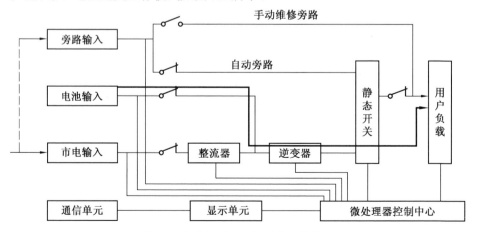

图 7.6　市电异常、电池逆变工作模式

当市电供电中断或市电电压超限（±15%或±20%额定输入电压）时，互投装置将立即投切至逆变器供电，在电池组所提供的直流能源的支持下，用户负载所使用的电源是通过 EPS 逆变器转换的交流电源，而不是来自市电。

当市电电压恢复正常工作时，EPS 的控制中心发出信号对逆变器执行自动关机操作，同时还通过它的转换开关执行从逆变器供电向交流旁路供电的切换操作。此后，EPS 在经交流旁路供电通路向负载提供市电的同时，还通过充电器向电池组充电。

3. 手动维修旁路工作模式

手动维修旁路工作模式如图 7.7 所示。

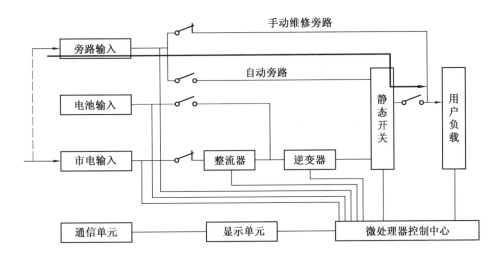

图 7.7　手动维修旁路工作模式

当 EPS 出现故障需要维修或者检修的时候可以转到手动维修模式切除 EPS，以便于维护和检修。

4. 监控系统组网方式及系统结构

（1）监控系统组网方式。

现场监控单元 FSU 与监控中心 SC 之间采用本地 IP 网连接；监控单元与监控模块之间采用 RS 485 通信方式接入。

EPS 监控内容（具体检测内容按照智能协议处理）如下：

①遥信。

a. 交流电源制动切换装置运行状态。

b. 整流/充电机运行状态。

c. 逆变器运行状态。

d. 馈线单元运行状态。

e. 整流故障。

f. 逆变故障。

②遥测。

a. 交流输入电压。

b. 蓄电池组电压。

c. 输出电压。

d. 输出电流。

e. 输出频率。

EPS 监控系统如图 7.8 所示。

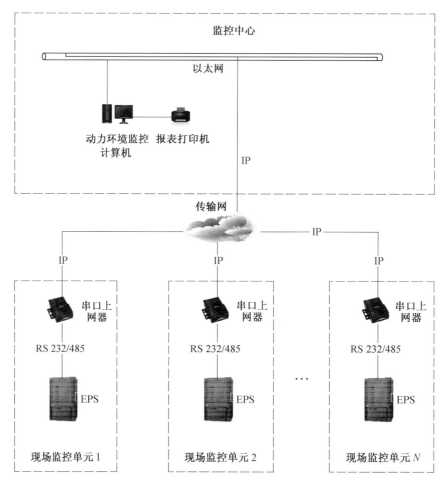

图 7.8　EPS 监控系统

（2）监控系统结构。

EPS 集中监控系统采用分级收敛、逐级汇接的拓扑结构，可由监控中心、现场监控单元、监控模块构成树形网络拓扑，EPS 集中监控系统是一个相对独立系统。EPS 监控系统结构如图 7.9 所示。

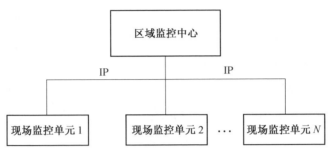

图 7.9　EPS 监控系统结构

7.2.3　性能

EPS 应急电源的主要设计思想是在市电突然中断时提供安全可靠的应急电源，有效地为应急设备提供电源，保证其正常运行，从而有效避免发生灾害时的人身伤亡和财产损失。

1. EPS 电源的主要性能特点

（1）采用大屏幕单色 LCD 显示器，中英文显示。

（2）流程图运行状态直观显示，数据资料、事件记录显示，中英文可选菜单操作。

（3）应急逆变器后备工作模式设计，高速的静态开关切换。

（4）智能自检功能（设手动测试），主电连续供电 30 天，自动转应急测试 30 s；主电连续供电 1 年，自动转应急测试 30 min；声光报警和状态信息指示。

（5）消防联动控制功能，当接收到消防联动控制信号时，转预先设定的联动控制功能（默认为转应急运行）。

（6）手动和自动应急转换功能，自动状态时主电正常，主电运行，主电异常时转为应急逆变供电；当转为手动应急时，切换到应急供电，不受主电的影响，正常运行时设定在自动状态。

（7）强制运行启动开关，在紧急情况下，打开强启开关时，应急电源转为应急供电，并取消电池低电压保护功能，直至蓄电池能量耗尽。

（8）智能数字化控制技术。

（9）采用三块高速微控制器和可编程逻辑器件来实现电路控制，参数设定、运行管理、先进的自检和自侦测功能，可对电路板上的所有独立电路连接进行自检和故障分析。

经过数码变换的正弦波电压，可确保系统超稳定运行。完美运行的新方案，满足客户的实际需要。

（10）高效的 IGBT（Insulated Gate Bipolar Transistor）逆变技术。

（11）IGBT 良好的高速开关特性；具有高电压和大电流的工作特性；采用电压型驱动，只需要很小的控制功率。

（12）三相 4 线制+PE 输入、输出适应于三相或单相负载，100%抗负载不平衡。

（13）优越的负载特性。

（14）应急时，完全满足从 0 到 100%负载的跃变，并保证输出稳定可靠。

（15）完善的保护功能。

（16）输入输出过欠压保护、输入浪涌保护、相序保护、电池过充过放保护、输出过载短路保护、温度过高保护等多种系统保护和报警功能。

（17）高性能的动态特性。

（18）采用瞬时控制方式和有效值等多种反馈控制，实现了高动态调节，减小输出电压失真度。

（19）采用高性能整流充电器，智能化的电池管理。

（20）智能电池充电：根据用户的电池配置自动调整电池的充电参数，并会根据供电环境对电池进行均充浮充转换、温度补偿充电，放电管理。延长电池的使用寿命，减少管理员的负担。

（21）标配件的电池巡检模块。

（22）可对单个参数进行测量，并在显示板上显示出来。如有电池故障立即报警，通知管理员。

（23）智能侦测功能。

（24）微处理器时时对所有的电源状态、断路器状态、熔断器状态和所有的电路工作状态进行在线侦测，如有故障立即保护并报警通知管理员。

（25）智能通信。

（26）RS 232/RS 485 通信端口真正实现多用途通信和远程监视。

2. 选择 EPS 电源应考虑的内容

（1）断电转换时间一般在毫秒级（2～250 ms），根据负载特点及其最大转换时间选择实用的 EPS。

（2）负载适应能力强，能与电容性、电感性、混合型负载相连接，而且过载能力和抗冲击能力强。

（3）有多路输出，防止输出单一形成的故障。

（4）有消防联动和远程控制信号，可手动与自动相互转换。

（5）环境适应能力强，适用于各种恶劣环境，有防高低温、湿热、盐雾、灰尘、震动及鼠咬等措施。

（6）使用寿命长，有电池自动化管理软件，电池均浮充可自动切换。

（7）节能、效率高、成本低。

（8）可无人值守、自动操作。

（9）能及时提供各种异常状况的报警。

（10）有强启动功能，避免电池环节保护后无法启动。

（11）无烟雾、无噪声、无公害等。

（12）维护简单，维护费用低。

综上所述，在选择 EPS 应急电源时应着重考虑其安全性、可靠性、适用性及合理性，保证配备的应急电源能及时发挥其应有的作用。

3. EPS 应急电源选型

（1）因电动机的启动冲击，与其配用的集中应急电源容量按以下容量选配。

①电动机变频启动时，应急电源容量可按电动机容量 1.2 倍选项配。

②电动机软启动时，应急电源容量应不小于电动机容量的 2.5 倍。

③电动机 Y-△启动时，应急电源应不小于电动机容量的 3 倍。

④电动机直接启动时，应急电源容量应不小于电动机容量的 5 倍。

⑤混合负载中，最大电机的容量应小于总负载容量的 1/7。

（2）EPS 用于带应急灯具负载时，EPS 容量的计算方法。

①当负载为电子镇流器日光灯时，EPS 容量=电子镇流器日光灯功率和×1.1。

②当负载为电感镇流器日光灯时，EPS 容量=电感镇流器日光灯功率和×1.5。

③当负载为金属卤化物灯或金属钠灯时，EPS 容量=金属卤化物灯或金属钠灯功率和×1.6。

（3）EPS 用于带混合负载时，EPS 容量的计算方法。

①当 EPS 带多台电动机且都同时启动时，则 EPS 的容量应遵循的原则为：EPS 容量=变频启动电动机功率之和+软启动电动机功率之和×2.5+星三角启动机功率之和×3+直接启动电动机之和×5。

②当 EPS 带多台电动机且都分别单台启动时（不是同时启动），EPS 的容量应遵循的原则为：EPS 容量=各个电动机功率之和，但必须满足以下条件：

a. 上述电动机中直接启动的最大的单台电动机功率是 EPS 容量的 1/7。

b. 星三角启动的最大的单台电动机功率是 EPS 容量的 1/4。

c. 软启动的最大的单台电动机功率是 EPS 容量的 1/3。

d. 变频启动的最大的单台电动机功率不大于 EPS 的容量。

如果不满足上述条件，则应按上述条件中的最大数调整 EPS 的容量，电动机启动时的顺序为直接启动在先，其次是星三角的启动，有软启动的再启动，最后是变频启动的再启动。

（4）当 EPS 带混合负载时 EPS 容量应遵循的原则为：EPS 容量=所有负载总功率之和，但必须满足以下 6 个条件，若不满足，再按照其中最大的容量确定 EPS 容量。

①负载中直接同时启动的电动机功率之和是 EPS 容量的 1/7。

②负载中星三角同时启动电动机功率之和是 EPS 容量的 1/4。

③负载中软启动同时启动的电动机功率之和是 EPS 容量的 1/3。

④负载中变频启动同时启动电动机功率之和不大于 EPS 的容量。

⑤同时启动的电动机当量功率之和不大于 EPS 的容量。

⑥同时启动的所有负载（含非电动机负载）的当量功率之和不大于 EPS 的容量。

同时启动的所有负载的功率之和=同时启动的非电动机总功率×功率因数+电动机当量总功率。电动机功率容量=直接启动的电动机总功率×5+星三角同时启动的电动机总功率×3+软启动同时启动的电动机总功率×2.5+变频启动且同时启动的电动机总功率。若电动机前后启动时间相差大于 1 min，均不视为同时启动。

7.2.4　安装调试

1. 安装流程

（1）机柜固定。

机柜的两侧可与其他设备紧贴，为维修方便，机柜与墙壁的距离应不小于 1 m；将机柜在安装处定位，并用膨胀螺栓固定。

（2）连接电池。

①留有足够的空间安装和拆除电池。

②使用铅酸蓄电池，应确保电池通风良好。

③确保电池避开阳光或受热。

④多组电池并联时，每组电池需加装隔离开关。

⑤将电池电缆接于电池之前，应先接于主机。

⑥确保电池隔离开关锁定在关断位置上。

⑦确保电缆支撑妥当，防止电缆拉得过紧而损坏电池接线端子。

⑧直观检查电池电缆是否都连接到正确的接线端子上。

（3）连接输出分路。

（4）连接交流进线。

（5）连接系统地线。

（6）连接消防联动控制线至控制板的相应插座上。

（7）安全检查。

①输入、输出空开置于断开位置。

②检查交流进出线端子间应无短路现象。

2. 调试流程

（1）设备启动。

①交流输入、输出空开应在断开位置。

②各插接件插接良好，交流输出空开处于断开位置。

③系统控制器线缆连接良好，按键及指示灯无异常。

④"自动/逆变"开关处在"自动"状态。

⑤强制开关处在"正常"状态。

⑥旁路空开断开，逆变空开闭合。

⑦电池隔离开关闭合。

⑧接通交流输入，闭合交流输入空开。

（2）系统控制器调试。

加电后，LCD 液晶屏被点亮，并显示主菜单，按照菜单显示及提示，通过键盘操作确认系统参数，进入"参数设置"菜单，设置报警参数值、输入和输出电压参数、电池参数、分路检测参数等相关参数，操作完成后退回主菜单。

（3）切换功能测试。

断开市电输入空开，系统应能自动切换到逆变器供电；闭合市电输入空开后，系统能在一段时间（5～20 s）后切回市电供电；手动切换"自动""应急"旋钮至"应急"状态后，系统应能自动切换到逆变器供电，再旋至"自动"位置时，系统能在一段时间（5～20 s）后切回市电供电，整个过程中负载断电时间应不超过 0.25 s（或不超过 3 s）；测试完成后，确保市电输入空开闭合，应急旋钮在"自动"状态。

（4）LCD 显示屏查看历史记录是否显示正常。

（5）闭合输出空开。

（6）接通负载空开。

7.2.5　运行管理

1. 巡回检查

（1）每日巡检两次，巡检人员应每天记录 EPS 的运行情况，记录电压、电流值，发现问题及时处理。

（2）检查各信号灯工作是否正常。

（3）查看 EPS 控制柜内的温度是否正常，如过高，则打开柜门通风。

（4）查看控制柜内运行的断路器是否在闭合状态、保险是否完好。

（5）听 EPS 工作声音是否正常。

（6）检查显示面板上的数值是否正常，各路电源相互切换是否正常。

（7）EPS 逆变工作时查看电池管理器的显示面板上的各电池的电压是否正常。

（8）蓄电池组运行状态检查。

①运行温升：蓄电池在浮充状态时不发热，若发现个别电池有发热现象应立即检查原因，及时处理，若发现整组电池发热，首先应检查电池的运行状态（强充或放电均有一定的温升），是否浮充电流过大或电池组发生外部微短路等现象，发现问题应及时处理。

②检查蓄电池组的连接点接触是否严密、有无氧化，并涂以凡士林油。

（9）外观检查：

①是否有机械性损坏，设备内是否有小动物尸体。

②设备内部是否落有导电性的污垢或灰尘。

③堆积的灰尘是否影响了散热。

④检查阀控式铅酸免维护电池是否生盐、是否漏液等。确认电池外观无凹凸现象。

2. 日常维护

（1）总则。

①零部件。

a. 确认电池外观无凹凸现象，显示控制屏显示正常，空关、信号指示灯完好。屏、盘、箱、柜等装置上的各种电器、仪表、信号等元器件完整，安装端正、牢固、外观清洁，标识清晰。

b. 回路接线合理，整齐、美观，电缆标牌及各种端子编号正确、齐全，导线及电缆皆符合要求。

c. 各螺栓紧固可靠，二次回路绝缘符合要求。

d. 各切换装置切换灵活、电子元器件完好。

e. 蓄电池输出有短路、低电压、过电压等必要的保护。

f. 蓄电池柜内电池台架牢固，能达到一定的防震要求；对地绝缘良好，绝缘电阻应达到 1 kΩ以上。

②运行性能。

a. 各路电源相互切换正常。

b. 各元器件的检查、试验周期及特性和误差符合有关规定。

c. 装置动作可靠，试验及开停机操作方法正确。

d. 装置运行性能良好。

e. EPS 的输出负载控制在 60% 左右为最佳，逆变性能、稳压性能、稳流性能、动态特性符合要求。

f. 能同时满足蓄电池充电和逆变器满载运行需要。

③技术资料。

a. 装置原始技术资料（包括出厂说明书、用户操作手册及出厂实验记录等）应齐全。

b. 有与实际情况相符的安装接线图、原理展开图。

c. 巡回检查记录、各种台账、事故动作及报警记录齐全。

d. 装置设备标签齐全、进出线色相标识清楚。

e. 维护检验记录、事故缺陷记录、设备评级记录、充放电曲线、材质化验报告等齐全。

（2）定期维护。

①每月测量一次蓄电池组的电压及单体电池的电压，每只电池电压应在 13.3～14 V，若发现电池的电压偏低或不均匀，应及时处理。

②模拟市电失电试验：有意识让蓄电池向直流母线放电，动作正常后，立即送交流电源，蓄电池应能自动切断放电回路，该试验的操作时间不超过 30 min，由于机组及发电运行极为重要不可间断，模拟失电试验具体时间最好安排在停机时间，且规定每月一次。

③每年对蓄电池核对容量一次，对蓄电池核对容量有两个目的：

a. 了解蓄电池的实际运行容量。

b. 对蓄电池组进行一次活化，使电池容量均匀，每年对市电电源切换装置进行校验，采取从进线侧分别断开电源一和电源二的方法，检验进线切换模块动作的准确性，确保切换动作无误。

④每年对 EPS 所有切换模块进行定期检验，采取从电源进线侧分别断开市电一、市电二、旁路电源的方法，在检验切换模块切换功能是否动作准确的同时，也检验逆变器功能是否正常（操作时必须按照步骤操作，在市电和旁路都断开的情况下，输出的电源一直有压为正常）。

⑤应定期对 EPS 控制系统做如下检查：

a. 检查控制的显示模块显示与运行情况是否一致，显示无黑屏及乱码，如有此现象应尽快更换显示模块。

b. 检查显示控制屏是否有异常声响，如有报警及其他异常现象及时处理。

c. 检查显示控制屏操作按钮，确认各按钮功能正常，切换检查有关功能和参数，如有异常及时上报处理。

⑥EPS 应急电源应避免频繁的开关机，最好长时间处于开机状态。确实需要关机的，应在关机后 5 s 以上再开机。

⑦检查电池组至 EPS 导线是否老化，老化的应及时更换相同载流面积的导线，尽量避免增加不必要的导线长度。

⑧检查市电是否一直处于正常的供电状态，如果市电一直处于正常状态，EPS 应急电源就没有工作的机会，其电池就有可能长时间浮充而损坏。因此，对长时间不用的 EPS 应急电源要定时进行人为的强制工作，这样可以活化电池，还可以检验 EPS 应急电源是否处于正常状态。

⑨检查通信是否正常、数据是否准确，异常情况及时予以处理。

⑩要确保所配接的负载容量不超过 EPS 电源容量的 2/3。

⑪一般每季度应彻底清洁一次，其次就是在除尘时，检查各连接件和插接件有无松动和接触不牢的情况。

⑫当 EPS 电池系统出现故障时，应查明原因，分清是负载原因还是 EPS 电源系统原因；是主机原因还是电池组原因，逐步排查解决。

3. 故障处理

（1）故障现象：应急输出开路。

故障原因：逆变无反馈电压。

处理方式：

①检查电压反馈回路是否正常。

输出回路由于严重超载而引起输出断路器跳开。

②检查主板上熔断丝是否有烧毁情况。

春夏季节潮湿的空气（尤其是地下室）使 EPS 内部控制电路板上结露造成设备短路引起熔丝烧断，或者是元件本身故障短路引起的。

（2）故障现象：直流电压异常。

故障原因：逆变时电池组欠压。

处理方式：查看电池电压，调节电压回馈电阻。

EPS 充电机故障或蓄电池出现质量问题。检查充电机输出是否有电压，输出开关是否断开，保险是否熔断。检查电池组电压是否在正常范围内。

操作人员频繁操作 EPS 的强制启动功能，且使蓄电池放电深度太大，从而损坏了蓄电池。

（3）故障现象：过载。

故障原因：逆变输出过载。

处理方式：减小或停用不必要的负载。

检查负载是否存在超载及短路的情况，故障不排除不得再次送电，以免造成设备严重故障的产生。检查是否是由 EPS 本身的原因造成的过载。

（4）故障现象：应急模块报警

故障原因：功率模块过温/过流/欠压。

处理方式：检查温度、电流、电压、导线是否正常。

检查环境温度是否过高，采取必要措施降温；检查柜内散热风扇是否可以正常散热，如果损坏务必进行更换。检查输入电压是否在允许范围之内，是否有欠压和缺相的情况以及导线是否有过热、接触不良、烧断的情况。

（5）故障现象：充电指示灯灭，LCD 显示"充电状态：故障"指示灯亮，故障报警

故障原因：充电器输入断路器或充电器 DC 熔断器损坏。

处理方式：检查充电器输入断路器以及充电器 DC 保险丝。

检查充电的输入开关是否跳开，内部充电保险是否熔断，在确定排除故障后再重新上电，查看充电是否正常。

（6）故障状态：LCD 显示"控制电路输出故障"指示灯亮，故障报警

故障原因：EPS 周围温度过高或者冷却散热片堵塞。

处理方式：降低周围空气温度，清理散热片灰尘。

检查柜内及散热片的温度是否正常，检查控制板，查看是否有腐蚀、烧坏、不工作等损坏情况发生。

（7）故障状态：EPS 未能提供预期的备用电时间

故障原因：电池组容量不足。

处理方式：更换电池。

可能由于曾经停电或电池的使用寿命将尽，电池能量不足，需要对电池充电。长时间停电后应对电池重新充电。如果电池经常工作或经常在较高温度下工作，都会加快电池容量的消耗。如果电池组已使用 5～7 年，也需考虑更换电池。

4. 设备及环境要求

（1）通风良好、设备清洁、通风口没有障碍物。要保证设备前部至少留有 1 000 mm 宽的通道以方便出入，柜体上方至少留有 400 mm 的空间以方便通风。

（2）装置及周围地面应干净、整洁、无杂物，不易产生灰尘。如果灰尘过大应考虑隔离并做好通风。

（3）机房门窗完整，不漏雨。

（4）装置周围不应有腐蚀性或酸性气体。

（5）室内照明充足，绝缘垫完整良好，必备的安全用具和消防器材齐全，位置摆放正确。

（6）进入 EPS 的空气温度不超过 35 ℃。

（7）各屏、柜内应清洁无尘、无杂物、严禁存放易燃易爆物品。

（8）没有导电及易爆尘埃，没有腐蚀及破坏绝缘的气体的场所。

（9）使用地点无强烈震动和冲击。

（10）安装场所应无导电微粒、无爆炸尘埃、无严重霉菌、无腐蚀金属和破坏绝缘的气体。

（11）电池间/柜内的温度不可超过 25 ℃，否则电池的使用寿命会相应减少。建议配电间内有空调或换气装置。

（12）本装置的垂直安全的倾斜度应小于等于 5°。

第8章　高压电动机软启动装置

　　简单地说，电力系统由发电、输变电和用电 3 部分组成。发电是电力生产单位，如分布在全国各地的火电厂、水电站、核电站、风力发电站、太阳能电站等；所有的电力消费者都是电力的用户，如行政机关、工矿企业、事业单位、家庭等；输变电是一个庞大而又复杂的网络，它将发电和用电连在一起。

　　电力供求市场化有力地促进了电力供应向高度网络化方向的发展进程。这一发展在方便了千家万户的同时，也带来了两方面的问题，值得认真思考并慎重对待。首先是电力系统的安全涉及区域经济安全乃至国家安全，网络化的深入发展更加重了这一问题的重要性与紧迫性；其次是我国电力管理从保障供给机制转换到利益驱动机制之后，电力系统网络化的发展程度越来越高的同时也变得越来越脆弱。这实际上是相互矛盾的两个问题，但又的确是电力系统网络化发展的必然。如何很好地解决这一矛盾，保障电力系统安全运行是关系到国计民生的战略性问题。

　　电力系统是目前世界上已知的最复杂的系统。它涉及调度控制、优化运行、经济规划、生产管理、信息技术、经济贸易等学科，每一单纯的学科，全世界就有成千上万的学者研究如何将本学科运用到电力系统行业中，然而至今还没有一个适应全世界的、较统一的、科学的电力系统理论或方法形成。研究表明，由于复杂网络的不均匀特性，使得网络的脆弱性大大增加，从而在某些关键局部发生故障时，容易引起大范围的连锁反应。电力系统也存在这种不均匀特性，随着网络互联规模的扩大，电网的脆弱性也大大增加。电力系统的脆弱性来源包括多方面的原因，其中有些是外部的，有些是内部的，有些是不可抗拒的，有些是人为造成的。目前，我国正处于电网建设的高峰期，新老电网结构交错分布，认真研究电力系统特征的变化，对工程建设、中长期规划都有重要意义。

　　当然，电机作为电力供应系统最为重要的负载也是电力系统重要的组成部分，它的特征也在随着工业生产规模化的进程发生重大变化，单机容量一天天地变大，因而电机的启动、堵转及其故障状态对电网造成的冲击越来越不能忽视。回想十几年前，2 000 kW 的电机就算大型电机，而如今上万千瓦级的电机才称大电机，十年前人们对电机软启动是那样的陌生，如今软启动已经发展成为一个产业。这一方面说明了宏观系统中电机的特征发生了巨大的变化，另一方面也说明了电力系统在一天天变得脆弱。

电机启动问题的研究，过去多数着眼于电机的保护，与此不同的是，如今大型电机就本体设计与制造而言，大多是允许全电压直接启动的，因此对大型电机启动研究的着眼点应该放在电机启动对电力系统的影响方面。

电机软启动是一个系统工程，需要将供电电网、电机、被拖动机械等作为一个整体来进行考虑。针对不同的电机、不同的负载需要采取不同的启动方式和启动装置，以便更好地满足电机软启动的需求。

电机种类繁多，其启动方式也是多种多样的。高压大型鼠笼型异步电机和同步电机的启动方式，主要有降压软启动、降补软启动以及变频软启动3大类。

降压软启动装置主要采用在电机定子绕组中串入电阻器或电抗器，或是采用相控降压的方式，降低电机定子绕组上的电压，从而降低电机启动时的启动电流，从而达到软启动的目的。目前这类软启动装置主要以高压晶闸管相控软启动装置为主。

降补软启动装置除了降低电机的端电压以外，还在电机端并联一个无功发生器，由它提供电机启动过程中所需要足够的无功功率，最大限度地降低系统的无功功率需求，从而大幅度降低电机启动对电网电压的影响。

高压变频软启动器一般在需要严格控制启动电流、降低母线压降、减小对连接机械冲击的场合使用。变频软启动方式具有调整范围大、精度好、效率高、启动特性好等特点，特别适用于特大型电机的启动。高压变频软启动装置技术复杂，维修水平要求高，特别是价格非常昂贵，对于不需频繁启动又不要调速的大型动力设备来说，仅仅为了启动而投资，不太经济。

钢铁企业中高压大功率电机使用较多，很多场合需要用到高压电机来拖动负载，比如炼铁厂的高炉鼓风机、制氧厂的空压机氧压机以及氮压机、烧结厂的烧结风机、焦化厂的除尘风机等负载，均采用高压电机拖动，因此均需要采用软启动装置来进行启动，降低启动时的电流，降低电机启动时对电网的影响。总之，高压电机软启动装置对于钢铁企业的正常稳定运行的作用十分巨大，正确选用和维护高压软启动装置对于钢铁企业来说非常重要。

8.1 高压固态软启动装置

8.1.1 高压固态软启动装置原理

高压固态软启动装置是由多个晶闸管串并联而成，通过控制晶闸管的触发导通角来控制输出电压的大小，满足电机启动过程中不同的电流及电压要求。在电机启动过程中，高压固态软启动装置按照预先设定的启动曲线，逐步增加电机的端电压，使电机平滑加速，从而减少了电机启动时对电网、电机本身及电机负载的电气及机械冲击。当电机达到正常转速后，旁路真空接触器或断路器接通，电机启动完毕。此后，电机由前面的高压开关柜提供保护。高压固态软启动装置主要适用于 15 000 kW 以下各种大中型高压电机的降压软启动，其原理框图如图 8.1 所示。

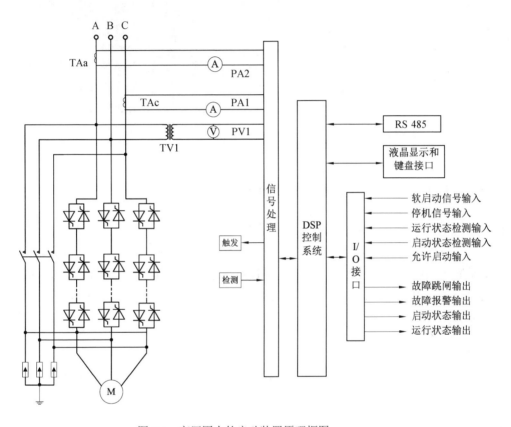

图 8.1　高压固态软启动装置原理框图

8.1.2　高压固态软启动装置结构

高压固态软启动装置采用柜式结构，柜底进出线方式。在接线时，只需要将高压固态软启动装置串联接入高压开关柜和高压电机之间即可。

高压固态软启动装置主要包括柜体、出线电缆（连接电机）、进线电缆（连接高压柜）、旁路真空接触器、高压电流互感器、高压电压互感器、可控硅阀串组件、智能互感器和触发电源等部件。装置内部结构简单，各部分模块化，维护简单方便。高压固态软启动装置外形及内部结构如图 8.2 所示。

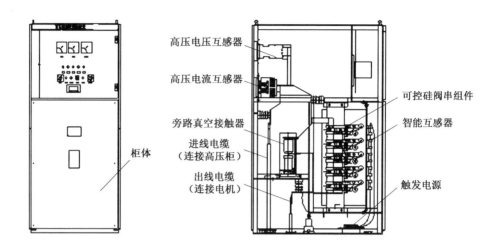

图 8.2　高压固态软启动装置外形及内部结构图

8.1.3　高压固态软启动装置典型系统方案

典型的一拖一方案如图 8.3 所示，本方案包括一台高压开关柜、一台软启动装置以及一台高压电源，由高压柜给软启动装置供电，一台软启动装置只负责一台电机的启动，启动完毕后软启动装置中的旁路高压断路器（或高压真空接触器）合闸，由高压开关柜直接给高压电机供电。软启动装置旁路开关一般使用真空接触器，电机功率较大时使用真空断路器。

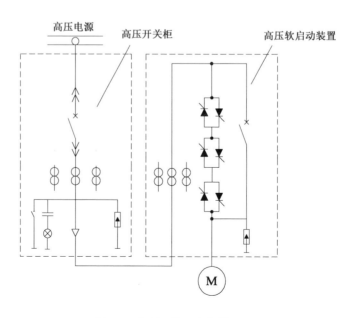

图 8.3　典型一拖一方案图

典型的一拖二方案如图 8.4 所示，本方案包括一台高压启动柜、两台高压运行柜、一台软启动装置、一台隔离开关柜以及两台高压电源。当启动 1#高压电源时，由高压启动柜给软启动装置供电，通过隔离开关的下开关给电机供电，1#电机启动。启动完毕后，1#高压运行柜合闸，隔离开关的下开关断开，高压启动柜断开。当启动 2#电机时，则是高压启动柜通过软启动装置、隔离开关柜的上开关给 2#电机通电，启动完毕后，2#高压运行柜合闸，同时断开隔离开关柜 2 上的开关和启动高压柜，完成启动。

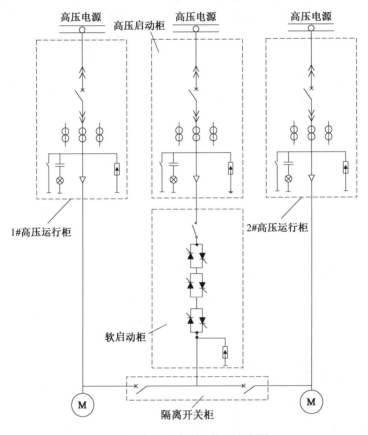

图 8.4　典型一拖二方案图

8.1.4　高压固态软启动装置性能特点

（1）采用 DSP 控制，便于现场设置各种启动参数，适配现场的各种负载。

（2）能现场设定电压输出曲线，使电机加速平滑。

（3）具有液晶显示面板，各种启动保护参数一目了然。

（4）柜体外形小，方便同高压开关柜拼柜放置。

（5）具有 RS 485 通信接口，能与上位机进行通信。

（6）高、低压隔离采用光纤隔离，保证系统的绝缘安全。

（7）装置环境适应性强，能满足各种环境的要求。

8.1.5 高压固态软启动装置安装调试

1. 设备安装条件

（1）依据工程设计确定设备摆放空间；依据选型设备挖掘电缆沟，电缆沟用水泥进行表面处理，保证其可靠耐用。

（2）按照设备布置图设置必要的预埋件。

（3）按照设计要求准备好一次线缆及控制柜间二次线缆。

（4）安装前应将设备空间打扫干净，并保证空间的干燥。

2. 安装注意事项

（1）设备就位，注意使用正确的吊装运输办法；确保电缆接口在电缆沟上方，方便电缆安装。

（2）设备可用地脚螺栓固定或焊接在固定地基槽钢上。

（3）确定一次电缆及控制电缆的连接方式，供方提供管线表。

（4）依照管线表，就位一次电缆及控制电缆。

（5）完成线接之后，将外露的电缆沟封住，避免杂物等落入电缆沟。

3. 检查确认事项

（1）电缆确认。电机的接线是连接到启动柜中标有 U、V、W 的接头上，相序要对应准确，接头处应使用高压绝缘热缩套管包好。

（2）控制接线确认。图 8.5 为高压柜与软启动柜联络线示意图，检查确认联络线是否连接完整。

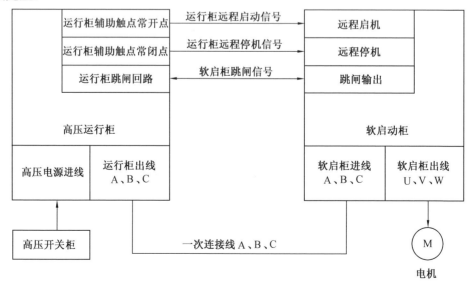

图 8.5　高压柜与软启动柜联络线示意图

（3）安全接地线确认。从柜体的接地桩引出地线到现场接地排。接地电缆应尽可能短，并连接于软启动柜旁最近的接地点。

8.1.6　高压固态软启动装置运行管理

高压固态软启动装置为免维护产品，但是作为电子设备，用户应定期检查并清理灰尘、水汽和其他工业污染物。因为这些污染物会产生高压电弧、碳化现象或者影响晶闸管散热器的正常工作。所有的螺栓由于热胀冷缩，应每年检查是否松动，并用扳手拧紧。根据随机资料中附带高压开关维护手册，每年检查一次柜内高压开关。

每隔半年检查屏面指示灯、开关位置、继电器、表针指示、声光报警器、运行参数设置是否正常。长期停放时应清洁柜面、仪表、指示灯；检查电缆外壳接地、清洗绝缘垫、清洁柜；检查接地、清洁并检查避雷器、测量接地电阻、清洁并检查电缆套管和绝缘子、柜内外设备清洁除尘。

8.1.7　高压固态软启动装置选型原则

（1）根据电机额定功率和核定电压要求。
（2）根据用户现场电机的参数以及负载类型。
（3）根据一次系统图，设备排列图。
（4）根据设备颜色要求。
（5）根据设备现场环境情况（环境温度、海拔等）。

8.2　高压降补固态软启动装置

8.2.1　高压降补固态软启动装置概述及原理

高压降补固态软启动装置适用于大中型高压鼠笼交流异步电机或异步启动的高压同步电机。使用该软启动装置启动电机具有启动电流小且恒定、转矩大且逐步增加的软启动特性，不受环境温度变化的影响，启动时对电网影响很小，无电磁干扰，是各种降压启动的理想替代产品。相对于高压变频软启动器而言，又具有明显的操作简单、免维护、无谐波污染等优势。高压降补固态软启动装置广泛用于电压等级为 6 kV、10 kV，额定功率 50 000 kW 以下电机的降压软启动。

高压降补固态软启动装置启动主回路示意图如图 8.6 所示。

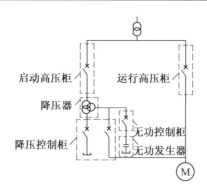

图 8.6　高压降补固态软启动装置启动主回路示意图

高压降补固态软启动装置包括降压器、降压控制柜、无功发生器和无功控制柜，同时还包括高压启动柜、运行高压柜等配套高压开关柜。通过启动柜将本装置与母线连接，在启动时将高压电源通过本装置为电机提供启动电源。启动完成后断开启动装置，通过运行柜为电机供电。

众所周知，大型电机在启动过程中由于功率因数很低，将消耗大量的无功功率，从而引起电网电压的波动。为了降低电机启动对电网电压的影响，本装置在电机端并联一个无功发生器，由它提供电机启动过程中所需要的部分无功功率，因而电机启动时从电网吸收的无功功率大为降低。

为了进一步降低母线电流 I_1，本装置将电机及无功发生器并联，并经降压器接入电网。通过降低机端电压的方式进一步减小电流。电动机与无功发生器并联等效电路及矢量图如图 8.7 所示。此时降压器的输出电流为电动机电流 I_M 与无功发生器电流 I_C 之差，输入电流为输出电流的 k 倍（降压器一、二次电压比为 $1:k$，$k<1$）。

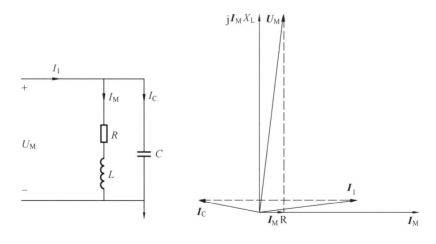

图 8.7　无功发生器等效电路及矢量图

启动时从电网吸收的电流：$I_1=K(I_M-I_C)$。由图中可以看出，使用无功发生器后，电机从电网系统吸收的电流明显减少。例如：设电机全压启动电流倍数为 $4I_e$，降压器一、二次变比为 $1:0.7$，电机在降压器二次侧电压下电流 I_M 为 2.8 I_e（$=4I_e×0.7$），设定无功发生器的容量使得无功发生器在变压器二次侧电压下无功电流 I_C 为 0.8 I_e，则电机和无功发生器并联后的合成电流 I_2 则为 $2I_e$（$I_2=I_M-I_C$），折算到降压器一次侧的电流 I_1 =1.4I_e。即电机启动时母线电流大大降低，仅为 1.4I_e。

当启动柜合闸后，电机通过降压固态软启动装置接入电网，开始降压启动电机。随着电机转速的增加，电机端电压逐渐升高，启动转矩逐步增加。电机达到接近额定转速后，运行高压柜合闸，与此同时切除降补固态软启动装置，启动过程完毕，电机进入正常运行状态。

8.2.2 高压降补固态软启动装置典型一次方案

高压降补固态软启动装置典型一次系统图（一拖一）如图 8.8 所示，典型一拖二方案如图 8.9 所示。

一次方案中，配套高压开关柜包括进线柜、PT 柜、运行柜、启动柜和高压 CT 柜和出线柜，高压降补固态软启动装置包括无功控制柜、降压控制柜、降压器和无功发生器。一拖二方案中，两台电机共用一套软启动装置，通过两套启动柜和出线柜的切换来分别实现对应电机的启动。

其中，高压 CT 柜中的电流互感器和电机星点的电流互感器组成电机的电流差动保护。

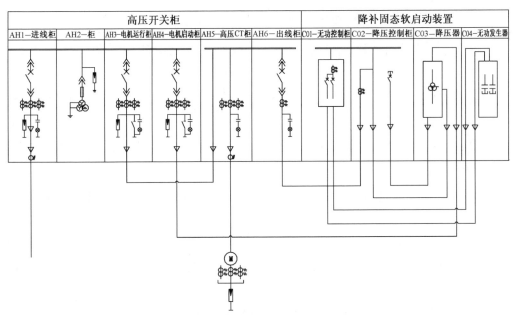

图 8.8 高压降补固态软启动装置典型一次系统图（一拖一）

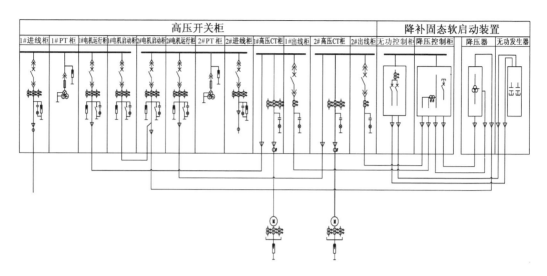

图 8.9　高压降补固态软启动装置典型一次系统图（一拖二）

电机启动时，启动柜合闸，降补固态软启动装置控制柜各断路器合闸。母线电压经启动柜连接到降压器高压侧，经降压器降压后，低压侧连接到出线柜（无功发生器经无功控制柜出线开关并接到降压控制柜出线），然后经高压 CT 柜连接到电机，电机降压启动。电机启动完成后运行柜合闸，电机在额定电压下正常运行，同时启动柜、出线柜和控制柜断路器分闸，降补固态软启动装置完全切除。

8.2.3　高压降补固态软启动装置结构

高压降补固态软启动装置由降压控制装置和无功控制装置组成，其中降压控制装置包括降压器及降压控制柜，无功控制装置包括无功发生器及无功控制柜。

降压器的作用是降低母线电压，给电机施加恰当的启动电压值。降压器二次侧根据电网及负载的情况选择合适的电压输出。

降压控制柜的作用主要是控制降压器星点侧断路器的开断和闭合，减小切换全压时的电压冲击。

无功发生器的作用是提供电机启动所需要的大量无功，减小从系统吸收的电流，从而减小对电网电压的影响。

一般无功发生器容量较大，需要分几个支路进行投切。无功控制柜则用来与无功发生器配合，组成无功控制系统，适时分组断开无功发生器支路，从而控制无功发生器提供合理的无功功率。

成套高压降补固态软启动装置外形图如图 8.10 所示，布置图如图 8.11 所示。

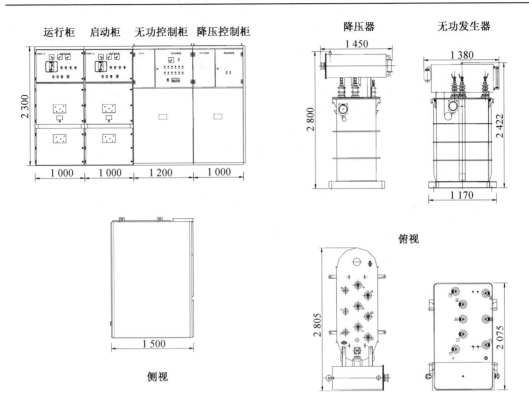

图 8.10　成套高压降补固态软启动装置外形图

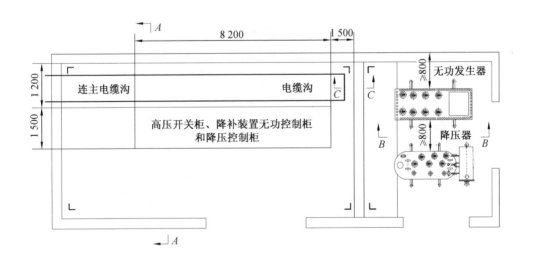

（a）

图 8.11　高压降补固态软启动装置布置图

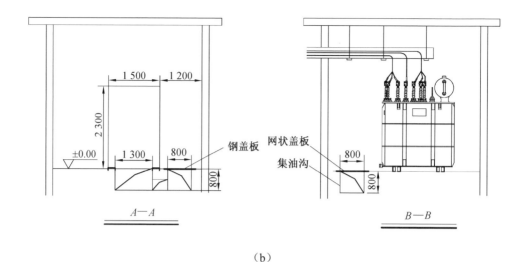

（b）

续图 8.11

8.2.4　高压降补固态软启动装置性能特点

（1）启动时回路电流小于 1.5 倍电机额定电流，最小可等于额定电流，且恒定。

（2）启动时电网的压降一般在 5%～12%之间可任意选择。

（3）对电网容量要求低，显著减小变压器安装容量，大幅降低一次设备投资。

（4）启动转矩大，可满足不同负载的要求。

（5）可连续启动，重复精度高。

（6）无谐波，母线压降很低，基本不影响电能质量；无附加有功损耗。

（7）全密封，不受环境限制，安全可靠，寿命长，基本免维护。

8.2.5　高压降补固态软启动装置安装调试

1. 安装注意事项

（1）将设备就位，注意使用正确的吊装运输办法。

（2）降压器的安装：气体继电器、吸湿器为必须安装件。安装完毕后应摘下压力释放阀的保险盖。

（3）无功发生器的安装：需安装吸湿器。安装完毕后摘下压力释放阀的保险盖。

（4）一次电缆的连接：注意在一次电缆连接时，不要用力拉或者碰撞降压器和无功发生器的接线端子和绝缘套管。

2. 一次接线

按照一次系统图接好一次电缆，具体包括：

（1）启动高压柜到降压器一次侧的电缆，启动柜出线电缆连接到降压器的高压一次侧，即接到降压器的标号为 A、B、C 的接线端子上。

（2）降压器二次侧到降压控制柜电缆，从降压控制柜出线断路器（或者单独的出线柜）连接到降压器的低压二次侧，即接到降压器的标号为 a、b、c 的接线端子上。

（3）降压器星点侧连接降压控制柜电缆，降压控制柜星点断路器电缆连接到降压器的称号为 x、y、z 接线端子上。

（4）无功控制柜连接无功发生器电缆，其中无功发生器上的标号为 O_1、O_2 的端子分别用单芯电缆接到无功控制柜中放电线圈的短接铜排上，标号为 a_1、b_1、c_1 和 a_2、b_2、c_2 的端子分别用三芯电缆接到无功控制柜 1#、2#断路器的下端。

注意：当电机的星点在外部进行短接时，务必对电机的一次电缆接线进行校验，确认电机的进线和出线没有交叉连接。

3. 二次接线

降补固态软启动装置的启动控制逻辑由一台 PLC 控制，安装在无功控制柜内。其外部输入信号包括运行柜、启动柜、出线连接柜的断路器状态和手车工作位置信号，以及中控或机旁操作箱的允许及启动信号等，均为无源接点信号。其外部输出信号包括运行柜、启动柜、出线连接柜的合闸指令和分闸指令，以及允许启动和故障报警等信号。

4. 启动流程

降补装置上电后首先进行自检，判断启动条件是否满足，自检通过后显示允许启动，等待启动指令。收到启动指令后，控制无功控制柜、降压控制柜星点断路器、降压控制柜出线断路器合闸，延时 1 s 后，控制启动柜合闸，电机开始启动。当检测到电机电压达到切换条件时（电压大于切除电压设定值）分闸无功控制柜 1#断路器，当检测到电流降到电机额定电流时，再分闸 2#断路器。然后控制降压控制柜星点断路器分闸，同时控制运行柜合闸。运行柜合闸后，控制启动柜和降压控制柜出线断路器分闸，启动完成。

5. 检查确认事项

（1）检查一次电缆连接是否正确，连接是否紧固，相序是否正确。降压器和无功发生器接线端子较多，需仔细检查确认。

（2）检查二次电缆连接是否正确，连接是否紧固。

（3）检查保护继电器、微机保护装置是否设定参数，参数是否合理。

（4）检测各断路器在试验位时动作是否正常，分合是否稳定。

（5）检测各断路器在工作位时动作是否正常。在工作位置时应检查以下动作：

① 机旁操作箱（柱）按下停机按钮时，启动柜和运行柜应都能分闸。

② 工艺故障跳闸输出时启动柜和运行柜应都能分闸。

6. 试运行前的准备

（1）检查系统电压，10 kV 系统电压以 10.3～10.8 kV 为宜。

（2）检查降压器和无功发生器有无渗油、漏油现象，油位是否正常（油位应高于瓷瓶）；检查干燥剂是否变色，变色了应予更换；检查降压器的气体继电器中是否有气体，有气体应将其放出。

（3）做启动试验，启动过程应正确无误。有条件的话可以将电压和电流加在互感器二次侧，模拟启动时电机电压和电流。

（4）试运行前应将电机进行盘车。

8.2.6　高压降补固态软启动装置运行管理

1. 日常维护

（1）检查指示灯、仪表、操作按钮、触摸屏等是否工作正常（无功控制柜和降压控制柜）。

（2）检查吸湿器内的硅胶是否变色，若变色了则需要进行更换（降压器和无功发生器）。

（3）检查有无渗油、漏油现象（降压器和无功发生器）。

（4）检查油位是否正常（油位应高于瓷瓶），若油位偏低，应补充油量（降压器和无功发生器）。

2. 检修时的维护

（1）无功控制柜、降压控制柜的维护。

① 检查指示灯、仪表、操作按钮、触摸屏等是否工作正常。

② 检查柜内二次接线是否有松动，端子排上的接线是否牢固。

③ 真空断路器分闸状态下测量上下触头间绝缘电阻是否正常。

④ 真空断路器合闸状态下测量相间及相对地的绝缘电阻是否正常。

⑤ 做模拟联动试验，测试柜间二次连线是否正常。

（2）降压器和无功发生器的维护。

① 外部灰尘清扫，包括套管、接线端子。

② 检查装置本体、套管、油枕等位置有无渗油现象。

③ 检查降压器气体继电器中是否有气体，如果有少量气体，把气体放出；如果有大量气体产生，请咨询生产厂家做进一步处理。

④ 检查油位是否在正常位置（在最低位置以上）。

⑤ 检查吸湿器是否完好、干燥剂是否变色。干燥剂如果变色需更换。

⑥ 检查套管是否有放电痕迹及其他异常现象。

⑦ 检修时推荐做预防性试验，试验内容如下。

a. 绝缘电阻试验。

b. 交流耐压试验。

c. 其他试验：在条件允许的情况下，建议做绝缘油的耐电强度试验和降压器线圈直流电阻试验。

注意：无功发生器从电网切除后，在人体接触其导电部位前，应将端子短接放电并接地。

8.2.7　高压降补固态软启动装置选型原则

（1）根据电机额定功率和额定电压要求选择。

（2）根据电机参数以及负载类型，包括电机堵转电流倍数、堵转转矩、电机转动惯量和负载转动惯量等。

（3）根据电网参数，主要是最小短路容量。

（4）根据设备颜色要求及布置拼柜要求。

（5）根据设备现场使用环境情况（环境温度、海拔等）。

8.3　高压变频软启动装置

8.3.1　高压变频软启动装置概述及原理

电压源型高压变频软启动装置是在功率单元串联多电压源型高压变频调速器基础上专为大中型电动机的软启动而设计的。根据负载的不同，电网侧启动电流可以控制在额定电流的 30%～50%，特别适用于高压大功率异步电机和同步电机的软启动，启动功率范围为 3 000～60 000 kW。

10 kV 电机软启动用的高压变频软启动装置一般配置有 24 个功率单元，每 8 个功率单元串联构成一相，串联方式采用星形接法，中性线浮空。每个功率单元由一个隔离变压器的隔离次级绕组供电，次级绕组各自的额定电压均为交流 690 V，每相 8 个交流 690 V 功率单元串联的高压变频器可产生交流 10 kV 线电压。为防止同步切换并网时产生较大的环流，变频输出启动装置输出侧加装有电抗器，系统结构如图 8.12 所示。

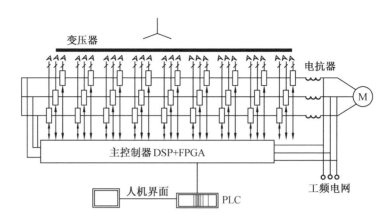

图 8.12　10 kV 高压变频软启动装置拓扑结构图

多电压电压源型高压变频软启动装置的变压变频功能是通过单个功率单元实现的，每个功率单元在结构上是完全一样的，可以互换，高压变频软启动装置功率单元交-直-交整流输入是二极管三相整流全桥，经过直流电容滤波，交流输出是 IGBT 单相逆变桥，电路形式如图 8.13 所示。

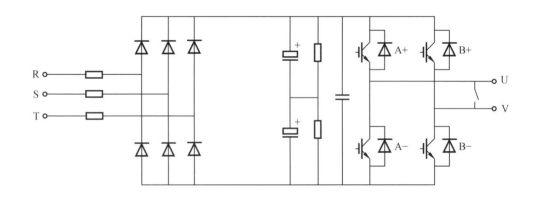

图 8.13　高压变频软启动装置功率单元拓扑结构图

功率单元输出电压波形为单极性 PWM 波形，PWM 波形的基波频率和幅值大小受控于来自主控系统下传的波形数据。功率单元控制系统就是通过光纤通信接收来自主控系统的波形数据，控制 IGBT 的导通、封锁、软旁路，同时通过光纤通信将 IGBT 的故障信息传递给主控系统。多电压电压源型高压变频软启动装置输出侧是将同一相功率单元输出端串联起来，形成星形连接结构，实现多电平叠加波形，其输出电压波形近似正弦波，如图 8.14 所示。

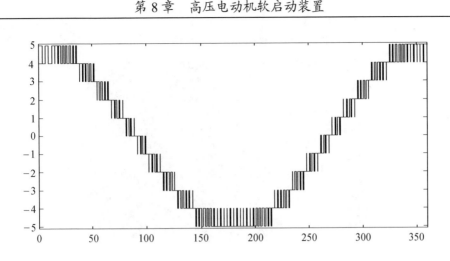

图 8.14　高压变频软启动装置输出电压波形

8.3.2　高压变频软启动装置结构

单元串联型高压变频软启动装置主体结构包括移相变压器柜、功率单元柜、控制柜，不包括旁路开关柜。旁路开关柜当采用真空接触器时宽度一般为 800 mm，当采用断路器时宽度一般为 1 200 mm。整套高压变频器一般放置在一个底座基础槽钢上面，槽钢高度一般为 100 mm；柜顶有散热风机，高度一般为 280 mm 左右。高压变频软启动装置外形及安装图如图 8.15 所示，实物如图 8.16 所示。

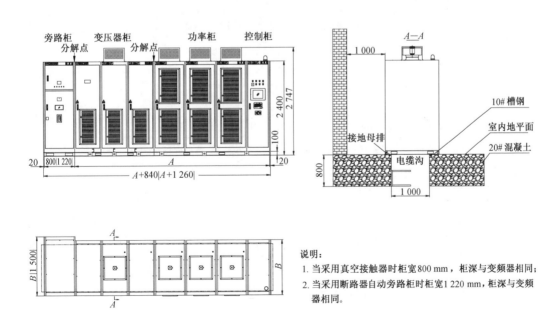

图 8.15　高压变频软启动装置外形及安装图

旁路柜　变压器柜 功率柜　　　控制柜

图 8.16　高压变频软启动装置实物图

8.3.3　高压变频软启动装置性能特点

（1）软启动功能：启动电流小于额定电流，可以多次连续启动。

（2）高-高直接高压供电：HVFS 高压变频软启动装置高压直接输入，高压直接输出，无须输出升压变压器，设备占用面积小，适用于普通交流感应电机。

（3）无谐波输入：高压变频软启动装置输入使用了移相多重化整流技术，电压电流谐波小，输入无须增加谐波治理装置，不对电网产生污染。

（4）无谐波输出：高压变频软启动装置输出标准正弦波电流，电压电流谐波小，输出无须增加谐波补偿装置，不增加电机的运转噪声、不产生附加应力。

（5）高安全性：高压变频软启动装置设计上遵循高压国家相关标准，高压主回路与控制回路之间用光纤连接，安全可靠。

（6）完善的保护和故障报警设计：高压变频软启动装置设置有完备的系统保护功能和功率单元保护功能，各种保护动作后，能实现故障自动记录、事故记忆，故障记录能自动记录各种保护的动作类型、动作时间，可以帮助技术人员分析故障原因，并进行故障定位。

（7）高灵活性：高压变频软启动装置通过 PLC 进行现场控制，可通过人机界面修改参数设置，灵活改变控制方式，具有多种标准通信协议可方便与中控系统进行通信。

（8）安装、调试、维护方便：功率单元抽屉形设计，功率单元与外接线采用接插件方式，无须人工接线，具有良好的互换性。

（9）波形数字化直接合成自适应技术：高压变频软启动波形产生部分是用单片 FPGA 经过一定算法得到离散化的频率和幅值均可控的三相波形数据，再和不同相位的三角载波相比较，产生波形数据信号控制同一相功率单元输出相同幅值和相位的基波电压，但串联各单元的载波之间互相错开一定电角度，实现多电平叠加波形，这样就大大提高了整体控制系统的可靠性。

（10）低压整机调试功能：高压变频软启动可以利用低压控制电源对高压变频软启动进行功能试验，用户可以在没有高压电源或电机工频运行时在线调试和维修高压变频软启动装置，这样就大大缩短了高压变频软启动设备的调试和维修时间。

（11）先进的故障自动检测技术：高压变频软启动装置在每次启动装置之前会自动对整个系统及每个功率单元进行在线检测，功率单元检测可以具体到每只 IGBT 的性能检测，这样就可以保证启动前整个装置处于完好状态，使各项准备工作更加有序。

（12）功率单元采用抽屉式结构，便于更换、维护。高压变频软启动装置功率柜上的功率单元与主回路之间的连接都是通过动静触头连接的，装拆时只需要将两根光纤取下即可，不用花大力气来拆装主回路的螺栓，并且所有主回路连接都在柜后，保证了人身安全。

（13）功率单元直流电压在线检测功能：高压变频软启动装置在高压带电的情况下会在线检测每个功率单元的直流母线电压并将测量值显示在人机界面上，这样操作者能很直观地掌握每个功率单元主回路的工作状态，为进一步分析提供了有力的保证。

（14）变频软启动控制技术：变频启动的启动电流小，对启动次数没有要求，启动完毕可无扰动切换到工频状态运行，启动过程无电流冲击。

8.3.4　高压变频软启动装置安装

（1）用户负责软启动装置柜体就位和现场的所有电缆提供、敷设、试验、连接，设备厂家提供技术指导，设备厂家负责装置柜内的高低压线的电气安装和设备调试。

（2）安装场地必须有足够的承载能力，基础必须牢固。

（3）考虑通风散热器及操作空间的要求，整套装置背面离墙大于 1 000 mm，装置顶部与屋顶空间距离大于 1 000 mm，装置正面离墙大于 1 500 mm。

（4）软启动设备应采用机动叉车从设备底部叉车孔进行操作，如需采用吊车必须从设备底部吊装，吊装时应避免损坏仪表或漆层。

（5）软启动设备应牢固安装于基座之上，并和厂房大地可靠连接。变压器屏蔽层及接地端子 PE 也应接至厂房大地。各柜体之间应排列整齐，相互连接成一个整体。

（6）安装过程中，要防止变频器受到撞击和震动，所有柜体不得倒置，倾斜角度不得超过 30°。

（7）输入输出高压电缆必须经过严格的耐压试验，信号线与强电分开布线。

（8）用户现场安装场地就绪，安装基础就绪，吊运设备就绪。

（9）用户现场高压电缆铺设到位，控制电源和信号电缆铺设到位。

（10）用户现场高压开关具备送电条件，电机及辅助设备具备运转条件。

8.3.5　高压变频软启动装置控制系统及工频切换

高压变频软启动装置控制系统由主控单元和 PLC 组成，主控单元由电源板、采样板、继电器板、主控板和三块光纤接口板组成。

采样板对输入输出信号进行检测，将信号进行量程转换和滤波，然后再通过母板送到主控板上；主控板的核心器件由 DSP+FPGA 组成，对信号做出分析处理，对各功率单元进行 PWM 波形控制、触发、封锁、旁路 IGBT，使变频装置提供相应的频率和电压输出；PLC 接收用户的控制指令（启动、停机、急停、频率给定等），实现各种开关信号逻辑处理。控制系统还对变频装置各部件的状态（如各个功率单元、变压器、风机等）进行监控，提供故障诊断信息，实现故障的报警和保护。

在现场应用中，控制系统可实现与现场的灵活接口，提供阀门联动等现场需要的控制功能，方便改变控制方式，满足用户现场的特殊要求。

工频切换装置用于在高压变频软启动装置启动完毕后实现变频到工频运行的切换，切换装置由高压接触器组成，变频软启动时先分开 KM₃，再闭合 KM₁ 与 KM₂，变频软启动完毕后先分开 KM₁ 与 KM₂，再闭合 KM₃，电机转入工频运行，变频软启动到工频运行切换时系统会自动无扰动切换高压接触器的闭合与断开。

当变频软启动装置将电机启动至接近工频状态时，同期装置开始检测输出侧的频率电压相位，当频率差表的指针在 0 点位置时，频率允许指示灯点亮，表示输入频率与输出频率的频差处于设定差值范围内，当相位差表指针在 0 点位置时，相位允许指示灯亮，表示输入电压相位与输出电压的相位差设定相位差范围内，当电压差表指针在 0 点位置时，幅值允许指示灯亮，表示输入电压幅值与输出电压的幅值差处于设定差值范围内，当 3 个指示灯都亮的时候，同期允许指示灯亮，表示允许变频软启动装置并网，同时给工频开关合闸联锁回路的允许合闸信号有效。

$KM_1 \sim KM_3$ 可以是高压接触器，也可以是高压断路器，根据电机功率进行选择。高压变频软启动装置工频切换图如图 8.17 所示。

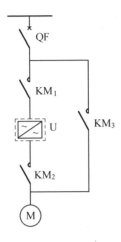

图 8.17　高压变频软启动装置工频切换图

8.4　高压同步变频软启动装置

8.4.1　高压同步变频软启动装置概述

高压同步变频软启动装置适用于中大型高压同步电动机或高压同步发电机，做电机变频启动之用。该软启动装置的调速性能优良，可与直流电机调速性能相媲美，启动过程转速精确可控，可满足电机平滑启动要求；结构简单，无机械换向器，不会产生火花，便于维护；容易做到大容量、高转速、高电压、晶闸管实现串并联更加可靠，可以方便地实现四象限运行。

高压同步变频软启动装置适用于电压等级为 6 kV、10 kV，功率范围为 5 000～50 000 kW 甚至更大功率电机的变频软启动。

高压同步变频软启动装置适用于高压大功率同步电机的同步变频软启动，代表同步电机软启动技术的最高水平，目前国内的同步变频软启动装置基本依赖进口，国内厂家也只有襄阳大力电工一家公司突破了这个技术。武钢二鼓风站 40 000 kW 同步电机用同步变频软启动装置是已投入使用的国产最大功率高压同步变频软启动装置。

8.4.2　高压同步变频软启动装置典型一次方案

高压同步变频软启动装置一拖一典型一次系统图如图 8.18 所示。

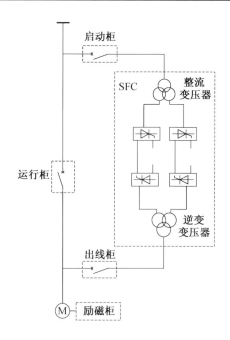

图 8.18 高压同步变频软启动装置一拖一典型一次系统图

本方案由一台启动柜、一台出线柜、一台运行柜、一套 SFC 装置和一台励磁柜组成。SFC 装置又包括整流变压器、功率柜（整流/逆变回路）、直流电抗器、逆变变压器和控制柜。装置各部分功能如下。

（1）整流变压器。在输入侧采用降压变压器，使输入整流桥的电压幅值变小，减小了晶闸管串联数量，线路简单，易于均压和电压保护，提高了系统的可靠性，同时还具有隔离滤波的作用。

（2）逆变变压器。在输出侧采用升压变压器，将逆变输出的电压幅值升高送给电机，使逆变桥电压与电网和发电机定子侧相匹配。

（3）功率柜。本装置采用双回路系统，共有两个功率柜，每个功率柜包括一个整流桥和一个逆变桥，三相 50 Hz 交流电经过整流桥整成直流，然后经逆变器将其变为一定频率的三相交流电输入待启动的同步电机中。

（4）直流电抗器。直流电抗器将整流回路与逆变回路连接起来，限制直流回路的电流上升率，起着平波限流的作用。

（5）控制柜。控制柜实现整个装置的信号输入输出控制和保护功能。它把检测到的信号加以处理分析，按照一定的控制策略产生输出信号，通过控制变频器输出三相电流的频率、幅值和相位大小来实现电机的变频软启动。

（6）启动柜、出线柜。启动完毕后，柜内的断路器分闸，从而将 SFC 装置与高压母线电源断开，起到安全隔离作用。

（7）运行柜。启动完毕后，运行柜合闸，电机并网进入工频运行状态。

（8）励磁柜。为同步电机转子提供旋转磁场所需的励磁电源。

8.4.3　高压同步变频软启动装置工作原理及启动过程概述

高压同步变频软启动装置工作原理：高压同步变频软启动装置采用交-直-交方式，包含整流变压器、整流晶闸管、直流平波电抗器、逆变晶闸管、逆变变压器、同期并网装置等。变频启动经历静止转子启动、低速启动、高速启动、同期、并网全速启动 5 个过程。系统对来自转子位置检测单元的信号进行分析，判明转子的真实位置和转速后，按一定的控制策略产生控制信号，控制变频器输出三相电流（电压）的频率、幅值和相位大小，达到电机同步转速跟踪转子转速的目的，根据启动前给定的启动转速曲线，在规定时间内将电机带入全速。

高压同步变频软启动装置的启动及控制过程总体可以分为以下 6 个阶段：

（1）检测转子位置。用基于电压过零检测的控制方法，根据电机励磁电流建立过程中检测到的三相定子电压，计算出转子的初始位置，并从中判定出电机启动时刻，控制其产生最大正向加速力矩的二相定子绕组。

（2）断续换相运行。在电机低速运行时（低于额定转速的 10%），由于电机反电动势低，不能保证晶闸管可靠换相，所以要采取强迫换相控制，通过将整流器拉逆变，使整流电压变负，电机主电路电流降为零，关断所有导通的逆变晶闸管，然后重新恢复整流电压，并使逆变器新的晶闸管导通。

（3）断续到连续切换。当电机转速达到切换转速时，停止强迫换相，利用电机定子侧产生的反电势来自然换相。

（4）自然换相运行。引入电流闭环控制，在电机最大允许电流和转矩受限制的条件下，充分利用电机的过载能力，电力拖动系统以最大的加速度启动，到达额定转速。加速过程中，电流在限幅范围内调节，并且具有较快的跟随性能。

（5）同期并网。根据电网电压和同步电动机端电压频率的差值，产生一个附加的转速微调信号，自动地调整整流器输出直流电压的高低，对同步电动机转速做微调。与此同时，励磁系统则由自动电压平衡单元控制同步电动机的转子励磁电流，以使同步电动机端电压和电网电压平衡。

（6）工频运行。电机进入工频运行，进入恒功率因数控制或者恒电流控制状态。

8.4.4　高压同步变频软启动装置结构概述

功率柜结构体设计充分考虑了晶闸管的散热和母排的走线，在保证维护方便和散热的前提下，设计成了横四纵三的结构。左侧 6 个晶闸管功率单元组成整流回路，右侧 6 个功率单元组成逆变回路，每个单元的热管散热器都竖向摆放。

热管就是利用蒸发制冷，使得热管两端温度差很大，使热量快速传导。一般热管由管壳、吸液芯和端盖组成。热管内部被抽成负压状态，并充入适当的液体，这种液体沸点低，容易挥发。管壁有吸液芯，其由毛细多孔材料构成。热管一端为蒸发端，另外一端为冷凝端，当热管一端受热时，毛细管中的液体迅速蒸发，蒸汽在微小的压力差下流向另外一端，并且释放出热量，重新凝结成液体，液体再沿多孔材料靠毛细力的作用流回蒸发端，如此循环不止，热量由热管一端传至另外一端。这种循环是快速进行的，热量可以被源源不断地传导开来，配合两台大功率离心风机，功率单元内部的热量可以被迅速地抽离出柜体。整个风道的设计是采取正面风入，顶上风出的优化设计。高压同步变频软启动装置功率柜结构如图8.19所示。

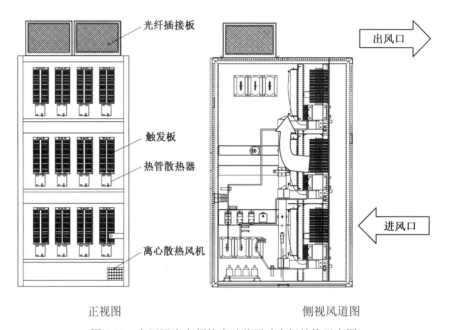

正视图　　　　　　　　　　　侧视风道图

图 8.19　高压同步变频软启动装置功率柜结构示意图

变压器、电抗器和柜体的尺寸及质量见表8.1。

表 8.1　高压同步变频软启动装置尺寸表

设备名称	外形尺寸/mm			质量/kg
	宽（W）	深（D）	高（H）	
整流变压器	1 230	2 510	3 500	11 600
逆变变压器	1 230	2 490	3 415	10 250
直流电抗器	800	800	600	620
功率柜（单个）	1 200	1 500	2 645	950
控制柜	800	1 500	2 645	950

高压同步变频软启动装置整体柜示意图如图 8.20 所示。

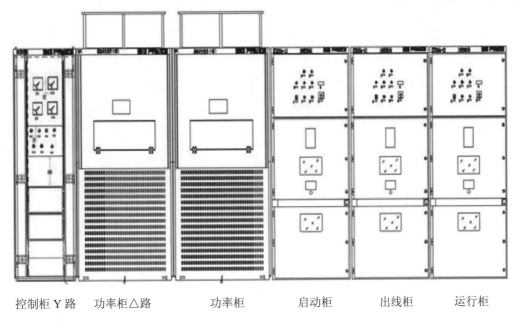

控制柜 Y 路　　功率柜△路　　　　功率柜　　　　启动柜　　　出线柜　　　运行柜

图 8.20　高压同步变频软启动装置整体柜示意图

8.4.5　高压同步变频软启动装置性能特点

（1）直流电抗设计，既有滤波功能又能预防逆变侧发生短路故障时电流突变。

（2）采用 12 脉波整流技术，在功率单元采用两个回路，有效降低电网输入测电流谐波。

（3）低速时采用直流脉动技术，周期地将直流环节电流降低到零，完成逆变换相。

（4）高速时逆变采用负载感应电势自动换相方式。

（5）可连续启动，重复精度高。

（6）启动容量小于电机额定容量的 1/3。

（7）调速范围可以从电机的静止状态到额定转速，在此工作范围内静止变频器工作效率不会降低。

（8）高压同步变频软启动装置是静止元件，维护工作量小、可靠性高、设备安装布置较为灵活。

（9）采用高压同步变频软启动装置启动，可以使启动电流维持在同步电机要求的额定电流以下运行，对电网无任何冲击，具有软启动性能。

（10）对电机结构无特殊要求，多台机组可共用一台装置，且可以满足运行过程中频繁启动的要求。

8.4.6 高压同步变频软启动装置安装调试

1. 安装注意事项

（1）储存的位置必须是平整坚实的地方，能够避免阳光暴晒及雨水淋湿。放在室外需加盖防雨和防暴晒设施。

（2）风机拆装注意事项，此处主要指 Y 路功率柜与△路功率柜的顶装散热风机的拆装。

①风机的钢支架必须固定在坚固、水平的基础上，结合面与风机之间应有橡胶减振垫，安装时注意风机的水平位置。

②风机与基础结合面，应调整自然吻合，不得强行连接，以免机壳变形影响正常运转。

③风机安装时，应先检查各零件连接是否牢固，转动是否灵活等，并要检查机壳内有无杂物，在安装完毕之后还要检查是否有安装工具被遗忘在风机内，否则会影响风机的正常使用，甚至会对风机的性能造成威胁。

④安装完毕后，各部位正常后才能进行试运转。安装后试拨叶轮转动，检查是否灵活，发现不妥之处应及时调整。

⑤定期清除风机内部的灰尘，特别是叶轮上的灰尘、污垢等杂质，以防止锈蚀和失衡。

⑥一旦风机发现问题必须立即停机，直到维修完毕才能运行，禁止风机带故障运行。

（3）光纤连接注意事项和判断通断的方法。

①尽量避免光纤弯曲，过大的曲折会使光纤的纤芯折断。在必须弯曲时，其弯曲部分曲率必须大于 3 cm，否则会加速光纤的衰减。

②光纤在通过光法兰盘连接时光跳线的瓷芯端面必须干净清洁，有时肉眼都看不清有脏污、灰尘。由于瓷芯端面未擦拭干净会产生较大衰减，有时甚至达几十 dB。

③光纤在插入法兰前纤芯的瓷芯端面应用浸有酒精的纱布擦干净，并用吹气球吹干（吹气球可用医用"洗耳球"）。酒精必须是纯净的无水酒精。

④擦拭干净后的光纤端面在插入光法兰的过程中不得碰到任何物品。

⑤光纤和光法兰在未连接时都必须用相应的保护罩套好，以保证脏污不进入光法兰和污染光纤端面。

⑥光纤在插入光法兰时，要保持在同一轴线上插入，并且光纤上的凸出部分要对准法兰的缺口。

⑦光纤插入法兰时一般都有一定阻力，可以把光纤一边往里轻推，一边来回转插到位，最后拧紧。光纤插入法兰过程中千万不能左右晃动，以免损伤光纤的瓷芯和光法兰内的陶瓷套管。

⑧判断通断的方法：用一个简易光源从光纤的一端打入可见光，从另一端观察哪根发光来判断。

2. 检查确认事项

（1）检查一次电缆连接是否正确，连接是否紧固。SFC 装置功率柜进出线都应接在变压器的二次侧，且相序正确。

（2）检查电气和机械部件安装是否有松动现象，在机柜内是否有加工金属末和碎片。

（3）检查接端子信号是否按设计要求进行了连接，检查系统接地是否良好。

（4）检查各断路器在工作位时动作是否正常。

（5）检查控制柜上面的表计指针是否归零。如果没有，请手动调整归零。

（6）检查急停键是否正常弹起，否则会导致启动失败。

（7）检查控制电源为交流 220 V，散热风机电源为三相交流 380 V，接线是否正确。

（8）检查液晶屏显示的参数，如果需要可以进行修正。

3. 调试说明

（1）启动前准备工作。

① 控制柜上电，等待控制柜触摸屏上电（约 30 s）。

② 在系统状态界面上观察系统状态指示 LC 颜色红色，为正常状态，若为绿色，则励磁柜上故障状态需复位清除。

③ 在实时数据界面上观察 Y 形、△形回路电压中间值是否为 500±15 V，是否为正常状态，若采样值不正确，需检查控制柜后部接线有无松动。

（2）启动过程。

① 操作室点启动按钮，给出启动指令。

② 高压同步变频软启动装置接收到启动指令后，启动柜、出线柜合闸，励磁投入，接着电机开始启动。根据程序控制策略启动按照以下 6 个阶段进行，如图 8.21 所示。

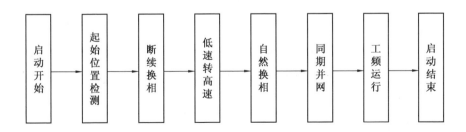

图 8.21　程序控制策略

从控制柜触摸屏系统状态界面上，可以清楚看到启动经历上述阶段时，相应的指示灯点亮。直到电机同期并网运行柜合闸工频运行，启动过程结束。

（3）启动完毕。

当运行柜合闸成功，电机进入工频运行时，在 200 ms 内断开启动柜、出线柜，变频软启动装置退出，功率柜风扇继续运行 5 min 后停止。

8.4.7 高压同步变频软启动装置运行管理及维护

1. 日常维护

（1）检查指示灯、仪表、操作按钮、触摸屏等是否工作正常（控制柜、功率柜、励磁柜、启动柜、出线柜、运行柜等设备）。

（2）检查控制柜内接线端子是否有松动，通信接头是否接触良好。

（3）检查吸湿器内的硅胶是否变色，若变色了则需要进行更换（变压器和直流电抗器）。

（4）检查有无渗油、漏油现象（变压器）。

（5）检查油位是否正常（油位应高于瓷瓶），若油位偏低，应添补油量（变压器）。

（6）每 3 个月对设备进行除尘，潮湿天气注意检查淋露。

2. 检修时的维护

严禁带电检修设备，必须停电后方能对设备进行检修维护，带电检修设备可能会对人身及设备运行造成严重损伤。

（1）控制柜维护。

每 3 个月检查控制柜内联锁线是否松动、控制箱及信号箱电路板插接是否松动及柜内除尘处理，检查光纤是否有问题。

（2）功率柜维护。

功率柜内主要器件是晶闸管、散热器、电阻、电容、触发板、采样板等器件。

①晶闸管好坏判断：主要是判断晶闸管在长期使用过程中是否被击穿，用万用表 200 Ω 电阻挡，测量控制极和阴极阻值为十几欧姆，再用导通挡测量阳极和阴极没有导通或用 20 MΩ 测量阳极和阴极阻值为十几兆欧，说明晶闸管是好的，没有被击穿，否则晶闸管有问题需要更换。

②触发板好坏判断：在电源侧通直流电压 24 V，把短接片短接，观察 LED 灯是否常亮，常亮则为正常。用万用表直流电压挡测量电压值是否为直流 1.5 V 左右，直流电压值 1.5 V 左右则为正常。

（3）变压器维护。

①外部灰尘清扫，包括套管、接线端子。

②检查装置本体、套管、油枕等位置有无渗油现象。

③检查变压器气体继电器中是否有气体，如果有少量气体，把气体放出；如果有大量气体产生，请咨询生产厂家做进一步处理。

④检查油位是否在正常位置（在最低位置以上）。

⑤检查吸湿器是否完好、干燥剂是否变色干燥剂如果变色需更换。

⑥检查套管是否有放电痕迹及其他异常现象。

⑦检修时推荐做预防性试验，试验内容如下：

a. 绝缘电阻试验。

b. 交流耐压试验。

c. 其他试验：绝缘油的耐电强度试验和降压器线圈直流电阻试验，有条件的话可以做。

（4）直流电抗器维护。

①外部灰尘清扫，包括电抗器匝间灰尘及金属异物，特别是金属螺柱、螺母、铜导线等，若有金属异物，通电后会产生放电拉弧，损坏电抗器匝间绝缘。

②检修时推荐做预防性试验，试验内容如下：

a. 绝缘电阻试验。

b. 交流耐压试验。

8.4.8　高压同步变频软启动装置选型原则

（1）根据电机额定功率和额定电压要求选择。

（2）根据负载类型及参数，包括负载转动惯量等选择。

（3）根据同步电机励磁方式、励磁电压和励磁电流等参数选择。

（4）根据设备颜色要求及布置拼柜要求选择。

（5）根据设备现场使用环境情况（环境温度、海拔等）选择。

第9章 变频器

随着计算机、电力电子技术和微电子技术的飞速发展，变频器已经成为现代最先进的一种交流同步和交流异步电动机的调速装置，能够实现电动机软启动、软停车和无级调速。

变频器是将恒压恒频的交流电转换为变压变频的交流电的装置，以满足交流电动机变频调速的需要。目前变频器在很多领域得到了推广和应用。在冶金行业中，由于直流电动机具有调速性能好，调速范围广，易于平滑调节，启动、制动转矩大，易于快速启动、停车性能好等优点，在轧机使用直流电机相当普遍。但是直流电机结构复杂，相比异步电机而言造价高，维护工作量大。随着变频器矢量控制和直接转矩控制技术的发展，变频器控制异步电机的性能已经可以跟直流电机的性能相媲美。异步电机结构稳固，使用可靠、对使用环境要求低，比直流电机更适合用于冶金的恶劣使用环境。现在变频器配合异步电机在冶金行业中的使用已经成为趋势。

变频器有显著的节电效果，还具有各种预警、信息预报、故障诊断功能，包括变频器过流、电机短路、电机接地、变频器输入电压过压、变频器输入电压欠压、变频器过热、电机过载、通信故障灯等保护功能。

另外，大型用电企业使用的变频器一般都具有丰富的通信接口，如 Modbus、Modbus TCP、Ethernet IP、Profibus、Devicenet 等通信协议的通信接口，可以非常方便地用于现场通信网络，实现通信控制、监控，甚至是 ERP 生产管理相关的功能。

现代的变频器还可以使用内置或外加编程卡扩展变频器的应用功能范围，例如在变频器中加装编程卡 IMC 卡实现 PLC 和变频器的一体化，从而实现类似伺服的定位功能、完整的起重应用功能库等很多应用功能。变频器按照供电电压的不同，可以分为高压变频器和低压变频器。本章节主要介绍高压和低压变频器的结构、性能、特点、出厂试验和运行管理。

9.1　高压变频器

按国际惯例和我国国家标准对电压等级的划分，当供电电压≥10 kV 时称为高压，供电电压为 1～10 kV 时称为中压。我们习惯上也把额定电压为 3 kV、6 kV 和 10 kV 的电动机称为"高压电动机"，由于额定电压在 1～10 kV 之间的变频器有共同的特征，因此驱动 1～10 kV 交流电动机的变频器在习惯上也称为高压变频器。本节采用的高压变频器的概念是驱动 1 kV 以上的交流电动机使用的变频器。

高压变频器的种类很多，分类方法也多种多样。按照中间环节有无直流部分，可分为交-交变频器和交-直-交变频器；按照直流部分的性质，可分为电流型和电压型变频器；按照有无中间低压回路，可分为高-高变频器和高-低-高变频器；按照输出电平数，可分为两电平、三电平、五电平及多电平变频器；按照电压等级和用途，可分为通用变频器和高压变频器；按照嵌位方式，可分为二极管嵌位型和电容嵌位型变频器等。

高压变频器在冶金行业常用在高炉鼓风机、炼钢制氧机、除尘风机、轧机等场合。

9.1.1　高压变频器的结构

高-低-高式高压变频调速器，又称间接高压变频器，该变频器由降压变压器、低压变频器、输出侧的正弦波滤波器和升压变压器构成，其结构如图 9.1 所示。

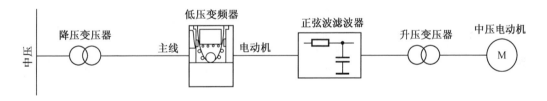

图 9.1　高-低-高变频器的结构图

降压变压器原边接受电网馈电，其电压可以为 3 kV、6 kV 或 10 kV，副边将电压变至与变频器相匹配的电压等级。降压变压器可选用双绕组或三绕组，三绕组的变压器更有利于消除变频系统对电网的谐波干扰及提高功率因数。过去多选用交-直-交电流型变频器，但现在多选择通用型的电压型变频器，因为后者的性能更高，价格更便宜。

这种类型的高-低-高方案，适用于高电压（6～10 kV）、中小容量（300～1 000 kW）的风机，水泵负载，具有性价比高、操作简单、节能显著等优点。

单元串联是近几年才发展起来的一种电路拓扑结构，它主要由输入变压器、功率单元和控制单元 3 大部分组成。因采用模块化设计和功率单元相互串联的办法解决了高压的难题而得名，可直接驱动交流电动机，无须输出变压器，更不需要任何形式的滤波器。单元串联的变频器柜和功率柜如图 9.2 所示。

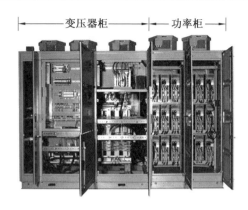

图 9.2 单元串联的变频器柜和功率柜的外观图

高压变频调速系统采用单元串联多电平技术，属高-高电压源型变频器，直接 3 kV、6 kV、10 kV 输入，直接 3 kV、6 kV、10 kV 高压输出。这种变频器主要由移相变压器、功率模块和控制器组成，其典型的主回路电路结构如图 9.3 所示。

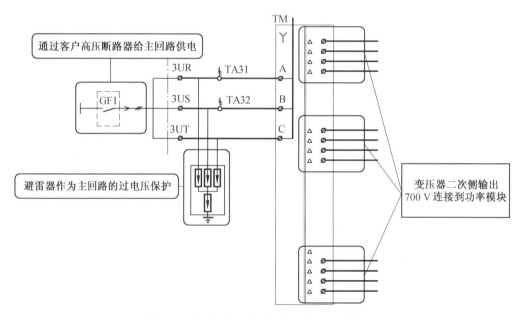

图 9.3 高压变频器典型的主回路电路结构图

1. 单元串联型高压变频器输入侧的结构

单元串联型高压变频器输入侧由移相变压器给每个功率模块供电，移相变压器的副边绕组分为 3 组，根据电压等级和模块串联级数，一般由 24、30、42、48 脉冲系列等构成多级相叠加的整流方式，可以大大改善网侧的电流波形（网侧电压电流谐波指标满足 IEEE 519—1992 和 GB/T 14549—1993 的要求）。使其负载下的网侧功率因数接近 1，不需要任何功率因数补偿、谐波抑制装置。由于变压器副边绕组的独立性，使每个功率单元的主回路相对独立，类似于常规低压变频器。

主回路采用高压断路器给变频器供电，为防止雷击对变频器造成破坏，在主回路进线侧加装了防浪涌的避雷器，主回路的供电部分进入变频器输入移相变压器，原边采用 Y 形进行连接，副边采用延边三角形进行连接，根据变频器的电压等级分成多个副三相绕组，副边电压为 700 V AC，分别为每台功率单元供电。

每台变频器中的功率单元电路和结构完全相同，可以互换，也可以互为备用。它们被平均分成Ⅰ、Ⅱ、Ⅲ3 大部分，每部分有 5 副或 7 副三相小绕组。

6 kV 变频器系列一般使用 15 个或 21 个功率模块，每 5 个或 7 个功率模块串联成一相，然后给 6 kV 电动机供电，变频器的系统结构图如图 9.4 所示。

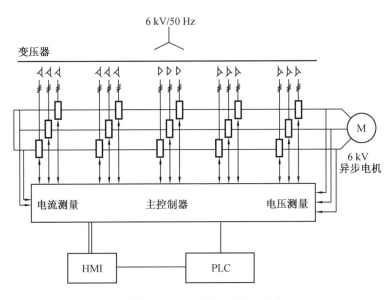

图 9.4　变频器的系统结构图

另外，3 kV 变频器系列一般使用 12 个功率模块，每 4 个功率模块串联成一相，三相星形连接，然后直接给 3 kV 电机供电。

10 kV 变频器系列与 3 kV 变频器系列不同的是使用了 24 个功率模块，每 4 个功率模块串联成一相，然后给 10 kV 电动机进行供电。

2. 单元串联型高压变频器功率模块的结构

单元串联型高压变频器的功率模块为基本的交-直-交单相逆变电路，整流侧为二极管三相全桥，通过对 IGBT 逆变桥进行正弦 PWM 控制，可得到单相交流输出。

每个功率模块结构及电气性能完全一致，相当于一台交-直-交电压型的单相低压变频器，这些功率模块可以互换，这样用户在备件上也就变得容易了。功率模块的电路结构如图 9.5 所示。

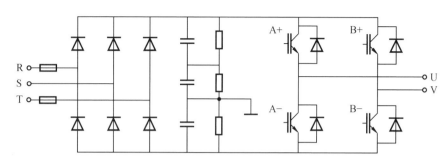

图 9.5　功率模块的电路结构图

　　每个功率单元的 R、S、T 输入来自于变压器的副边输出，经整流后再通过 A+、A-、B+、B-4 个 IGBT 功率模块逆变成交流的 U、V 输出，每个功率单元提供一部分的电动机电压。

3. 单元串联型高压变频器功率模块的输出结构

　　单元串联型高压变频器功率模块的输出侧由每个单元的 U、V 输出端子相互串接而成，使用星形接法给电机供电，通过对每个单元的 PWM 波形进行重组，可以得到阶梯正弦 PWM 波形，错位叠加的波形如图 9.6 所示。

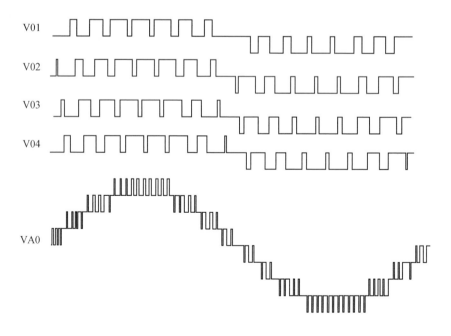

图 9.6　错位叠加后的变频器输出波形图

这种波形正弦度好，du/dt 小，对电缆和电机的绝缘无损坏，不需要配置输出滤波器就可以延长输出电缆长度，可以直接用于普通电机。同时，电机的谐波损耗也大大减少，消除了负载机械轴承和叶片的振动。

当某个功率模块出现故障时，通过控制使输出端子短路，可将此单元进行旁路来退出系统，从而实现变频器的降额后的机械运行，由此可避免很多场合下停机造成的损失。

4. 单元串联型高压变频器的控制器

控制器由高速单片机处理器、人机操作界面和 PLC 共同组成。其中，人机操作界面有 3 种配置，即工控 PC 机界面、嵌入式工控机界面、标准操作面板界面，用户可根据需要进行选择。单片机实现的是 PWM 控制。人机操作界面解决高压变频调速系统本身和用户现场接口的问题，使用方便、快捷，同时可以实现远程监控和网络化控制。单元串联型高压变频器都内置了 PLC 单元，用于柜体内开关信号的逻辑处理，可以和用户现场的接口进行连接。

单元串联型高压变频器的控制器与功率单元之间采用光纤通信技术，低压部分和高压部分完全可靠隔离，系统具有极高的安全性，同时具有很好的抗电磁干扰能力，可靠性大大提高。另外，当控制电源掉电时，控制器可由配备的 UPS 继续供电，变频器可以继续运行。

9.1.2　单元串联型高压变频器的性能

高压变频器在炼铁的出铁场的槽上（槽下）除尘风机、助燃风机、原料车间的皮带除尘风机等风机泵类的调速中应用广泛，这些负载为变转矩负载。除变转矩负载外，高压变频器还可以拖动恒转矩负载，因而一般都有矢量控制功能。有些厂家的变频器还可以拖动同步电机。

变频器可以采用多电平串联技术、18～54 脉冲整流，在实践中单元串联型采用的是应用广泛的 IGBT 技术。单元串联型高压变频器的性能参数见表 9.1。

表 9.1　单元串联型高压变频器的性能参数

安装地点	室内
技术方案	多级模块串联，交-直-交、高-高方式
额定输入电压/允许变化范围	3 kV、3.3 kV、6 kV、6.6 kV、10 kV/±10%
系统输出电压	0～3 kV、0～6 kV、0～10 kV
频率输出范围	0～120 Hz
额定输入频率/允许变化范围	50 Hz±10%
变频器效率	>96%

续表 9.1

安装地点	室内
谐波	输入电流<4%，输出电流<2%
输入侧功率因数	＞0.95（＞20%负载）
控制方式	多级正弦 PWM 控制
逆变形式及元件参数	1 200 V 或 1 700 V 的 IGBT，逆变桥串联
整流形式及元件参数	30、42 或 48 脉冲，二极管三相全桥
高-低-压隔离	光纤
噪声等级	≤75 dB
冷却方式	强迫风冷
过载能力	120%，1 min；150%，3 s；200%，立即保护（<10 μs）
系统总损耗	≤4%
环境温度	0～40 ℃
标准控制连接	与 DCS 硬连接或现场总线
防护等级	≥IP31

9.1.3 单元串联型高压变频器的安装

高压变频器安装是设备能够安全、稳定工作的基础环节，必须加以足够的重视。变频器在冶金现场碰到的很多问题都是安装不符合要求或安装地点环境过于恶劣导致的。用户在进行变频器安装时，需要严格按照变频器厂家的安装步骤和安装要求进行安装。

在高压变频器安装之前要牢固树立安全第一的理念，切实保证人员和设备的安全，严格遵守安全规范并按厂家的安装指导书进行安装。

配备测量工具（如钳形表、万用表和示波器）用于检查设备是否有危险电压，这是正确安装操作变频器和防止发生触电事故的基本要求。由于中压发生短路时会发生爆炸事故，破坏力巨大，因此现场操作人员必须配备安全用具，如防电弧面具、安全工作服来保护操作人员的皮肤，用必要的安全警示牌来提示可能存在的危险等。常用的测量工具和防护面罩如图 9.7 所示。

在安装设备前，首先分断主电源，通过个人锁锁定开关柜，并标注操作者的姓名和日期。在断路器上锁上操作者自己的安全锁并拿走钥匙。

在操作设备前，应使用仪表测量电压确保安全。安装时注意可能会产生接地故障和短路的情况，现场安装完毕后要对闲置的物品进行清理。安装完毕后关闭柜门，采用绝缘垫、安装警示带达到隔离、提示用户可能存在的危险。

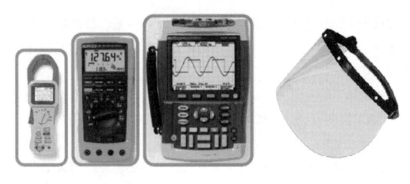

　　（a）钳形表　（b）万用表　　　（c）示波器　　　（d）防护面罩

图 9.7　常用的测量工具和防护面罩

　　为增加设备的安全性，有的变频器的柜门上配备有联锁机制，用于防止在接通主电源后柜门被打开，也可以防止在柜门没有关闭的时候，主回路电源开关合闸，并且只有使用钥匙才能操作设备。使用 5 个钥匙柜门联锁的产品如图 9.8 所示。

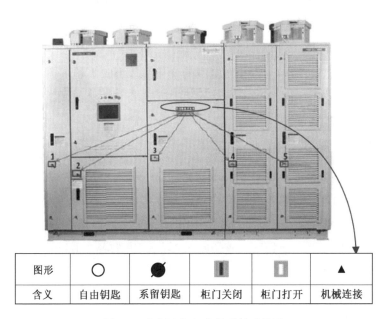

图形	○	◐	▮	▯	▲
含义	自由钥匙	系留钥匙	柜门关闭	柜门打开	机械连接

图 9.8　变频器柜门上的联锁系统图

1. 安装前的准备工作

（1）现场清点货物和卸车。

　　在安装高压变频器的现场，用户要根据发货单同承运人核对货物件数，按照随机"装箱清单"清点货物，如果发现货物缺少及时同供货方和承运货物的物流公司联系。

　　如设备运输到达现场后发现有损坏，用户应详细记录受损情况，并会同货运公司人员签字确认，并对受损货物拍摄照片，以便供货方向保险公司索赔。

卸车前应核实货物单体外形尺寸及最大毛重，选择合适起吊设备，防止超过起吊设备的最大承载力，出现事故。起吊过程中所有柜体不得倒置，倾斜角度不得超过30°。

（2）存储。

变频器到达现场不能立即进行安装，请将变频器存放在空气流通、存储温度范围为-25~+55 ℃、相对湿度为5%~95%（+40 ℃）、无腐蚀性气体的仓库中。

如果储存期超过半年，变频器投运前要再做一次整机的全面检测；如果储存期超过一年，除全面检查柜体及各部件的氧化、老化程度外，还需要按调试检验的相关文件，对各个部件和整机进行全面的功能检测。

2. 高压变频器的安装环境

为了保证调速装置能长期稳定和可靠地运行，应将高压变频器安装在通风良好、温度适宜、灰尘小、无腐蚀、无爆炸性气体的环境中。建议将高压变频器安装在专用的电气室内，整套装置背面离墙距离不得小于1 500 mm，装置顶部与屋顶空间距离不得小于1 500 mm，装置正面离墙距离不得小于2 000 mm，装置侧面离墙必须保留不小于500 mm的距离，以方便安装调试和维护人员通行，也有利于高压变频器散热。

当高压变频器启动时，环境温度应在0~40 ℃范围内，温度变化应不大于5 ℃/h，环境湿度要求小于95%（20 ℃），相对湿度的变化率每小时不超过5%，同时避免结露，如达不到要求必须加装空调设备。一般情况下，希望将调速装置周围的环境温度控制在25 ℃左右。

3. 高压变频器的地基

变频器柜的地基主要有两个作用，一个是固定变频器柜，另一个是为变频器柜体提供可靠接地，因此对地基有以下要求：

（1）预埋槽钢地基要高出地面5 mm，精度为每米允许误差小于1 mm，为了增大受力面积，建议框架长度大于变频器底座长度400 mm（左右各200 mm），以保证框架安装质量。

（2）槽钢地基要有良好接地。

（3）变频器自带槽钢底座时，为保证变频器柜体可靠接地，变频器槽钢底座与预埋槽钢地基点焊，兼起变频器固定作用。

（4）电缆沟需防水、防尘、防鼠。

变频器柜的地基的基础平面图如图9.9所示。

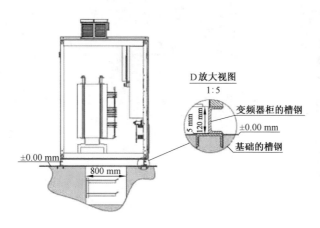

图 9.9　变频器柜的地基的基础平面图

4. 变频器柜的机械安装

（1）拆箱。

拆除包装材料时不要用锋利或尖锐的工具，以防损坏变频器外壳。包装拆掉后，需检查柜内或包装内部物品，不应有明显因振动、滑落等造成的损坏。最好保留运输的备件箱，可重复用于货物的维修和运输。

（2）柜体就位。

高压变频器的柜体由功率单元柜、控制柜、变压器柜 3 个柜组成，如图 9.10 所示。

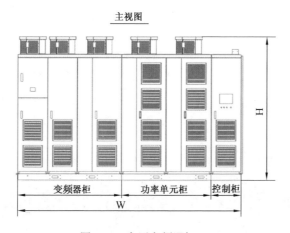

图 9.10　高压变频器柜

可以采用吊车、叉车或辊杠等工具将柜体按图纸要求就位，变压器柜体较重，就位时可使用变频器自带的提升杆来吊装变频器柜。在移动或吊装过程中所有柜体不得倒置，倾斜角度不得超过 30°。所有机柜落在基座上后需要并柜，保证所有机柜间缝隙紧密、均匀，所有柜门开、关流畅。并柜螺栓的示意图如图 9.11 所示。

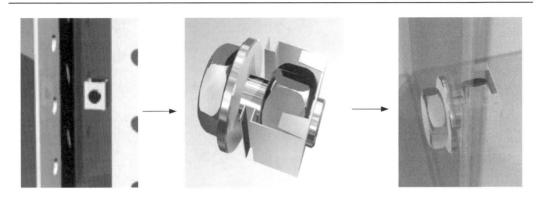

图 9.11　并柜螺栓的示意图

所有柜体应和厂房大地可靠连接，推荐把变频器柜体槽钢与地基点焊，保证可靠接地，接地电阻不大于 4 Ω；控制系统应有专用接地极，要求接地电阻不大于 1 Ω。这一步骤非常重要，如柜体没有接地或接地不良时，若发生柜内带电体对柜体短路，则柜体带高压，容易发生电击等事故。

柜体接地完成后要重新检查所有柜内有无遗留杂物，有无裸露线头，要求所有部件不受潮，无积灰，不松动，无机械损坏。

（3）功率单元柜内部的元件安装。

功率单元柜内的元件主要是变频器的功率单元模块，首先检查功率单元外包装上的出厂编号与变频器铭牌是否一致，对于同一台变频器，它的所有功率单元的机械尺寸、电路结构和电气性能都完全一致。可以互换。所有功率单元型号应完全相同，如发现有不相同的情况，需联系厂家进行更换。

在安装功率单元的过程中，不能将模块倒置，不要搬动输入侧的熔断器防止熔断器产生故障，严禁将输入侧的熔断器面向下。功率单元通过滑轨放置在单元柜中，所有功率单元应插装到位，排列整齐，然后使用备件箱中的螺栓和滑轨固定。

功率单元安装完成后的效果图如图 9.12 所示。

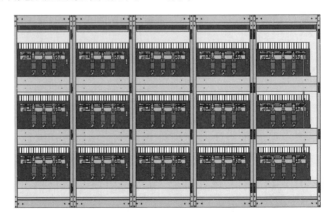

图 9.12　功率单元安装完成后的效果图

（4）风机及报警器安装。

在安装风机前，要先核对功率柜与变压器柜的风机与要安装的风机型号是否相符。首先将风圈小口向上固定在顶板上，然后清理风机上的泡沫等杂物，完成后将风机外壳与柜体固定。安装完毕后，用一小螺丝刀拨动风叶，叶轮应转动灵活，不存在与风圈剐蹭等现象，如无问题再将风机罩套装于风机上，同时确认风机的旋转方向与黄色箭头方向相符。风机安装完成图如图 9.13（a）所示。最后将报警器安装在控制柜柜顶，如图 9.13（b）所示。

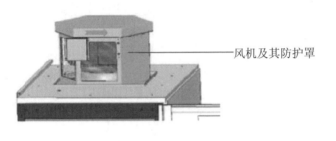

风机及其防护罩

（a）风机安装完成图　　　　　　　　　　（b）报警器位置图

图 9.13　风机及报警器安装图

5. 高压变频器的电气连接

（1）高压变压器的接线。

虽然干式整流变压器在出厂前均通过完整的测试，但考虑长途运输及储存等因素，推荐设备安装调试前，使用方需要按照干式变压器厂家提供的说明书对干式变压器进行检查及相关试验，并在设备运行期间按照说明书的规定对变压器进行维护。

首先拆除变压器低压侧交流 380 V 抽头接线，然后将变压器测温电阻抽出，同时把测温电阻与温控仪连接插头拔下，再拆除变压器高压侧进线电缆，同时将所有低压侧抽头（包括 380 V 抽头）用裸软线短接后接地。

使用 2 500 V 绝缘摇表分别测量变压器一次侧对二次侧及地绝缘电阻，阻值应在 200 MΩ 以上，合格后方可进行耐压试验。

根据变压器耐压试验表规定，将试验电压接入变压器，时间为 1 s，试验完成后，先放电，然后再次用 2 500 V 绝缘摇表分别测量变压器一次侧对二次侧及地绝缘电阻，合格后将变压器高压侧进线电缆重新安装好，拆除低压侧抽头短接线。

在试验之前，把测温电阻与温控仪连接插头重新插好，将变压器的输出接地线拆下，按图纸接好变压器输出侧的接线，至此变压器试验完成。变压器耐压试验方法见表 9.2。

表 9.2　变压器耐压试验方法

变压器电压等级/kV	试验项目	试验电压/kV	试验时间
3(3.3)	变压器一次侧对	交流 8(8.5)	
6(6.3、6.6)	二次侧及地绝缘	交流 16(17)	1 min
10(10.5、11)	电阻	交流 23(24)	

变压器试验完成后，按变频器包装提供的图纸，接好变压器和变频器功率单元之间的接线。具体为变压器二次端子的 A 相 a1 与转换铜排（螺栓）XL01，根据接线图依次接线，接线图如图 9.14 所示。

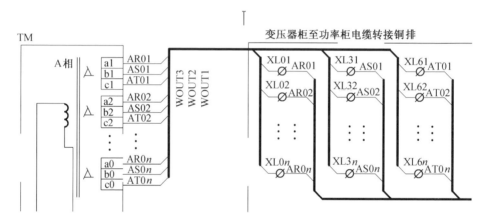

图 9.14　变压器柜连接到功率柜电缆接线原理图

（2）功率柜接线。

功率柜内部的每个功率单元下方都有编号，分别为 APVa1、APVa2、…，APVb1、APVb2、…，APVc1、APVc2、…。此编号表示对应模块在系统中的位置，如 APVa1 表示 A 相第一个模块，每个功率单元熔断器下方都有电源输入端子 R、S、T，为功率模块的三相输入接线螺栓、每个功率模块都有两个光纤插座 J1、J2。

功率柜内在每个功率单元熔断器下口有电源输入端子 R、S、T，每个功率单元输出单相交流，端子号为 U、V。同相功率单元串联连接，即 APVa1 模块输出 V 与 APVa2 模块输出 U 串联，依次类推。

功率单元与主控之间通过光纤连接，典型连接图如图 9.15 所示。

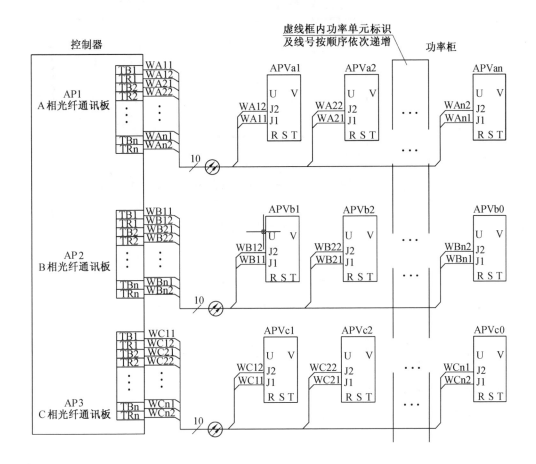

图 9.15 控制接线典型接线图

连接控制线时要注意区分输入及输出光纤，光纤头与光纤座颜色对应插入，功率单元和线号相对应并与图纸相符。光纤连接好后，光纤和光纤头压接应紧密，光纤头和光纤座应干净清洁，连接牢固。光纤不能出现拉扯和死弯等情况。

每相最后一个模块输出端子 V 与中性点短封线（或铜排）连接，以 5 级系统为例，APVa5 模块输出 V 端子、APVb5 模块输出 V 端子、APVc5 模块输出 V 端子用短封线或铜排短接，短封线或铜排需穿过电流。每相第一个单元的输出 U 端子分别接变频器输出线（线号分别为 WOUT1、WOUT2、WOUT3），即电缆 WOUT1 接 APVa1 模块输出 U 端子、电缆 WOUT2 接 APVb1 模块输出 U 端子、电缆 WOUT3 接 APVc1 模块输出 U 端子。用户应该保证所有串联铜排、三相输出线、中性点短封线（或铜排）的连接紧固。典型连接如图 9.16 所示。

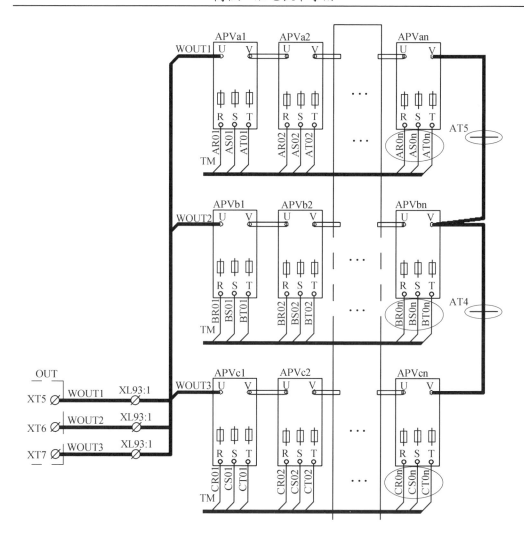

图 9.16 功率模块输出接线图

（3）风机及报警器的接线。

风机与报警器的连接线已在柜顶放置好，请根据随机图纸连接风机与报警器。风机电源线要严格按图接，请注意 A、B、C 顺序，以保证风机风向正确。

（4）柜间连线连接。

变压器柜与功率柜柜间连线的高压导线在完成变压器的测试工作后已经连接好，只需将低压导线通过连接器对接好即可。功率柜与控制柜的连接为一体化设计，只需将光纤按图连接即可。

（5）变频器对外接口的连接。

所有电气安装连接都必须由经验丰富的电气工程师按当地的用电规则来完成。所有的工作必须在主电源和辅助电源断开时进行，输入进线、输出的隔离刀闸必须确保打开，主电源进线的接地线确保接地，断路器处于分开位置后，操作人员使用安全锁将空开锁定在打开位置，并自己保管断路器锁的钥匙来保证人员的安全。

敷设电缆的载流量和耐压要满足变频器的要求，电缆头加工满足要求，做电缆的耐压试验后为合格产品。首先核实现场输入电压与变压器抽头是否一致，通常变压器一次侧 X1-Y1-Z1 抽头为+5%电压挡。必要时调整变压器分接头。

输入电源线连接到变频器的输入端子上，输出到电机的电缆连接到相应端子上，并注意相序关系，保证电机的旋转方向正确。接错输入输出电缆将损坏高压变频器。

9.1.4　高压变频器的调试

在进行高压变频器调试之前，要将设备安全和人员安全放到首要的位置，做到不安全不工作。

高压变频调速系统设计时已充分考虑了安全问题，然而它作为一种高压设备，设备内部及其连接电缆带有危险的高电压，同时因长时间运行发热，一些部件温度升高，直接触摸会使人灼伤。用户必须详细阅读厂家提供的安装调试手册，请严格遵守手册中关于安全的规定。任何不正确的操作都可能导致人身伤害或设备损坏。

由于现场安全责任应由最终用户来负责，因此必须听从最终用户对调试的安排和指挥。

1. 产品相关型号的确认

确认中压断路器、变频器、电缆、电机、中间继电器等电气元件与图纸相符。

（1）中压断路器型号。

检查中压断路器的额定电压、额定电流、断路器过电流保护设置值以及电机热保护电流设置值与图纸规定是否相符，上一次过电流试验时间与当前调试的时间跨度符合安全要求。

（2）变频器型号。

变频器铭牌的额定电压和输入频率与变压器的输入电压和频率应一致，变频器的额定输出电压、额定输出电流与电机电压电流相匹配，防护等级应符合图纸要求。

（3）电缆的规格和耐压值。

检查电缆的额定电压、最大电压、额定电流、最大使用电流以及电缆使用的最高和最低温度是否符合要求，不合乎要求的电缆不能使用。

常见的 6 kV 电缆的规格：

额定电压　　　　　　　6 000 V

最高电压　　　　　　　20 000 V

额定电流　　　　　　　200 A

最大电流	300 A
最高/最低温度	100 ℃/-30 ℃

（4）电机的型号。

检查电机的额定功率、额定电压、额定电流、额定速度、防护等级是否符合图纸要求，并与变频器的输出参数一致，尤其要检查防护等级和冷却方式，如果使用自冷却方式，环境温度最高为 45 ℃，如果是水冷还要确认水冷的水温最大不能超过 55 ℃，流量符合电机的最小流量要求，冷却液体的最大污染等级不能超过电机厂家的要求，最后确认水和乙二醇的混合比例。

如果采用强制风冷模式还需确认冷却风机的铭牌数据符合厂家要求，包括额定电流、额定转速等，强制风冷时环境温度最高不能超过 45 ℃。

（5）中压接触器的型号。

检查中压接触器是否与图纸相符。

2. 通电前的检查

检查变频器相关文档是否已经齐全，包括 UPS 电源的有关文档；变频器的安装尺寸图、电气原理图、相关的手册、说明书等。

用户应在送电前逐一检查以下各项，检查时要求在每项后面做调试记录。

（1）核对变频器电源是否符合变频器要求。变频器的额定输入电压应与电网相同，如果现场电压偏高，可以将输入线接到+5%抽头上。

（2）变频器最大输出电压应与电机铭牌上所标的电机额定电压相匹配。

（3）控制电压（低压）必须与变频器的额定控制电压相匹配。

（4）电机铭牌上的额定功率必须与变频器的额定功率相匹配。

（5）确认由于运输而分开的变压器柜与功率单元柜间的电缆已经被正确且紧固地重新连接起来。

（6）所有柜体应和厂房大地具有可靠的电气连接，接地电阻小于 4 Ω。控制器应埋设专用接地极，接地电阻小于 1 Ω。对实在无法埋设控制器专用接地极的现场，控制器地应悬空，若发生柜内带电体对柜体短路，则柜体带高压，容易发生电击等事故。

（7）检查所有分离点和/或缝隙处的电缆。确保没有因擦伤或其他运输不当造成任何导体暴露出来。

（8）检查所有端子排、固定元件、单元和其他分部件是否有标记或标签。如有不符，通知生产厂家。

（9）确保控制、主电源正常以及连接正确并符合当地电气规程。

（10）核查所有用户接线的紧固性和正确性。

（11）检查旁路柜（单独订购）刀闸及操作机构螺栓有无松动；刀口松紧合适，接触良好；刀闸不松动，合闸不错位。开关间机械互锁应有效。

（12）检查输入、输出高压电缆是否接反。对于多回路系统需更加注意。

（13）变压器输入、输出及中性点等所有电气连接螺栓应紧固、连接可靠、不松动，接线要正确。

（14）温探头插入深度应合适，并采取有效的固定措施。

（15）柜顶及柜底冷却风机接线正确、不松动，且风机能自由旋转、方向正确。

（16）检查变压器输出线、功率柜侧壁、功率单元三相进线的所有螺栓，都应紧固、不松动。为了验证接线的正确性，可以用万用表电阻挡测模块熔断器上端电阻，若 RS、RT、ST 电阻均为 0，则接线正确。

（17）检查输入及输出光纤连接是否正确（头座颜色对应，单元和线号对应），光纤和光纤头压接应紧密，光纤头和光纤座应干净清洁，连接牢固。光纤长度合适，不存在拉扯和死弯。

（18）所有配线、电缆连接等螺钉都应紧固、不松动。各印刷板在控制箱内应插装到位，面板与控制箱的螺钉应紧固。

（19）核实现场引入变频器的模拟信号仅为 4～20 mA 或 0～10 V 的弱电信号，不允许引入强电。核实变频器输出的模拟信号只接入用户的弱电回路。

（20）核实变频器输出的节点及现场供给变频器的节点均应无源，与强电应分开走线，配线关系正确、不松动。

3. 调试

控制系统上电前，用户需要将高压开关小车处于试验位置，要求使用测量仪表确保控制系统的信号线不会引入动力高压电，必须对所有控制配线进行认真、全面检查。

（1）送控制电。

依据图纸核实现场所提供控制电源的路数、电压、容量、稳定性应满足要求，直流控制电源应核实正负极。

把 UPS 进线电源插头插入相应插座，确认后续电路不存在短路等故障的情况下，依次给交流控制电源、直流控制电源、人机界面电源上电，并在 UPS 前面板绿色按钮持续按下约 3 s 闭合 UPS 输出开关。

送电后，PLC、人机界面、主控制器、变压器温度控制仪等应正常工作，主控箱风机应正常运转。

（2）检查变压器温控仪设置。

温度控制器过热报警参数按如下步骤检查和设定：

① 按 SET，PV 显示-cd-，用△或▽将 SV 显示值修改为 1005（参数设定密码）。

② 按 SET，PV 显示-AH-，用△或▽将 SV 显示值修改为 140.0（超温保护值）。

③ 按 SET，PV 显示-AL-，用△或▽将 SV 显示值修改为 130.0（超温报警值）。

④ 按 SET，确认修改后的参数值。

⑤ H 级绝缘变压器出厂时 AH 默认为 140.0 ℃，AL 默认为 130.0 ℃。

注意：当温度控制器指定特殊品牌时，其参数设置方法详见随机温控控制器说明书。

（3）调速参数设置。

进入人机界面后，对参数进行设置，在设置有权限的画面中，将访问权限修改为可编辑的权限，然后进入参数设置画面，核实"始动频率""最低频率"及"投切频率"，"基准电压"要与电机额定电压一致，"输出额定电流"与变频器额定电流一致，然后设置"转矩提升"为 0，再设置跳转频率的下限和上限。

分段调速参数功能的应用需要结合项目要求进行设置，同时需要对加减速时间进行优化，发挥分段加减速的功能。

（4）控制参数设置。

在人机界面的参数设置画面中，还需要设置电机控制下的控制参数。控制参数通常设置为"允许旁路数为 2"，PWM 调整系数保持出厂默认值，不带高压调试为"否"，过流保护为"680"。

（5）电机参数设置。

在人机界面的参数设置画面中，同样需要设置电机控制下的电机参数，按照电机铭牌把电机额定参数依次写入即可。

（6）模拟量量程设置。

根据用户工况，配置模拟量。

（7）模拟输入设置。

在人机界面的参数设置画面中，设置模拟输入值和反馈值，在输入为电流的输入侧选择电流的范围，可以为 4～20 mA，并设置开环最小频率和最大频率及掉线值。

（8）模拟输出设置。

在人机界面的参数设置画面中，设置模拟输出，在输入为电流的输出侧，如输出是运行转速、选择电流的范围，可以为 4～20 mA，测量范围为 0～1 500 rpm 电机额定转速。

（9）控制系统调试。

在给控制系统通电之后，人机界面就会自动进入主界面。主界面只显示"控制器就绪""中压未就绪"，除此之外不显示其他状态。

打开功率单元柜门或变压器柜门。人机界面显示"柜门未关闭"，警报器闪烁并发出声音。柜门联锁信号的指示灯变亮。按下控制器柜门上的"报警解除"按钮，灯光闪烁及声音将会停止，但"柜门未关闭"信息仍然显示在界面上。关闭柜门之后，"柜门未关闭"信息将会从界面和现场控制系统上消失。

打开控制电源开关，人机界面显示"交流控制电源中断"，警报器闪烁并发出声音。人机界面上指示"报警"。按下控制器柜门上的"报警解除"按钮，灯光闪烁及声音将会停止，但"交流控制电源中断"信息仍然显示在人机界面上。合上控制电源开关之后，人机界面上的报警信息就会消失。

如果中压变频调速系统使用双电源供电，则必须针对双电源进行电源开关调试。

断开交流控制电源开关，人机界面显示"交流控制电源中断"。合上交流控制电源开关，打开直流电源，界面显示"直流控制电源中断"，合上直流控制电源开关，"直流控制电源中断"信息从界面上消失。

将"本地/远程控制"开关转到远程控制位置，人机界面上指示"远程模式"。将"本地/远程控制"开关转到"本地控制"位置，"远程模式"信号从界面上消失，"本地模式"显示在人机界面上。

（10）确认现场开关柜联锁功能正常。

确认现场高压开关小车处于试验位置。按下变频器柜门"紧急停机"按钮，合上高压开关，高压开关应该不能合闸。

拔出"紧急停机"按钮，合上高压开关，高压开关应能合闸。此时拍下变频器柜门"紧急停机"按钮，高压开关应紧急分断。

高压开关柜合闸时，旁路柜电磁锁不带电，将不能对隔离开关进行操作（单独选购）。高压开关柜分闸时，旁路柜电磁锁带电，方可对隔离开关进行操作（单独选购）。

（11）带中压调试前的准备工作。

加中压电之前的检查事项包括：

① 在通电之前确保电源电缆连接正确（输入和输出电缆没有接反）；检查与上口断路器联锁的有效性；确认上口断路器、电缆、干式变压器的耐受电压符合要求；对于带有自动旁路柜的中压变频调速系统，必须将"系统旁路"临时设置为"禁用"。

② 确认电网的电压、频率和振幅符合要求。

③ 检查并确认没有东西（如工具、电线等）遗漏在柜子中，然后锁上柜门。

④ 接通中压变频调速系统的控制电源。

（12）带中压进行测试。

① 在进行中压测试时切断中压变频调速系统输出，将上口断路器设定在工作位置。

② 在完成准备工作之后，依次合上变压器顶部和功率单元顶部的风机开关，然后合上上口断路器开关。

③ 在加中压电之后，旁路柜（可选项）上的通电指示灯必须变亮。通过观察窗口来检查并确认功率单元的红色和绿色指示灯变亮。

④ 确认风机正常工作且旋转方向正确。

⑤ 在完成测试之后，点击人机界面上的"停机"按钮。在输出频率降到 0 Hz 之后，

切断中压电并将其设定在测试位置。合上旁路柜中的出口隔离开关，然后再次接通中压电。将"本地控制/远程控制"旋钮转到远程控制位置，在界面中将命令模式设定为"模拟给定"，设定频率给定值并启动中压变频调速系统。观察电机是否正常工作（诸如旋转方向、温度上升情况、振动等）。一旦测试完成，停止中压变频调速系统并切断上口断路器。

（13）投入运行。

当中压变频调速系统带负载运行时，必须在人机界面上观察输出电流以及在现场控制系统上检查反馈信号，确保两个值相同。如果不一致，则必须检查测量范围。

矢量方式的调试步骤以及拖动同步电机的调试步骤，因为在冶金行业应用不多，这里就不再赘述，用户如果碰到此类应用，请联系厂家索取相应的资料。

9.1.5 运行管理

1. 变频器的日常维护和定期检查

变频器的日常维护和定期检查见表 9.3。

表 9.3 变频器例行检查表

检查位置	检查项目	检查事项	周期				检查方法	判定基准	使用仪器
			日常	定期					
				1 年	2 年	3 年			
全部	周围环境	周围温度、湿度、尘埃等	○				利用观察	周围温度为 -10～+40℃，不冻结；周围湿度为 90%以下，无凝露	温度计、湿度计
	全部装置	是否有异常振动，异常声音	○				利用观察和听觉	没有异常	
	主电源电压	主回路电压是否正常	○				观察变频器界面显示的输入电压	额定电压±10%	
	控制电源电压	控制电源电压是否正常	○				测量变频器端子控制电源接线点	交流 220 V±10%	
	人机界面	界面显示信息是否异常	○				利用观察	界面显示的各项数据应该正常范围内	
	滤网	检查滤网是否堵塞	○				利用观察	用一张 A4 纸检查变压器柜、功率柜进风口风量，A4 纸应能被过滤网牢牢吸住	

续表 9.3

检查位置	检查项目	检查事项	日常	1年	2年	3年	检查方法	判定基准	使用仪器
主回路	全部	（1）兆欧表检查（变压器绝缘情况）（2）紧固部分是否松脱（3）各零件是否有过热的迹象（4）清扫	○○	○ ○ ○○	○ ○ ○○	○○	（1）变压器线圈对地绝缘电阻值，应处于正常范围内（2）加强紧固件（3）利用观察	（1）大于 100 MΩ（2）、（3）没有异常	直流 2 500 V 级兆欧表
	连接导体、导线	导线外层是否破损	○○	○○	○○		利用观察	没有异常	
	端子排	是否损伤		○	○		用眼观察	没有异常	
	滤波电容器	（1）是否泄漏液体（2）是否膨胀（3）测定静电容	○○	○○	○○	○○ ○	（1）、（2）用眼观察（3）用容量测试仪测量	（1）、（2）没有异常（3）额定容量的 85% 以上	容量测试仪
	继电器	（1）动作时是否有"Be,Be"声音（2）触点是否粗糙、断裂		○ ○	○ ○	○ ○	（1）用耳听（2）用眼观察	（1）没有异常（2）没有异常	
控制回路保护回路	动作检查	（1）变频器运行时，各相间输出电压是否均衡（2）变频器与上级高压开关的连锁是否正常，显示、保护回路是否正常	○ ○				（1）测量变频器输出端子 U、V、W 相间电压（2）将变频器上级开关打到模拟运行位置，进行试验	（1）测量控制柜端子上的测点，相间电压误差应在 1% 以内（2）变频器"合闸允许"给出后，高压开关才能够合闸，"高压急切"给出后，高压开关要立即分断	万用表

续表9.3

检查位置	检查项目	检查事项	周期				检查方法	判定基准	使用仪器
			日常	定期					
				1年	2年	3年			
冷却系统	冷却风机	（1）是否有异常振动、异常声音（2）连接部件是否有松脱	○	○	○	○	（1）在不通电时用手拨动旋转（2）利用观察	（1）平滑地旋转（2）没有异常	
显示	显示	（1）人机界面的显示是否正常（2）清洁	○	○			（2）用碎棉纱清扫，注意不要使用有机溶剂进行清洁		确认其能正常显示
	仪表	指示值是否正常	○				确认盘面仪表的指示值	满足规定值	电压表、电流表等
电机	全部	（1）是否有异常振动、异常声音（2）是否有异味	○○				（1）听觉，身体感觉，用眼观察（2）由于过热损伤产生的异味	（1）、（2）没有异常	
	绝缘电阻	兆欧表检查（全部端子与接地端子间）		○			拆下 U、V、W 的连接线，包括电机接线在内	应在 5 MΩ以上	2 500 V 兆欧表

尽管高压大功率变频器具有极高的可靠性和免维护性，我们仍然建议接受培训并获得资质的用户定期地对变频器做如下的维护工作。

（1）定期检查变频器的内、外部，确定周围没有灰尘、沙子、寄生虫。

（2）定期检查变频器的内、外部没有受到腐蚀性气体损坏变频器的柜体、电缆的绝缘等。

（3）定期检查电气柜中的电路板、连接电缆等没有出现过热迹象，冷却风机工作正常。

（4）定期检查变频器柜门的防尘滤网的灰尘，如发现已经布满灰尘要及时更换，以保证冷却风路的通畅。

（5）定期检查电控柜区域空气干燥、不会产生冷凝现象。

（6）值班人员或维护人员要定期对变压器进行巡视、检查，记录变压器绕组的温度值。在正常使用条件下运行时，保证变压器的线圈温升不超过限值 90 ℃。

（7）变压器投入运行后，每年要进行清扫，并进行绝缘电阻测量和耐压试验。

（8）每半年左右，检查并紧固一遍所有的电气连接螺栓。

（9）定期清理分压电阻的灰尘，防止受潮后造成爬电距离减小。

9.1.6　变频器常见问题和故障处理

高压变频器运行管理的另一个重要内容就是变频器常见问题和变频器故障的处理。高压变频器常见问题主要包括不能调整运行频率、高压变频调速系统不能开机、故障时没有声音指示、报警但画面没有显示等。这一类问题基本都是设置或使用不当导致的工作不正常，一般通过参数设置和简单的硬件调整都能解决。

1. 不能调整运行频率

变频调速系统运行频率给定方式由人机界面独立设定，而与变频器的内外控方式无关。如果外部的模拟电位器无法改变变频调速系统运行频率，很可能是人机界面中将频率给定设定为计算机给定方式；如果用人机界面无法给定变频器的运行频率，则是因为人机界面的功能设定中将频率给定设为模拟给定方式。如果人机界面的功能设定中将变频器设定为闭环运行模式，则变频器运行频率由 PID 调节器输出，不由用户直接给定，用户通过外部的模拟电位器或人机界面设定的只是被控工业变量的期望值。

另外，如果变频器无法达到设定的频率值，可能是用户的设定频率超出了最高和最低频率限制值，或者设定频率落入跳转频率范围。如果每次都是自动升到很高的频率后自动停机，则是因为用户在人机界面中将运行方式设定为软启动方式。

2. 高压变频调速系统不能开机

变频调速系统的开机必须在得到系统待机指示后才能进行。在控制器就绪、开机允许、远程和柜门急停按钮释放，同时还必须没有任何重故障等条件都得到满足的情况下，系统给出"高压合闸允许"。当系统接收到"高压就绪"信号后，进入待机状态。如果系统在不报任何故障的情况下不能开机，请检查以上条件是否全部具备。

另外，如果是远控不能开机，请检查"远控/本控"选择开关是否处于远控位置。如果是人机界面不能开机，请检查"远控/本控"选择开关是否处于本控位置。

3. 故障时没有声音指示

用户按下"报警解除"按钮后，系统在原有故障下继续运行时，将只有故障指示而没有音响报警。停机情况下，用户可以用"系统复位"命令将系统整体复位，恢复系统的音响报警功能。

4. 报警但画面没有显示

控制系统上电后，PLC 已正常工作，这时如果人机没有及时进入工作状态，变频调速系统也将提供报警。请用户检查人机界面电源线是否正常、人机界面上电源开关是否合上、是否已经正常进入控制界面。

高压变频器的故障信息按其严重程度分为报警和变频器严重故障两大类。

（1）报警。

功率单元旁路运行（可选）、变压器超温报警、控制电源断开、模拟输入信号缺失和环境过热被定义为报警级别，当报警出现时，系统不跳闸但是警报器会闪烁并发出声音，同时在人机界面上显示报警类型。

（2）变频器严重故障。

变压器严重过热、闭环运行时反馈信号缺失、过载、过电流、柜门未关（通过参数设定）、输出接地（通过参数设定）被定义为变频器严重故障。

在发生上述任意故障时，报警器会连续闪烁并发出声音，在人机界面上出现"通知"或"错误信息"，且会向上口断路器发出跳闸命令。用户按下"报警解除"按钮后，警报器停止闪烁和发出声音。但是"通知"或"错误信息"仍然留在人机界面上，直到用户解决了问题并使系统复位。

在发生"重大故障"时，中压电源将被自动切断。如果由于某些原因而没有切断中压电源，用户可以按柜子上的主电源断电按钮来手动切断中压电源。

5. 过电压或电源故障

故障原因：

检测每个功率模块的直流母线电压，如果超过额定电压的115%，则变频器停机。输入电压正向波动、不正确的减速时间设置、电压测量电路出现故障。

故障处理方法：

检查高压电源正向波动是否超过允许值，如果是减速时过电压，可适当加大变频器的减速时间设定值，检查接线螺栓是否松动，打火、检查单元控制板是否损坏。

6. 低电压

故障原因：

检测每个功率模块的直流母线电压，如果低于额定电压的65%，则变频器停机。输入电压向下波动、变压器次级绕组短路、电压测量电路出现故障、上口断路器开路、功率单元内部的电容器出现故障。

故障处理方法：

检查变频器供电波动是否超过允许值、高压开关是否掉闸、整流变压器副边是否短路、接线螺栓是否紧固和断裂，检查功率模块三相进线是否松动、功率模块三相进线熔断器是否完好。

7. 变压器严重过热

故障原因：

变压器副边接线绝缘不良、设备过载运行、环境温度过高、变压器的冷却风机不正常、风路不通畅、变压器温度探头接线接触不良或断路、温度控制仪故障；温度控制仪过热保护参数不合理、参数被非法复位或修改。系统缺省设定的变压器过热保护温度为 140 ℃。

故障处理方法：

检查空调或其他制冷系统、检查制冷风机、更换机柜前门上的滤网、检查变压器的探头接触是否良好、检查温度控制仪设置参数、更换温度控制仪。

8. 负载过载、负载过流、变频器过流

变频器输出电流超过内部整定电流。负载过载、负载过流（软件整定）：分别为变频器实际电流值超过额定电流值 120% 并超过 1 min 和过载 150% 超过 3 s 造成变频器跳闸。变频器过流（硬件整定）：实际输出电流值超过主控板硬件电路调整值，系统缺省硬件过流值为 200% 额定值。

故障原因：

变频器主控板硬件检测回路故障或整定值漂移；信号调整板检测回路故障；霍尔电流传感器故障；电流传感器到模拟接口板之间的接线不良；变频器软件检测参数设置不当；电机过载；功率单元存在重故障；变频器输出到电机的电缆故障或输出接线柜螺钉烧断造成缺相；电机故障（堵转、匝间短路）。

故障处理方法：

调整过电流保护设置、检查电缆绝缘情况和连接情况、更换出现故障的功率单元、更换电路板、更换电流互感器。

9. 光纤故障

故障原因：

主控板和功率单元的光纤通信出现故障，功率单元控制电源故障（正常时，L_1 绿色指示灯发光）；主控箱光纤板故障；功率单元控制板故障；功率单元以及控制器的光纤连接头脱落；光纤折断；光纤头脏。

故障处理方法：

更换功率单元控制板或整个功率单元、检查功率单元的电源、更换光纤电路板、更换光纤。

10. 过热

故障原因：

ATV 1200 使用散热片温度继电器检查功率单元是否过热,温度继电器的设定值为（80±5）℃。功率单元柜环境温度高、冷却风机出现故障、换气管路堵塞、温度继电器出现故障、温度测量电路出现故障。

故障处理方法：

请检查环境温度是否超过允许值、单元柜风机是否正常工作、进风口和出风口是否畅通，即滤网是否干净、装置是否长时间过载运行、最后检查功率模块控制板和温度继电器是否正常。

提示：经过上述分析后，还没有解决这一故障，如果用户现场当时没有备用模块，可以将该功率模块上的温度继电器检测点在单元控制板上短接，使其退出保护，继续运行。尽快更换备用模块后，可将该故障模块运回公司后检修。

11. 相位故障

故障原因：

此故障的含义是指某一功率模块的输入侧缺相，可能的原因有上口断路器开路、变压器次级绕组出现故障、熔断器损坏、电缆连接松动、相位检测电路出现故障。

故障处理方法：

检查输入的高压开关是否掉闸、检查整流变压器副边是否短路、检查接线螺栓是否紧固或断裂；检查功率模块三相进线是否松动、检查功率模块三相进线熔断器是否完好。有时变频器在断电时会报出缺相，属正常现象，直接复位即可。

12. 控制器无响应

故障原因：

扩展电路板出现故障、通信端口电路板出现故障、人机界面通信出现故障、程序不匹配。

故障处理方法：

检查所有控制板是否插装到位，电源板所有指示灯是否全亮，主控板 POWER 指示灯是否发光,RUN 指示灯是否处于闪烁状态，连接到主控板的 RS 485 插头在变频器上电开始的 6 s 之内是否松动或脱落，由于屏蔽故障需要，控制器处于被复位状态，显示"控制器无响应"属于正常现象，但 6 s 之后，"控制器无响应"应消失，同样，变频器断电后，由于屏蔽故障需要，在几分钟内，控制器处于复位状态，显示"控制器无响应"属于正常现象，但几分钟之后，"控制器无响应"应消失；如果不是上电或断电的初始时刻，出现主控板 RUN 指示灯会长时间发光或长时间熄灭，或者不规律闪烁，则主控板存在问题，这时需要检查扩展电路板的接线情况、更换扩展电路板、更换人机界面、更换通信端口电路板或升级人机界面程序。

13. 更换高压变频器的故障功率单元

高压变频器所有功率单元是完全一致的，如果某一单元由于故障而不能正常工作，可以在允许设备退出的时间用备用单元将其替换。更换功率单元模块可遵照以下步骤进行：

第一步：使用停机或急停按钮使变频器退出运行状态；

第二步：切断输入高压电；

第三步：打开单元柜门，等所有单元的 L_1、L_2 指示灯熄灭；

第四步：拔掉故障单元的 J_1、J_2 两根光纤头；

第五步：用扳手卸下故障单元的 R、S、T、U、V 5 根连线；

第六步：拆下故障单元与轨道的固定螺丝；

第七步：将故障单元沿轨道拔出，注意轻拿轻放；

第八步：按与上述拆卸相反的顺序将备用单元装上并接线；

第九步：系统重新上电投入运行；

第十步：与厂家联系维修故障单元。

9.2　低压变频器

随着电力电子技术、微处理器控制技术和自动控制技术的迅速发展，尤其有了静止的电力电子变流元器件以后，交流调速技术迅猛发展，从而解决了非静止变频器体积较大、成本较高、效率较低等问题。微处理器控制技术的发展与进步也实现了复杂的矢量控制算法，并且随着硬件设计不断的规范化，在降低了成本的同时也提高了变频器工作的可靠性。同时，矢量控制的运用也提高了交流调速系统的静态和动态性能，使变频器的性能可与直流调速器的性能相媲美，并可进行更复杂的运算。交流调速取代直流调速和计算机数字控制技术取代模拟控制技术已经成为当前的发展趋势。另外，运动控制系统驱动的交流化，功率变换器的高频化，控制的数字化、智能化和网络化的发展，使变频器这个运动控制系统的功率变换单元和执行部件，已经能够为电动机提供可控的、高性能的变压变频交流电源。

从变频器技术的发展来看，电机交流变频调速技术将成为今后工业自动化的主要发展方向之一，是当今节能、节电、改善工艺流程以提高产品质量和改善环境、推动技术进步的一种主要手段。

国内低压变频器常见的供电电压在单相 220 V、三相 380 V、三相 440 V、三相 660 V、三相 690 V 等电压等级。

9.2.1 低压变频器的结构

低压变频器按结构分为交-交频器和交-直-交变频器，即直接变压变频器和间接变压变频器。

1. 交-交变频器

交-交变频器可将工频交流直接转换成可控频率和电压的交流，由于没有中间直流环节，因此称为直接式变压变频器。有时为了突出其变频功能，也称作周波变换器。

交-交变频器的结构如图9.17所示，交流输出的正半周电流由正组整流器提供，负半周电流由负组整流器提供。

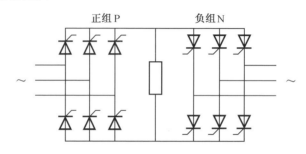

图 9.17　交-交变频器的原理结构图

为使输出电压的谐波减到最小，正、负两组整流器的触发角可按余弦规律进行控制，如图9.18所示的波形为采用无环流工作方式时的情况，输出电压是由输入电压波形上截取的片断所组成。显然，交-交变频器完成变频过程必须有两种换流方式，即换流过程和换组（桥）过程，一个周期的波形分为6段。交-交变频器的优点是过载能力强、效率高、输出波形较好，缺点是输出频率只有电源频率的1/3～1/2；功率因数低，需要补偿装置；虽然输出波形较好，但变频器的容量大，谐波相对也大，还需加装滤波器；所用的元器件多，造价高。

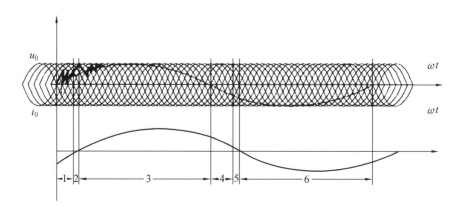

图 9.18　交-交变频器的触发角原理图

交-交变频器输入功率因数小、谐波含量大、频谱复杂、最高输出频率不超过电网频率的一半，一般只用于轧机主传动、球磨机和提升机等大容量、低转速的调速系统。当给低速电机传动供电时，可以省去庞大的齿轮箱。

2. 交-直-交变频器

交-直-交变频器是现在应用最广的变频器，本节将以这种变频器为重点来介绍变频器的结构和工作原理。

交-直-交变频器先将工频交流电压整流变换成直流电压，再通过逆变器换成频率可控的交流电压，由于有中间直流环节，所以又称间接式变压变频器。交-直-交变频器的结构分为控制电路、整流器、中间电路、逆变器等 4 个主要部分，如图 9.19 所示。

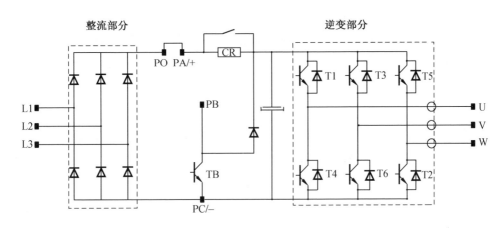

图 9.19　交-直-交变频器结构原理图

（1）控制电路。

变频器中的控制电路是变频器的核心部分之一，控制电路将信号传递给整流器、中间电路和逆变器，同时控制电路也接收来自这些部分的反馈信号。简单地说，控制电路要控制变频器半导体器件，进行变频器与周边电路的数据交换并收集和处理故障信息，还要执行对变频器和电机的保护功能。

控制电路运用了微处理器技术，而微处理器的进步已经使数字控制成为现代控制器的发展方向。运动控制系统是快速系统，特别是交流电动机高性能的控制需要存储多种数据和快速实时处理大量信息。现在将微处理器集成在变频器上以后，在减少了大量计算的同时也增加了控制电路的速度，同时微处理技术的高速发展和进步也减小了变频器的体积，并且数字控制使硬件简化，而柔性的控制算法又使控制具有很大的灵活性，可实现复杂的控制规律，使现代控制理论在运动控制系统中的应用成为现实。微处理器技术易于与上层系统连接并进行数据传输，便于故障诊断、加强保护和监视功能，使系统智能化（如有些变频器具有自调整功能）。

（2）整流器。

整流装置是与单相或三相交流电源相连接的半导体器件装置，产生脉动的直流电压。也就是说整流器就是将交流（AC）转化为直流（DC）的整流装置。

整流装置是直流调速器和交流变频器中的主要部分，整流装置的功率越来越大，如轧机拖动的晶闸管拖动系统，功率可达到数千千瓦。为了减轻对电网的干扰，特别是减轻整流装置高次谐波对电网的影响，可采用十二相及十二相以上的多相整流电路（如十八相、二十四相、三十六相）。

整流器有可控整流器、不可控整流器和半控整流器三种类型。变频器中的整流器可由二极管或晶闸管单独构成，也可由两者共同构成。由二极管构成的是不可控整流器；由晶闸管构成的是可控整流器。二极管和晶闸管都用的整流器是半控整流器。

交-直-交变频器结构图中的整流部分是三相桥式整流电路，是共阴极组与共阳极组的串联，在正半周和负半周相应的晶闸管都能导通，每周期内有 6 次脉动，也称为六脉波整流。从线电压方面看，不管负半周，都能使相应的晶闸管导通，从而使三相的线电压能够整流出六脉波的直流电压。

（3）中间电路。

变频器的中间电路是整流器与逆变器中间的控制电路，是一个能量的储存装置。不同设计的中间电路有不同的附加功能，如使整流器和逆变器解耦的功能、减少谐波功能、储存能量以承受断续的负载波动功能等。

在交-直-交变频器中，由于负载一般都是感性的，与电源之间要有无功功率流动，因此在中间直流电路中，需要有储存无功能量的元件。

中间电路根据对无功能量的处理方法，一般分为电流源型和电压源型两种类型。

① 电流源型。

逆变器为电流源型时，是采用大电抗来缓冲无功能量，直流中间电路呈高阻抗，强制输出交流电流为矩形波，这时输出的交流电压是由电动机的反电势所决定的，接近于正弦波。所以直流中间电路由一个大的电感线圈构成，它只能与可控整流器配合使用。电感线圈将整流器输出的可变直流电压转换成可变的直流电流，电机电压的大小取决于负载的大小。

中间电路采用的是大电感线圈的电流源型逆变器，如果工作于再生状态时，由于直流电压的方向是可以很方便地改变，故无须电流反向即可实现再生制动，一般多用于经常要求启动、制动与反转的拖动系统中。

② 电压源型。

逆变器为电压源型时，中间电路由含有电容器的一个滤波器构成，电容器能缓冲无功能量，滤波器使整流器输出的脉动直流电压变得平滑。直流中间电路呈低阻抗，强制输出交流电压为矩形波，由于负载阻抗的作用，输出的交流电流按指数曲线变化，接近于正弦波。电压源型中负载的无功功率可以经过与 IGBT 反并联的反向二极管与电容器交换能量。

采用中间电路是电容器的电压源型逆变器，如果工作于再生制动状态时，由于直流侧电压的方向不易改变，故要改变电流的方向，把电能反馈到电网，就需要再加一套能量反馈单元。

（4）逆变器。

逆变的概念实际上就是对应于整流的逆向过程。一般来说，逆变器是一种将直流电（DC）转化为交流电（AC）的装置，由逆变桥、控制逻辑和滤波电路组成。逆变分为有源逆变和无源逆变两种，有源逆变是变流器工作在逆变状态时，把变流器的交流侧接到交流电源上，把直流逆变为同频率的交流电反送到电网去的逆变；无源逆变是变流器的交流侧不与电网连接，而直接接到负载，把直流电逆变为某一频率或可调频率的交流电供给负载的逆变。

变频器的逆变器属于无源逆变，是变频器的最后一个环节，由 6 个全控功率开关元件和 6 个与它们反并联的反向二极管组成，通过 6 个全控功率开关元件反复交替的通断，实现三相的逆变，6 个反向二极管则为处于发电状态的电动机回馈电能提供了通路。逆变器与电动机相连并将整流后固定的直流电压变换成变压变频的交流电压。

中间电路给逆变器提供了三种类型的输入，即可变直流电流、可变直流电压、固定直流电压。逆变器工作时无论是哪种类型的中间电路的输入，都会给电机提供可变的量。电动机电压的频率总是由逆变器产生，如果中间电路提供的电流或电压是可变的，逆变器只需调节频率即可；如果中间电路只提供固定的电压，则逆变器既要调节电动机的频率，还要调节电动机电压。

变频器逆变的功率元件现多采用绝缘栅双极晶体管（Insulated Gate Bipolar Transistor，IGBT），是由 BJT（双极型三极管）和 MOS（绝缘栅型场效应管）组成的复合全控型电压驱动式电力电子器件。主电路功率开关元件的自关断化、模块化、集成化、智能化使变频器逆变的功率元件的开关频率不断提高，开关损耗进一步降低。

目前在冶金行业中使用的低压变频器绝大多数都采用交-直-交的结构，即采用先将交流电转换成直流电，再使用 IGBT 逆变成交流电的做法。

9.2.2　低压变频器的性能

1. 在低频下输出大扭矩的功能

这一性能指标主要体现变频器的低速扭矩性能。在现代高性能变频器中，不但有静态电机参数识别，还有电机运行起来的动态参数识别，通过对电机参数的自动识别，可以保证电机在低频下输出大扭矩。

2. 速度调节范围

速度调节范围是衡量系统速度调节性能的指标。一般以系统可达到的最低转速与最高转速之比（如 1∶100）或直接以额定负载下，系统实际最高转速与最低转速的比值（如 D=100）来表示。但是对通用变频器来说，变频器参数中的频率控制范围并不是电机的实际调速范围，频率控制范围只是变频器本身所能够达到的输出频率范围，在实际系统中还必须考虑电机的因素。一般而言，如果变频器的输出频率小于一定值（如 2 Hz），自冷却异步电机将无法输出正常运行所需额定转矩，因此实际的电机调速范围要远远小于变频器的频率控制范围。

3. 开环或闭环下的速度调节精度

在冶金中使用的变频器除泵和风机以外，普遍采用矢量控制算法或直接转矩控制（DTC）方式。

矢量控制变频调速的做法是将异步电动机在三相坐标系下的定子电流通过三相－二相变换，等效成两相静止坐标系下的交流电流，再通过按转子磁场定向旋转变换，等效成同步旋转坐标系下的直流电机的励磁电流和电枢电流，然后再采用与直流电动机类似的控制方法，求得转换后直流电动机的控制量，然后再通过坐标反变换，实现对异步电动机的控制。其实质是将交流电动机等效为直流电动机，分别对速度、磁场两个分量进行独立控制。通过控制转子磁链，分解定子电流而获得转矩和磁场两个分量，经坐标变换，实现正交或解耦控制。市面上大多数品牌的变频器都是使用这种控制方式。

目前，典型的开环无传感器矢量的速度控制精度可达滑差的 10%，闭环矢量控制的速度控制精度可达±0.01%。

直接转矩控制系统（Direct Torque Control，DTC）是在 20 世纪 80 年代中期继矢量控制技术之后发展起来的一种高性能异步电动机变频调速系统。1977 年美国学者 A.B.Plunkett 在 IEEE 杂志上首先提出了直接转矩控制理论，1985 年德国鲁尔大学 Depenbrock 教授取得了直接转矩控制在应用上的成功，接着在 1987 年又把直接转矩控制推广到弱磁调速范围。不同于矢量控制，直接转矩控制具有鲁棒性强、转矩动态响应速度快、控制结构简单等优点，它在很大限度上解决了矢量控制中结构复杂、计算量大、对参数变化敏感等问题，但是传统的直接转矩控制技术的主要问题是低速时转矩脉动大。

直接转矩控制也具有明显的缺点，直接转矩控制中转矩和磁链脉动较大，低速运行时磁链和转矩观测器不准确等问题，降低了直接转控制系统的整体性能，限制了其应用范围。针对其不足之处，现在的直接转矩控制技术相对于早期的直接转矩控制技术有了很大的改进。

目前该技术已成功地应用在冶金轧机等大功率交流传动上。直接转矩控制直接在定子坐标系下分析交流电动机的数学模型，控制电动机的磁链和转矩。它不需要将交流电动机等效为直流电动机，因而省去了矢量旋转变换中的许多复杂计算；它不需要模仿直流电动机的控制，也不需要为解耦而简化交流电动机的数学模型。1995 年 ABB 公司首先推出的 ACS600 系列直接转矩控制通用变频器，动态转矩响应速度已达到 <2 ms，在带速度传感器 PG 情况下的静态速度精度达 ±0.001%，在不带速度传感器 PG 的情况下即使受到输入电压的变化或负载突变的影响，速度控制精度同样可以达到 ±0.1%。

4. 变频器的效率

变频器的效率指标涵盖了变频器的发热量，并与变频器的元件选择和制造质量相关。

变频器效率通常较高，100 kW 以上变频器效率可达 95% 以上。而目前变频器效率评测的方法基本上都是基于测量输入功率（P_i）及输出功率（P_o）的方法。

5. 变频器的平均无故障时间

平均无故障时间（Mean Time Between Failures，MTBF）是指变频器平均能够正常运行多长时间才发生一次故障。这是衡量变频器可靠性的重要参数，平均无故障时间越长，变频器的可靠性就越高。目前主流产品（不包括变频器风扇）的平均无故障时间（MTBF）达到了 90 000 h 以上，有些小功率的变频器平均无故障时间可达 200 000 h。

6. 变频器的谐波干扰

交-直-交变频器将工频电压经三相桥路不可控或半可控整流成直流电压，经电容滤波及大功率晶体管开关元件逆变为频率可变的交流电压。在整流回路中，只有输入电压高于整流后的直流电压才会出现充电电流，此电流是脉冲形式，包含大量的谐波，输入电流的波形按傅里叶级数分解为基波和各次谐波，谐波次数通常为 $6n\pm1$ 次高次谐波，其中的高次谐波将干扰输入供电系统，变频器的输入电流波形及谐波次数如图 9.20 所示。

目前变频器厂家采用在变频器内部集成直流电抗的办法降低输入电流的谐波含量，例如 ATV71 的 18.5 kW 到 75 kW 变频器内集成一个平波电抗，90 kW 变频器标配了一个直流电抗用于抑制输入侧的谐波含量。除此之外，变频器厂家还会提供进线电抗器、无源滤波器、有源滤波器以及 AFE 有源前端等设备，以达到更高的低谐波要求，但是这些设备价格都比较昂贵。

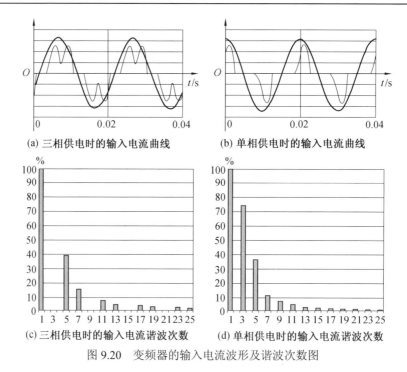

(a) 三相供电时的输入电流曲线　　(b) 单相供电时的输入电流曲线

(c) 三相供电时的输入电流谐波次数　　(d) 单相供电时的输入电流谐波次数

图 9.20　变频器的输入电流波形及谐波次数图

9.2.3　低压变频器的特点

在使用普通电机而不是变频器电机的情况下，应该考虑普通异步电机在低频运行的时间和运行电流，因为普通的异步电机在低频运行时不能输出额定电流，如果长时间运行在额定电流下，将会导致电机过热。普通异步电机的热保护电流曲线如图 9.21 所示，此曲线横坐标是实际电流与电机热保护电流参数的比值，代表实际负载的轻重程度，纵坐标代表变频器报电机过热跳闸的时间，从曲线中可以看到自冷却异步电机在 1 Hz 左右长期工作电流不足电机热保护电流的 80%（此参数一般设置为电机的额定电流）。

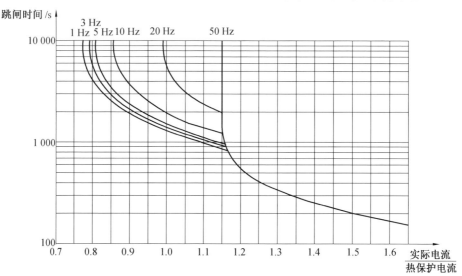

图 9.21　电机热保护曲线图

9.2.4 低压变频器的出厂试验

低压变频器的出厂试验包括两部分内容：第一部分是按照 GB/T 12668.2—2003 中第 2 部分中低压交流变频电气传动系统的相关试验要求进行的。

下面先说明 GB/T 12668.2—2003 中第 2 部分的控制原理图，此系统适用于一般用途的交流调速传动系统，如图 9.22 所示。

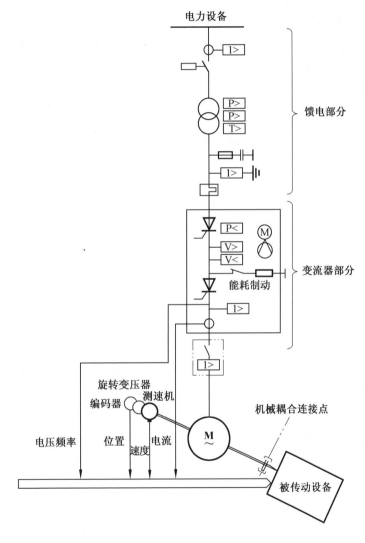

图 9.22 控制原理图

该系统是由电力设备和控制设备组成的。电力设备包括变流器部分、交流电动机和其他设备。控制设备包括开关控制，如通/断控制，电压、频率或电流控制，触发系统、保护、状态监控、通信、测试、诊断、生产过程接口/端口等。此标准不适用于牵引传动和电动车辆传动；适用于连接交流电源电压 1 kV 以下、频率 50 Hz 或 60 Hz、负载侧频率达 600 Hz 的电气传动系统。

变频器试验中规定的出厂试验内容包括绝缘试验、轻载和功能试验、辅助部件的检验、保护器件的检验。

绝缘试验的目的在于检查变频器的绝缘状况，为了防止不必要的破坏，在试验之前将变频器的动力输入输出端子、直流侧端子以及控制端子使用导线短接，用 1 000 V 兆欧表测量受试部分的绝缘电阻，在环境温度为 20±5 ℃和相对湿度为 90%的情况下，其数值应不小于 1 MΩ，但所测绝缘电阻只作为耐压试验的参考，不做考核。

轻载和功能试验的目的是为了验证变频器电气线路的所有部分以及冷却系统的连接是否正确，能否与主电路一起正常运行，设备的静态特性是否能满足规定要求。本试验作为出厂试验时，变频器仅在额定输入电压下运行，而作为形式试验时，则应在额定电压的最大值和最小值下检验设备的功能。

辅助部件的检验主要在于对变频器电气元件、泵、风机等辅助装置的性能进行检验。但只要这些元件具备出厂合格证，可只检验其在变频器中的运行机能，不必重复进行出厂试验。

检验保护器件主要包括各种过电流保护装置的过流整定、快速熔断器和快速开关的正确动作、各种过电压保护设施的正确工作、装置冷却系统的保护设施的正常动作、作为安全操作的接地装置和开关的正确设置以及各种保护器件的互相协调。GB/T 12668—2013 标准规定的出厂试验内容见表 9.4。

表 9.4　GB/T 12668—2013 规定的出厂试验内容

试验	形式试验	出厂试验	专门试验	试验方法
绝缘（见注）	×	×		GB/T 3859.1 中 6.4.1
轻载和功能	×	×		GB/T 3859.1 中 6.4.2
检验辅助部件	×	×		GB/T 3859.1 中 6.4.11
检验控制设备的性能	×	×		GB/T 12668.2 中 7.3.3
检验保护器件	×	×		GB/T 3859.1 中 6.4.13

第二部分是在电气柜生产商完成电气元件安装和设置参数后，使用小电机或无电机测试变频器的性能。

1. 低压变频器启动前的准备工作和注意事项

在安装或操作变频器前应首先全面阅读并理解变频器安装和用户手册，一般对变频器进行安装、修理、设置和维护应由专业人员进行。

首先检查已打开包装的变频器订货号，并观察变频器在运输中有无明显的损坏。如有不符和损坏，不能投入使用。

将变频器投入使用之前，还要保证变频器的输入（L_1、L_2、L_3）相与相间，输出（U、V、W）相与相间，直流侧的功率端子 PA/+、PC/- 不能短路。

应当注意的是如果误将工频电接入输出端子（U、V、W），将导致变频器功率部件损坏。

在对变频器通电之前，应使用万用表检查三相输入的线电压是否在变频器的输入电压的范围内，如果不一致不要通电，否则可能会损坏变频器。

变频器的输入（L_1、L_2、L_3）、输出（U、V、W）和直流侧的功率端子（PO、PA/+、PB、PC/-）包括印刷电路板等许多部件在高电压下工作，这些能够造成触电事故的部件是不能触碰的，在变频器通电或启动之前必须由专业人员安装并关上所有机盖。

2. 低压变频器的安装

（1）安装时的吊运操作。

大型变频器安装时必须使用吊装设备，在变频器上专门为了吊装方便配备了吊耳，如图 9.23 所示。

图 9.23　变频器的吊装位置图

（2）安装与温度条件。

垂直安装变频器的倾斜角度范围是 ±10°，变频器附近空气的相对湿度要求为 5%～95%，没有冷凝和滴水，要求变频器安装在无振动、无爆炸性、无燃烧性或腐蚀性的气体和液体、粉尘少以及维修检查方便的场所。安装地点的海拔高度在 1 000 m 以下，如海拔高度超过 1 000 m，因为空气稀薄导致绝缘性下降同时导致冷却效果的降低，必须使用降容系数。不要将变频器安装和存放在加热设备附近，留出足够的自由空间以保证冷却空气能够从组件底部到顶部循环流通。变频器前面的自由空间最小距离不要少于 10 mm。

带有保护盖时，变频器每侧的自由空间应≥50 mm，如图 9.24 所示。

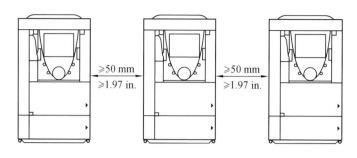

图 9.24　变频器安装位置图

变频器并排安装，保护盖已除去时的保护等级变为 IP20，如图 9.25 所示。

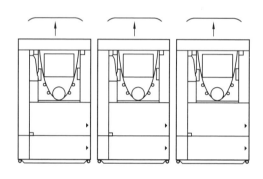

图 9.25　变频器并排安装位置图

（3）安装图形终端。

变频器属于精密的功率电力电子产品，其现场安装的好坏也影响着变频器的正常工作，尤其安装在作业现场条件较恶劣的场合，所以变频器在启动前，首先应按说明书安装好，并测量安装现场的环境温度，环境温度在 50～60 ℃时，变频器要先进行降容处理，然后设置变频器的各项参数和功能。参数和功能的设置是使用变频器的操作面板来完成的。

目前市场上销售的变频器都有基本操作面板和图形终端两种以上的操作面板，基本面板是变频器的固定配置，而变频器的图形终端是可选件，安装图形终端时可在变频器前面板上直接进行插接。如果要将图形终端从变频器拔出，此时一定不能使用图形终端控制变频器。

3. 动力部分的接线

在变频器动力部分接线之前，首先要打开变频器端盖，再进行功率端子的接线，不同功率段变频器端盖的打开方法不同。

（1）变频器输入侧的接线。

在将变频器电源进线端子 R/L1、S/L2、T/L3 接入主电源之前，检查变频器的电压范围与接入的主电源是否相符，用户要首先查看即将安装的变频器所对应的电压范围和电源输入类型，在现场最好使用万用表测量主电源的电压确保变频器的电源进线在标准范围内。如果测量的主电源的电压不在变频器的电压范围内时不要接入主电源，否则运行变频器时将损坏变频器。

（2）变频器输出侧的接线。

将变频器电源出线端子 U、V、W 使用标准电缆连接到电机，这里再次强调的是主电源和电机的运行端子不要与变频器的输入和输出端子接反。连接好后需反复核对接线，以免接通电源后损坏变频器。

变频器的输出电缆中存在着分布电容，对于载波频率较高的变频器来说存在线间的漏电流，可以通过适当降低变频器的载波频率、减少变频器到电机的电缆长度、加装输出电抗器或正弦波滤波器等方法来解决这个问题。

变频器的输出电缆到电动机的长度如果较长，需加装输出电抗器或正弦波滤波器来补偿电机长电缆运行时的耦合电容的充放电影响。另外，如果变频器使用了一拖多功能，则变频器的输出电缆到电动机的长度是变频器到所有敷设电机的电缆长度的总和。

（3）变频器直流电抗器的连接。

直流电抗器可以抑制谐波电流，提高功率因数。90 kW 以上的低压变频器，标准供货时一般都带有直流电抗器。

变频器上有专用的端子来连接直流电抗器。如果选用直流电抗器或使用大功率的变频器标配的直流电抗器，一定要将电抗器的两个端子连接到变频器的这两个专用端子上。

如果系统设计中使用大功率的变频器，但没有配置直流电抗器，必须将这两个专用端子进行短接。因为连接直流电抗器的端子之间如果没有短接，变频器的直流母线将无法供电，变频器会提示主回路未通电的报警提示。而小功率的变频器出厂时短接线已接好，大功率的变频器需要客户自己短接。

4. 控制部分的接线

为了使安装更加方便，可将端子卡拆下安装控制部分的接线，安装完成后再装回。使用模拟信号控制变频器时，为了减少对模拟信号的干扰，应该将信号线与动力线分开敷设，两者距离在 30 cm 以上，如果在控制柜内不能避免信号线与动力线的交叉敷设，为了减少干扰，安装时要成 90° 交叉敷设。并且模拟信号源与变频器控制回路的布线距离不得超过 50 m。

5. 变频器送电

变频器在上电时为防止出现变频器意外启动，上电前必须确保变频器所有逻辑输入端子没有接通直流 24 V 电源，并且在接通主电源后不要给出运行命令。

6. 小电机或无电机测试

一些 OEM 厂商或盘柜厂在变频器电控柜出厂前要做电气方面的检查，这个工作可通过做小电机或无电机测试来完成。小电机或无电机测试通常需设定"电机控制类型"为"两点压频比"或"五点压频比"，还需要将"电机缺相"的参数设为"No"。

注意：如果电机功率小于变频器额定功率的 20%，变频器将不能给电机提供热保护。

9.2.5 低压变频器的运行管理

低压变频器安装、使用不当很容易导致使用时触发故障，因此必须加强运行管理，做好变频器的日常维护。

1. 变频器的强干扰问题

低压变频器因为其输入侧采用整流，输出侧采用 PWM 脉宽调制方式，变频器属于强干扰设备，是控制系统一个干扰源，所以要特别注意变频器的接地和屏蔽工作。如果此问题没有得到很好的处理，变频器轻则干扰现场 PLC 和传感器信号，重则使模拟量传感器的输出模拟量值始终停留在一个值，有些应用场合还会烧毁仪表和 PLC 的通信口，所以用户一定要给予足够的重视。

低压变频器至电机的电缆应采用屏蔽电缆，最好采用变频专用电缆，此措施会增加项目的投入成本，在屏蔽电缆线超过变频器厂家规定的长度（一般最长是 50 m）后，还要加装电机电抗器或正弦波滤波器，由于变频器对其他设备的干扰作用巨大，应尽可能采用这个办法来抑制变频器对外部设备的干扰，同时必须将电机电缆屏蔽层连接到变频器外壳和电机外壳上并连接到动力地上，动力地的接地电阻越小越好，要求 4 Ω 以下。

如果因成本限制等原因，变频器到电机的动力电缆不能使用屏蔽线，在实际的工程实践中，在变频器动力线或在受到干扰的信号线上加装磁环效果也很好。

须确保传动柜中的所有设备接地良好，使用短和粗的接地线连接到公共接地点或接地母排上。特别重要的是连接到变频器的任何控制设备要与其共地，同样也要使用短和粗的导线接地，最好采用扁平导体，因其在高频时阻抗较低。

通信电缆和模拟量必须使用屏蔽电缆。信号线和它的返回线绞合在一起，能减小感性耦合引起的干扰，绞合越靠近端子越好，模拟信号的传输线应使用双屏蔽的双绞线。不同的模拟信号线应该独立走线，有各自的屏蔽层，以减少线间的耦合。不要把不同的模拟信号置于同一个公共返回线中。

低压数字信号线最好使用双屏蔽的双绞线，也可以使用单屏蔽的双绞线。模拟信号和数字信号的传输电缆应该分别屏蔽和走线。不要将直流 24 V 和交流 115/230 V 信号共用同一条电缆。

电机电缆应独立于其他电缆走线，最小距离为 30 cm。同时应避免电机电缆与其他电缆长距离平行走线，减小变频器输出电压快速变化而产生的电磁干扰。如果控制电缆和电源电缆交叉，应尽可能使它们按 90°角交叉。同时必须用合适的夹子将电机电缆和控制电缆的屏蔽层固定到安装板上。接地线切勿与焊机及动力设备共用。使用两台以上变频器的场合，勿将接地线形成回路。

在布线时不论是动力线还是控制线，多余的线应剪掉不要盘成环型，这样将形成一个电感，容易受到干扰。

如果经费允许，应尽量使用进线电抗、直流电抗或无缘滤波器等设备来降低变频器输入电源的谐波水平，这可以显著改善变频器供电的品质，尤其是在变频器台数比较多的情况下。

2. 长期低速运转的低速电机使用问题

因为散热不好，建议采用加大减速比的方式或改用多级电机，使电机运转在较高频率附近。如果调速范围宽时，应选用变频专用电机；转子风叶的冷却能力不够时，应采取强制冷却措施。

3. 在启停频繁的场合

当变频器启停比较频繁时，不要用主电路电源的通断来控制变频器的启停，应使用变频器控制面板上的 RUN/STOP 键或变频器上控制端子来启动、停止变频器。因为变频器启动时，首先要给直流回路的大容量电解电容充电，频繁启动变频器势必造成电容充电用限流电阻发热严重，同时也缩短了大容量电解电容的使用寿命。

4. 加减速时间不匹配

变频器设置的加速时间要和电动机负载的惯量相匹配，同时还应兼顾工艺的要求，一般是将电流限制在过电流范围内，运行时不应使变频器的过电流保护装置动作。

加减速时间可根据负载计算出来，但在调试中常采取按负载和经验先设定较长加减速时间，通过启、停电动机观察有无过电流、过电压报警；然后将加减速设定时间逐渐缩短，以运转中不发生报警为原则，重复操作几次，便可确定出最佳加减速时间。

电动机在减速运转期间，变频器将处于再生发电制动状态。传动系统中所储存的机械能转换为电能并通过逆变器将电能回馈到直流侧。回馈的电能将导致变频器中间回路的储能电容器两端的电压上升。因此，正确设置变频器的减速时间可以防止直流回路电压过高。

要正确设置变频器参数，加减速时间不能太短，加速时间太短会导致启动时电机电流过大，在负载较重时会导致启动困难，减速时间如果不是工艺的强制性要求，不要设得过短，否则会导致变频器过压或报制动过速的故障。如果工艺要求减速时间很短并且制动很频繁，这时需加装外部的制动电阻，并设置合适的参数使制动电阻生效。

5. 电机噪声的处理

当电机噪声比较大时，可以通过增大变频器的载波频率来解决，但是要注意变频器的载波频率设置不要过高，否则会使损耗增加、发热量增大、变频器的漏电也增加。

6. 变频器的定期维护工作

变频器定期检查的重点是变频器运行时无法检查的部位，以消除故障隐患确保长期高性能稳定运行。检查的内容有主回路端子是否有接触不良的情况，电缆或铜排连接处螺钉等是否有过热痕迹；电力电缆控制导线有无损伤，尤其是外部绝缘层是否有破裂割伤的痕迹；电力电缆与冷压接头的连接是否松动，连接处的绝缘包扎带是否老化脱落；对印制电路板风道等处的灰尘全面清理清洁时注意采取防静电措施；对变频器的绝缘测试必须首先拆除变频器与电源及变频器与电动机之间的所有连线，将所有的主回路输入输出端子用导线可靠短接后，再对接地进行测试，严禁仅连接单个主回路端子对地进行绝缘测试，否则将有损坏变频器的危险，测试完毕后切记要拆除所有短接主回路端子的导线；对电动机进行绝缘测试，必须将电动机与变频器之间连接的导线完全断开后再单独对电动机进行测试，控制回路的通断测试使用万用表，不要使用兆欧表或蜂鸣器；检查时，应断开电源过 10 min 后，用万用表等确认变频器的直流部分，正负之间的电压在直流 30 V 以下进行；变频器使用年限达 5 年以上，要测量滤波电容的电容值，作为变频器更换的依据；检查冷却风机连接是否良好，必要时更换冷却风扇；保护动作试验，确认保护、显示回路无异常。

加强日常检查的主要巡视项目，变频器在运行时是否有异常现象，安装地点的环境是否异常，电气室的温度是否正常，变频器、电动机、变压器、电抗器等是否过热、变色或有异味，变频器和电动机是否有异常振动及异常声音，主回路和控制回路的电压是否正常，滤波电容是否有异味，各种显示是否正常等。

7. 变频器易损件的更换

变频器易损件主要有冷却风扇和主电路滤波电解电容器，其使用寿命与使用环境和日常保养密切相关。在通常情况下风扇使用寿命要低于变频器本体的使用寿命，电解电容器的使用寿命不仅与变频器上电断电次数密切相关，而且与电气室的温度密切相关。用户可以参照变频器厂家提供的易损器件的使用寿命，再根据变频器的累计工作时间确定正常更换年限。检查时发现器件出现异常则应立即更换。在更换易损器件时应确保元件的型号、电气参数完全一致或非常接近。断路器、接触器、熔断器经长时间使用会发生接触不良、保护特性偏移等现象，也需要根据实际情况进行更换。

变频器出现故障时进行处理是变频器运行管理的重要内容，常规变频器容易出现的故障、产生故障的原因和处理故障的方法如下。

（1）变频器过电流故障。

故障原因：

电动机铭牌数据输入不正确；电动机拖动的负载太重；机械卡死；电机堵转。

故障处理方法：

检查变频器参数中设置的电动机铭牌数据是否输入正确；过电流保护阈值设置是否得当；检查变频器选型与电机、负载是否适当；检查电机是否堵转；检查机械是否卡死。

（2）电机短路故障。

故障现象：

变频器根据短路程度的不同，可显示电机短路、有阻抗短路、接地短路。

故障原因：

电机短路。当变频器输出相间或输出对地发生短路，用硬件检测此故障并快速响应（几个微秒），触发故障的电流阈值在变频器 3～4 倍的额定电流之间。

故障处理方法：

检查变频器到电机之间的电缆绝缘；检查电机绝缘；升级变频器固件到 V 6.5 或以上，手动降低电机的参数-漏电感，还需要检查 IGBT 功率部分是否正常。

（3）接地短路故障。

故障原因：

当电机启动或运行时检测变频器输出与地发生短路，变频器检测到输出对地有大的漏电流。

故障处理方法：

检查变频器到电机之间的电缆绝缘；检查电机绝缘；如果电机与变频器之间的电缆过长，应使用电机电抗器或变频器输出侧的正弦波滤波器以降低接地漏电流；降低变频器的开关频率，检查 IGBT 功率部分是否正常。

（4）制动过速故障。

故障原因：

由于制动过猛或负载惯量太大，导致变频器内部直流母线电压突然升高。

故障处理方法：

在变频器参数中，尽可能增加变频器的减速时间；在没有使用制动电阻的情况下激活"减速时间自适应"功能；如有必要应增加制动电阻器，并根据实际要求正确计算制动电阻器的阻值和功率。

（5）变频器过热故障。

故障原因：

由于电动机负载太重或变频器散热不佳，导致变频器功率部分温度过高。

故障处理方法：

检查电机负载；检查变频器散热风扇工作是否正常；检查变频器通风是否良好，是否有污物堵塞；检查变频器运行的环境温度是否过高，采取适当措施降低环境温度，保证变频器运行环境的清洁；当发生变频器过热故障时，应等待变频器温度降下来后再启动变频器。

（6）电机过载故障。

故障原因：

由于电机中的电流过大而触发了变频器内部的电机热保护。

故障处理方法：

检查电机的负载情况；检查变频器的电机热保护参数设置；应等待电机冷却后再启动电机。

（7）电机缺相故障。

故障原因：

变频器没有连接电机；电机功率与变频器功率不匹配，电机太小；电机空载运行，电机运行电流不稳定、不连续；导致变频器检测不到电机电流。

故障处理方法：

检查变频器与电机的连接情况；如进行小电机测试，应将变频器的电机缺相保护功能关闭；检查"电机额定电压""电机额定电流"和"定子压降补偿"参数设置是否正确，并进行"自整定"操作。

第 10 章　互感器

10.1　概　　述

10.1.1　互感器原理及作用

1. 互感器原理

现在普遍、大量应用的互感器是以变压器的电磁原理为基础、以导磁材料做铁芯的电磁式电流、电压互感器和配有电容器的电容型电压互感器，在 110 kV 以上电压等级的电站中也有广泛的应用。随着智能电网的建设，其中有一部分智能化变电站（所）也开始应用电子式的互感器（也有仍用常规互感器），其原理、参数（特别是二次输出信号）及生产制造方式与常规的电磁式互感器不完全相同。本章介绍的主要是电磁式互感器。

电磁式互感器是特种变压器，基本是以变压器的原理进行专业设计，其最基本的磁感应公式为

$$\dot{E} = 4.44\, fNBS$$

式中　$\dot{E}$——感应电动势；

　　　　f——磁通的变化频率，1/s；

　　　　N——线圈的匝权；

　　　　B——磁感应强度，T；

　　　　S——铁芯截面积，m^2。

这个公式也同为变压器的电磁感应公式。

2. 互感器应用

虽然互感器与变压器的原理是一样的，但互感器更侧重于通过小能量的传输，进行信息的变换和传递，在传递过程中保证精度准确可靠。

互感器是电力系统中必不可少的，也是承接强电（高电压或大电流）与弱电（低电压或小电流）的电气设备，其主要作用是：

（1）给测量仪器、仪表或继电保护、控制装置传递信息。

（2）使测量、保护和控制装置与高电压相隔离。

（3）有利于测量仪器、仪表和继电保护，控制装置小型化、标准化。

电流互感器是串接在电网线路中的，是一个相对稳定的恒流源，其主要功能是实现电流信号按一定的比例进行大小转换，二次输出是标准的相对较小电流，以方便后续设备进行电能计量、电流测量和继电保护。常规的电流互感器是将大电流变为小电流（一般为 5 A 或 1 A，将来还可能有 0.5 A 或 0.2 A）。

电压互感器是并接在电网线路中的，是一个相对稳定的恒压源，其主要功能是实现电压信号按一定比例进行大小转换，二次输出为标准的低电压信号，以方便后续设备进行电能计量、电流测量和继电保护。常规的电压互感器是将高电压变为低电压（一般为 100 V、（$100/\sqrt{3}$）V 或（100/3）V）。

10.1.2　互感器的分类

1. 按互感器的原理不同

按原理不同，互感器可分为电磁式、电容式和电子式（又有称光电式的，可根据原理不同又分几种）3 种。

2. 按绝缘材料不同

按绝缘材料不同，互感器可分为干式、油浸式和 SF_6 气体 3 类。干式的又有环氧树脂浇注、不饱和树脂浇注、硅橡胶绝缘、环氧树脂与硅橡胶复合绝缘、其他绝缘材料包扎绝缘等。

3. 按安装使用的环境不同

按安装使用的环境不同，互感器可分为户内式、户外式两种。

4. 按设计密封结构不同

按设计密封结构不同，互感器可分为全封闭结构和半封闭结构两种。全封闭结构是指将所有的一次、二次线圈（绕组含铁芯）全部浇注在产品中，是当前新的产品的主要结构形式；而半封闭结构主要是将二次绕组（二次线圈含铁芯）暴露在外面，这样的结构一般均是老产品，现逐渐被淘汰，现在只是供一些老型柜子更换用。

5. 按电压等级不同

按电压等级不同，互感器可分为低压、中压、高压、超高压四种。按一般的电压等级进行划分，在工频耐压低于 3 kV 或最高工作电压小于等于 0.72 kV 的称低压互感器；工作电压在 3~40.5 kV 的称为中压互感器；工作电压在 66~500 kV 的称为高压互感器；工作电压高于 500 kV 的称为超高压互感器。

6. 接所用的电源类型不同

接所用的电源类型不同，互感器分为交流用互感器和直流用互感器两种。

7. 按电流与电压的相数不同

按电流与电压的相数不同，互感器可分为单相互感器和多相组式互感器（包括多相电流组合、多相电压组合、电流与电压组合）两种。

10.1.3　常用互感器技术特点

中压及低压互感器目前多是以干式的或以固体（树脂、塑壳）绝缘为主导方式，根据其自身所采用的绝缘材料及方式选择用于户内或户外的配电环境中。因主体的一、二次绕组（包括铁心）全部包封在固化的树脂等绝缘材料中，所以对它的内部器材结构有很好的保护作用，其主要的绝缘介质均为树脂，特别是 3 kV 及以上电压等级的产品一般采用环氧树脂绝缘，绝缘性能良好（有一定使用年限要求）。但其对环氧树脂生产浇注的工艺要有严格的控制与技术要求，以保证绝缘性能稳定、无开裂、无气泡、低的局部放电量等，且在设计及制造时要保证能满足相应电压等级下的环境污染条件要求的性能，如合适的爬电比距、浇注体表面光洁等。这类产品一般情况下没有末屏，内部的二次绕组也不需要在订货时要求进行有次序的排列（即不需要规定各准确级或保护级的绕组靠在哪一侧或进行先后次序的排队）。

高压及超高压的互感器多是以油及 SF_6 气体为绝缘介质的主导绝缘方式，一般用于敞开式（变电站等）的户外电力环境中。按二次绕组所放位置及绝缘结构又可分为正立式结构和倒立式结构两种形式，电压互感器基本上是正立式的。在运行时，要注意一次导体外表的零电位线（屏）必须可靠接地。高压及超高压的电流互感器最早生产的是正立式结构产品，倒立式的是近些年来才研发生产的。早先的正立式结构产品在订货时，要规定其内部的二次绕组进行有次序的排列（即规定各准确级或保护级的绕组靠在哪一侧或进行先后次序的排队），以防保护在 U 形底部发生接地故障后出现死区，因现在相应技术的发展，这个问题有的生产厂家已经解决，可不做规定。不过随着技术的进步，目前也开发出了干式高压互感器，并且很多干式的高压电流互感器产品也逐渐用于电网中。这种干式的高压产品有两种绝缘方式：一种是大多互感器生产厂所采用的聚四氟乙烯薄膜带进行绕包结构的绝缘方式；另一种是中国独家引进技术，采用环氧树脂浸渍纸的固体绝缘结构，这种产品目前只有大连第一互感器有限责任公司生产。这两种绝缘方式属于绝缘结构相近而绝缘材质与方式不同，同上面的油绝缘及 SF_6 气体绝缘的结构模式一样，均属于容性的绝缘形式，在运行时一次导体外表的零电位线（屏）也必须可靠接地。此类干式高压互感器产品按二次绕组所放位置及绝缘结构特点一般是按正立式结构生产的。

10.1.4　总体选用原则

随着电力市场对互感器的大量需求，极大地推动了产品制造满足工程实际要求的实现，也使产品的结构及性能得到了大力发展，推动了产品的技术进步，但是在订单、设计、生产、验收及运行时也出现了一些问题，如工程图中或标书中所提出的技术参数值、线圈个数都使制造厂很为难，这些问题要么是制造成本太高，产品价格用户接受不了；要么用所规定的型号（小尺寸）做不到，须用大一点的尺寸，对于户外敞开式的产品，尺寸问题还不是太大，但对于放置在开关柜中的产品，就会出现相对小的开关柜内放不下，而增大柜子尺寸，又会使柜子成本增高较多，甚至会影响整个基建成本。有时这样没有意义的提出较高参数，从使用运行效果来看也是没太大必要的，反而会增加生产难度与生产成本。因此要根据工程的计量、监测、保护等使用要求，经过核算选取合理技术参数，既要使产品参数保证使用要求，又要降低制造难度和成本。

10.2　电流互感器

10.2.1　电流互感器类别

1. 按安装方式不同

按安装方式不同，可分为穿心式电流互感器、支柱式电流互感器、套管式电流互感器、母线式电流互感器和零序电流互感器。

2. 按一次绕组匝数不同

按一次绕组匝数不同，可分为单匝式电流互感器、多匝式电流互感器。

3. 按电流变比数不同

按电流变比数不同，可分为单电流比电流互感器、多电流比电流互感器和多铁芯多电流比电流互感器（同一台互感器具有不同变比的电流互感器）。

4. 按二次绕组所在位置及绝缘结构特点不同

按二次绕组所在位置及绝缘结构特点不同，可分为正立式电流互感器、倒置（立）式电流互感器。

5. 按具体用途不同

按具体用途不同，可分为测量用电流互感器（分计量与测量）、保护用电流互感器（分稳态保护、暂态保护、零序保护）。

10.2.2　电流互感器结构

一台完整的电流互感器是由一次绕组、二次绕组、绝缘材料及相关辅件组成。一次绕组导体要有效串过二次绕组线圈窗口，两者产生较好的互感特性，才能保证产品有较好的电气性能，满足测量和保护要求。一次绕组一般多为铜导体材料，少量的采用铝做导体，一次绕组的导电面积要大于二次绕组的单匝导电截面均。一次绕组匝数有单匝和多匝结构，但有些产品为了使用及安装方便，互感器不需要有一次绕组，而是借用工程中的一次导体直接穿过其二次绕组，这个工程中的一次导体就相当于一次绕组体。110 kV及以上的高压电流互感器产品，也可在中段进行抽头，通过一次两段的串联或并联，形成 2 倍的两个变比关系，这往往是在给后期留有增容时采用的方案。若是中低压产品，一次绕组一般不采用抽头进行串并联组合。电流互感器的二次绕组由铁芯、漆包线、绝缘包扎材料及相关辅件组成，每台电流互感器可有一个、两个或多个二次绕组，且每个二次绕组绕包一个铁芯。一般在相同一次电流值情况下，二次绕组所输出的二次电流是一样的（如都是 1 A 或 5 A），但现在也有不少工程中，将两个或多个二次绕组的额定匝数设计不同，或将二次绕组设计成带抽头的结构，将一台互感器中的不同二次绕组做成不同的输出电流，这样同一台互感器会形成不同的变比。对于多相组合式的电流互感器，其内部结构也是按单相互感器来设计制造的，只是在最后绝缘或组装工序，将它们整合为一体式的，但要注意保证在相互间不会产生较大的电气性能干扰。

互感器的铁芯一般是由硅钢片制成的，对于高精度或按匝数较低的测量级可以采用微晶合金、超微晶合金、坡墁合金等导磁率较高的材料，不过因价格问题，坡墁合金目前用得较少。对于特殊条件如高频用的电流互感器，还可用铁氧体材料做铁芯。

互感器的一次绕组与二次绕组及地之间要保证一定的绝缘性能。低压互感器一般是采用绝缘带包扎可以满足绝缘性能要求，中压以上的产品均是采用高绝缘性能的绝缘介质材料，如环氧树脂、硅橡胶、变压器油、SF_6 气体、辅助的绝缘套管等，既要保证绝缘性能，也要保证具有一定的机械强度。

10.2.3　电流互感器性能

电流互感器首先要保证相应绝缘性能要求和电气性能要求。在绝缘性能上，要保证与所用的电压等级相对应的绝缘工频耐压、冲击耐压、局部放电、高压产品的传递过电压等相关参数要求；在电气性能上，要保证相对的准确级精度、准确限值系数、额定二次输出、复合误差、温升、伏安特性、高压产品的电磁兼容等参数要求。同时要保证产品运行安全可靠、故障率小、便于维护、使用寿命长。产品外形尺寸尽可能小、爬电距离大、输出容量大、安装方便、能耗低、绿色环保、便于安装、储存及运输。每台产品出厂前都应按相关标准进行严格的试验，以保证工程验收顺利及应用可靠。

10.2.4　电流互感器选型原则

1. 要提出较全的电流互感器型号及参数

（1）对于 P 级或 PR 级的产品要提出：产品型号、规格（变比，电流比或是额定一次及二次电流）、准确级及其组合、额定二次输出、短时热稳定电流、动稳定电流、额定绝缘水平等，若是还有连续热电流、扩大一次电流等特殊要求的要特别注明，否则生产厂家会出现模糊、生产出不符合订货要求的产品。P 级、PR 级、PX 级电流互感器型号及参数见表 10.1。

表 10.1　P 级、PR 级、PX 级电流互感器型号及参数

序号	标志名称	标志代号	产品型号			
			测量级	P 级	PR 级	PX 级
1	主要标志					
1.1	设备最高电压	U_m	√	√	√	√
1.2	额定一次电流/额定二次电流	$K_n=I_{pn}/I_{sn}$	√	√	√	√
1.3	额定连续热电流	I_{eth}	与额定一次电流不同时标出			
1.4	额定短时热电流/额定动稳定电流	I_{th}/I_{dyn}	√	√	√	√
1.5	额定输出/（V・A）	S_{bn}	2.5，5，7.5，10，15，20，25，30，40，50			
1.6	标准准确级		0.1、0.2S、0.2、0.5S、0.5、1.0、3、	5P、10P	5PR、10PR	
1.7	仪表保安系数（测量级）	FS	5、10	—		—
1.7	准确限值系数（保护级）	K_{alf}(ALF)	—	5、10、15、20、30、		
2	特殊标志					
2.1	额定匝数比	n_t	—	—	—	√
2.2	额定拐点电势	E_k	—	—	—	√
2.3	二次极限感应电势	E_{sl}	—	—	√	—
2.4	在某一指定百分数下的励磁电流	I_e	—	—	—	√
2.5	二次回路时间常数	T_s	—	—	√	—
2.6	温度为 75 ℃时的二次绕组电阻	R_{ct}	—	—	√	√
2.7	额定电阻性负荷	R_{bn}	—	—	√	√
2.7	剩磁系数	K_r	—	—	≤10%	
2.8	计算系数	K_x	—	—	—	√
2.9	使用户内、户外环境		√	√	√	√
3.0	海拔		√	√	√	√
3.1	污秽等级或爬电比距		√	√	√	√

注：① 没有特殊规定，电源频率按常规的 50 Hz

　　② 二次电流一般为 1 A 和 5 A，但建议优先选用二次电流为 1 A 的产品

　　③ 目前，对于测量（含计量）用互感器，其仪表保安系数已无实际意义了，可不做要求

　　④ 表中的二次负荷及动、热稳定电流值要通过系统的综合计算来确定

（2）对于要求更严格的或要求有重合闸保护的情况，要用暂态保护。TP 级（TPX、TPY、TPZ、TPS 级）电流互感器要提出的参数见表 10.2。

表 10.2 TP 级电流互感器型号及参数

序号	标志名称	标志代号	TPX	TPY	TPZ	TPS
	产品型号					
1	主要标志					
1.1	设备最高电压	U_m	√	√	√	√
1.2	额定一次电流/额定二次电流/A	$K_n=I_{pn}/I_{sn}$	√	√	√	√
1.3	额定连续热电流/A	I_{eth}	与额定一次电流不同时标出			
1.4	额定短时热电流/（kA·s^{-1}）/额定动稳定电流/kA	I_{th}/I_{dyn}	√	√	√	√
1.5	额定二次输出（Ω 或 VA），二次为 1 A 时，用 Ω 表示	R_{bn}	2.5，5，7.5，10，12.5，15，			
1.6	一次时间常数/ms	T_p	40、60、80、100、120			—
1.7	保持准确限值时间/ms	T_{al}	√	√	—	—
1.8	额定对称短路电流倍数	K_{ssc}	5、10、15、20、25、30、40、50			
1.9	工作循环		C-t'-O（单）C-t'-O-tlr-C-t''-O（双）		—	—
2.0	第一次及第二次通电时间/ms	t'，t''	√	√	—	—
2.1	无电流时间（当有重合闸时）/ms	t_{lr}	√	√	—	—
2.2	用户规定的暂态系数	K	—	—	—	√
2.3	额定暂态面积系数	K_{td}	√	√	√	—
2.4	额定二次时间常数	T_s	—	√	√	—
2.5	温度为 75℃时的二次绕组电阻/Ω	R_{ct}	√	√	√	√
	使用户内、户外环境		√	√	√	√
2.6	海拔		√	√	√	√
2.7	污秽等级或爬电比距		√	√	√	√

注：① 没有特殊规定，电源频率按常规的 50 Hz

② 除大容量发电机出口用大电流（10 000 A 以上）互感器外，建议优先选用二次电流为 1 A 的产品

③ 表中的二次负荷及动、热稳定电流值要通过系统的综合计算来确定

（3）另外，在实际工程中还会遇到不同于国标及 IEC 的标准，如美国 ANSI C57.13 标准，其某一个测量级表达为 1.2B-0.5；某一保护级表达为 C200；英国 BS3938 标准 X 级；澳大利亚 AS175 标准，某一表达为 10P150F15，0.5PL950R3；日本 JIS 或 JEC 标准，较少见到的某一表达为 1PS 级或 "G" 级等，都需要与互感器生产企业沟通，明确实际使用意义。

2. 电流互感器选用注意事项

（1）电流互感器的额定一次电流。

电流互感器的额定一次电流，原国家标准 GB1208－2006 是等效采用 IEC 标准的，其标准值为 10，12.5，15，20，25，30，40，50，60，75 以及其十进位倍数或小数。而断路器按国家推荐标准 GB/T 762 规定的 R10 系列为 1，1.25，1.6，2，2.5，3.15，4，5，6.3，8 及其 10^n 乘积。两者比较，则存在 6 和 6.3，3 和 3.15 配合问题，尽可能以互感器的电流值选取，否则有可能使用户的电流表和电度表配不上。

电流互感器的额定一次电流根据需要，有的产品可以选用一个或多个额定一次电流值，其与对应的二次电流结合，通过一次串并联、二次抽头以及一次串关联与二次抽头同时进行，形成多种变比形式。在同一台电流互感器中，通过二次绕组额定匝数不同或进行二次抽头后，二次会有不同输出电流，形成不同的变比形式，如两个二次绕组采用不同的额定匝数，测量级（0.5 级）为 100/1A，保护级（10P10 级）为 200/1；或以抽头的形式，测量级（0.5 级）为 100～200/1A，保护级（10P10 级）为 200/1，保护级一般不需要抽头。考虑到互感器生产制造难度及对质量的影响，建议带有一次绕组的同一台互感器产品中，最大电流与最小电流之比一般为 2/1，再大时需同生产商沟通，35 kV 及以下浇注的产品基本上以二次绕组抽头为主。另外，做多变比的产品其他参数将受影响，影响量根据具体产品而定。

某些工程有可能在转移负荷时，互感器在一段时间内通过电流要大于正常运行时的电流，这种情况要考虑连续热电流。

国标还规定了一个扩大电流系数，指即能满足误差要求，又要满足温升要求的电流值对额定电流的比值。扩大电流比额定连续热电流多一个误差要求。扩大电流系数有 120%、150%、200%。

（2）额定短时热电流及额定动稳定电流。

①额定短时热电流是指在二次绕组短路的情况下，电流互感器在 1 s 内能承受住且无损伤的最大的一次电流方均根值。其值选取的大小是根据系统线路中实际发生短路故障后最恶劣的情况来计算选取的，而不能通过简单的引用断路器的取值，特别是在互感器电流比较小的系统更要注意，否则会使互感器做不出来，或做出的尺寸更大，若是用于开关柜，不易装下。短时热电流的时间，国标及 IEC 标准均是以 1 s 为准，但有的用户或

是引用断路器值，定的是 2 s、3 s、4 s，这是可以相互转换的，标准规定转换的公式为 $I_1^2 T_1 = I_2^2 T_2$。

②额定动稳定电流是额定短时热电流的 2.5 倍（约值），但在较大的短时热电流的情况下，一般定为 2 倍或 1.6 倍或再低一些，因为实际上根本就不会有那么大的动稳定电流。

（3）额定二次电流。

额定二次电流通常为 1 A、5 A，也可以是 2 A（极少用）。

为了适应降耗节能，现提倡优先选用二次电流为 1 A 的产品，它也具有其他无法比拟的抗负载（荷）能力和优势。在一次电流不是很大时的暂态用互感器，其二次电流一般为 1 A，太大时因匝数较多，生产工艺困难或温升问题可选 5 A 或再大一些的。

因电流互感器的二次负荷的值（S）是以 V·A 来表达的，其是以负载阻抗值 Z（Ω值）与二次电流的平方值来计算出来的（即：$S = I^2 \times Z$），如果二次回路阻抗值较大时，为避免二次容量（V·A）选得过大，或互感器生产尺寸过大而柜子装不下或某种尺寸下生产不了，或生产成本不必要的增高，就可以选用 1 A 的互感器来解决。如在某一工程是需要互感器的二次负载阻抗为 1 Ω（设互感器二次外接回路的电缆直径不变，如一般为 4 mm²），若互感器二次电流选用 1 A 的，则需要该互感器的二次负载容量值是 1 V·A；而若换为二次电流为 5 A 的互感器其二次负荷需为 25 V·A。所以二次为 1 A 时就不需要将二次负荷的 V·A 值定得较大，既可降低生产难度、缩小生产尺寸，又可降低制造成本，也符合节能环保的要求，所以二次电流应优先选用 1 A。

（4）互感器输出的二次负荷。

互感器输出的二次负荷大小值是由互感器的外形尺寸大小和互感器的一、二次磁势（或称一、二次安匝数）以及铁芯尺寸大小综合作用所决定的，同时铁芯的材质也会对其有一定的影响，但材质的影响所占比例不是绝对的。这些影响是由互感器的几个关键参数决定的，如互感器的一、二次安匝数是由设计者综合各种性能决定的。一次导体截面大小的设计受一次电流大小，动、热稳定大小的影响；一次匝数采用的多少又受二次负荷、一次电流及一次截面和产品的外形尺寸及二次绕组的相互影响，所以不能只按一个或少量的几个参数说出互感器能做出多大的二次输出负荷，需要提供一套相对完整的参数值后才能确定出可生产出的二次负荷会有多大。

①互感器外接二次额定负荷的确定。电流互感器外接的额定二次负荷由二次电缆阻抗值（一般取直流电阻值），测量或记录仪表、继电器功耗乘以相关系数并考虑到接触电阻等参数组成，其算法参见 DL/T 866—2004。

二次负荷国标规定的标准值为 2.5 V·A，5 V·A，10 V·A，15 V·A，20 V·A，25 V·A，30 V·A，40 V·A，50 V·A，60 V·A，80 V·A，100 V·A，一般按 $\cos\varphi = 0.8$（滞后）试验。对于暂态保护的绕组，一般选取值为 "Ω"。新的 IEC 标准及国家标准中，

将其分Ⅰ、Ⅱ两个范围，其中Ⅰ范围≤10 V·A，其本意是按优先推选小负荷的原则，这也是要优先选用互感器二次电流为1 A的产品。

② 在订货技术要求中，二次负荷并不是越大越好，额定二次负荷确定过大而实际负荷过小，会造成实际上的使用误差超差，同时增加了生产成本，还会给互感器生产带来难度，具体分析如下：

对于测量（计量）用绕组，建议其二次负荷选取应规定在其实际使用值的75%左右，再低点可到50%左右为好，若定值选得过高，而实际使用值却很小，会使实际测量（计量）达不到原本想要的精度反而精度降低（超差）。

测量准确级误差限值见表10.3。

表10.3　测量准确级误差限值

准确级	在下列额定电流（%）下电流误差（±）/%					在下列额定电流（%）下相位差（±′）				
	1	5	20	100	120	1	5	20	100	120
0.1		0.4	0.2	0.1	0.1		15	8	5	5
0.2		0.75	0.35	0.2	0.2		30	15	10	10
0.5		1.5	0.75	0.5	0.5		90	45	30	30
1.0		3	1.5	1.0	1.0		180	90	60	60
0.2S	0.75	0.35	0.2	0.2	0.2	30	15	10	10	10
0.5S	1.5	0.75	0.5	0.5	0.5	90	45	30	30	30

还有3级、5级，一般做电流显示用。

另根据上面的误差标准值表中数据可见0.2S级比0.2级在测量（计量）的范围上要宽得多，因此，计量用的绕组有好多条件下是不需要抽头来保证误差的，如现用电流100 A，后会增容到200 A，可不需抽头做0.2S级，100～200/5，只做200/5即可。

③对于保护绕组的产品，其二次负荷大，对其保护是有利的，但若互感器保护用负荷要求很大而实际应用却很小，这会给互感器生产带来难度，一是增加了生产成本；二是若同一型号的产品无法满足，则需用大尺寸的产品来做，更加大成本，而且在开关柜的安装上也会有麻烦，甚至要更换另一大尺寸的柜型才能安装。这些都会造成不必要的质量过剩的浪费，因此要经过核算后，适当留有余度即可。

复合误差5%和10%是在规定的二次负荷及短路电流倍数下的限值。满足复合误差限值的短路电流倍数标准上称为准确限值系数（ALF），通常简化书写成5P（ALF），10P（ALF），例如5P20，10P15。ALF的标准值为10，15，20，30。保护准确级误差限值见表10.4。

表 10.4 保护准确级误差限值

准 确 级	在额定电流下		在准确限值系数相应电流下的复合误差ε/%
	电流误差（±）/%	相位差（±′）	
5P	1	60	5
10P	3	—	10

应注意的是，现代仪表及继电器与二十世纪八九十年代比已有极大改观，其消耗功率大大降低（经观察大多电子式的仪表功耗或电子保护装置的功耗一般可能在 0.3 V·A 以下，实际应用时，需要设计员在设计时再考查一下实际值）。因现阶段大多数采用数字表或数字继保装置，其二次功耗很小，二次额定负荷具体计算方法参见 DL/T 866—2004 并建议优先选用二次电流为 1 A 的小二次输出容量的产品。

（5）关于 10%倍数曲线。

在 20 世纪 70 年代前的互感器国家标准中保护级有 10%倍数曲线的要求，因当时没有现在的如 5 P（ALF）或 10 P（ALF）有具体量化值，它是应对当时的 3 级、C 级、B 级、D 级等以代号的方式来表示保护等级，曲线是由制造厂通过计算得出的并为用户在进行确定二次负荷与保护倍数时做参照用。10%倍数的意义是互感器比差为 10%的一次电流对额定电流的倍数与二次负荷的关系曲线（相当于 10 P 级但精度不高），这种曲线偏差很大，已不适宜现代的精确使用要求。IEC 标准从来就没有提出过这种曲线，而我国也在 1987 年开始实施 GB 1208—2006 后，就不再提出和采用这种曲线，取而代之的是 5 P（ALF）、10 P（ALF），其中 ALF 为准确限值系数，ALF 的标准值为 10、15、20、30、… 等，这要根据实际工程需要来确定。

（6）绝缘性能要求。

绝缘性能包括一组绝缘水平、设备最高电压/最高工频耐受电压（当≥300 kV 时为额定操作冲击耐受电压）/雷电冲击耐受电压、局部放电水平、绝缘电阻、外绝缘爬电距离、二次匝间过电压耐受电压等，采用国家标准 GB 311.1—2012 规定。

（7）热性能要求。

热性能要求指正常运行时的温升及短时电流时的要求，若有扩大一次电流的也要受考核。

（8）温升要求。

温升是在额定连续热电流下（没有特殊规定，额定连续电流即额定一次电流，但对复合变比互感器，应强调提出额定连续热电流值）长期工作时，产品温升不能超过互感器指定的绝缘耐热等级的规定值。在没有特殊注明时，一般按 A 级绝缘。

（9）对于差动保护。

要保证差动保护绕组间参数特性的匹配性，减少正常时不平衡的差流，提高动作可靠性。这要在订购用于差动保护的互感器时，有必要向生产厂家给予提示，最好是将俩差动保护的互感器均选在同一个生产厂制造。

（10）关于零序电流互感器。

其绝缘等级较低，同低压产品一样，所以它一般用于带主绝缘的电缆或套管外部，若需要带主绝缘，则要向生产厂家说明，特殊制造或用常规的母线型互感器来生产。

零序电流互感器在选择及使用过程中，其额定一次电流要与实际零序电流基本相当或稍有富余。在安装时，要采取相关措施保证带电缆中接地铠甲中的电流不能影响零序电流互感器产生误动。

（11）其他参数的确定。

其他规定参见国标 GB 20840.1—2010 互感器第 1 部分通用标准要求和国标 GB 20840.2—2014 互感器第 2 部分电流互感器的补充技术要求。

（12）订货时所要注明的技术参数。

关于具体电流互感器的选用试例，在订货技术条件中要按表格中所标注的内容注明基本订货参数。

10.3　电压互感器

10.3.1　电压互感器类别

1. 按电压变换原理不同

按电压变换原理不同，可分为电磁式电压互感器（VT）、电容式电压互感器（CVT）。

2. 按相数不同

按相数不同，可分为单相电压互感器、两相组合电压互感器、三相组合电压互感器。

3. 按一次绕组对地状态不同

按一次绕组对地状态不同，可分为接地电压互感器：在一次绕组的一端准备直接接地的单相电压互感器，或一次绕组的星形连接点——中性点准备直接接地的三相电压互感器；不接地电压互感器：一次绕组的各部分（包括接线端子），是按额定绝缘水平对地绝缘的电压互感器。

4. 按二次绕组个数不同

按二次绕组个数不同，可分为双绕组电压互感器：只有一个二次绕组的电压互感器；三绕组电压互感器：有两个分开的二次绕组电压互感器；四绕组电压互感器：有 3 个分开的二次绕组电压互感器。

另外还有一些互感器产品装在 GIS、断路器、PASS、变压器等产品中，成为其中的一个组成部分，因已有相应的主绝缘，故这类互感器产品本身大多数不需要考虑主绝缘，它们大多数是以二次绕组的状态安装在相应的产品中。

10.3.2 电压互感器结构

根据绝缘等级的不同，电压互感器有单级式和串级式两种绝缘结构，中低压产品一般采用单级式的绝缘结构，110 kV 及以上的高压或超高压产品一般采用串级式绝缘结构。一台单相电压互感器是由一次绕组、二次绕组、绝缘材料及相关辅件组成的，对于串级式绝缘结构，还要有自平衡绕组。一般情况是一次绕组包绕在二次绕组线圈外部，两者产生较好的互感特性，才能保证产品有较好的电气性能，满足测量和保护要求。电压互感器的一次绕组、二次绕组或平衡绕组均采用漆包线材料，一次绕组的导电截面也比二次绕组的导电截面小得多，一次匝数远大于二次匝数。一次绕组有全绝缘和半绝缘两种接线方式，决定了产品的绝缘性能和接线方式。二次绕组可以是一个或多个独立的（在少数情况下也可通过抽头方式），来实现不同二次电压值、测量精度及保护性能要求的二次输出量。在单相电压互感器中，所有的二次绕组均是共用同一个铁芯，铁芯材料均为硅钢片材质（高频的可采用铁氧体材料），所以这个铁芯的尺寸及质量较大。高压串级式互感器为了阶梯方式逐渐降低电压，采用多个铁芯和平衡绕组结构，一般两级的较多，两级的就需两个独立的铁芯。对于多相组合式的电压互感器，其内部结构也是按单相互感器来设计制造的，只是在最后绝缘或组装工序，将它们整合为一体式的，但要注意保证在相互间不会产生较大的电气性能干扰。

互感器的一次绕组与二次绕组及地之间要保证一定的绝缘性能。低压互感器一般是采用绝缘带包扎可以满足绝缘性能要求，中压以上的产品均是采用高绝缘性能的绝缘介质材料，如环氧树脂、硅橡胶、变压器油、SF_6 气体、辅助的绝缘套管等，既要保证绝缘性能，也要保证具有一定的机械强度。

10.3.3 电压互感器性能

电压互感器首先要保证相应绝缘性能要求和电气性能要求。在绝缘性能上，要保证与所用的电压等级相对应的绝缘工频耐压、冲击耐压、局部放电、高压产品的传递过电压等相关参数要求；在电气性能上，要保证相对的准确级精度、额定二次输出、极限输出、介质损耗、空载损耗、额定电压因数、励磁特性、温升、高压产品的电磁兼容等参数要求。同时要保证产品运行安全可靠，故障率小，便于维护，使用寿命长。产品外形尺寸尽可能小、爬电距离大、输出容量大、安装方便、能耗低、绿色环保、便于安装、储存及运输。每台产品出厂前都应按相关标准进行严格的试验，以保证工程验收顺利及应用的可靠。

10.3.4 电压互感器选型原则

1. 提出完整的互感器型号及参数

对于电压互感器产品要提出：产品型号、规格（变比，电压比或是额定的一次或二次电压）、准确级及其组合、额定二次输出、热极限输出、额定电压因数及对应的时间、额定绝缘水平等，若是还有其他特殊要求的，要特别注明。否则生产厂家出现模糊、生产出不符合订货要求的产品。具体可参见表 10.5。

表 10.5　完整的互感器型号及参数表

序号	标志名称	标志代号	测量级	P 级
	产品型号			
1	主要标志			
1.1	设备最高电压	U_m	√	√
1.2	额定一次电压	U_{pn}	√	√
	额定二次电压（有的包括有剩余电压绕组的电压）	U_{sn}	√	√
1.3	额定电压因数及对应时间	K_n	√	√
1.4	标准准确级		0.1、0.2、0.5、1.0、3.0、	3P、6P
1.5	额定输出/（V·A）	S_{bn}	10，15，20，25，30，40，50，75，100，150，200，250，300，…	
1.6	最大同时总输出（V·A）（电容式）		√	√
1.7	额定极限输出（V·A）		√	√
1.8	电容分压器总电容额定值/pF（电容式）		5 000，7 500，10 000，15 000，20 000	
1.9	使用户内、户外环境		√	√
2	海拔		√	√
2.1	污秽等级或爬电比距		√	√

注：① 没有特殊规定，电源频率按常规的 50 Hz

② 额定二次电压：根据中性点绝缘或非有效接地系统和有效接地系统的使用要求不同，电压一般选取为 100 V、(100/$\sqrt{3}$) V、(100/3) V

③ 表中的二次负荷要通过系统的综合计算来确定

2. 电压互感器在选用时所注意的事项

（1）关于 4PT 电压互感器。

电压互感器在选取时要注意是用于相间还是相与地之间，若是用于相间或用于防谐振的 4PT 中的 3 个主 PT，则需要选取用全绝缘的产品，但电压比仍按相对地的电压值来选取（带 $\sqrt{3}$ 的），若是用于相与地间或用于防谐振的 4PT 中的零序 PT，一般则需要选用半绝缘的产品。

（2）剩余电压绕组的额定电压。

如果接地保护装置的输入电压为 100 V 时，则每相剩余电压绕组的额定电压为：

① 中点非有效接地系统用电压互感器

$$U_{d\phi n} = \frac{100}{3} \text{V}$$

② 中点有效接地系统用电压互器

$$U_{d\phi n} = 100 \text{ V}$$

（3）电压互感器外接二次额定负荷的确定。

① 电压互感器外接的额定二次负荷也是由二次电缆阻抗值（一般取直流电阻值），测量或记录仪表、继电器功耗乘以相关系数并考虑到接触电阻等参数决定，这里还要注意负荷接成星形、不完全星形、三角形、开口角等形式时各相的负荷，其算法参见 DL/T 866—2004。

二次负荷国标规定的标准值为 2.5 V・A，5 V・A，7.5 V・A，10 V・A，15 V・A，20 V・A，25 V・A，30 V・A，40 V・A，50 V・A，60 V・A，80 V・A，100 V・A 以及其十进位倍数，一般情况下按 $\cos\varphi=0.8$（滞后）试验。新的 IEC 标准及国家标准中，将其分为 I、II 两个范围，其中 I 范围≤10 V・A。

② 电压互感器当有两个或两个以上二次绕组，因为二次绕组都共一个磁路（与电流互感器不同），二次绕组间相互影响，当在试验其中一个绕组时，另一个或几个绕组也接有负荷并对其有影响，在订货技术要求中，二次负荷并不是越大越好，额定二次负荷过大而实际负荷过小，会造成实际上的使用误差超差，同时增加了生产成本，还会给互感器生产带来难度，其选取的原则同电流互感器。

所以既要确定绕组个数也要对各个绕组的负荷大小给出一个相对合理值，既要完全达到使用要求，又要不给产品的生产带来困难或增加不必要的成本。

（4）热极限输出。

通常热极限输出只针对某一、二次绕组而言，因此，多个二次绕组的互感器就应指明带热极限输出的绕组名。如果规定多个二次绕组都有热极限输出，但只保证其中一个二次绕组带极限输出时的温升，即不是同时各个二次绕组都带热极限输出。

（5）励磁特性要求。

电压互感器三相励磁特性要尽可能保证一致性，建议控制相差≤20%，这对减小三相不平衡差流及降低谐振概率都有利。

（6）关于谐振。

要改进或彻底消除由谐振带来的危害，则要采取专门的消谐措施，关于消谐措施或方案，当前有多种。不过，根据理论及多年的经验总结，现优先推荐采用一次消谐措施会更佳：如采用 4PT 方案、一次中性点加消谐器等。一次采用 4PT 方案，抗谐振的效果非常好，但要本系统中所有的 PT 组都采用 4PT 方案，也要增大空间要求；若采用一次中性点加消谐器的方案也很好，但要保证一次消谐器质量可靠，否则损坏了也不易察觉，会失去消谐功能，采用一次加消谐器后，还会因系统有谐波，造成电压互感器开口角中电压升高，影响继保或报警装置的正确动作。通过多年的运行经验得出，采用二次消谐效果不如一次消谐的效果。另外，之前也有企业称能生产电磁式呈容性的电压互感器可以防谐振，这不是太严谨的说法，其中 35 kV 及以下电压等级的产品因体积小，无法做到真正意义的呈容性，不具备全面的防谐振性能，只可能对谐振稍有改善（这同降低电压互感器的铁芯磁通密度、保证励磁特性等来改善抗谐振效果是一样的），还是需要采取上面所提的专门消谐方案；而高压互感器国内有的公司及国外有的公司均有相关报告，但使用效果如何还没有明确资料。

（7）一次熔断器选取。

为了保护电压互感器，一般会在电压互感器一次前侧加装熔断器，但好多用户在选取熔断器时没注意考虑到其额定电流的大小，将其选得较大。因额定电压下，其一次绕组内所通的电流为几毫安至几十毫安，当熔断器的额定电流选得较大时，起不到保护电压互感器的作用，注意查看熔断器的熔断电流与时间关系参数。建议优先选用 0.2 A 的熔断器，稍大一点的可为 0.5 A 熔断器，再大了就需要谨慎考虑。

（8）对精度要求。

对测量要求较高（如计量用）时，尽力采用电磁式电压互感器，特别是最高设备电压在 72.5 kV 及以上电压等级的产品选用 0.1 级、0.2 级时要注意一下，目前国内有多家可以生产 550 kV 及以上电压等级的电磁式电压互感器。

（9）温升要求。

温升是在规定的电压和二次负荷下，参见 GB 20840.3—2013 标准，对产品进行温升验证。长期工作时，产品温升不能超过互感器指定的绝缘耐热等级的规定值。在没有特殊注明时，一般按 A 级绝缘。

（10）短路承受能力。

电压互感器虽然对二次绕组有短路 1 s 的承受能力要求，但在日常试验检测及运行过程中，也不允许其二次绕组有短路现象，因为试验时的短路时间是可控的。

第 11 章　中电阻接地及接地选线装置

11.1　中电阻接地装置

1996 年和 1997 年中国电机工程学会高压专委会在深圳召开的城市电网中性点接地方式技术研讨和经验交流会上，对中性点采用低电阻接地的方式也给予了充分肯定。1997 年 9 月在安徽合肥召开的高压学术年会中，对城网中性点接地方式问题也进行了热烈讨论，并达成共识："配电网中性点接地方式的选择是综合性的技术问题，中性点不接地、谐振接地、电阻接地各有其优缺点，应结合电网具体条件，通过技术经济比较确定。"1997 年 10 月 1 日开始实施的我国电力行业标准 DL/T 620—1997 中规定："6～35 kV 主要由电缆线路构成的送配电系统，单相接地故障电容电流较大时，可采用低电阻接地方式"。

城市配电系统中性点的接地方式，过去一律采用不接地或经消弧线圈接地的运行方式，由于电缆线路大量增加，单相接地故障时电容电流很大，给补偿工作带来困难，所以北京、上海、天津、广州、苏州、深圳和珠海等城市及上海宝钢、马钢新区等冶金行业，因地制宜地采用中（小）电阻接地方式，取得了很好的效果。

从理论和实际运用上，中（小）电阻接地方式都取得了长足的发展。本章主要介绍 6～35 kV 高压配电系统中（小）电阻接地装置的结构原理、性能特点以及选型和运行管理。

11.1.1　中电阻接地装置结构

中电阻接地装置主要由接地变压器和电阻柜两部分构成。

我国电力系统中主变压器的 6 kV、10 kV、35 kV 绕组大多是三角形接线，没有中性点。接地变压器就是一个"Z 形（星形）"接线的变压器，通过这个 Z 形（星形）接线的变压器，人为地制造一个中性点，用来连接中性点接地电阻等设备，由于不需带其它负载，专用的接地变压器是无二次绕组的。

接地电阻安装在专门的接地电阻柜中，接地电阻柜内应包括电阻元件、供进出线的支持绝缘子和套管等。

11.1.2　中电阻接地装置原理

接地变压器和接地电阻的接线原理如图 11.1 所示。

Z 形接地变压器的结构特点：将三相铁芯的每个芯柱上的绕组平均分为两段，两段绕组极性相反，三相绕组按 Z 形连接法接成星形接线。

Z 形接地变压器的电磁特性：对正序、负序电流呈现高阻抗（相当于激磁阻抗），正常运行时，绕组中只流过很小的激磁电流。

由于每个铁芯柱上两段绕组绕向相反，同芯柱上两绕组流过相等的零序电流时，两绕组产生的磁通互相抵消，所以对零序电流呈现低阻抗（相当于漏抗），零序电流在绕组上的压降很小。

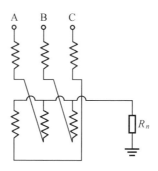

图 11.1　接地变压器和接地电阻的接线原理图

11.1.3　中电阻接地装置性能

1. 接地变压器的性能要求

接地变压器一般采用干式变压器，干式接地变压器的性能一般需要满足以下要求：

（1）承受短路能力：执行 GB 1094.5—2008 标准中的有关规定。当低压侧出口处发生直接短路时，干式变压器的铁芯、线圈及绝缘不应损坏。

（2）负载能力：自然空气冷却（AN）时，在规定的运行条件下，安装在柜体内的变压器，应连续输出 100%的额定容量。

（3）温升极限：干式变压器的温升极限应满足 GB1094.11—2007 中的要求。见表 11.1。

表 11.1　GB1094.11—2007 要求的温升限值表

1	2	3
部位	绝缘系统温度/℃	最高温升/K
线圈 （用电阻法测量的温升）	105(A)	60
	120(E)	75
	130(B)	80
	155(F)	100
	180(H)	125
	220(C)	150
铁芯、金属部件和与其相邻的材料		在任何情况下，不会出现使铁芯本身、其他部件或与其相邻的材料受到损害的温度

（4）整机运行噪声：应不大于 55 dB（A）（测量点在距离外壳 1 m 处）。

（5）散热性能：机械强度要高，不会因绕组温度变化而造成变压器在保证寿命内出现线筒表面的龟裂。变压器外壳形式能使外界空气以循环方式直接冷却铁芯和线圈。

（6）过热保护：变压器应附有温度显示系统、温控保护系统，配置温度控制箱。自然空气冷却（AN）时，绕组温度超过规定值时报警，当绕组温度继续升高并超过允许值时输出跳闸信号。

2. 接地电阻的性能要求

（1）接地电阻应采用高电阻率的材料，以利于减小电阻元件尺寸，并保证阻值稳定。电阻器电阻元件的连接采用栓接或焊接，不应使用低熔点合金连接，栓接时紧固件应考虑电阻运行温度产生的不利效应。

（2）接地电阻应能耐受高温，并具有高抗拉强度和高韧性。

（3）接地电阻应有强的抗氧化能力，并在高温下仍能保持良好的抗氧化性能。

（4）接地电阻及其附件应能耐受用户计算的接地电流，耐受持续时间一般在 10 s 以上。

（5）电阻器的支柱绝缘子应符合 GB 8287.1—2008 标准的要求。

（6）电阻器的套管应符合 GB/T 12944.1—1991 和 GB/T 12944.2—1991 的要求。

11.1.4　中电阻接地装置参数

以一台 10 kV200 kV·A 的干式无副边的接地变压器为例，接地变压器的主要技术参数见表 11.2。

表 11.2 接地变压器主要技术参数

序号	参数名称	单位	技术数据或要求	备注
1	变压器型号			
2	额定容量	kV·A	200	
3	额定电压	kV	10	
4	相数		三相	
5	频率	Hz	50	
6	阻抗电压	%	2.68	
7	绝缘等级		F	
8	接线组别		ZN	
9	冷却方式		AN	
10	温升	K	满足 GB1094.11—2007	
11	局部放电	pc	5 PC	
12	调压范围	%	±2×2.5	
13	c-工频耐压（1 min）	kV	35	
14	d-冲击耐压 BIL 值	kV	75	
15	a-空载损耗	W	560	
16	b-自冷却铜耗	W	满足温升要求	
17	c-自冷却总损耗	W		
18	噪声	dB(A)	52	
19	尺寸	m		

以一台 60 Ω（带一组 30Ω抽头）的接地电阻为例，接地电阻柜的主要技术参数见表 11.3。

表 11.3　接地电阻柜主要技术参数表

序号	项目	单位	技术数据或要求	备注
1	系统额定电压	kV	10	
2	电阻器标称电压	kV	$10/\sqrt{3}$	
3	额定发热电流	A	200	
4	短时通流时间	s	10	
5	电阻器直流电阻（20 ℃）	Ω	60（30Ω 处出抽头）	
5.1	电阻偏差		±5%	
5.2	电阻材质	PGR	不锈钢合金	
5.3	电阻元件的连接方式		栓接	
5.4	电阻材料电阻率	μΩ·m	1.25	
5.5	电阻材料温度系数	/℃	1.05×10^{-4}	
5.6	电阻材料熔点	℃	1 500	
5.7	短时通流允许温升	℃	760	
5.8	额定工频耐压（1 min）	kV	35	
5.9	额定雷电冲击耐受电压	kV	75	
6	支持绝缘子			
6.1	额定电压（有效值）	kV	15	
6.2	额定工频耐压（1 min）	kV	42	
6.3	额定雷电冲击耐受电压	kV	75	
6.4	公称爬距	mm	317	
7	入口套管			
7.1	额定电压（有效值）	kV	15	
7.3	额定电流	A	200	
7.4	5s 短时电流不小于	kA	2.8	
7.5	弯曲破坏负荷不小于	kN	2	
7.6	额定工频耐压（1 min）	kV	42	
7.7	额定雷电冲击耐受电压	kV	75	
7.8	公称爬电距离	mm	210	
7.9	导电排（宽×厚）及片数	mm	76×6.5	
7.10	接线端子（孔数×孔径）		2×14	
7.11	质量	kg	4	
8	电流互感器			
8.1	型号		LXZ-φ110	
8.2	变比		200/5A	
8.3	准确级		10P10	
8.4	容量	V·A	15	
9	总质量	kg	350	
10	运行寿命	年	20	
11	进、出线方式		上进下出	
12	外壳类型		户内，冷轧钢板	
13	防护等级		IP2X	

11.1.5 中电阻接地装置特点

由于中（小）电阻接地系统提高了零序电流保护装置的灵敏系数，当发生单相接地故障时，零序电流保护装置可以准确迅速地判断出故障线路，并且零序电流保护装置采用投跳闸模式，可以在很短时间内将故障线路切除，使设备耐受过电压的时间大幅度缩短，这就为系统设备降低绝缘水平创造了有利条件。另外，由于电缆故障几乎全为永久性故障、电容电流大致使单相接地故障短时间内发展为相间故障的概率相当大、发生故障时有必要迅速切除故障线路，大大减小短路故障造成的电压凹陷对电网的冲击，相对于整个供电系统来说，供电可靠性反而有较大的提高。

中性点经中（小）电阻接地的运行方式可以降低工频过电压和弧光接地过电压倍数，消除对地谐振过电压的发生条件。这是因为：

（1）在发生接地故障时，通过故障点的电流比较大，能形成稳定的电弧，不容易发生电弧的熄灭-重燃现象。

（2）电阻本身是耗能元件，可消耗系统对地电容中的能量。

（3）在熄弧的时间内（半个周期），通过电阻将系统对地电容中的电荷泄放了，降低了中性点的电位，不会产生多次重燃，不会形成很高的电弧重燃过电压倍数。

当选择通过中性点电阻的电流 I_R 等于系统的电容电流 I_C 时，过电压倍数限制在 2.8 倍以下；$I_R=1.5I_C$ 时，过电压倍数限制在 2.5 倍以下；$I_R=2.0I_C$ 时，过电压倍数限制在 2.2 倍以下；$I_R\geqslant3.0I_C$ 时，过电压倍数限制在 2.0 倍以下。

11.1.6 中电阻接地装置出厂试验

接地装置在出厂前将做下列试验项目，形式试验和特殊试验根据用户要求进行。

1. 成套装置

（1）外观检查。

（2）高压主回路电阻测量。

（3）高压主回路对地绝缘电阻测定。

（4）高压主回路工频耐压试验。

2. 接地变压器

（1）外观检查。

（2）绕组直流电阻测定。

（3）绝缘电阻测定。

（4）外施工频耐压试验。

（5）感应耐压试验。

（6）空载损耗及空载电流的测量。

（7）阻抗电压、短路阻抗及负载损耗的测量。

（8）零序阻抗电压及零序阻抗的测量。

（9）局部放电量测量。

3．电阻器

（1）外观检查。

（2）电阻值测量。

（3）外施工频耐压试验。

4．形式试验

（1）雷电全波冲击试验。

（2）噪声试验。

（3）温升试验。

11.1.7　中电阻接地装置现场调试

接地电阻装置现场调试相对简单，安装完成后主要进行以下现场交接试验：绕组直流电阻测定、绝缘电阻测定、外施工频耐压试验、电阻器阻值测量等。

另外，需要注意接地变压器的温度显示器、嵌套在电阻器接地引出线上的电流互感器的接线和调试。

11.1.8　中电阻接地装置运行管理

1．接地电阻器和接地变压器运行中应注意的问题

（1）变电所 6 kV、10 kV 或 35 kV 系统为单母线分段运行时，正常运行方式是每段母线上接一组接地变压器和接地电阻器，当一台主变检修、另一台主变带全所时，应退出一组接地变压器和接地电阻器。

（2）由于系统中性点会长期流过不平衡电流，所以中性点接地电阻会发热，应通过在中性点加装的电流互感器将中性点电流接入表计或保护装置来监视中性点不平衡电流。

2．小电阻接地系统零序电流保护配置原则

中性点经小电阻接地后，对单相接地故障而言，故障电流增大，并有零序电流产生，因而保护配置应设置零序保护。保护配置采用了不同时限的零序电流保护与由主变电所去用户的出线、用户高配室的进线、用户高配室的出线进行配合。保护配置还考虑了以下几点：

（1）配电线路采用零序电流互感器和反应工频电流值的零序电流接地保护作为单相接地主保护，作用于跳闸。

（2）本段母线电压互感器的开口三角 $3U_0$ 作为信号。

（3）零序 CT 最好采用套在三相电缆上的单个 CT 方式，以避免 3 个 CT 的误差和饱和差异所造成的不平衡电流。

11.1.9 选型原则

1. 接地电阻器的选择

接地电阻器目前主要采用不锈钢材料，国内外也有采用陶瓷材料的。选择材料要考虑接地电阻电气和机械特性的稳定可靠，根据同类行业的运行经验和电力行业 DL/T780—2001 标准要求，一般选择不锈钢接地电阻器。

（1）估算每个变电所 6 kV、10 kV 或 35 kV 配电系统的电容电流。

根据以下经验公式计算电容电流

$$I_C=0.1\times U_P\times L（A）\tag{11.1}$$

式中　U_P——系统额定线电压，kV；

　　　L——电缆总长度，km。

（2）中性点接地电阻阻值的选择要求。

①过电压倍数的要求，一般考虑将过电压倍数限制在 2.2 倍以下。

②满足零序保护灵敏系数的要求。

③对人身安全的要求。

综上所述，当选择通过中性点电阻的电流 I_R 大于 2 倍的电容电流 I_C 时，过电压倍数将限制在 2.2 倍以下，在利用式（11.1）估算出系统的电容电流 I_C 后，根据过电压倍数限制要求可以取 $I_R\geq2I_C$。当系统单相接地时，中性点的电位将升高到相电压，因此，根据 $R=（U_N/\sqrt{3}）/I_R$ 求得满足要求的电阻器电阻值，其中 U_N 为系统的额定电压（线电压）。

零序电流保护按躲过电容电流最大的馈线考虑，可靠系数取 1.25，返回系数取 0.85。当系统发生金属性接地故障时，总的接地故障电流 $I_g=I_R^2+I_C^2$ 远大于任何一条出线的电容电流，零序电流保护的灵敏系数不会有任何问题。对非金属性接地故障，电缆线路的接地过渡电阻一般较小，保护灵敏系数也可以满足要求。

当系统发生接地、人体接触或靠近接地点设备时将会产生接触电压和跨步电压，对于接地故障动作于跳闸的系统，满足人体接触电压和跨步电压允许条件的接地装置的接地电阻值可以按下式进行校验：$R_{jd}<2\,000/I_g$。

2. 接地变压器的选择

（1）接地变压器结构选择。

根据上述 Z 形绕组的特点，一般接地变压器选择 Z 形接地变压器。

（2）接地变压器容量选择。

IEEEC62.92.3—2012 标准规定变压器 10 s 的允许过载系数为额定容量的 10.5 倍。据此，可首先计算出 10 s 短时通流的容量，然后按 10 s 允许过载倍数折算为连续运行的额定容量。

接地变压器的 10 s 短时容量可以按下式计算：

$$S_{10\,s}=UI_{Rn}$$

式中　U——系统相电压；

I_{Rn}——可以取接地电阻器的 10 s 允许运行额定电流。

因此，接地变压器的容量为

$$S=S_{10\,s}/10.5\ (\text{kV}\cdot\text{A})$$

11.2　接地选线装置

小电流接地故障选线装置是一种电力行业使用的保护设备，用于 3～66 kV 中性点不接地或中性点经消弧线圈接地等小电流接地电网的单相接地故障线路。其以变电站、开闭所（配电所）内专用选线设备或共用（如线路保护）设备为基础，利用了故障产生的信息或其他设备附加的信息。现有小电流接地故障选线装置除基本的选线及故障信息存储、上报、当地显示等功能外，有的还具有故障录波及瞬时性故障分析统计、线路绝缘状况监测等功能。由于工作原理及接线等问题，装置可能误选或拒选，利用故障录波数据可以分析误选或拒选的具体原因。因此，小电流接地故障选线装置又可称为小电流接地故障选线及监测装置。

11.2.1　结构

1. 装置结构

小电流接地故障选线装置系统采用模块化设计，各部分功能相对独立，分为 AI 采集模块、IO 模块、辅助 CPU 模块、主 CPU 模块和电源模块。

机箱采用 4U 全宽标准机箱，后插拔方式。背板按功能分区布置总线，便于扩展升级。某示例装置原理图如 11.2 所示，它的基本原理框架图如图 11.3 所示。

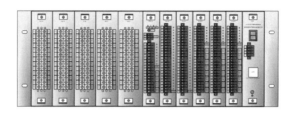

图 11.2　装置原理图

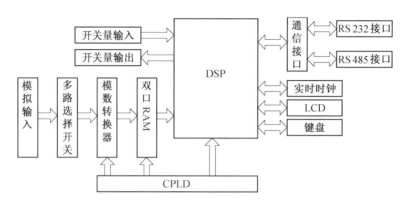

图 11.3　基本原理框架图

2. 系统结构

　　小电流接地故障选线装置可以独立完成小电流接地故障选线功能，也可以与工控机组屏，构成小电流接地故障历史统计和波形分析系统，并完成绝缘预警等高级功能。多台小电流接地故障选线装置可以与位于调度部门的主站系统（可借助当地调度自动化系统平台）组网，便于实现全系统统一的故障监测和运行管理。小电流接地故障选线系统构成示意图如图 11.4 所示。

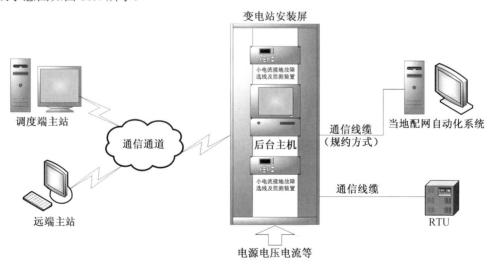

图 11.4　小电流接地故障选线系统构成示意图

小电流接地故障选线装置主要完成母线三相电压、母线零序电压和各出线零序电流数据的采集,接地故障监测启动、选择故障线路、故障数据保存等主要功能,兼有选线结果和数据上报等功能。

后台分析主机运行小电流接地故障综合信息系统,可综合分析站内多台选线装置的数据,完成数据的长期存储、远传、当地显示等功能,同时对故障信息进行综合分析统计,提出绝缘预警并配合特定设备实现故障定位及自愈等功能。软件基于嵌入式操作系统,原理如图 11.5 所示。

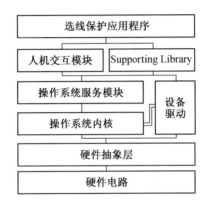

图 11.5 后台分析主机运行小电流接地故障综合信息系统原理图

数据远传支持的通信方式除包括硬节点编码方式和电力系统规约通信外,还应包括数字化变电站 MMS 规约的映射。

主站系统是调度自动化系统的核心,它利用现代计算机技术、信号处理技术实现各变电站(及开闭所)的集中监视和控制、运行状态分析、配电管理等功能。

11.2.2　原理

早期的小电流接地系统多应用于中性点不接地电网,其故障选线产品也多利用故障工频零序电流的幅值和流向(极性)关系,具体方法包括幅值越限法、幅值比较法、极性比较法、群体比幅比相法和电流(功率)方向法。随着消弧线圈接地方式的推广应用,为了解决工频电流方法不能适用的问题,先后提出了利用故障电流中的谐波分量和有功分量实现选线的方法,即谐波法、有功分量法。

以上选线技术共同的特点是利用了故障自身产生的电压电流信号中的不同分量,可统称为被动式选线技术。近年来,选线技术取得了较大进展,根据技术特点可分为两个发展方向:一是利用故障产生的暂态电压电流信号,可简称为暂态法,其仍属于被动式选线范畴;二是故障后利用专用一次设备或其他一次设备动作配合改变一次系统运行状态产生较大的工频附加电流,或者利用信号注入设备向系统中注入特定电流信号,可统称为主动式选线方法。主动式选线技术又可具体分为信号注入法、残流增量法、中电阻法和小扰动法等。

这里重点介绍一种近年发展较快、效果良好、在石化企业电网应用比较广泛的暂态法选线原理。

人们早就认识到小电流接地故障产生的暂态信号中包含着故障位置信息。20 世纪 50 年代，德国提出了利用故障线路暂态零序电压与零序电流初始极性相反、而健全线路初始极性相同的特点进行接地选线。由于该方法利用的是故障暂态信号的第一个半波（1/2 暂态周期）内的信息，被称为首半波法。我国在 20 世纪 70 年代推出过基于这种原理的晶体管式接地选线装置。但由于该方法仅利用了故障暂态的部分信号、可靠性有限，同时故障暂态频率较高且受系统结构、参数、故障条件等影响变化较大，使得首半波极性关系成立的时间非常短（1 ms 以内，远小于暂态过程）且不稳定，极易受后续暂态信号干扰而误选，该技术并未获得成功应用。

近年提出的一种新型暂态选线方法，利用故障瞬间和弧光接地、间歇性接地故障期间持续产生的暂态电流的幅值、流向（极性）关系，实现故障线路选择。该方法利用了故障产生的所有暂态信号，在时间上不需要进行严格限定，从而使选线可靠性得到本质性的提高。根据小电流接地故障暂态特征（图 11.6），可以有以下 8 种选线方法。

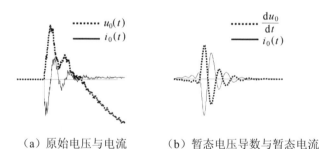

（a）原始电压与电流　　（b）暂态电压导数与暂态电流

图 11.6　故障线路暂态电压及其导数与暂态电流的极性关系示意图

1. 注入信号法小电流选线原理

注入信号法不同于传统的利用系统本身电气量进行选线的方法，它是用附加的信号发生装置，利用单相接地后原边被短接而暂时处于不工作状态的接地相 PT 人为地向系统注入一个特殊信号电流，其频率不同于系统中所有信号的频率成分。由于该信号电流只有通过故障支路与接地点才可以形成回路，而在非故障支路因不能形成回路而不能流通，所以用寻迹原理在各出线对该特殊信号电流进行检测，即通过检测、跟踪该信号的通路可以实现接地故障选线，另外还可以据此确定故障点。这种外加信号的方法摆脱了系统本身故障信息的束缚，可以完全利用注入信号进行工作，因而具有很大的好处。然而如何选择适当的注入信号频率，使注入信号既不干扰外界通信信号，对系统的影响最小，又要避免与系统中原有的频率成分相同，仍然需要进一步研究。此种方法在思路上很先进但也存在操作上的困难，注入信号不够大时变换到高压侧的注入信号非常微弱难以测准，非故障线路中也会有注入频率的对地充电电流，在故障电阻较大情况下故障线路与非故障线路上的差异不明显，因此需要附加信号装置实现困难且可靠性差。同时，由于需要一个外加的信号源，使装置比较复杂，而且此方法在大电阻接地时也存在着不够灵敏的问题。

2. 零序功率算法

利用故障线路零序电流滞后电压 90°，非故障线路零序电流超前电压 90°，但在实际应用中零序功率继电器中误判率较高对有消弧线圈系统更明显，究其原因是受零序 CT 二次侧波形畸变，线路长短，接地过渡电阻大小，PT、CT 非线性特性，继电器工作电压死区以及系统运行方式的影响。对于有功分量选线法来说，在中性点不接地电网中或无并联或串联电阻的消弧线圈接地电网中故障电流有功分量很小，尤其对于某些故障类型故障电流本身已小得很难测准，再从中提取份额很小的有功分量就失去意义了。

3. 首半波原理

首半波原理基于接地故障发生在相电压接近最大值瞬间这一假设。当电压接近最大值时若发生接地故障，则故障相电容电荷通过故障线路向故障点放电，故障线路分布电感和分布电容使电流具有衰减振荡特性，该电流不经过消弧线圈，因而不受消弧线圈影响。首半波方法在应用中的问题表现在抗干扰性差，当信号微弱时通道漂移不平衡电流等各种干扰因素可能改变首半波的极性，此外在某些故障中并无明确的首半波，故分析表明，该原理不能反映相电压较低的接地故障，且受系统运行方式及接地电阻的影响，同时存在死区。

4. 故障线路零序电流最大原理

此原理对于系统结构比较简单的线路有一定作用，故障时零序电流未必最大。

5. 零序电流群体比幅比相法

这种方法突破了原有传统的保护原理，充分利用了故障信息之间的联系，将孤立的故障信息融合比较，大大提高了选线的正确性。群体比幅比相算法适用于中性点不接地系统。这种方法的基本原理是把接于同一电压母线的所有线路视为一个群体，故障发生时，该群体中所有线路同时参与零序电流幅值相对比较，选出几个幅值较大的作为候选，然后在此基础上进行相位比较，选出方向与其他不同的，即为故障线路。该方法利用故障信息之间的相对关系，克服了采用"绝对整定值"时原理上的缺陷，并且通过选取幅值较大的线路作为候选线路的方法，在一定程度上克服了 CT 等不平衡带来的影响。引入零序电压作为参考正方向，保证了参考正方向的稳定性。但是由于消弧线圈对故障线路电流的补偿作用，此时群体比幅比相法就不适用了。

6. 五次谐波分量算法

此算法的提出在一定程度上解决了中性点经消弧线圈接地系统单相接地故障的选线问题。这种方法的基本原理为：中性点经消弧线圈接地系统中的消弧线圈参数是按照基波整定的，即 $\omega L \approx \dfrac{1}{\omega C}$ 和 $5\omega L >> \dfrac{1}{5\omega C}$，可忽略消弧线圈对五次谐波产生的补偿效果，因此零序电流五次谐波分量在中性点经消弧线圈接地系统中有着与中性点不接地系统中零序电流基波无功分量相同的特点，因此群体比幅比相法对零序五次谐波电流依然有效。

7. 负序电流法

负序电流法利用单相接地故障产生的负序分量，用故障后和故障前负序分量之差得到负序电流增量，根据负序电流增量的大小或方向来判断故障线路。因单相接地故障产生的负序分量和零序分量幅值相等，但负荷电流的不对称对负序电流影响非常大，当故障电流很小时信号获取上的困难比零序电流更大。

8. 小波算法

信号的突变点通常含有很重要的故障信息，因此很多问题都涉及如何识别信号中突变点的位置及如何判定其奇异性。小波对剧烈变化的信号非常敏感，因此信号的突变点投影到小波域中将对应于小波变换系数模的极值点或过零点，而且信号奇异性的大小同小波变换系数极值随尺度的变化规模具有对应关系，所以小波变换具有检测信号奇异性的功能，小波变换用于检测信号的奇异性是小波理论一个很重要的应用。

系统无单相接地故障时，装置处于监视状态，液晶屏显示当前日期与时间，当 PT 开口三角输出零序电压大于整定值（出厂设置为 30V 时，表示系统发生单相接地，此时 CPU 将采集的零序电压数据和所有的零序电流数据进行滤波、排序、判断，经过多次综合分析后，装置计算分析接地母线的零序电压与该段母线和每条出线零序电流之间的相位关系，以及接地母线和所有出线零序电流之间的大小和相位关系，即利用"相对原理"和"双重判据"并辅以多种优化选线方案判断系统发生单相接地线路。由于采用的原理以及硬件和软件技术的先进性，使选线准确、可靠。

11.2.3　性能

1. 基本性能

钢铁企业运行的小电流接地故障选线装置涉及几十个厂家及产品型号，各产品在功能结构、原理算法、使用操作、安装维护、适用环境、性能、选线效果等方面均存在较大差异，新算法、新装置也不断涌现。小电流接地故障选线装置在工程服务方面的最大问题是不能确保现场零序电流和零序电压信号有效，如 TA 安装位置不合理、接线短路或断开、零序电流和零序电压极性不准确等；在运行管理方面的主要问题是忽视小电流接地故障检测装置的巡检或定期检修，使装置出现的一些问题不能及时发现和处理。因此，现有的小电流接地故障选线及监测装置的选线成功率不可能保证达到 100%。

根据目前国内外先进水平，结合国内比较常用的选线装置，综合来看部分先进的选线装置技术也比较成熟，性能基本能达到以下指标：

（1）接地故障检测成功率：100%。

（2）接地故障选线准确率：>95%。

（3）接地故障选相准确率：>95%。

（4）接地故障检测及选线时间：<1 s。

（5）最短可检测故障时间：1 ms。

（6）最短可检测故障间隔时间：2 s。

（7）故障信息存储时间：为方便后续分析，一般为永久存储（可选配置）。

（8）故障数据存储容量：一般为几千条故障数据或以上（如某装置可存储 10 000 条）（可选配置）。

（9）故障数据长度：为方便后续分析，一般不低于 200 ms（可选配置）。

2. 绝缘性能

（1）绝缘电阻。

装置的带电部分和非带电金属部分及外壳之间，以及无电气联系的各电路之间，用电压为 500 V 的兆欧表测定其绝缘电阻不小于 100 MΩ。

（2）绝缘强度。

在标准试验条件下，装置能承受频率为 50 Hz、开关量输入回路电压为 500 V、其他回路对地以及回路之间电压为 2 000 V，持续 1 min 的工频耐压试验而无击穿网络及元器件损坏现象。

（3）耐冲击电压性能。

在标准试验条件下，装置的回路对地能承受 1 kV，其他回路对地以及回路之间能承受 5 kV 的 1.2/50 μs 的标准雷电波的短时冲击电压试验。

（4）耐湿热性能。

装置能承受 GB/T2423.3—2006 规定的恒定湿热试验，最高试验温度为 40±2 ℃，相对湿度为 93±3%，试验时间为 48 h，每一周期历时 24 h 的交变湿热试验，在试验结束前 2 h 内根据绝缘电阻的要求测量各相电路对外露非带电金属部分及外壳之间电气上不联系的各回路之间的绝缘电阻不小于 1.5 MΩ，介质耐压强度不低于绝缘强度电压幅值的 75%。

3. 抗干扰性能

（1）脉冲群干扰试验。

装置能承受 GB/T14598.13—2008 中第 3 章、第 4 章规定的试验等级为Ⅲ级（共模 2.5 kV，差模 1 kV）的 1MHz 和 100kHz 脉冲群干扰试验。

（2）静电放电干扰试验。

装置能承受 GB/T14598.14—2010 中第 4 章规定的严酷等级为Ⅳ级的静电放电试验。

（3）辐射电磁场干扰试验。

装置能承受 GB/T14598.9—2010 中第 4 章规定的辐射电磁场干扰试验。

（4）快速瞬变干扰试验。

装置能承受 GB/T13729—2002 中 3.7.2 规定的试验等级为Ⅳ级的电快速瞬变干扰试验。

（5）浪涌（冲击）干扰试验。

装置能承受 GB/T13729—2002 中 3.7.3 规定的试验等级为Ⅳ级的浪涌干扰试验。

4. 机械性能

（1）振动。

装置能承受 GB/T11287—2000 中规定的严酷等级为Ⅰ级的振动响应能力试验和振动耐久能力试验。

（2）冲击。

装置能承受 GB/T14537—1993 中规定的严酷等级为Ⅰ级的冲击响应能力试验和冲击耐久能力试验。

（3）碰撞。

装置能承受 GB/T14537—1993 中规定的严酷等级为Ⅰ级的碰撞能力试验。

11.2.4 参数

下面 1～4 是小电流接地故障选线装置应包含的通用参数，5～7 是一些主动式选线装置的特殊参数。

1. 输入输出配置

不同厂家生产的小电流接地故障选线装置监视母线和出线的数量一般有多个型号可供选择。现有装置采集母线的段数一般为 2、4、6、8 段，采集出线的条数一般为数十条，目前比较常见的几类装置一般采用 14、28、42、56 条或者 12、28、44、60 条两类出线监测数。开关量输入、输出一般为 8 路。以下是某一典型选线装置的输入输出配置。

（1）监视母线数：2 段。

（2）监视出线数：28 路。

（3）开关量输入：8 路。

（4）开关量输出：7 路。

2. 电源参数

（1）直流电源：110V/220V，允许偏差-20%～+10%。

（2）交流电源：220V，允许偏差-20%～+10%。

3. 功率参数

小电流接地故障选线装置的输入功率及功率损耗比较小，以下是某一典型选线装置的功率参数。

（1）电流输入额定值：5 A。

（2）电流回路负载：<0.5 V·A。

（3）电压输入额定值：100 V。

（4）电压回路负载：<0.5 V·A。

（5）节点容量：200 V/0.1A。

（6）整机功耗：小于 20 W。

4. 环境条件

（1）工作温度：-10～+50 ℃。

（2）贮存温度：-40～+70 ℃。在极限值下不施加激励量，保护单元不出现不可逆的变化，温度恢复后，保护单元能正常工作。

（3）相对湿度：最潮湿月份的月平均最大相对湿度不超过 90%，同时该月的平均最低温度为 25 ℃且表面无凝露。最高温度为 40 ℃时，平均最大相对湿度不超过 50%。

（4）大气压力：80～110 kPa（相对海拔高度 2 km 以下）。

5. 信号注入法选线装置的注入电流

信号注入法选线装置注入信号的能量较小，其电流幅值一般在数百毫安到数安之间。

根据注入信号自身特征可分为注入工频电流和注入异频电流。注入的异频电流与故障自身电流主要通过频率差异进行区分，注入信号的频率可取在各次谐波之间、保证不被工频及各次谐波分量干扰（如注入 220 Hz 电流），也有注入两个频率信号、半工频周波电流（等效为注入偶次谐波电流）等。而注入的工频电流通过时序上呈一定变化规律，如以 1 s 为周期时断时续等，与故障自身工频电流予以区分。

6. 残流增量法、小扰动法选线装置的残余电流

从消弧线圈带负荷调谐的制约及对系统安全考虑，故障点残余电流的改变量较小，一般在数安到十安之间。

残流增量法中，根据消弧线圈调谐方式的不同，残流改变的时间一般在数秒到数分不等。小扰动法利用了电力电子动作速度快的特点，残流改变的时间一般为数个工频周期。

7. 中电阻法选线装置的附加电流

不同厂家、不同电压等级产品对电阻值的选择不同，其产生的附加有功电流一般为数十安，法国某公司所用技术的附加电流为 20 A，而国内某厂家技术的附加电流为 45 A。选线结束后立即切除电阻，通流时间一般从数百毫秒到数秒。

11.2.5 特点

1. 小电流接地故障选线装置的技术特点

小电流接地故障选线装置的技术特点总体上应具有：

（1）功能完善。

①准确选择小电流接地故障线路和故障相。

②具备 TV 断线自动检测功能。

③根据线路运行方式的改变自动调整线路配置。

④永久保留故障信息，可保留大量故障录波数据。

⑤选线结果可以多种方式上报调度或控制中心。

⑥可当地显示故障波形和处理结果（可选配置）。

⑦能够对接地故障线路跳闸（可选配置）。

⑧对瞬时性故障分析统计，对线路绝缘状况监测并给出报警。

⑨可将多套小电流接地故障选线及监测装置组成小电流接地故障综合信息系统（可选配置）。

（2）装置设计先进。

①高性能：采用高速直流（一般为 16 位或以上），能对包含暂态在内的信号准确、可靠采样。

②多配置：选线装置可以独立运行，也可配合智能分析系统组屏运行。

③智能化：可对极性、变比不一致进行软件补偿，可分析出 TV 断线等非正常情况。

④透明化：记录接地故障选线信息，记录故障数据，提升了后续分析能力。

⑤人性化：使用液晶屏，全汉字显示，界面设计简洁易用。

⑥模块化：整体面板，后插式插板结构。强弱电分离，装置抗干扰性能强。

⑦平台化。软件平台采用实时多任务操作系统，其具有实时高效、多任务控制、多用户资源共享、软件结构简洁紧凑、占用硬件平台资源少等优点。

2. 主动式选线装置的技术特点

（1）选线成功率。

选线成功率取决于附加电流信号的幅值及其与工频的特征差异。注入信号的幅值越大，成功率越高；注入信号与工频的特征（如频率、时间间隔性等）差异越明显，成功率越高。

受不稳定电弧和间歇性电弧影响不能检测瞬时性接地故障。

（2）适应性。

可适用于经消弧线圈接地系统，部分方法可适用于不接地系统。其中依赖消弧线圈的方法，不适用于不接地系统，或在消弧线圈退出运行时也不适用；可适用架空线路或电缆线路，也可适用电缆架空混合线路；零序电流可通过普通零序 TA 获得，也可通过三相 TA 合成；调整或附加一次设备的方法在高电压等级（如 35 kV）时需慎用。选线方法无法在开闭所或配电所内应用。

（3）安全性。

需附加高压一次设备或需要其他一次设备动作配合，对系统形成较大的安全隐患。需要注入信号的方法，对一次系统也有一定程度的影响。

（4）施工和维护便利性。

调整或附加一次设备的方法必须停电安装。变电站内所需的安装空间大。

（5）原理简单，易于理解和接受。

（6）对装置的软硬件要求不高。

装置不需要很高的采样速率；算法相对简单，软硬件处理能力要求也不高。

（7）投资大。

高压一次设备或信号注入设备增大了系统成本。

相对于早期技术，主动式选线装置在效果上有了很大的提高，也已取得相对成熟的运行经验，但仍有待于进一步改进。

3. 暂态选线装置的技术特点

（1）选线成功率高暂态电流幅值大（一般大于 100 A，过零故障仍有明显的暂态信号），抗干扰能力强。

接地不稳定电弧无不良影响，且弧光接地和间歇性接地时检测更可靠。

（2）适应性广。

不受消弧线圈影响，可适用于不接地、经消弧线圈接地和经高阻接地系统；可适用于单纯架空线路或电缆线路，也可适用电缆架空混合线路；零序电流可通过普通零序 TA 获得，也可通过三相 TA 合成；对永久接地故障和瞬时性接地故障均能可靠检测；可适用母线并联运行、环网供电等特殊系统；可适用两相接地并短路、两故障点交替接地等特殊故障；适用各种电压等级的配电系统。

（3）安全性高。

被动式选线，只接入电压信号和电流信号。不附加其他高压一次设备，也不需要其他一次设备配合，对一次系统无任何影响。

（4）施工便利。

被动式方法，可不停电安装及维护。

（5）可提供线路绝缘监测信息。

利用瞬时故障的发生频率和持续时间等信息对线路绝缘状况提出预警。

（6）原理相对复杂，不易被理解和接受。

（7）对装置的软硬件要求较高。

对于稳定性接地故障，暂态过程持续时间较短（一般在 2 ms 之内），需要装置具有实时采样能力。

暂态信号频率高，装置要有较高的采样速率，每周波采样点数应大于 100；算法相对复杂，对装置计算能力要求也较高。

11.2.6 出厂检验

小电流接地故障选线及监测装置在出厂时必须进行以下检验并确保产品通过检验才能应用到现场。

1. 安全检验

（1）电源、电压、电流各输入回路间以及其与地之间，正常试验条件下，绝缘电阻不低于 10 MΩ；

（2）电源、电压、电流各回路间及其与地之间，施加 50 Hz/2.0 kV 的交流电压 1 min，应无击穿和闪络现象。

2. 电源检验

（1）装置外接可调交流电源 220±10% V，装置应能正常启动工作。

（2）装置外接可调直流电源 220±10% V，装置应能正常启动工作。

3. 基本性能检验

（1）液晶屏显示正常，按键功能正常，菜单可操作，可进行定值整定，各指示灯正常指示。

（2）装置发现硬件故障时，异常开关量输出空接点闭合。

（3）可通过手动启动接地选线，选线功能正常，并正确保存故障数据。

（4）对信号注入法选线装置，应能有效地输出电流；对被动式选线装置，能准确地测量各母线、出线的电流、电压信号。

（5）输入输出功能正常，可通过软件检验空接点输出或数字量输入。装置检测到线路故障时，可通过空接点按设定方式将装置选线结果输出。

（6）装置关机 5 min 后再开机，故障数据不应丢失。

（7）应能读取装置记录的故障信息，取出的故障信息及故障波形应正确无误。

（8）按设定的电压或电流启动及恢复值，装置应能正确启动并判断故障结束。

4. 外观检验

（1）装置外观清洁良好，无明显锈蚀及机械损伤。

（2）装置外壳及端子的各种标示、文字符号等应清晰正确。

（3）输入、输出端子接线牢固可靠。

5. 包装检验

（1）产品合格证书、技术说明书等资料和装箱清单中各项内容应齐全。

（2）产品应有内包装和外包装，插件插箱的可动部分应锁紧扎牢，包装应有防尘、防雨、防水、防振等措施，符合运输要求。

（3）包装箱尺寸及毛重符合要求，外面书写"防潮""向上""小心轻放"等字样或符号标志，符合国标规定。

11.2.7　现场调试

1. 环境要求

（1）确保机房温度、湿度符合要求，并且要防尘、防火、防潮、防盗等。

（2）室内光线要明亮，保证操作时不受影响。

（3）放置系统的地面应稳定、可靠，便于固定，避免摇晃。

（4）电磁条件符合要求，系统电源稳定可靠。

2. 参数配置

（1）确认接入系统的接线无误，包括电源、三相及零序电压、零序电流、与一次设备的连接线、通信接线、报警信号等。测试电压电流等有无特殊情况。要求接入的母线及各出线配置方式明确、名称清晰，最好有书面或电子版图纸。

（2）配置系统参数、选线参数、通道参数等。包括以下几方面配置：

①变电站及开闭所名称、电压等级、有无消弧线圈等。

②选线参数。包括电压或电流启动及恢复阈值、永久故障时间阈值、选线方法等。

③通道参数。包括各通道名称、通道性质、通道所属母线、通道方向、互感器变比、出线性质等，如果需要跳闸，还应配置跳闸使能、跳闸时间等。

④额定输入电压、电流、功率等。

⑤通信参数配置。一般包括通信方式配置、波特率、校验方式等。

⑥同步时钟配置。

⑦其他配置。

（3）参数配置完成后，可通过装置液晶屏菜单确认。

3. 选线及录波功能调试

对装置的选线及其他功能进行调试，常用的方法有：实际系统人工接地试验、采用零序网络模拟板进行试验和采用继电保护测试仪输入进行试验。

一般情况下在现场可采用继电保护测试仪进行试验，测试复杂度低、试验参数易于设定、条件易于改变。典型暂态选线装置的调试步骤如下：

（1）将继电保护测试仪的输出接入端子排。需接入一路电压作为零序电压，至少一路电流作为零序电流（最好接入3路）。另外可再接入电压至三相电压通道，可测试选相功能及TV断线判断。注意：试验时，选线系统的电压电流通道要与外部断开，电压通道开路，零序电流通道短接。

（2）在继电保护测试仪软件上设定幅值及相角。对暂态选线原理的装置，可将电压电流相角设定为45°等角度。

（3）启动继电保护测试仪，选线装置启动选线，一段时间后，停止继电保护测试仪输出。故障持续时间超过永久故障时间阈值，则是永久接地故障，否则是瞬时接地。

（4）查看选线结果，包括接地线路、所属母线、故障开始时间、故障持续时间、零序电压幅值等，与输入比较，误差应在规定范围内。用工具软件下载故障数据，查看故障波形。

（5）改变故障通道测试，查看选线结果及录波数据。

（6）测试结束后，恢复原接线状态。

4. 通信功能调试

选线系统的通信功能可将选线结果正确快速上传至综合系统。不同的通信方式有相应的测试方式。

（1）开关量方式。

开关量方式分为一对一方式和编码方式。

①一对一方式指的是每一路开关量表示某种含义，例如TV断线，接地报警，装置异常报警等。出现相应的接地故障或报警时，对应配置的开关量就会置位输出，接地故障或报警消失，开关量复位。

②编码方式指的是利用约定的编码形式对某一条出线故障进行表示，一般可采用二进制编码。在综合软件中需要译码。用继电保护测试仪进行选线试验时，线路永久故障则此线路对应编码位均置位。

所有开关量也可以通过内置软件测试功能单独测试置位和复归。

（2）规约方式。

规约方式需要与站内综合系统厂家配合，利用合适的规约进行通信以实现故障信息的传输。故障信息传给站内综合系统后，通知系统厂家再进行处理。一般应支持常用的电力系统通信规约，如 CDT 规约、103 规约，也应支持数字化通信规约。通信接口支持串口形式或网络形式。

①与综合厂家商定通信接口形式，通信参数等，将规约信息表或数字化描述文件给综自厂家进行相应配置。

②配置参数中的通信配置项，确认通信接口及通信线缆连接正确。

③用继电保护测试仪进行选线试验时，线路永久故障则此线路对应信息就会通过规约上报置位或复归。也可以通过内置软件测试功能单独测试置位和复归。

5. 报警信号调试

装置报警信号应该有：装置异常报警、接地故障报警、TV 异常报警等。每种报警信号可以通过模拟报警事件而输出。

11.2.8　运行管理

对已投入运行的小电流接地选线装置，应按照国家电力行业标准 DL/T995—2006 的要求，结合接地选线设备的特点，综合变电站及开闭所运行条件等制订定期检验计划。检验计划应该包括检验周期、检验项目和检验问题处理等。

1. 运行状态检查

定期巡检选线装置的运行状态，查看环境条件是否有异常，装置显示是否正常，装置菜单显示中的母线电压值是否在正常值范围。如果恰好遇到单相接地情况，查看选线结果，及时处理。运行状态检查可随变电站及开闭所巡检周期执行。

2. 运行数据检查

将故障记录及故障数据通过工具软件下载至便携式计算机等设备，可详细分析接地数据，根据接地频次制订检修计划等。如已配置后台分析主机，则故障记录及故障数据会自动上传，需定期查看。如遇到特殊情况，可将故障记录及故障数据发送至厂家进行深度分析解读。运行状态检查可随变电站及开闭所巡检周期执行。

3. 功能试验

功能试验即将装置的选线及录波功能、通信功能、报警功能等重新试验，试验步骤方法按现场调试中所列内容进行。功能试验可在变电站及开闭所检修期间进行，或者在变电站及开闭所改扩建参数修改后进行。选线系统安装时均已对各项功能进行调试，运行后不需频繁执行。

4. 装置异常情况和故障处理

装置运行出现异常情况，可参照说明书异常处理章节进行处理。处理没有效果或说明书未涉及的情况，可联系厂家处理。

11.2.9 选型原则

企业在选择小电流接地故障选线及监测装置的类型时，既要考虑不同石化企业的现场条件及需求，又要遵循一定的选型原则。

1. 原理性要求

（1）选线原理先进。要充分利用故障时产生的故障信号，剔除其中不支持选线要求的分量，且检测信号的幅值越大，检测可靠性、灵敏系数越高（一般地，暂态选线技术的原理比较先进）。

（2）多种选线方法综合选线，互为补充，结果更可靠。

（3）能不受不稳定电弧的影响。

（4）不受系统规模和线路结构变化影响，可满足配网自动化需求。

（5）可适用于架空线路或电缆线路，也可适用架空电缆混合线路。

（6）零序电流可通过普通零序 TA 获得，也可通过三相 TA 合成。

（7）可适用于母线并联运行、环网供电等特殊系统。

（8）可适用于两相接地并短路、两故障点交替接地等特殊故障。

（9）可适用于各种等级变电所，也适用于开闭所。

（10）能不受消弧线圈影响，可适用于不接地/消弧线圈接地系统。

2. 功能性要求

（1）准确选择小电流接地故障线路和故障相。

（2）具备 TV 断线自动检测功能。

（3）根据线路运行方式的改变自动调整线路配置。

（4）永久保留故障信息，可保留大量故障录波数据（可选配置）。

（5）选线结果可以多种方式上报调度或控制中心。

（6）可当地显示故障波形和处理结果（可选配置）。

（7）能够对接地故障线路跳闸（可选配置）。

（8）对瞬时性故障分析统计，对线路绝缘状况监测并给出报警。

（9）多套装置可组成小电流接地故障综合信息系统（可选配置）。

3. 安全性要求

（1）尽量避免增加一次设备或对一次设备进行改造。

（2）尽量避免或减少选线装置向系统中注入的电流大小和时间。

4. 硬件及软件要求

（1）高速高带宽数据采集单元，对各信号准确、可靠采样。

（2）选线装置可以独立运行，也可配合智能分析系统组屏运行。

（3）装置配置灵活，对于 TA、TV 极性、变比不一致可通过软件补偿。

（4）整体面板，后插式插板结构。强弱电分离，装置抗干扰性能强。

第 12 章　智能仪表

12.1　概　　述

12.1.1　仪表结构

为了满足不同生产制造厂家的智能仪表间的尺寸互换，方便用户使用，国标 GB/T 1242—2000 中表 1 和表 2 给出了常用方形仪表和矩形仪表的尺寸定义。

最常用的是以 12 为模数或以 10 为模数的方形仪表，见表 12.1 和表 12.2，表中，A_1 为仪表前盖宽度，A_2 为仪表前盖高度，L_1 为板面开孔宽度，L_2 为板面开孔高度。

板面开孔的尺寸只允许有正偏差，仪表尺寸只允许有负偏差。

表 12.1　以 12 为模数的方形仪表尺寸系列　　　　　　　　　　mm

仪表尺寸		开孔尺寸（下偏差=0）			
A_1	A_2	L_1	上偏差	L_2	上偏差
48	48	45	+0.6	45	+0.6
72	72	68	+0.7	68	+0.7
96	96	92	+0.8	92	+0.8
144	144	138	+1.0	138	+1.0
192	192	186	+1.1	186	+1.1

表 12.2　以 10 为模数的方形仪表尺寸系列　　　　　　　　　　mm

仪表尺寸		开孔尺寸（下偏差=0）			
A_1	A_2	L_1	上偏差	L_2	上偏差
60	60	56	+0.6	56	+0.6
80	80	76	+0.7	76	+0.7
120	120	116	+0.8	116	+0.8

12.1.2　原理

智能仪表系统框图如图 12.1 所示，可以简单分为前端模拟处理、CPU 外围和存储、接口（显示、通信、DI、DO、AI、AO 等）3 大部分。图中黑色虚线框为中高端仪表可选模块。

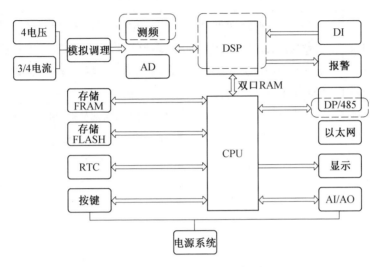

图 12.1　智能仪表系统框图

1. 前端模拟处理

电压经电阻分压方式或者电压互感器方式（电流经电流互感器方式）先转换成弱信号，再通过模拟电路进行信号调理（幅度、相位特性），经 A/D 转换、采样保持转换为数字信号，最后由 CPU 读取后进行相应的各种计算、显示、通信和动作。

不同型号和厂家的智能仪表模拟处理电路设计存在差异，主要表现在电流、电压的过载倍数，运放的放大倍数，带宽设计，A/D 采样率以及有效精度和分辨力等。

智能仪表的频率测量通常采用硬件测频和软件测频相结合的方式，低端智能仪表测频一般采用软件测频方式。

2. CPU 外围和存储

智能仪表的 CPU 外围和存储根据系统功能定义以及系统大小来选择，考虑因素非常多，诸如主频、RAM、存储、接口、成本、CPU 成熟度、开发工具、量产方式等。

3. 接口部分

智能仪表的接口也主要和系统功能定义有关，常见的有 RS 485、以太网、GPS、IRIG-B、PROFIBUS、DI、DO、按键、显示方式（如段码、STN 点阵、TFT 等）等。

4. 典型应用

智能仪表的典型应用见表 12.3。

表 12.3 智能仪表的典型应用

应用场景	典型功能
10 kV 进线与出线	三相全电量测量，0.2S 级电能计量，63 次谐波分析、暂态电能质量分析、大容量数据记录、高密度长时间动态波形记录，越限报警、SOE 记录、最大最小值记录，断路器状态监视，远程控制分合断路器、交流接触器，以太网或双 RS 485 通信
低压配电室进线、母线及重要馈线	三相全电量测量，0.5S 级电能计量，31 次谐波分析、稳态电能质量分析、定值越限，SOE 记录，断路器状态监视，远程控制分合断路器、交流接触器，RS 485 通信
低压配电室三相出线	三相全电量测量，0.5S 级电能计量，断路器状态监视，远程控制分合断路器、交流接触器，RS 485 通信

12.1.3 性能

1. 电气绝缘性能

（1）绝缘电阻。

智能仪表的绝缘电阻技术要求见表 12.4。

表 12.4 智能仪表的绝缘电阻技术要求

测试部位	兆欧表	技术要求
电源回路对地	500 V	>100 MΩ
电流、电压回路对地	500 V	
电源、电流、电压、开出量回路相互之间	500 V	
开入量、GPS 输入回路对地	250 V	>10 MΩ

（2）交流电压试验。

智能仪表交流电压试验技术要求见表 12.5。

表 12.5 智能仪表交流电压试验技术要求

试验部位	交流试验电压	技术要求
电源回路对地	2.0 kV，1 min	试验期间不应发生击穿或闪络以及泄漏电流明显增大或电压下降现象
电流、电压回路对地		
电源、电流、电压、开出量回路相互之间		
开入量、GPS 回路对地	500 V，1 min	

（3）脉冲电压试验。

在正常大气条件下，智能仪表的电源、电流、电压、开出量等各回路对地以及各回路相互之间，应能承受 1.2/50 μs 的标准雷电波短时冲击电压试验，当额定绝缘电压大于 60 V 时，开路试验电压为 6 kV；当额定绝缘电压不大于 60 V 时，开路试验电压为 1 kV。冲击试验后设备应无绝缘损坏，工频交流电流的测量误差应满足准确度技术指标的要求。

2. 机械性能

智能仪表的机械性能技术指标见表 12.6。

表 12.6　智能仪表的机械性能技术指标

试验项目		技术指标
振动试验（正弦）	振动响应试验	GB/T 11287—2008（IEC 255-2-1），1 级
	振动耐久试验	GB/T 11287—2008（IEC 255-2-1），1 级
冲击试验	冲击响应试验	GB/T 14537—1993（IEC 255-2-2），1 级
	冲击耐受试验	GB/T 14537—1993（IEC 255-2-2），1 级
碰撞试验		GB/T 14537—1993（IEC 255-2-2），1 级

3. 电磁兼容

智能仪表的电磁兼容性能技术指标见表 12.7。

表 12.7　智能仪表的电磁兼容性能技术指标

试验项目	技术指标
静电放电抗扰度试验	GB/T 17626.2—2006（IEC 61000-4-2），4 级
射频电磁场辐射抗扰度试验	GB/T 17626.3—2006（IEC 61000-4-3），3 级
电快速瞬变脉冲群抗扰度试验	GB/T 17626.4—2008（IEC 61000-4-4），4 级
浪涌（冲击）抗扰度试验	GB/T 17626.5—2008（IEC 61000-4-5），4 级
射频场感应的传导骚扰抗扰度试验	GB/T 17626.6—2008（IEC 61000-4-6），3 级
工频磁场抗扰度试验	GB/T 17626.8—2006（IEC 61000-4-8），4 级
振荡波抗扰度试验	GB/T 17626.12—2013（IEC 61000-4-12），3 级
无线电骚扰限值试验	GB 9254—2008（CISPR 22），B 级

12.1.4　参数

以常见智能仪表的典型参数为例。

1. 环境条件

环境温度：-25～+70 ℃。

贮存温度：-40～+85℃。

相对湿度：5%～95%。

大气压力：70～106 kPa。

2. 工作电源

电源电压：交流/直流 95～250 V，允许偏差±10%，47～440 Hz。

功率消耗：<5 W。

3. 电压线路

额定电压 U_n：57.7 V L–N/100 V L–L～400 V L–N/690 V L–L。

测量范围：10 V～1.2 U_n。

启动电压：10 V。

频率：45～65 Hz。

功率消耗：<0.2 V·A/相。

过载能力：1.2 倍额定电压，连续工作；2 倍额定电压，允许 10 s。

4. 电流线路

额定电流 I_n：5 A，1 A。

测量范围：（0.001～1.2）I_n。

启动电流：0.001I_n。

功率消耗：<0.5 V·A/相。

过载能力：1.2 倍额定电流，连续工作；10 倍额定电流，允许 10 s；20 倍额定电流，允许 1 s。

5 开关量输入（DI）

额定电压：直流 24 V，内激励。

事件分辨率：1 ms。

6. 开关量输出（DO）

继电器输出方式。

接通容量：8 A 连续，交流 250 V/直流 24 V。

分断容量：L/R=40 ms，10 000 次。

220 V DC，0.2 A。

110 V DC，0.4 A。

48 V DC，2 A。

动作时间：<10 ms。

返回时间：<5 ms。

7. 直流模拟量输入（AI）

输入范围：4 mA～20 mA/0 mA～20 mA 可设置。

过载能力：1.2 倍电流。

8. 直流模拟量输出（AO）

输出范围：4 mA～20 mA/0 mA～20 mA 可设置。

过载能力：1.2 倍电流。

负载能力：500 Ω。

开路电压：24 V。

9. 通信接口

（1）RS 485。

接口类型：RS 485，二线方式。

工作方式：半双工。

通信速率：1 200 b/s、2 400 b/s、4 800 b/s、9 600 b/s、19 200 b/s。

通信协议：Modbus RTU。

（2）以太网。

接口类型：RJ-45 口。

通信速率：10 Mb/s 或 100 Mb/s，自适应。

通信协议：IEC 61850 Modbus TCP/IP。

10. 时钟

时钟误差：<0.5 s/d。

11. 准确度

智能仪表的准确度技术指标见表 12.8。

表 12.8　智能仪表的准确度技术指标

被测量	最大允许误差及准确度等级*	分辨力
电压	±0.5%，±0.2%	0.01 V
电流	±0.5%，±0.2%	0.001 A
有功功率	±1.0%，±0.5%	0.001 kW
无功功率	±1.0%，±0.5%	0.001 kvar
视在功率	±1.0%，±0.5%	0.001 kV·A
功率因数	±1.0%，±0.5%	0.001
有功电能	0.5S 级，0.2S 级	0.01 kW·h
无功电能	2 级	0.01 kvar·h

续表 12.8

被测量	最大允许误差及准确度等级*	分辨力
频率	±0.02 Hz	0.01 Hz
谐波	B 级，A 级	0.1%
直流模拟量输入（AI）	±1%	
直流模拟量输出（AO）	±1%	
基波电流电压相位	±1°	0.1°
基波电流电流相位	±1°	0.1°

注：*表示最大允许误差和准确度等级中的前者一般为基本型仪表的精度要求，后者为中高端仪表的精度要求

12.1.5　特点

1. 高性能的硬件平台

大规模集成电路技术发展到今天，密度越来越高，体积越来越小，内部结构越来越复杂，功能也越来越强大，从而大大提高了硬件平台的集成度。在高端智能仪表中广泛采用了 DSP 技术，极大地增强了仪器的信号处理能力。例如数字滤波、FFT、卷积等，可以通过 DSP 来实现。这些算法如果在通用 MCU 上用软件完成，运算时间较长，而数字信号处理器可通过硬件完成上述乘、加运算，大大提高了仪器性能，推动了数字信号处理技术在仪器仪表领域的广泛应用。

2. 集成化、模块化

模块化硬件设计一般选配一个或几个具有共性的基本仪器硬件组成一个通用硬件平台，使智能仪器更加灵活与简洁，比如在需要增加某种测试功能时，只需增加少量的模块化功能硬件，然后用不同的软件来扩展或组成各种功能的智能仪器或系统。

3. 测量范围宽、精度高

由于硬件平台的性能提升以及软件算法的改进，智能仪表的测量范围普遍提高。比如电压回路可满足 57～400 V 的不同额定电压，电流回路可满足 5 A、1 A 的不同额定电流，减少了智能仪表的规格，增强了通用性和互换性，给用户带来诸多方便。

4. 可编程能力操作自动化

参数整定与修改实时化。随着各种现场可编程器件和在线编程技术的发展，智能仪表的参数不必在设计时就确定，可以在仪器使用的现场实时置入和动态修改。

5. 通信功能丰富

除了常规的 RS 485 通信之外，部分高级智能仪表还能提供 Profibus、DeviceNet 现场总线通信以及 Ethernet 以太网通信及 IEC 61850 通信规约。

6. 完善的自诊断功能

智能仪表本身可进行自诊断并在故障发生时给出相关提示信息，便于现场人员及时维护。

7. 人际界面友好

由于数码管显示及点阵式液晶的广泛应用，智能仪表显示界面可以显示多种英文、中文字符及各种图形，方便用户识别。参数整定一般采用菜单式结构，可以快速找到相关信息。

12.2 仪表试验

12.2.1 试验流程

出厂试验流程如图 12.2 所示。

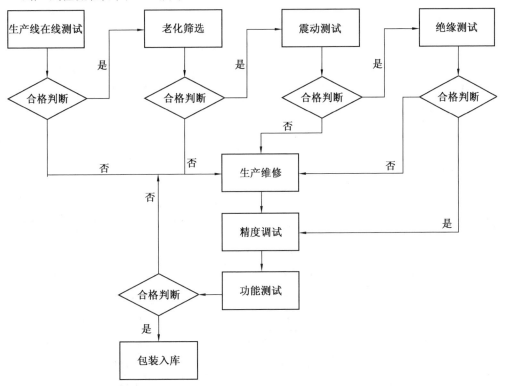

图 12.2 出厂试验流程图

12.2.2 试验项目

智能仪表出厂前应由制造厂质量检验部门在正常试验大气条件下按表 12.9、表 12.10 和表 12.11 中规定的出厂试验项目进行试验。

一些高端智能仪表同时具备电力参数测量、电能计量及电能质量监测的两种或两种以上功能，出厂试验项目中应该全部覆盖这几种功能的相应测试。

注：试验项目列表中不包含直流类表计。

1. 电力参数测量类仪表出厂试验项目

表 12.9　电力参数测量类仪表出厂试验项目

序号	试验项目	技术要求	试验方法
1	表壳	GB/T 22264.1—2008，7.5.1	GB/T 22264.8—2009，7.6
2	按键、按钮	GB/T 22264.1—2008，7.5.2	GB/T 22264.8—2009，7.7
3	可调整机构	GB/T 22264.1—2008，7.5.3	GB/T 22264.8—2009，7.8
4	显示	GB/T 22264.1—2008，7.2.4	GB/T 22264.8—2009，6.11
5	输出接口（开入开出及通信接口）	GB/T 22264.1—2008，7.2.5	GB/T 22264.8—2009，6.12
6	基本误差	GB/T 22264.1—2008，5.2	GB/T 22264.8—2009，4
7	分辨力	GB/T 22264.1—2008，7.3.1	GB/T 22264.8—2009，6.3
8	重复性误差	GB/T 22264.1—2008，7.3.2	GB/T 22264.8—2009，6.10
9	短时稳定性误差	GB/T 22264.1—2008，7.3.3.1	GB/T 22264.8—2009，6.5.1
10	过负载	GB/T 22264.1—2008，7.2.6	GB/T 22264.8—2009，6.2
11	响应时间	GB/T 22264.1—2008，7.2.7	GB/T 22264.8—2009，6.4

2. 电能计量类仪表出厂试验项目

表 12.10　电能计量类仪表出厂试验项目

序号	试验项目	技术要求	试验方法
1	外观检查	JJG 596—2012，5.1	JJG 596—2012，6.4.1
2	交流电压试验	JJG 596—2012，5.2	JJG 596—2012，6.4.2
3	潜动试验	JJG 596—2012，4.2	JJG 596—2012，6.4.3
4	启动试验	JJG 596—2012，4.3	JJG 596—2012，6.4.4
5	基本误差	JJG 596—2012，4.1	JJG 596—2012，6.4.5
6	仪表常数试验	JJG 596—2012，4.4	JJG 596—2012，6.4.6
7	时钟日计时误差	JJG 596—2012，4.5	JJG 596—2012，6.4.7

3. 电能质量监测类仪表出厂试验项目

表 12.11　电能质量监测类仪表出厂试验项目

序号	试验项目	技术要求	试验方法
1	基本功能	GB/T 19862—2016，5.1	GB/T 19862—2016，6.2
2	准确度	GB/T 19862—2016，5.2	GB/T 19862—2016，6.3
3	电气性能	GB/T 19862—2016，5.3	GB/T 19862—2016，6.4
4	外观	GB/T 19862—2016，5.5.1	GB/T 19862—2016，6.6.1
5	绝缘电阻	GB/T 19862—2016，5.6.1	GB/T 19862—2016，6.7.1
6	绝缘强度	GB/T 19862—2016，5.6.3	GB/T 19862—2016，6.7.3

12.3　现场调试

12.3.1　调试环境要求

智能仪表应在干净、整洁、干燥、不含有腐蚀性气体的环境中进行调试。环境温度为 0~40 ℃，湿度不大于 85%。

12.3.2　调试方案

（1）上电前检查。

① 检查智能仪表的型号和参数是否与订货要求一致，注意电源的额定电压应与现场匹配。

② 检查插件是否松动，智能仪表有无机械损伤，各插件的位置是否与图纸规定位置一致。

③ 检查配线有无压接不紧，断线等现象。

④ 用万用表检查电源回路是否有短路或断路。

⑤ 检查智能仪表的外观是否完好，端子、按键、显示器是否完好。

（2）通电。

合工作电源空开，使"L/+"与"N/−"端子接入正常工作电源。

（3）上电检查。

① 上电后检查智能仪表是否正常运行。

② 检查显示是否正常。

（4）二次回路接线检查。

（5）精度误差校验。

（6）通信调试。

12.3.3　常见故障处理

1. 智能仪表上电后无显示

（1）检查电源电压和其他接线是否正确，所需电压按智能仪表的工作电源范围确定。

（2）关闭智能仪表和上位机再重新开机。

2. 电压或电流读数不正确

（1）检查接线模式设置是否与实际接线方式相符。

（2）检查电压互感器（PT）、电流互感器（CT）变比是否设置正确。

（3）检查 GND 是否正确接地。

（4）检查电压互感器（PT）、电流互感器（CT）是否完好。

3. 功率或功率因数读数不正确，但电压和电流读数正确

比较实际接线和接线图的电压和电流输入，检查相位关系是否正确。

4. RS 485 通信不正常

（1）检查上位机的通信波特率、ID 和通信规约设置是否与智能仪表一致。

（2）检查数据位、停止位、校验位的设置和上位机是否一致。

（3）检查 RS 232/RS 485 转换器是否正常。

（4）检查整个通信网线路有无问题（短路、断路、接地、屏蔽线是否正确单端接地等）。

（5）关闭智能仪表和上位机再重新开机。

（6）通信线路长时建议在通信线路的末端并联 100～200 Ω 的匹配电阻。

5. 以太网通信不正常

（1）检查以太网 IP 地址、子网掩码等以太网通信参数是否符合当前工程应用环境要求。

（2）检查以太网配置参数是否与以太网配置手册说明上的一致。

（3）检查整个通信网线路有无问题（短路、断路、接地、屏蔽线是否正确单端接地等）。

（4）关闭智能仪表和上位机再重新开机。

12.3.4　验收

（1）验收的内容包括：装箱单、出厂检验报告（合格证）、使用说明书、铭牌、外观结构、安装尺寸、辅助部件、功能和技术指标测试等，均应符合订货合同的要求。

（2）新购入的智能仪表应按国家电力行业的有关规定进行验收。其检验项目和技术指标参照相应产品的国际、国家或行业标准的验收检验项目或出厂检验项目进行。

（3）经验收的智能仪表应出具验收报告，合格的由智能电表技术机构负责人签字接收，办理入库手续并建立计算机资产档案。验收不合格的应由订货单位负责更换或退货。

12. 4　运行管理

12. 4. 1　运行档案管理

（1）智能电表技术机构应用计算机对投运的智能电表建立运行档案，实施对运行智能电表的管理并实现与相关专业的信息共享。

（2）运行档案应有可靠的备份和用于长期保存的措施，并能按不同类别进行分类和查询。

（3）智能电表运行档案的内容应包括用户基本信息及其智能电表的原始资料等。主要有：

① 互感器的型号、规格、厂家、安装日期；二次回路连接导线或电缆的型号、规格、长度；电表型号、规格、等级及套数；配电柜（箱）的型号、厂家、安装地点等。

② 二次线路接线图和工程竣工图。

③ 监测系统投运的时间及历次改造的内容、时间。

④ 安装、轮换的智能电表型号、规格等内容及轮换的时间。

⑤ 历次现场检验误差数据。

⑥ 故障情况记录等。

12. 4. 2　运行维护及故障处理

（1）安装的智能仪表，运行人员应负责监护，保证其不受人为损坏或丢失。

（2）当发现智能仪表故障时，应及时通知智能仪表技术机构进行处理。

（3）智能仪表技术机构应及时处理仪表故障，定位故障点，记录故障现象，及时联系仪表厂家分析并处理故障。

（4）对用于计量的智能仪表，应按照 DL/T 448—2000 进行处理。

12. 4. 3　现场检验

用于计量用途的智能仪表，应按照 DL/T 448—2000 中 7.3 的要求进行现场检验。

12.4.4　周期检定（轮换）与抽检

用于计量用途的智能仪表，应按照 DL/T 448—2000 中 7.4 的要求进行周期检定（轮换）与抽检。

12.5　选型原则

初次使用或选用功能复杂的智能仪表时，用户应根据以下几点与制造商沟通确认。

12.5.1　仪表尺寸

智能仪表需安装于开关柜上，所以需要考虑整体的协调性，过大可能装不下，过小则看不清数字。另外，体积大的仪表一般可提供可选功能，体积小的仪表的功能扩充性较差。

根据 GB/T 1242—2000 的规定，常用的仪表尺寸一般为 48 mm×48 mm、72 mm×72 mm、80 mm×80 mm、96 mm×96 mm、144 mm×144 mm 等，其中 96 mm×96 mm 的尺寸最为常用，GCK 抽屉柜可以安装 72 mm×72 mm 的仪表，1/4 抽屉柜可以安装 48 mm×48 mm 的仪表。

12.5.2　显示位数及精度

一般情况下，显示位数越高，测量越精确。目前，智能仪表常以四位显示位数（9 999）为主，五位及五位以上常见于中高端智能仪表。

智能仪表的精度根据监测对象可分为电压精度、电流精度、有功功率精度、无功功率精度、功率因数精度、频率精度和电能精度。按设计规范要求，电压、电流误差为±0.2%、±0.5%，有功功率、无功功率误差为±0.5%、±1%，功率因数误差为±0.5%、±1%，频率误差为±0.2 Hz、±0.5 Hz。有功电能的准确度等级一般为 1 级、0.5S 级，高端智能仪表可能到 0.2S 级；无功电能的准确度等级一般为 2 级。

12.5.3　工作电源

智能仪表的工作电源主要有交直流 220 V 和直流 110 V 等。一些仪表提供了较宽的工作电源范围，比如交流/直流 95~250 V，方便了选型及备件管理。考虑到节能效果，需特别注意智能仪表的功耗不能太大，一般不宜超过 5 W。

12.5.4　交流输入输出

有些信号是直接接入仪表测量的，有些信号是经过转化后接入仪表的，必须分清测量信号的性质和类型，否则可能损坏仪表及原有设备。如信号是交流还是直流、工作范围等。

电压线路一般按额定电压选型，常用的额定电压有 57.7 V、100 V、220 V 和 380 V。某些智能仪表采用宽电压范围输入，可满足 57.7～380 V 的额定电压输入，方便了选型及备件管理，但此种情况下应注意，在不同的额定电压输入时，都应满足仪表的电压及功率的准确度指标。

电流线路按额定电流选型，常用的额定电流有 5 A 和 1 A。

12.5.5　功能

除了常规的三相测量及计量功能外，智能仪表还提供了下述可选功能。

1. 变送输出

支持 4～20 mA 直流输出，可以接入 DCS 系统。

2. 报警功能

一般支持多组报警，各种参数、动作值、返回值、动作时间、返回时间可以整定设置。可以触发继电器动作。部分高级智能仪表还支持波形记录、数据记录等功能。

3. 高级通信功能

除了常规的 RS 485 通信之外，部分高级智能仪表还能提供 Profibus、DeviceNet 现场总线通信、Ethernet 以太网通信及 IEC 61850 通信规约。

12.5.6　特殊要求

一般来说特殊要求有以下几种，如防污染等级、IP 防护等级、高温或低温工作环境、高海拔场合、强干扰场合、特殊信号场合、特殊工作方式等。用户需要厂家确认能否满足要求。

12.6　智能仪表的高级应用

基于现代社会对供电质量以及可靠性的要求越来越高，高性能智能仪表在系统的运行与维护中的作用日益重要。与普通的测控仪表相比高性能智能测控仪表主要表现为以下特性。

1. 高速的运算能力

以高速的运算能力为基础，高性能智能测控仪表能够进行实时的小扰动在线监测，高采样率波形与特征值记录，扰动原因以及位置分析。

2. 强大的通信功能

高性能智能测控仪表支持 Modbus RTU、Modbus TCP/IP、IEC 61850 等多种通信协议。

3. 高采样率

高性能智能测控仪表一般以每周波大于等于 512 点的速度进行采样。以高速采样为依托，高性能测控仪表能够进行 40 μs 及更短扰动的监测以及高次谐波、间谐波的分析。

4. 高精度

高性能智能测控仪表的电压、电流等测量精度一般可以达到±0.1%，电能测量能够达到 0.2S 级。

5. 大容量存储

高性能智能测控仪表一般都配备 1 GB 以上的存储容量，能够进行长时间的测量数据的记录。

高性能智能测控仪表以上述特性为基础，可实现扰动与故障的诊断与定位的相应技术。以下主要介绍在暂降源定位及故障测距技术方面的研究进展。

12.6.1 暂降源定位技术

电压暂降是指供电电压快速下降到系统额定电压的 10%～90%，并持续半个周波到数秒的电能质量事件。如图 12.3 所示，电压暂降源定位是指定位暂降源位于监测点的上游侧还是下游侧。监测点的上下游以基波有功潮流为参考方向。

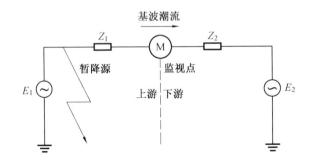

图 12.3　暂降源定位示意图

在当今社会中精密仪器以及电子芯片的生产对电能质量的要求越来越高，一次电压暂降可能造成产品中出现次品，甚至生产线的停运，因此暂降源定位能够确定造成巨大经济损失的责任的认定，以及帮助制订正确的电能质量治理策略。

在继电保护中用于判断故障方向的主要有元件功率方向继电器和方向阻抗继电器两种。功率方向继电器工作原理图如图 12.4 所示。

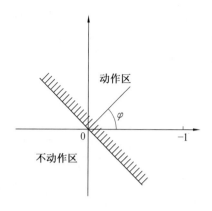

图 12.4　功率方向继电器工作原理图

方向阻抗继电器工作原理如图 12.5 所示。

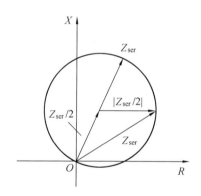

图 12.5　方向阻抗继电器工作原理图

功率方向继电器和方向阻抗继电器实际都是利用故障时电流方向是否是发生方向进行故障方向判断的，当电流方向与发生反向一致时判断故障位于上游侧。对于大负荷投入等引起的电压暂降等扰动，电流的方向一般不会发生变化，因此功率方向继电器和方向阻抗继电器无法进行此类扰动方向的判断。暂降源定位技术利用扰动发生前后电压、电流正序分量的幅值以及相位的变化关系，并结合扰动时刻瞬时功率和能量的极性，进行扰动方向的判断，克服了功率方向继电器和方向阻抗的缺陷，能够准确地定位各种扰动深度以及长度的扰动源的位置。

12.6.2　故障测距技术

高性能智能测控仪表一般具有 IRGB 等高精度对时手段，依靠高精度的对时两台智能仪表能够进行高精度的采样同步，利用两端高精度的采样同步数据能够精确地定位出故障线路的故障位置。为消除线路分布参数电容的影响，提高测距精度，采用分布参数模型，线路故障示意图如图 12.6 所示。其中，$\dot{U}_\text{M}$、$\dot{I}_\text{M}$、$\dot{U}_\text{N}$、$\dot{I}_\text{N}$ 分别为 M 侧、N 侧的电压、电流相量，F 为故障点，F 到母线 M 的距离为 x，线路总长为 l，$\dot{U}_\text{F}$ 为故障点处电压，线路两端采样数据的不同步角为 δ_d。

图 12.6　线路故障示意图

利用均匀传输线方程，分别从线路两端估算线路各点的电压，显然故障点两侧的估算电压相等，由此可得到如下计算式：

$$\dot{U}_\text{M} \cosh(\gamma x) - Z_C \dot{I}_\text{M} \sinh(\gamma x) = \mathrm{e}^{\mathrm{j}\delta_\text{d}} \left\{ \dot{U}_\text{N} \cosh[\gamma(l-x)] - Z_C \dot{I}_\text{N} \sinh[\gamma(l-x)] \right\}$$

根据电路叠加原理，故障后的网络可以等效为正常状态网络和故障分量网络的叠加，因此，可以选取故障前数据和故障分量数据分别建立如下两个方程：

$$\dot{U}_\text{M} \cosh(\gamma x) - Z_c \dot{I}_\text{M} \sinh(\gamma x) = \mathrm{e}^{j\delta_\text{d}} \left\{ \dot{U}_\text{N} \cosh[\gamma(l-x)] - Z_c \dot{I}_\text{N} \sinh[\gamma(l-x)] \right\} \qquad (12.1)$$

$$\Delta\dot{U}_\text{M} \cosh(\gamma x) - Z_c \dot{I}_\text{M} \sinh(\gamma x) = \mathrm{e}^{j\delta_\text{d}} \left\{ \Delta\dot{U}_\text{N} \cosh[\gamma(l-x)] - Z_c \Delta\dot{I}_\text{N} \sinh[\gamma(l-x)] \right\} \qquad (12.2)$$

以上电压、电流数据均采用正序分量，这样就可以不用判断故障类型，直接计算故障距离。将式（12.1）与式（12.2）相除，即可消除不同步角的影响，可以整理成一个复系数一元二次方程，那么求解故障距离即转化成求解复系数一元二次方程。通过求解这个方程和对根进行相应的判断，确定故障点的位置，该技术不受故障过渡电阻和系统运行方式的影响，并且能够对采样同步误差进行补偿，具有很高的测距精度。

参 考 文 献

[1] 杨天宝. 电力工程技术[M]. 北京：中国电力出版社，2018.

[2] 杨天宝. 电力设备故障解析[M]. 哈尔滨：哈尔滨工业大学出版社，2020.

[3] 刘振亚. 国家电网公司输变电工程 典型设计 10 kV 和 380/220 V 配电线路分册[M]. 北京：中国电力出版社，2006.

[4] 刘振亚. 国家电网公司输变电工程 典型设计 35 kV 输电线路分册[M]. 北京：中国电力出版社，2006.

[5] 舒印彪. 配电网规划设计[M]. 北京：中国电力出版社，2018

[6] 刘介才. 工厂供电设计指导[M]. 北京：机械工业出版社，2008.

[7] 贺家李，李永丽. 电力系统继电保护原理[M]. 北京：中国电力出版社，2010.

[8] 何仰赞，温增银. 电力系统分析[M]. 武汉：华中科技大学出版社，2002.

[9] 熊信银，朱永利. 发电厂电气部分[M]. 北京：中国电力出版社，2009.

[10] 李宏任. 实用继电保护[M]. 北京：机械工业出版社，2002.

[11] 尹项根，曾克娥. 电力系统继电保护原理与应用[M]. 武汉：华中科技大学出版社，2005.

[12] 刘学军. 继电保护原理[M]. 北京：中国电力出版社，2007.

[13] 李昌喜. 智能仪表原理与设计[M]. 北京：化学工业出版社，2005.

[14] 刘天琪，邱晓燕. 电力系统分析理论[M]. 北京：科学出版社，2005.

[15] 姚志松，姚磊. 中小型变压器实用手册[M]. 北京：机械工业出版社，2008.

[16] 丁毓山，雷振山. 中小型变电所使用设计手册[M]. 北京：中国水利水电出版社，2000.

[17] 姚志松，姚磊. 中小型变压器实用手册[M]. 北京：机械工业出版社，2008.

[19] 弋东方. 电气设计手册电气一次部分[M]. 北京：中国电力出版社，2002.

[20] 文远芳. 高电压技术[M]. 武汉：华中科技大学出版社，2001.

[21] 刘吉来，黄瑞梅. 高电压技术[M]. 北京：中国水利水电出版社，2004.

[22] 李高健，马飞. 工厂供配电技术[M]. 北京：中国铁道出版社，2010.

[23] 姚春球. 发电厂电气部分[M]. 北京：中国电力出版社，2007.

[24] 苏小林. 电力系统分析[M]. 北京：中国电力出版社，2007.

[25] 陈戌生. 电力工程电气设计手册[M]. 北京：中国电力出版社，2006.

[26] 严宏强. 中国电气工程大典[M]. 北京：中国电力出版社，2008.